高校建筑设备工程毕业设计指导与题库

邵宗义　编著

中国建筑工业出版社

图书在版编目（CIP）数据

高校建筑设备工程毕业设计指导与题库/邵宗义编著．
北京：中国建筑工业出版社，2006
ISBN 7-112-08134-3

Ⅰ．高… Ⅱ．邵… Ⅲ．房屋建筑设备-毕业设计-
高等学校-教学参考资料 Ⅳ．TU8

中国版本图书馆 CIP 数据核字（2006）第 021071 号

本书是按照教育部和各专业教学指导委员会对建筑设备类专业的课程设计、毕业设计环节的要求，结合各校对设计环节的组织情况而编写的教学用书。该书对于教师指导学生完成设计实践环节有着很好的借鉴意义，是搞好设计实践环节的必备用书。

本书的内容包括：设计环节的选题、设计内容及深度要求、设计任务书、指导书的编写方法与编写实例、设计图纸的正确画法、常用资料与参数以及数十套各类工业与民用建筑、小区建筑的 CAD 选题题库以及设计实例等内容。指导教师可以直接选择不同的设计任务书、指导书配以题库中的任意建筑而组成设计选题，也可按照实际需要给出不同的工程地点、气象参数、围护结构做法、建筑朝向等补充条件完成选题，还可以由教师提出选题要求，学生自主完成选题工作。

随书的配套光盘中有着更为丰富的内容，除包含设计题库的内容外，还包含有精美的毕业设计指导课件、毕业设计选题课件；包含有设计任务书、设计指导书实例；CAD 设计图样以及数个设计实例等内容。

本书可供建筑环境与设备工程专业、给水排水工程专业、建筑电气与智能化专业使用，也适合于建筑学、土木工程、工程管理等专业的师生参考。

责任编辑：齐庆梅
责任设计：董建平
责任校对：张树梅　王雪竹

高校建筑设备工程毕业设计指导与题库
邵宗义　编著
*
中国建筑工业出版社出版（北京西郊百万庄）
新华书店总店科技发行所发行
北京金海中达技术开发公司排版
北京建筑工业印刷厂印刷
*
开本：880×1230 毫米　1/16　印张：16　字数：400 千字
2006 年 6 月第一版　2006 年 6 月第一次印刷
印数：1—3000 册　定价：**36.00** 元（含光盘）
ISBN 7-112-08134-3
(14088)

本社网址：http：//www.cabp.com.cn
网上书店：http：//www.china-building.com.cn

前　言

毕业设计、课程设计是高等工科院校培养具有创新精神和实践能力的高级专业人才的重要实践教学环节，是教学计划中不可缺少的组成部分，是培养学生对专业知识综合运用能力和工程实践能力的重要手段，也是迅速提高学生工程设计基本技能、技巧的重要实践过程。随着面向21世纪高等教育改革的深入发展和国家对高校毕业生知识结构需求的变化，使得许多工科高等院校对实践性教学环节更加重视，其中以毕业设计、课程设计受到的重视程度为最高，建筑类院校更为突出。

在多数情况下，建筑类院校的毕业设计、课程设计会选择工程设计类题目。为保证设计质量，避免雷同现象发生，按照有关教学要求，每一毕业设计、课程设计的题目的使用年限和同一题目的使用学生人数都有所限制，所以，正确选择和及时更新设计题目就变得十分必要。由于广大指导教师日常工作十分繁忙，难得抽出大量的时间去寻找工程设计题目，而且找到适合的题目就更难，因此，急需大量的工程设计项目来补充设计题目的不足。对于部分新指导教师，还需要进一步了解毕业设计、课程设计的具体要求、选择设计题目、设计任务书、指导书的编写方法以及设计图样的正确画法和设计程序等问题。为帮助广大指导老师做好工程设计类题目的选题工作和解决选题工作可能出现的问题，也为广大指导教师的毕业设计、课程设计选题工作提供方便，使学生做好建筑设备的工程设计类的毕业设计和课程设计，特编写了本书。

本书的前半部分包括设计环节具体教学要求、设计内容和深度要求、设计任务书和指导书的写法、各类设计图样的画法，后半部分是由常用条件参数及数套各类工业与民用建筑、小区建筑组成的选题图库。指导教师可根据设计要求，选择或编写设计任务书、指导书，做出设计阶段的具体时间段安排；再从题库中选出适合设计工作量的工程项目，按照实际需要，重新给出工程地点、气象参数、围护结构做法或传热系数等设计参数，完成设计的选题工作。参照所给标准画法，组织学生做好设计工作。

该书的适用范围非常广，不但适合于建筑环境与设备工程专业、建筑给水排水专业、建筑电气与智能化专业的课程设计和毕业设计选题使用，也适作为建筑学、建筑工程（建筑结构）、物业管理和建筑经济管理等专业进行采暖通风、建筑给排水和建筑电气等课程设计的选题使用，还可以作为CAD制图的练习图集使用。本书可作为设计教师专用设计选题和指导用书使用，也适合作为学生设计辅导用书使用。

随该书配套发行的光盘中，有数例来源于实际工程中不同性质、不同形式的建筑和建筑小区的DWG格式条件图，并经修改、整理、浓缩加工而成，既反映出实际工程的情况，又简化了部分图纸，突出了重点，使之更适合作为进行建筑设备类工程设计的建筑条件图使用，便于大家根据实际需要进行修改和取舍。该图库中的大部分工程，均已完成过采暖通风与空气调节、建筑给水排水及建筑电气的设计，完全具有可操作性，指导教师也可根据建筑物的情况，给出不同的设计条件（例如可给出不同的建设地点、维护结构的不同做法、建筑的不同朝向、不同的室内条件等），使学生的设计题目多样化，还可以根据实际设计要求，任意补充和修改建筑条件图。该光盘中包含毕业设计辅导课件，还包括有设计任务书和指导书式样、工程绘图的基本方法、常用图例、常用设计模块和设计实例等内容，可直接用于毕业设计和课程设计。

本书由邵宗义等编著，参加该书的编写、整理、绘图、审阅工作的主要有：邵宗义、王莉莉、李勐、钱明、杨菲菲、陈红兵、刘蓉、何伟良、李德英、李锐等同志（以上排名不分先后），并对给予本书大力支持的北京建筑工程学院、城市建设工程系、暖燃教研室的同志表示衷心的感谢！

由于时间仓促和编者的学术水平和工程经验有限，书中疏漏之处在所难免，敬请读者批评指正。

目　录

第一章　毕业设计的基本要求

第一节　毕业设计的目的和组织形式

毕业设计是工科大学生毕业前的一项重要实践性教学环节，是对学生能力的综合检验，是使学生将所学基础理论、专业知识与技能加以综合、融会贯通并进一步深化和应用于实际的重要途径。

毕业设计的目的是培养和锻炼学生分析问题和解决实际问题的能力，完成专业工程师的基础训练。通过毕业设计，使学生获得调研、搜集和查阅中外文文献资料、撰写开题报告、勘察测绘、实验研究、设计方案的比较与论证、工程设计、计算机应用、数据分析与处理、编写设计说明、撰写论文或专题报告等的能力和方法。

毕业设计一般由系、教研室负责组织进行，负责聘任指导教师、确定每位学生毕业设计题目、检查和监督毕业设计的各阶段教学环节的实施等。应成立系级和各专业的毕业设计答辩委员会，负责对学生毕业设计进行审阅、答辩和成绩评定工作。

本、专科学生的毕业设计在时间上、深度上、工作量上都有所区别，专科、高职学生的毕业设计更应突出实践技能的培养，可进行工程设计、施工组织等内容，其工作量可适当减少。

第二节　毕业设计的基本要求

一、毕业设计题目的选择

毕业设计题目一般由指导教师提出，教研室审定。学生要求自带实际设计题目时，应事先将设计题目报教研室审批，经教研室讨论研究同意后，由教研室指定指导教师或学生自选教师按照所选题目进行毕业设计。申请到工程设计单位做毕业设计的学生，应事先向教研室提出申请，并将设计题目和设计院指导人员的情况报教研室进行审核，经教研室讨论研究同意后，报院、系有关部门批准后，由学校指导教师和设计院工程技术人员共同进行指导。

毕业设计课题的选择应尽量从专业培养目标出发，满足专业教学和工程师基本训练要求，同时照顾到社会的需求。选择工程设计类题目时，其内容应有利于学生所学知识的综合运用和实践技能的全面训练；选择研究型课题时，应对某些专题进行比较深入的研究，要利于学生巩固、深化和扩展所学知识，利于培养学生独立工作和科研的能力，利于调动学生的积极性。所选题目应尽量反映当前的实际工程技术发展水平，并面向经济建设，结合社会需求、生产实践、科研和实验室的建设任务进行。

毕业设计题目应在相关专业领域内选定，一般以真题真做作为第一选择。题目范围可以是（建设）项目的可行性分析与技术经济论证、规划、设计、施工、监理及有关专题性科研工作，结合来自生产实际、社会需求、科研任务的题目，都是毕业设计优选题目。

(1)“真题真做”是指来自生产实际或管理部门限定时间完成的真实生产任务或研究课题，包括老师承担的科研任务，应以中、小型项目为主。其优点是摆脱了“纸上谈兵”的弊病，学生责任感强，积极性高，有紧迫感，最后能得出一项真实成果，直接为社会、生产和管理使用或参考，故应争取选做该类型题目。但同时要考虑具备下述条件：承担的任务应具有常见的典型性、代表性，基本符合教学要求，合作单位积极配合，原始资料基本齐全和必需的准备工作较为充分；基本上应能在规定的时间内完成，指导教师必须负责到底，按时完成任务或课题。

(2)“真题假做”是指具有生产实际、管理部门的任务或研究课题的真实背景的题目，或称实题，多引自社会需求、生产单位或正在研制的课题，多不受时间等因素限制，既有真实性又能满足全面的综合性训练要求，选择性较大，教师工作比较主动，当成果满足生产单位要求时，可供其采用或参考。

(3)“模拟性题目”也称教学题或模拟题，是根据教学、生产任务、管理项目或研究课题的需要进行的条件假设、环境假设，或根据试验需要进行的模拟等。毕业设计的全过程可以完全按照教学的要求进行，对学生进行一次全面的、系统的综合性训练和考察。

二、毕业设计题目的要求

毕业设计应一人一题，也可以是集体完成一个项目，但在集体项目中必须明确每个学生独立完成的部分。不同的学生可以做同一毕业设计项目，但应做到参数、指标或侧重点不同，避免题目、要求雷同。每个毕业设计题目，原则上最多使用不超过三届，使用人数不超过 8 人，提倡指导教师使用新题目，做到每人一题。

毕业设计应尽量做到既有内业工作，又有外业工作，既有调研、计算、论文写作，又有绘图设计，同时应加强学生计算机应用的训练，以使学生在工作能力和专业技术水平方面得到全面的提高。按照专业培养目标和加强实践环节训练的要求，可结合专业情况，要求学生做出“调研报告”或“开题报告”。

毕业设计所含内容与份量，应使学生在整个毕业设计期间工作量饱满、深度适当，以达到综合运用所学专业知识于实际工程的目的。

三、毕业设计任务的下达

毕业设计目的、任务和要求，应由指导教师以《毕业设计任务书》和《毕业设计指导书》的书面形式下达给学生。

《毕业设计任务书》应将设计任务表述清楚，其内容应包括毕业设计项目名称、课题目的与意义、所给的设计条件、设计成果的要求或应达到的目标、最终提交成果的形式与内容、时间期限、主要参考资料等。

《毕业设计指导书》应是指导教师对学生整个毕业设计阶段工作的重点、要点和方法的指导和点拨，也是出题人对课题理解程度的集中反映，它包括课题的重点和难点的指导提示、阶段性工作要求、检查所掌握的知识重点和具体的时间安排等内容。对不同的题目，指导书有不同的要求，应根据题目的难易程度和最终要求确定指导书的深度，使学生在设计过程中既得到全面的锻炼，又在某些方面得到迅速的提高。

四、毕业设计的具体要求

学生必须认真对待毕业设计，认清其重要性，在毕业设计期间，应听从指导教师的指导，遵守学校或毕业设计所在单位的各项规章制度，严格按毕业设计要求完成毕业设计任务。

学生在毕业设计期间，应按照任务书和指导书所要求的内容、深度标准和时间段进行，要充分发挥其主动性和创造性，抓第一手资料，独立思考，积极工作，团结互助，努力创造出最佳成绩。

在毕业设计过程中，学生应阅读一定量的中、外文文献，在论文或毕业设计成果中应附有外文文献书目及有关译文。

毕业设计所要求的各种文件都必须独立完成，不能抄袭剽窃、弄虚作假或请别人代做，否则以作弊论处，成绩记为不及格，并不得补做。

毕业设计原则上应在学校独立完成，有病、有事应请假，指导教师或学生负责人负责记录学生的考勤，学生也应按照指导教师的要求，完成毕业设计的阶段性工作，并定期向指导教师汇报。

学生所交毕业设计成果的内容与格式必须符合学校的统一要求。

第三节　毕业设计的指导

一、指导的前期准备工作

各教学单位应在学生进入毕业设计的前两个月，明确毕业设计指导教师，并要求指导教师提出毕业设计的题目，提出分组、进度要求等安排意见。指导教师要在毕业设计前半个月完成毕业设计工作方案、进度计划、任务书、指导书的编写工作，以及完成条件图、参考文献资料及其他物质条件的准备工作。首次独立指导毕业设计的青年教师必须提前试作，必要时要经教研室讨论分析甚至答辩，确保毕业设计的质量和顺利进行。

为保证毕业设计的质量，毕业设计的教师应从有一定教学、科研和工程经验的专业技术人员中挑选。

毕业设计的指导教师应以校内技术力量为主，可适当聘请一些经验丰富、水平较高的校外专家或有工程经验的工程技术人员参加指导工作。外聘指导教师应具备国家评审的中、高级专业技术职务任职资格，并从事相关专业技术与管理工作，由其所在单位主管领导同意，可聘为毕业设计指导教师。

参加毕业设计指导教师与学生的比例，一般以1：6～1：8为宜。

二、毕业设计指导原则

每位学生的毕业设计必须在教师的指导下，由学生独立完成，教师必须以足够的时间对学生做实质性的辅导，指导学生制订详细的工作计划，宜采取启发、引导和介绍参考资料等方式，调动学生的积极性和主动性，注重对学生理论联系实际能力的培养，对重点和难点要进行必要的讲解，在增强学生自身动手能力的情况下，指导教师必须加强对其阶段性的检查，检查结果应作为毕业设计结束时评定学生成绩的参考依据之一。指导教师有权终止表现不好、违反纪律学生的毕业设计，成绩按不及格记并及时书面报告有关部门。

在毕业设计期间，指导教师对每个学生的业务指导和检查每周不少于2次，每次不少于半小时。

毕业设计期间学生参观、调研、实验、实习等活动安排由指导教师决定，并事先报告有关领导经批准后方可实施。

毕业设计结束后，指导教师应对学生毕业设计成果进行认真的审阅批改，并根据学生毕业设计水平和工作表现给出书面评语。

根据毕业设计的进程，有关部门将定期或不定期对毕业设计工作进行检查。

三、毕业设计的时间安排

从下达任务书起，毕业设计正式开始。整个毕业设计约为12～18周（各院校可能有所不同，有的院校还包括2～3周的毕业实习时间），学生应按照指导教师的要求，分阶段完成毕业设计任务：

第一阶段，应进行毕业设计的调研、搜集查阅资料、进行毕业实习等工作，完成毕业设计调研报告的初稿，该阶段可穿插进行，大约需要2～3周时间；

第二阶段，学生进行毕业设计的计算、方案初步设计等工作，该阶段大约需要2～3周时间；

第三阶段，指导教师审查初步方案，指导学生确定设计方案，该阶段可随时进行，大约需要在

1周内完成；

第四阶段，学生按照指导教师同意的方案，进行深化设计和绘制施工图；该阶段大约需要3～5周的时间；

第五阶段，学生应在结束前1周左右，提交毕业设计成果，交由评阅人员进行评阅；

第六阶段，指导人员将已审阅完毕的毕业设计成果返回学生，按照指导教师的具体要求修改和补充毕业设计，并准备答辩；该阶段需要0.5～1周的时间；

第七阶段，答辩委员会审阅毕业设计、进行毕业设计小组答辩和大组答辩、最终评定毕业设计成绩，该阶段大约需要1周时间；

第八阶段，指导教师完成评语和最终成绩的评定，上交全部毕业设计档案，毕业设计全部结束。

整个毕业设计的计划时间不得随意调整，不得提前或拖后结束，工作时间内不应安排与毕业设计无关的活动，在整个毕业设计期间，应组织必要的分期检查。

四、毕业设计答辩

1. 毕业设计答辩组织办法

本科生毕业设计成绩必须经毕业答辩以后进行评定，专科或高职学生可采取质疑或答辩等方式评定。学生必须按照指定时间参加毕业答辩。毕业设计答辩一般在校内进行，由毕业设计答辩委员会负责安排。答辩委员会按专业设立，由5～7人组成，设主任1人，委员若干人，秘书1人，下设若干答辩小组，每个小组3～5人，其组成人员包括指导教师和有关专家，有条件的单位还可以请校外工程技术人员参加。专业答辩委员会名单由各系在毕业答辩前一个月报送教务处实验实习科备案、汇总、审核后公布。

2. 答辩程序

答辩小组或答辩委员会可采用抽签或排定的方法，安排好学生答辩次序，一般一个学生答辩总时间以不超过40分钟、不少于30分钟为宜。其中学生宣读毕业设计一般不超过15分钟（包括必要的延长时间），提问、学生回答及辩论一般不超过25分钟。

答辩委员会应根据答辩前评阅学生的毕业设计、调研报告、计算书、说明书、图纸和论文中的情况，以及学生在宣读论文或介绍中出现的问题进行提问，提问的份量和数量适宜。

对申请优秀成绩的毕业设计及有可能不及格的毕业设计应组织公开答辩，具体安排由各单位决定。

对毕业设计答辩，答辩委员会应做好相关记录。

第四节　毕业设计成绩的评定

一、成绩的评定

毕业设计成绩评定标准应主要从下述几个方面综合考虑：

(1) 是否独立按时完成规定的任务，毕业设计成果的质量和水平；

(2) 对于设计题目，要看设计方案是否合理、计算是否正确、绘图质量好坏、毕业设计说明书与论文等文字表达能力、写作能力、查阅和应用中外文资料水平以及设计思想的创新和独到的见解等；

(3) 平时的学习态度、主动性和严谨治学情况、刻苦精神、团队精神，每一阶段性检查是否均符合毕业设计的进度要求；

(4) 出勤情况；

(5) 答辩时，自述情况与回答问题的深浅和正确程度。

成绩评定标准根据有关《学生成绩考核实施细则》按优、良、中、及格、不及格五级评定。应本着实事求是的原则，严格按照标准评定，防止凭印象、照顾迁就和掌握标准过于严厉或过于宽松的现象。在一般情况下，成绩应是正态分布。对评定中的优秀或不及格成绩给予时应慎重，优秀成绩一般不超过学生总数的10%～15%，不及格成绩根据实际发生的情况掌握。

对毕业设计期间表现出色，毕业设计成果有重大创新的和获得各种奖项的，可在良、中、及格、不及格四档中考虑提高一级成绩；在毕业设计过程中工作态度、组织纪律、出勤等情况表现较差者，可以考虑在优、良、中、及格四档中降低一级成绩。

毕业设计成绩的评定方法与步骤如下：

首先，指导教师应对学生毕业设计成果进行认真地审阅，根据学生毕业设计成果及其毕业设计期间的总体表现提出初步的评语和成绩，并明确该生是否可以参加答辩、设计修改合格后可以参加答辩和不准参加答辩的结论；

将毕业设计交由另外聘请的审阅人进行评阅，并提出初步意见和成绩；

毕业设计指导小组或专业教研室集体研究，对指导教师提出的评语和成绩进行补充、修改，连同毕业设计转交答辩小组或答辩委员会。送交校外评阅的毕业设计或论文，对评阅人所提出的问题和建议，可在会上提出或转交答辩委员会处理；

通过毕业设计公开答辩，根据学生答辩所反映出的学术水平和成果水平，由答辩委员会参照毕业设计指导小组的综合评语和成绩，最终确定学生毕业设计的评语和成绩等级，经答辩委员会主任或副主任签字后生效。

二、毕业设计成绩的评定标准

1. 优秀

设计计算说明书：设计方案良好，有特点；设计计算正确；说明书完整、清晰、深入；文字通畅、书写工整。

设计图纸：完整、正确、清晰。

答辩：能准确圆满地回答主要问题，自述清楚。

独立工作能力与工作态度：独立工作能力强，善于查阅和利用技术资料。运用计算机能力强。工作态度认真严谨，表现优良。

2. 良好

设计计算说明书：设计方案合理，设计计算正确；说明书完整、正确、清楚；文字通畅。

设计图纸：较完整、正确、清晰。

答辩：能较圆满地回答主要问题，自述较清楚。

工作态度和独立工作能力：工作态度认真严谨，整体表现良好。有一定的独立工作能力，能查阅和利用技术资料。能运用计算机。

3. 中等

设计方案正确、合理，说明书完整、设计计算正确。

设计图纸较完整。

答辩时能回答主要问题，自述基本清楚。

平时工作态度比较认真，表现良好。基本能独立工作和查阅、利用技术资料。能运用计算机。

4. 及格

设计方案无原则性错误，设计计算基本正确，说明书基本完整。

图纸基本完整，满足毕业设计的最低数量要求。

答辩时基本能回答主要问题，自述尚清楚。

平时工作态度一般，表现一般，尚能独立工作和查阅使用技术资料，运用计算机能力较差。

5. 不及格

以下情况应给予不及格成绩：

未按照毕业设计的进度要求完成设计工作的；

虽完成了毕业设计主要工作，但不能证明是自己独立完成的；

无正当理由，缺勤过多的；

违反毕业设计有关规定或教学管理有关规定，应给予不及格成绩的。

第五节　毕业设计成果的装订和保存

为使毕业设计（论文）成果便于保存和管理，毕业设计封面、说明书（计算书）、论文用纸全部统一规格，一般为A4，并按照规定的顺序装订成册，装入专用档案袋。

毕业设计成果一般按以下顺序装订成册：

(1) 封面；

(2) 成果清单；

(3) 内容摘要；

(4) 目录；

(5) 毕业设计（论文）任务书（加盖公章）；

(6) 正文（设计说明书与计算书、论文）；

(7) 参考文献、参考资料目录；

(8) 其他要求装订在说明书中的附件。

以下内容应单独装订并放入毕业设计档案袋内：

(9) 毕业设计（论文）指导书（加盖公章）；

(10) 调研报告；

(11) 译文；

(12) 附录：图纸或作为论文内容的调研报告（图纸亦按照规定折成A4规格大小装袋）；

(13) 光盘（存放论文的电子版及程序）；

(14) 毕业设计（论文）评分手册。

每个档案袋，都应注明学生姓名、学号、班级号、毕业设计题目等信息，便于查找。

毕业设计答辩安排、答辩记录、成绩评定和统计数据等资料，应作为教学档案文件立卷整理，由各单位进行保存，存期不少于5年。

毕业设计资料作为重要的教学文件，应建立严格的借阅制度，防止在保存期内损坏和丢失。

第二章 毕业设计图纸内容与深度要求

为保证工程的设计质量和国家相关政策的贯彻执行，建设部出台了实施施工图审图制度的文件（建设（2000）41号《建筑工程施工图设计文件审查暂行办法》），加强了对“强制执行条款”执行情况的审查和施工图设计深度的审查。随着审图制度在全国范围内的全面实施，对设计图纸质量提出了更高的要求，毕业设计也应适应当前形势的要求，努力提高毕业设计图纸的质量。

毕业设计的图纸一般应包括首页、主要设计图纸、详图和大样图、剖面图、系统图等，按设计题目的不同，所绘图纸也有所不同。下面是按照常规的设计方法提出的有关设计图纸的内容要求，供参考，指导教师也可根据实际情况，对图纸内容做出具体要求。

第一节 室内采暖通风与空调系统的设计

对室内暖通设计而言，主要图纸一般包括首页、首层设备设计平面、标准层设备设计平面、顶层设备设计平面以及大样图、剖面图、系统图等。

一、图纸首页内容

图纸首页内容包括：设计说明（建筑概况、设计方案概述、设计说明、主要设计参数的选择、设计依据、施工时应注意的事项）、图例、主要设备表等，还包括简单设计的图纸目录等内容，是设计图纸中重要的一项。

首页中的设计说明，应介绍设计概况和暖通空调室内外设计参数：热源、冷源情况，热媒、冷媒参数，采暖热负荷、耗热量指标及系统总阻力，空调冷热负荷、冷热量指标，系统形式和控制方法。必要时，需说明系统的使用操作要点，例如空调系统季节转换、防排烟系统的风路转换等，采暖系统还应说明散热器型号。施工说明应介绍设计中使用的材料和附件、连接方法、系统工作压力和特殊的试压要求等，如与施工验收规范相符合，可不再标注。说明中还应介绍施工安装要求及注意事项。当首页内容1张图纸不够时，可以根据实际情况对首页内容进行分割，确定使用图纸数量，图名可单独起，也可仍称为首页。大型工程可单独设置设备首页，列出设备编号、设备名称、设备型号、设备规格、单位、数量等内容。有些简单的设计中的首页中还包括图例、图纸目录以及设备表等。

二、其他图纸的内容

室内暖通设计中主要图纸的内容还应包括：每层的设备布置平面图、管线平面图、空调风平面图、空调水平面图或新风平面图、排风平面图等设计平面图；空调机房大样、设备安装大样等详图；局部剖面、机房剖面、设备剖面等剖面图；空调风系统、空调水系统和采暖系统等系统图。

三、图纸深度要求

1. 平面图

（1）平面图应绘出建筑轮廓、主要轴线号、轴线尺寸、室内外地面标高、房间名称。首层平面图上应绘出指北针。

（2）采暖平面图应绘出散热器位置，注明片数或长度，采暖干管及立管位置、编号，管道的阀门、放气、泄水、固定支架、补偿器、入口装置、减压装置、疏水器、管沟及检查人孔位置。注明干管管径及标高、坡度。二层以上的多层建筑，其建筑平面相同的，采暖平面二层至顶层可合用一张图纸，散热器数量应分层标注。当采用低温地板辐射采暖时，还应按房间标注出管道、发热电缆的定位尺寸、管（线）长度、管径或发热电缆规格、管线间距以及伸缩缝的位置等。当地板采暖由厂家设计、施工时，图中应标出该房间的设计温度、设计热负荷等参数，供厂家使用。当采用分户计量时，应标出热表位置，必要时，应画大样图表述。

(3) 通风、空调平面图应用双线绘出风管，单线绘出空调冷热水、凝结水等管道。图纸应标注风管尺寸、标高及风口尺寸（圆形风管注中管径、矩形风管注明宽×高），还应标注水管管径及标高以及各种设备及风口安装的定位尺寸和编号，还应注明消声器、调节阀、防火阀等各种部件位置及风管、风口的气流方向。当建筑装修未确定时，风管和水管可先画出单线走向示意图，注明房间送、回风量或风机盘管数量、规格，待建筑装修确定后，再按规定要求绘制平面图。对改造工程，由于现场情况复杂，可暂不标注详细定位尺寸，但要给出参考位置。

2. 大样详图

大样详图表示采暖、通风、空调、制冷系统的各种设备及零部件施工安装做法，当采用标准图集时，应注明采用的图集、通用图的图名、图号及页码。凡无现成图纸可选，且需要交待设计意图时，需绘制详图。简单的详图，可就图上引出，在该图空白处绘制。设备、管件等制作详图或安装复杂的详图应单独绘制。

3. 系统图或立管图

系统图或立管图能表现出系统与空间的关系，又称为透视图。当平面图不能表示清楚时应绘制透视图，比例宜与平面图一致，按 45°或 30°轴测投影绘制。多层、高层建筑的集中采暖系统，可绘制采暖立管图，并应进行编号。上述图纸应注明管径、坡向、标高、散热器型号和数量等。空调的供冷、供热分支水路采用竖向输送时，也应绘制立管图，并编号，还需注明管径、坡向、标高及空调器的型号等。

4. 剖面图或局部剖面图

剖面图或局部剖面图，表示风管或管道与设备连接交叉复杂的部位关系。图中应表示出风管、水管、风口、设备等与建筑梁、板、柱及地面的尺寸关系以及注明风管、风口、水管等的定位尺寸和标高、气流方向及详图索引编号。

第二节　室内给水排水设计

一、首页的内容

图纸首页的内容应包括设计说明、设计依据简述、给排水系统概况、主要的技术指标（如最高日用水量、最大时用水量、最高日排水量、最大时热水用水量、耗热量、循环冷却水量、各消防系统的设计参数及消防总用水量等）、控制方法等，还应有运转和操作说明。凡不能用图示表达的施工安装要求等内容，均应以设计说明表述，有特殊需要说明的可分别列在有关图纸上。首页内容还应包括图例、图纸目录和设备表。

二、主要平面图的内容

(1) 绘制给水排水、消防给水管道等平面布置图时，图中应包括主要轴线编号、房间名称、用水点位置、管道平面布置、立管位置及编号，并注明各种管道的编号或图例，首层还应绘出指北针；当采用展开系统原理图时，应标注管道管径和标高，其中给水管道在高度变化处应分别标出两侧标高，排水横管应标注管道终点标高或控制点标高；管道密集处还应在该平面图中画横断面图将管道布置定位表示清楚；底层平面应注明引入管、排出管、水泵接合器等与建筑物的相对定位尺寸、穿越建筑外墙管道的标高、防水套管形式等，标出各楼层建筑平面标高（如卫生设备间平面标高有不同时，应另加标注），若管道种类较多，在一张图纸上表示不清楚时，可分别绘制给水排水平面图和消防给水平面图；对于给排水设备及管道较多处，如泵房、水池、水箱间、热交换器站、饮水间、卫生间、水处理间、游泳池、报警阀门、气体消防贮瓶间等，当上述平面交代不清楚时，应绘出局部放大平面图。绘制消防平面图时，除标出消防给水设备外，还应标出灭火器放置地点、数量和规格。

(2) 绘制给水泵房、消防泵房、游泳池泵房平面布置图时，应标明水池、水泵、热交换间、水箱间、水处理间的位置及相对关系，大平面图还应标注游泳池、水景、冷却塔等的位置等，管道的标高、坡度及仪表连接点等也应标注清楚。

(3) 绘制给水系统、排水系统、各类消防系统、循环水系统、热水系统、中水系统等系统轴测图或原理图时，一般宜按比例分别绘出各种管道系统轴测图。图中表明管道走向、管径、仪表及阀门、控制点标高和管道坡度、各系统编号、各楼层卫生设备和工艺用水设备的连接点位置等。如各层或某几层的卫生设备及用水点、排水点接管情况完全相同时，在系统轴测图上可只绘一个有代表性楼层接管图，其他各层注明同该层即可，复杂的连接点应局部放大绘制。在系统轴测图上，应注明建筑楼层标高、层数、室内外建筑平面标高差。卫生间管道应绘制轴测图。对于用展开系统原理图将设计内容表达清楚的，可绘制展开系统原理图，图中标明立管和横管的管径、立管编号、楼层标高、层数、仪表及阀门位置、各系统管道编号、各楼层卫生设备和工艺用水设备的连接位置、排水管立管检查口、通风帽等距楼（地）板高度值等。

(4) 当自动喷水灭火系统在平面图中已将管道管径、标高、喷头间距和位置标注清楚时，可简化表示从水流指示器至末端试水装置（试水阀）等阀件之间的管道和喷头。简单管段在平面上注明管径、坡度、走向、进出水管位置及标高，可不绘制系统图。

(5) 当建筑物内有提升、调节或小型局部给排水处理设施时，可绘出其绘制局部设施图，包括平面图、剖面图（或轴测图），或注明引用的详图、标准图号等。当特殊管件无定型产品又无标准图可利用时，应绘制详图。主要设备、器具、仪表及管道附、配件可在首页或相关图上列表表示。

第三节　冷、热源设计

对冷、热源设计而言，主要图纸一般包括首页、冷热源设备平面图、冷热源管线平面图、节点大样图、剖面图、系统图或流程图等。

一、热源设计

1. 锅炉房、直燃机房设计

设计锅炉房、直燃机房设计应绘出设备平面布置图，注明设备定位尺寸及设备编号，绘出煤、汽、水、风、烟、渣等管道平面图，并注明管道阀门、补偿器、管道固定支架的安装位置以及就地安装的测量仪表位置等，并注明各种管道管径、定位尺寸及安装标高，必要时还应注明管道坡度及坡向。对规模较大的锅炉房还应绘出主要设备剖面图，当管道系统复杂时，还应绘出管道布置剖面图。绘制热力系统图时，应绘出设备、管道的工艺流程，标出测量仪表设置的位置，按本专业制图规定注明符号、管径及介质流向，并注明设备名称或设备编号。在需要时，根据工程情况还应绘出机械化运输平面、剖面布置图、设备安装详图、非标准设备制造图或设备的制作条件图等。

2. 热交换站、气体站房和汽（柴）油发电机房设计

设计热交换站、气体站房和汽（柴）油发电机房时，除绘制设备和管道平面布置图、剖面图外，还应绘制系统图；对燃气调压站和瓶组站也应绘制透视图，并注明标高。当管道系统较复杂时，还

应绘出管道布置剖面图，图纸内容和深度参照锅炉房剖面图的有关要求。

二、空调、制冷机房设计

1. 平面图

(1) 通风、空调、制冷机房的平面图，应根据需要增大比例，使图面能够将设计内容表述清楚，应绘出冷水机组、新风机组、空调器、循环水泵、冷却水泵、通风机、消声器、水箱、冷却塔等通风、空调、制冷设备的轮廓位置及设备编号，注明设备和基础距离墙或轴线的尺寸，绘出连接设备的风管、水管位置及走向，注明尺寸、管径、标高。标注出机房内所有设备和各种仪表、阀门、柔性短管、过滤器等管道附件的位置。

(2) 通风、空调、制冷机房剖面图用来表达复杂管道的相对关系及竖向位置关系，绘制时应标出机房平面图的设备、设备基础、管道和附件的竖向位置、竖向尺寸和标高。图中还应标注连接设备的管道位置、尺寸、设备和附件编号以及详图索引编号等。

2. 系统流程图

复杂系统的管道连接关系应绘制系统流程图表示，对于热力、制冷、空调冷热水系统及复杂的风系统也应绘制系统流程图，并在流程图上应绘制出设备、阀门、控制仪表、配件的前后关系，标注出介质流向、管径及设备编号等。流程图可不按比例绘制，但管路分支应与平面图相符。

3. 控制原理图

控制原理图表明系统的控制要求和必要的控制参数，当空调、制冷系统有监测与控制时，应有控制原理图，图中以图例绘出设备、传感器及控制元件位置，说明系统的控制要求和必要的控制参数。

第四节　室外管网设计

一、图纸的内容

对室外管网设计而言，主要图纸一般包括首页、外网设计总平面图、管网横、纵断图、节点大样图、剖面图、系统图等。

二、平面图

对于室外管网设计，应先绘制管道平面布置图，工程较复杂时，可分别绘制管沟、管架平面布置和管道平面布置图，图中表示出管线支座（架）、补偿器、检查井等的定位尺寸或坐标，并分别注明编号，管线长度及规格、介质代号。给水管网还应标注阀门位置、分支位置以及埋深和标高，排水管网还应标出化粪池、隔油池、汇流井、跌落井位置以及管道的埋深和标高。

三、纵断面图

地形较复杂的地区应绘制管道纵断面展开图，图中应标出管段编号、管段平面长度、设计地面标高、沟底标高、管道标高、地沟断面尺寸、坡度、坡向等，直埋敷设时注明填砂沟底标高、架空敷设时应注明柱顶标高。纵断面图同时应表示出放气阀、泄水阀、疏水装置和就地安装测量仪表等设施的位置。排水管道还应标注管径、坡度、充满度等。简单项目及地势平坦处，可不绘管道纵断面图而在管道平面图主要控制点直接标注或列表说明，如设计地面标高、管道敷设高度（或深度）、管径、坡度、坡向、地沟断面尺寸等。管道纵断面图的比例：纵向为1：500或1：1000，竖向1：50。

四、横断面图

管道系统简单或地势较平时，可用检查井、管道平面布置图来代替横断面图，当管道系统较复杂时，仍应绘制横断面，并表示出管道直径、保温厚度、两管中心距等数据，直埋敷设管道应标出填砂层厚度及埋深等。

五、检修平台、节点详图

必要时应绘制检查井或管道操作平台、管道及附件的节点详图以及排水跌落井等的节点详图。

六、设备表

主要设备表按照子项分别列出主要设备的名称、型号、规格参数、数量和备注栏等。

总之，做一个毕业设计，需要绘制的图纸很多，指导教师和学生可根据实际情况进行侧重选择和取舍。毕业设计图纸应力求充分表达设计意图，布图均匀，线条适宜，字体大小合适，图面美观简洁，不得漏缺必要的数据或说明。

第五节　毕业设计常用规范和参考资料

一、暖通空调设计常用设计规范、行业标准

1.《采暖通风与空气调节设计规范》(GB50019—2003)
2.《高层民用建筑设计防火规范》(GB50045—95)(2005 年局部修订)
3.《建筑设计防火规范》(GBJ16—87)(2001 年局部修订)
4.《民用建筑热工设计规范》(GB50176—93)
5.《民用建筑节能设计标准(采暖居住建筑部分)》(JGJ26—95)
6.《公共建筑节能设计标准》(GB50189—2005)
7.《夏热冬冷地区居住建筑节能设计标准》(JGJ134—2001)
8.《建筑给水排水及采暖工程施工质量验收规范》(GB50242—2002)
9.《通风与空调工程施工质量验收规范》(GB50243—2002)
10.《地板辐射供暖技术规程》(JGJ142—2004)
11.《城市燃气设计规范》2002 版(GB50028—93)
12.《输气管道工程设计规范》(GB50251—2003)
13.《洁净厂房设计规范》(GB50073—2001)
14.《冷库设计规范》(GB50072—2001)
15.《暖通空调制图标准》(GB/T50114—2001)
16.《采暖通风与空气调节术语标准》(GB50155—92)
17.《工业锅炉安装施工及验收标准》(GB50273—98)
18.《制冷设备、空气分离设备安装工程施工及验收规范》(GB50274—98)
19.《压缩机、风机、泵安装工程施工及验收标准》(GB50273—98)
20.《地源热泵系统工程技术规范》(GB50366—2005)
21. 其他专项建筑设计规范、专门建筑的设计规范
22. 当地法规、技术标准、规章制度等

二、暖通空调专业常用技术措施、设计手册

1.《全国民用建筑工程设计技术措施——暖通空调·动力》

2.《北京市建筑设计技术细则——设备专业》
3.《建筑工程设计编制深度实例范本——暖通空调》
4.《民用建筑工程暖通空调及动力施工图设计深度图样》
5.《实用供热空调设计手册》
6.《采暖通风设计手册》
7.《空调设计手册》
8.《锅炉房设计手册》
9.《新编供热设计手册》
10. 其他相关设计手册

三、暖通空调专业常用标准图集和参考图集

1.《建筑设备施工安装通用图集》(91SB 系列，新版). 华北地区建筑设计标准化办公室 2005
2.《国家建设标准设计图集》(暖通空调 K). 中国建筑标准设计研究所 2002
3.《建筑工程设计施工系列图集——采暖 卫生 给排水 燃气工程》
4.《民用建筑工程暖通空调及动力施工图设计深度图样》. 中国建筑标准设计研究所 2004
5.《集中供暖住宅分户热计量系统设计实例》
6. 国标系列专项图集数十种
7.《建筑供热采暖设计图集》
8.《建筑通风空调设计图集》
9.《建筑给排水设计图集》
10.《冷热源与外线工程设计图集》
11.《民用建筑暖通及给排水设计实例》
12. 各种设计实例或图集

四、建筑给水排水设计常用规范、措施和图集

1.《建筑给水排水设计规范》(GB50015—2003)
2.《建筑给水排水及采暖工程施工质量验收规范》(GB50242—2002)
3.《给水排水管道工程施工及验收规范》(GB50268—97)
4.《高层民用建筑设计防火规范》(GB50045—95)(2005 年局部修订)
5.《建筑设计防火规范》(GBJ16—87)(2001 年局部修订)
6.《自动喷水灭火系统设计规范》(GB50084—2001)
7.《自动喷水灭火系统施工及验收规范》(GB50261—2003)
8.《给排水制图标准》(GB50106—2001)
9.《城市居民生活用水标准》(GB50331—2002)
10.《给排水设计手册》
11.《全国民用建筑工程设计技术措施——给水排水》
12.《北京市建筑设计技术细则——设备专业》. 北京市建筑设计标准化办公室出版
13.《建筑工程设计编制深度实例范本——给水排水》
14.《民用建筑工程给水排水施工图设计深度图样》. 中国建筑标准设计研究所
15.《给水排水施工安装图集》(91SB 系列)
16. S 系列给水排水施工安装图集
17.《建筑给排水设计图集》
18.《民用建筑暖通及给排水设计实例》

第三章　毕业设计的制图标准

工程图纸，通常被称为是“工程技术人员的语言”，图样的正确与否，将直接影响到专业的沟通。国家颁布了建筑类相关专业的制图标准，其目的就是为了统一“工程语言”，正确地绘制工程图样。

由于多数建筑类毕业设计的最终成果之一是工程图纸，因此，掌握正确的绘图方法就变得十分重要。

第一节　制图标准

一、线型和线宽

图线的基本宽度 b 和线宽组，应根据图样的比例、类别及使用方式确定，其基本宽度 b 宜选用 0.18、0.35、0.5、0.7、1.0mm。图样中仅使用两种线宽的情况，线宽组宜为 b 和 $0.25b$，图中有三种线宽时，宜选 b、$0.5b$ 和 $0.25b$。如表 3-1 所示。

线宽表　　表 3-1

线宽组	线宽（mm）			
b	1.0	0.7	0.5	0.35
$0.5b$	0.5	0.35	0.25	0.18
$0.25b$	0.25	0.18	(0.13)	—

建筑设备专业制图采用的线型及其含义，宜符合表 3-2 的规定。

线型及其含义　　表 3-2

名称		线型	线宽	一般用途
实线 continuous	粗		b	主要可见轮廓线
	中		$0.5b$	可见轮廓线
	细		$0.25b$	可见轮廓线、图例线
虚线 dashed	粗		b	见各有关专业制图标准
	中		$0.5b$	不可见轮廓线
	细		$0.25b$	不可见轮廓线、图例线
单点长画线 long dashed dotted	粗		b	见各有关专业制图标准
	中		$0.5b$	见各有关专业制图标准
	细		$0.25b$	中心线、对称线等
双点长画线 long dashed double-dotted	粗		b	见各有关专业制图标准
	中		$0.5b$	见各有关专业制图标准
	细		$0.25b$	假想轮廓线、成型前原始轮廓线
折断线（break line） lines with zigzags			$0.25b$	断开界线
波浪线 continuous freehand			$0.25b$	断开界线

二、比例

总平面图、平面图的比例，宜与工程项目设计的主导专业一致，其余可按表 3-3 选用。

比例 表 3-3

图　名	常用比例	可用比例
剖面图	1：50、1：100、1：150、1：200	1：300
局部放大图、管沟断面图	1：20、1：50、1：100	1：30、1：40、1：50、1：200
索引图、详图	1：1、1：2、1：5、1：10、1：20	1：3、1：4、1：15

三、图样排序

每个专业的设计图纸编号应相对独立，同一套工程设计图纸中，图样线宽、图例、符号等应一致。在工程设计中，宜依次表示图纸目录、选用图集（纸）目录、设计施工说明、图例、设备及主要材料表、总图、工艺图、系统图、平面图、剖面图、详图等。如单独成图时，其图纸编号应按所述顺序排列；一张图幅内绘制平、剖面等多种图样时，宜按平面图、剖面图、安装详图，从上至下、从左至右的顺序排列；当一张图幅绘有多层平面图时，宜按建筑层次由低至高，由下至上的顺序排列。

初步设计和施工图设计的设备表至少应包括序号或编号、设备名称、技术要求、数量、备注栏；材料表至少应包括序号（或编号）、材料名称、规格或物理性能、数量、单位、备注栏。

第二节　图样的画法

一、平面、剖面图表示方法

管道和设备布置平面图、剖面图应以直接正投影法绘制。用于暖通、空调、给排水系统设计的建筑平面图、剖面图，应用细实线绘出建筑轮廓线和与暖通空调系统有关的门、窗、梁、柱、平台等建筑构配件，并标明相应定位轴线编号、房间名称、平面标高。

管道和设备布置平面图应按假想除去上层板后俯视规则绘制，否则应在相应垂直剖面图中表示平剖面的剖切符号，如图 3-1 所示。

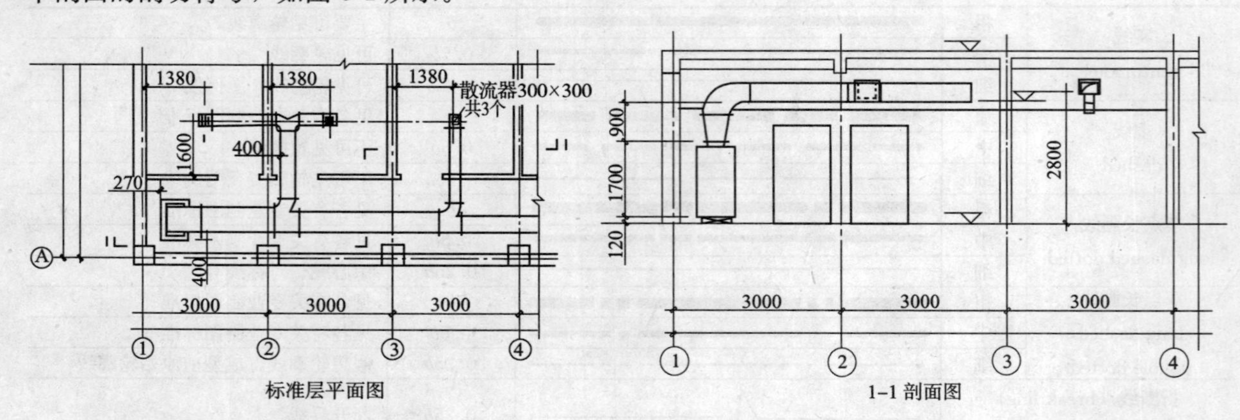

图 3-1　平、剖面图示例

剖视的剖切符号应由剖切位置线、投射方向线及编号组成，剖切位置线和投射方向线均应以粗实线绘制，断面的剖切符号用剖切位置线和编号表示。

平面图上应注出设备、管道定位（中心、外轮廓、地脚螺栓孔中心）线与建筑定位（墙边、柱边、柱中）线间的关系；剖面图上应注出设备、管道（中、底或顶）标高。必要时，还应注出距该层楼（地）板面的距离。

建筑平面图采用分区绘制时，暖通空调专业平面图也可分区绘制。但分区部位应与建筑平面图一致，并应绘制分区组合示意图。

剖面图应在平面图上尽可能选择反映系统全貌的部位垂直剖切后绘制。当剖切的投射方向为向下和向右且不致引起误解时，可省略剖切方向线。

平面图、剖面图中的水、汽管道可用单线绘制，风管不宜用单线绘制（方案设计和初步设计除外）。

平面图、剖面图中的局部需另绘详图时，应在平、剖面图上标注索引符号。索引符号的画法如图 3-2 所示，右图为引用标准图或通用图时的画法。为表示某一（些）室内立面及其在平面图上的位置，应在平面图上标注内视符号。内视符号画法如图 3-3 所示。

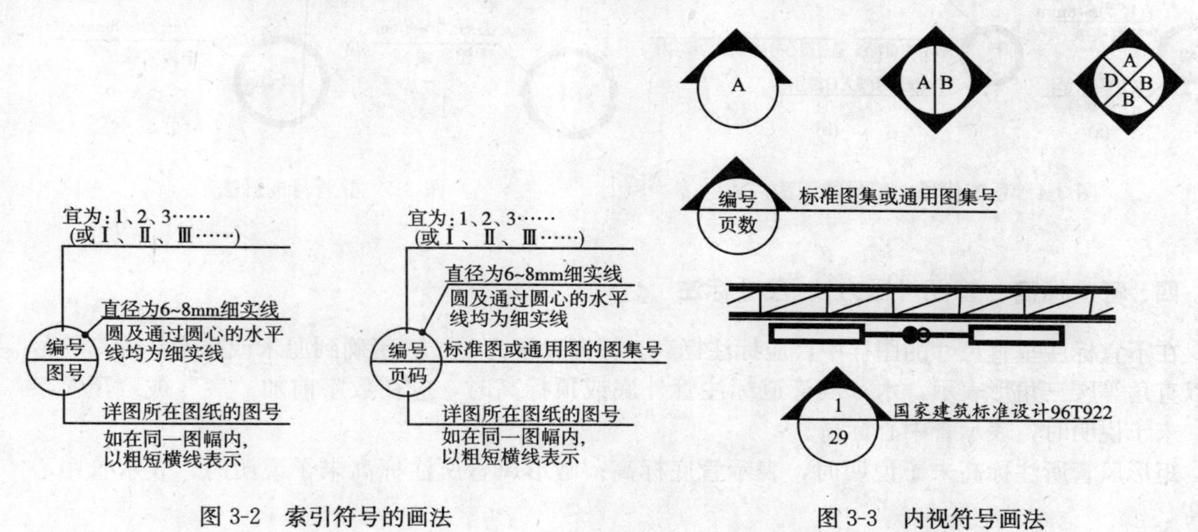

图 3-2　索引符号的画法　　　　图 3-3　内视符号画法

二、管道系统图、原理图画法

管道系统图应能确认管径、标高及末端设备，可按系统编号分别绘制。管道系统图宜采用轴测投影法绘制。系统图中管线重叠、密集处，可采用断开画法。断开处宜以相同的小写拉丁字母表示，也可用细虚线连接。

水、汽管道及通风、空调管道系统图均可用单线绘制。

室外管网工程设计宜绘制管网总平面图和管网纵剖面图。画法应按国家现行标准《供热工程制图标准》（QJ/T 78—97）执行。

三、系统编号

一个工程设计中同时有供暖、通风、空调等两个及以上的不同系统时，应进行系统编号。暖通空调系统编号、入口编号，应由系统代号和顺序号组成。系统代号由大写拉丁字母表示，顺序号由阿拉伯数字表示，见表 3-4 所示。系统代号、编号的画法见图 3-4，当一个系统出现分支时，可采用图 3-5 所示的画法。

表 3-4

系统代号

序　号	字母代号	系统名称	序　号	字母代号	系统名称
1	N	（室内）供暖系统	9	X	新风系统
2	L	制冷系统	10	H	回风系统
3	R	热力系统	11	P	排风系统
4	K	空调系统	12	JS	加压送风系统
5	T	通风系统	13	PY	排烟系统
6	J	净化系统	14	P（Y）	排风及排烟系统
7	C	除尘系统	15	RS	人防送风系统
8	S	送风系统	16	RP	人防排风系统

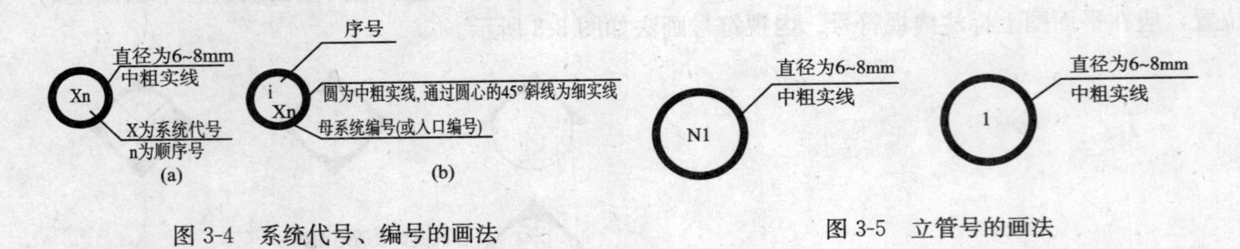

图 3-4　系统代号、编号的画法　　　　图 3-5　立管号的画法

四、管道标高、管径（压力）、尺寸标注

在不宜标注垂直尺寸的图样中，应标注标高。标高以米为单位，精确到厘米或毫米。标高符号应以直角等腰三角形表示，水、汽管道标注管外底或顶标高时，应在数字前加“底”或“顶”字样，未予说明时，表示管中心标高。

矩形风管所注标高未予说明时，表示管底标高；圆形风管所注标高未予说明时，表示管中心标高。

低压流体输送用焊接管道规格应标注公称通径或压力。公称通径的标记由字母“*DN*”后跟一个以毫米表示的数值组成，如 *DN*15、*DN*32；公称压力的代号为“*PN*”。输送流体用无缝钢管、螺旋缝或直缝焊接钢管、铜管、不锈钢管，当需要注明外径和壁厚时，用“*D*（或 ϕ）外径×壁厚”表示，如“*D*108×4”、“ϕ108×4”。在不致引起误解时，也可采用公称通径表示。金属或塑料管用“*d*”表示，如“*d*10”。圆形风管的截面定型尺寸应以直径符号“ϕ”后跟以毫米为单位的数值表示。矩形风管（风道）的截面定型尺寸应以“A×B”表示。“A”为该视图投影面的边长尺寸，“B”为另一边尺寸。A、B 单位均为毫米。

平面图中无坡度要求的管道标高可以标注在管道截面尺寸后的括号内，如“*DN*32（2.50）”、“200×200（3.10）”。必要时，应在标高数字前加“底”或“顶”的字样。

水平管道的规格宜标注在管道的上方；竖向管道的规格宜标在管道的左侧。双线表示的管道，其规格可标注在管道轮廓线内。如图 3-6 所示。

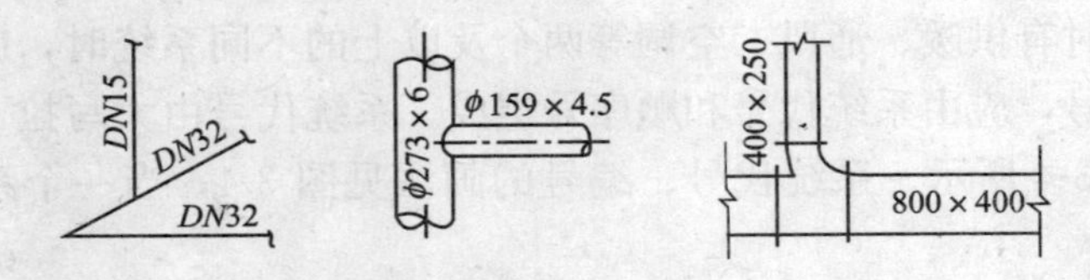

图 3-6　管道截面尺寸的画法

当斜管道不在图 3-7 所示 30°范围内时，其管径（压力）、尺寸应平行标注在管道的斜上方。也可如图 3-7 用引出线水平或 90°方向标注，多条管线的规格标注方式见图 3-8，风口、散流器的规格、数量及风量的表示方法如图 3-9 所示。

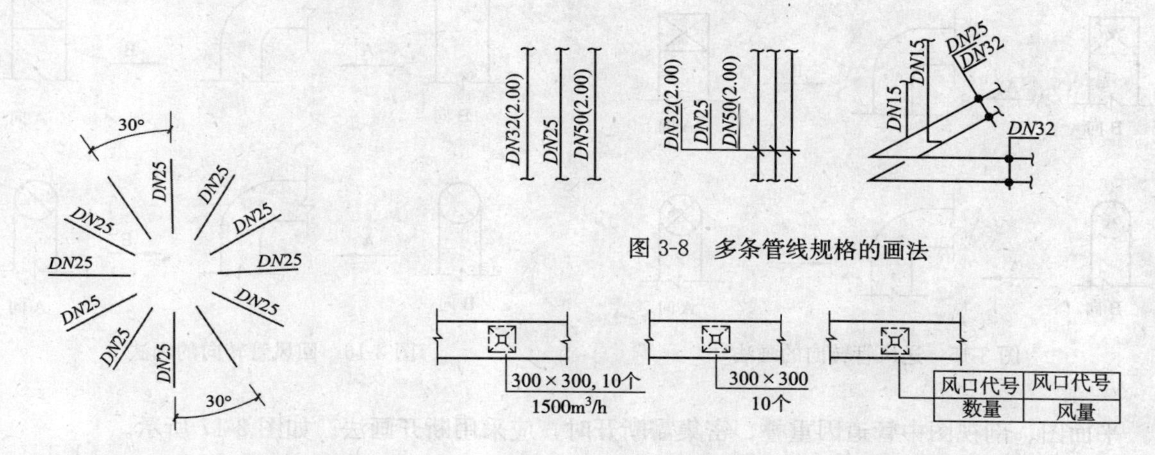

图 3-8　多条管线规格的画法

图 3-7　管径（压力）的标注位置示例

图 3-9　风口、散流器的表示方法

平面图、剖面图上如需标注连续排列的设备或管道的定位尺寸或标高时，应至少有一个自由段，如图 3-10 所示。

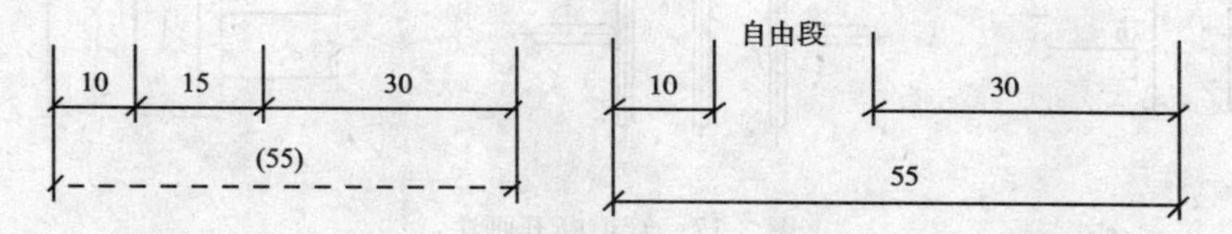

图 3-10　定位尺寸的表示方式

注：括号内数字应为不保证尺寸，不宜与上排尺寸同时标注

五、管道转向、分支、重叠及密集处的画法

单线管道转向的画法如图 3-11 所示，双线管道转向的画法如图 3-12 所示，单线管道分支的画法如图 3-13 所示。

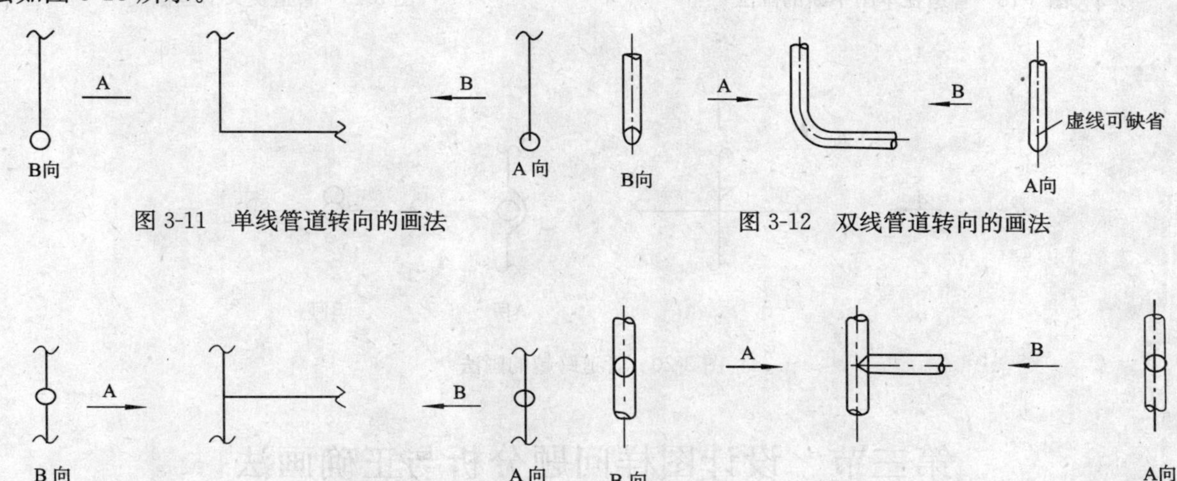

图 3-11　单线管道转向的画法

图 3-12　双线管道转向的画法

图 3-13　单线管道分支的画法

图 3-14　双线管道分支的画法

双线管道分支的画法如图 3-14 所示，送风管转向的画法如图 3-15 所示，回风管转向的画法如图 3-16 所示。

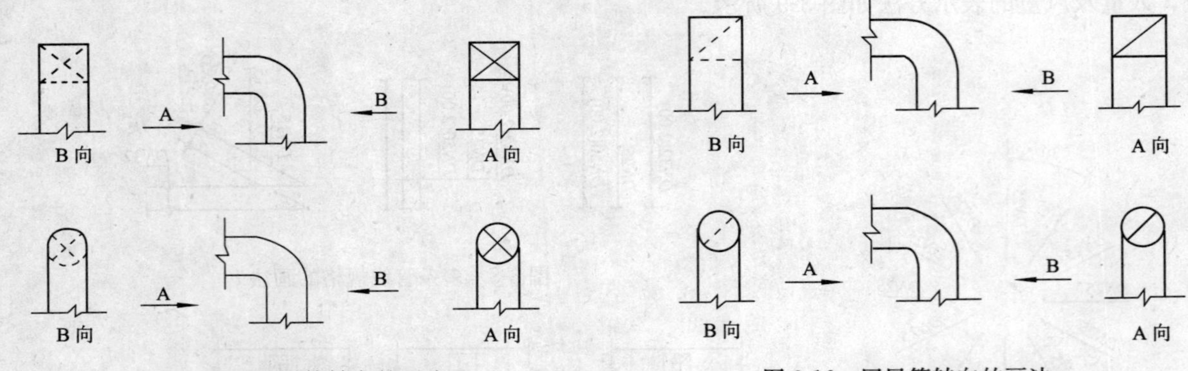

图 3-15　送风管转向的画法　　　图 3-16　回风管转向的画法

平面图、剖视图中管道因重叠、密集需断开时，应采用断开画法。如图 3-17 所示。

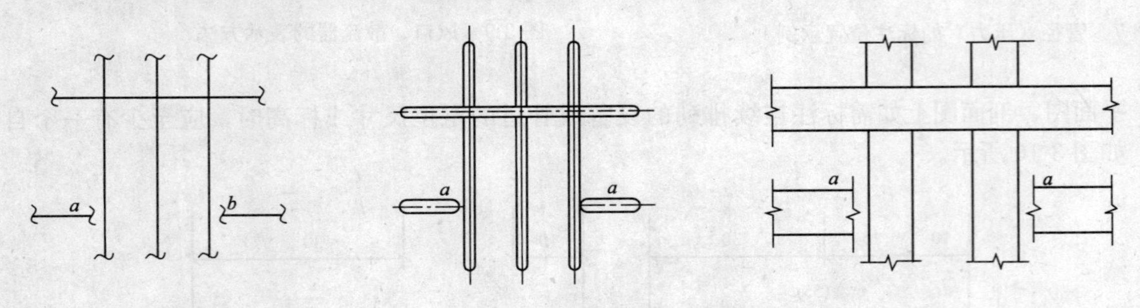

图 3-17　管道断开画法

管道在本图中断，转至其他图面表示（或由其他图面引来）时，应注明转至（或来自）的图纸编号，如图 3-18 所示。管道交叉的画法如图 3-19 所示，管道跨越的画法如图 3-20 所示。

图 3-18　管道在本图中断的画法　　　图 3-19　管道交叉的画法

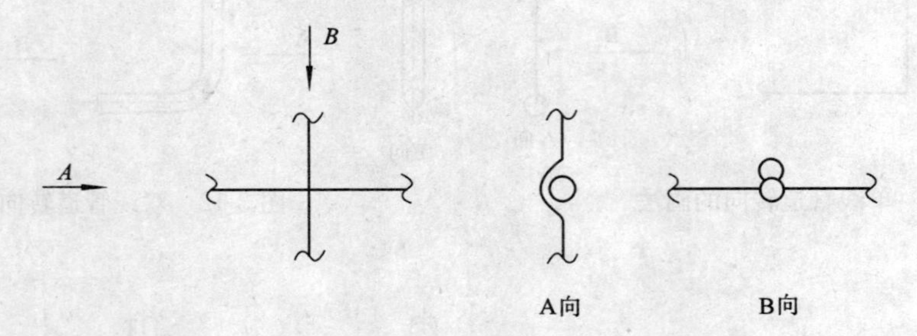

图 3-20　管道跨越的画法

第三节　设计图样问题分析与正确画法

设计图样是工程设计类毕业设计、课程设计的重要组成部分和主要成果之一，其图面绘制质量的好坏，直接影响到设计成果，因此，必须引起高度重视。

一、设计图样的通病分析

许多同学上交的毕业设计图样，图面布局不合理、字体大小不一、线型使用不当、图面重点不突出。分析图样的问题，主要表现在以下几个方面：

1. 图面布局不合理

对于单一平面图而言，主要是图面有效内容占据图面的位置不合理造成的，不是“天”留的多，就是“地”留的广，造成整个图面重心偏移，给人以不对称的感觉，对于不规则型的建筑，这种现象尤为突出。

对于由几个图形组成的图样来讲，各图所占的位置不合理，大小不统一，给人以失衡的感觉；而有些图纸本身组合就是不合理的，将内容不相干的图样组合在一张图样上，或将比例悬殊的图样组合在一起，这些本身也是不符合建筑制图要求的。

2. 图纸字体大小不协调

很多同学的图纸上，字体大小不协调，同一张图纸上，有的字很大，有的字却很小看不清，同样的尺寸线标注，有的字大，有的字小，图面极不协调。造成这种现象的主要原因，是对 CAD 软件有关字体、标注的初始设计应用不熟悉，或在使用专业制图软件绘图时，对字体的设置不熟悉。在许多同学的首页图纸上，设计说明的字体、图纸目录的字体与设备表的字体均不协调，造成图面美观性较差。应按照图纸绘制的有关规定设置字体的大小。图中字体的大小与图样的大小无太大关系，一般是采用固定大小。

3. 图框及图鉴使用不规范

图样的图框是按照图面大小和出图比例直接套用的，一般 CAD 软件中都有此功能，由于图框的边线的线形粗细的设置是一定的，不能随意改变，这样的图框与图样配合才美观，否则，就会造成图框过粗或过细，使图面很难看。

另外，图鉴和标题栏的大小也都是固定的，不管图纸是几号图，其标题栏的大小都应该是一样的。

4. 图样绘制使用图层不合理

常规的绘图应根据不同的设计要求使用不同的图层。许多学生绘图时只使用少数图层，甚至只使用一个图层绘制设计图纸，这样做的结果就使得图纸在后期处理时产生麻烦，无法将主要的线条（如管线等）进行加粗，造成图样无法突出重点，图纸修改起来也相当困难。

5. 图纸线形、图例使用不合理

使用线形、图例一般应按照有关专业制图标准选用。个别学生图面上随意自行创造使用的图例、线形，且不在图例中标出，造成图纸表述不清。在使用虚线、点画线等非实体线形时，没有注意该线形的实际应用比例，造成虚线不能正常显示，图面表述不清，也没有层次。后期打图时也难以处理。

6. 图样绘制比例不合适

由于毕业设计有一定的图纸量要求，有些学生就将三号图放大出成二号图，二号图放大出成一号图进行凑数，这就造成图面比例失调，图纸难看。还有的同学在画系统图、轴测图时，比例选择不对，也造成图样比例不适合的现象。还有的同学，部分设备按照比例绘制，部分设备又不按比例绘制，例如风道按照比例绘制，风口又不按比例绘制，或者反过来，造成图面比例严重失调。

7. 图样上有关尺寸、标高、坡度标注不全或不正确

图样尺寸标注出现问题，是一个较为普遍的现象，产生这种现象的客观原因很多，再加上学生没有实际工程经验和设计经验，体会不到实际工程中“尺寸标注”的重要性，再加上时间较紧，可能会造成标注的疏漏，这对毕业设计本身影响不大，但对实际工程来讲却是至关重要的，毕业设

计、课程设计应以实际工程为参照，培养学生良好的习惯。在尺寸标注上经常存在着如下问题：

（1）缺少设备和管道定位尺寸。设计图样上不标注设备和管道定位尺寸，或参照点选择不对，例如以临时墙体作为参考定位点，在实际工程中无法实现。

（2）定位尺寸标注不正确。有些设备和管道定位尺寸只注明一侧的定位，缺少平面定位，有些设备和管道的定位，采用四周多点定位，造成无点可依。

（3）管道的标高控制点选择不正确。有些管道需注明控制点标高和坡度，一般应以管道起点为控制标高标注点，并注明坡向，而有些学生却是随意标注控制点的位置，这在实际工程中是无法确定的。

（4）标注无效尺寸。例如只标注通风空调系统的风口间距，未标注起始尺寸或定位尺寸，造成标注尺寸无效。

二、设计图纸正确的绘制方法

1. 图面布局

绘图中，应根据建筑平面形状确定图纸的大小和进行合理布局，包括可通过旋转图形（不一定要正方向，对不规则建筑更是如此，用指北针标出方向即可）、重新拆分、组合图样（可将一张图纸局部剖开移位，也可通过调整图纸张数，将几张平面图组合在一起）、重新调整图面，将不宜合并在一张图纸上的内容，分开绘制。像风口、风阀等简单的设备、装置和有通用安装图集的设备装置，可不再绘制大样图。

2. 图纸字体大小

按设计图纸绘制的有关规定，字体的大小与图纸的大小无太大关系，一般是采用固定大小的字体。例如：不管出图尺寸的大小，图上的字体大小一般规定为：标题为 800，字体为 500，数字标注为 300，个别处可为 250。学生应在绘图时就注意调整。另外，在打印小样图时，字体可能会看不清，但这时打印大图是合适的，如果在打印小图时，字体合适，打印大图时，字体就大了。

3. 图框及图鉴的正确使用

一般 CAD 中都有实插图框功能，可以直接使用。图纸的图框是按照图面大小和出图比例直接套用的，由于图框的边线的线形粗细是一定的，图鉴和标题栏的大小也都是固定的，不管图纸是几号图，其标题栏的大小都应该是一样的。同学要先按比例插图框，再按比例插图鉴。另外，也可以按照学校的统一要求绘制专用图框、图鉴。

4. 图样图层的正确使用

对单独使用 CAD 绘图的同学，常规的绘图应根据不同的设计要求使用不同的图层。如墙体可新建“WALL”层、轴线新建“DOTE”层、窗体新建“WINDONS”、采暖供水新建“tg”图层。采暖回水新建“th”层，给水新建“g”层，排水新建“p”层等，这样可以与专业设计软件兼容。也可使用中文名称新建图层，如“空调给水”、“空调回水”、“冷凝水”等，建议不同管线均应使用不同的图层和不同的颜色。这样做的结果就使得图纸在后期处理方便，随意将主要的线条（如管线等）加粗，使图纸层次分明、重点突出。有条件的学校可使用在 CAD 平台上开发的专业绘图软件绘制毕业设计图纸，该类软件可自动生成图层，并可自动绘制风管、水管，还可以布置散热器、风机盘管、自动喷洒灭火喷头等，并可进行负荷计算和水力计算等。

5. 图纸线形、图例的使用

使用线形、图例一般应按照《建筑制图标准》（GB/T50104—2001）、《房屋建筑制图统一标准》（GB/T50001—2001）、《暖通空调制图标准》（GB/T50114—2001）、《给水排水制图标准》（GB/T50106—2001）、《总图制图标准》（GB/T50103—2001）选用。在使用虚线、点画线等非实体线形时，应注意该线形的应用比例，否则虚线不能正常显示或应用，打开图纸时，注意先使用 CAD “视图”菜单中的“全部重新生成”命令观察虚线是否显示正常，如不正常，首先应调整 CAD 中的图层线形比例（注意此时图面上的全部非实线的比例全部同时调整），如单独调整某线的比例，则需要使用调整字体的命令（先选定该线，然后使用字体调整文件，调整其显示比例的大小，再重新显示），然后再将其他图层关闭，使用格式刷，将所要改变的线刷过即可改变线形。管线加粗时，对于 R14 以下版本，打图时，可以使用颜色加重的方法，将管线采用的颜色层加粗；对于 R2000 以上版本，打图时，可以直接将管线层采用的颜色层加粗，注意一般应将所有线形定义粗细，不要简单地使用“默认”线粗的命令。一般建筑轮廓线粗取 0.25 以下，管线在 0.5 以上，还应注意线粗应随图纸的出图比例大小进行调整，比例越大，线条应定义的越粗。此外，还可使用专业绘图软件绘制毕业设计图纸，因为专业软件中有管线加粗功能。

6. 图样的绘制比例

图样的绘制，应根据建筑制图标准和专业制图标准绘制。避免为追求一定的图样数量，放大出图。在画系统图、轴测图时，应选择合适的比例，一般与平面图比例相同，尽量防止将不同比例的图纸放在一起出图，图框与图样的比例应一致。同一张平面图样上，设备和管道的绘制比例应该一致，在风道、风口等使用双线图绘制时，应表现出风道的宽度。

7. 正确标注尺寸、标高、坡度

图样上有关尺寸、标高、坡度的标注，对实际工程设计来讲是非常重要的。对部分不会标注或标注不全的学生，可通过多看设计实例、多看施工图纸的方法加以提高，尽量减少标注的疏漏和错误。由于毕业设计时间较紧，完全按照施工图的要求标注尺寸有一定的困难，因此，可以考虑采用标注关键尺寸的方法，或采取对某一张图纸进行完整标注的方法，应特别注意关键的定位尺寸标注的正确性、相对定位尺寸的参照点的正确选择、管道的标高控制点的正确选择、设备和管道与建筑结构的尺寸关系和管道的坡向标注等。还应注意，设备和管道的定位尺寸是由一侧开始顺序标注，另一侧是开口尺寸，不要标注成闭合尺寸。

第四章　毕业设计、课程设计任务书的编写

毕业设计、课程设计的任务，是通过设计任务书下达的。设计任务书的主要内容应包括：设计题目、所要达到的目的、所给设计条件或设计参数、设计内容、设计要求、完成时间以及所需参考资料详目等。下面举例介绍。

第一节　建筑采暖工程毕业设计任务书

一、设计题目

某建筑采暖工程设计

二、设计任务和目的

学生根据所学基础理论和专业知识，结合实际工程，按照工程设计规范、标准、设计图集和有关参考资料，独立完成建筑所要求的工程设计，并通过设计过程，使学生系统地掌握暖通设计规则、方法、步骤，了解相关专业的配合关系，培养学生分析问题和解决问题的能力，为将来从事建筑环境与设备工程专业设计、施工、验收调试、运行管理和有关应用科学的研究及技术开发等工作，奠定可靠的基础。

三、原始资料

1. 设计工程所在地区：××市

2. 气象资料（从设计手册中查找）：供暖室外设计温度；当地冬季室外平均风速及主导风向；供暖天数（$t_w \leqslant +5℃$），供暖期日平均温度；最大冻土层深度等。

3. 建筑资料

建筑用途、建筑层高、维护结构做法、门窗尺寸和种类；建筑平面图、立面图等。

4. 室内设计参数

按《采暖通风与空气调节设计规范》（GB50019－2003）要求，根据建筑物的性质确定。

5. 其他要求

应根据当地的节能、环保要求，根据资源情况，优先考虑节能、环保的采暖方式。

四、设计内容

1. 设计热负荷的计算

室内采暖设计时，应按热负荷计算方法详细计算围护结构的耗热量，其设计参数的选取和负荷计算方法详见有关设计资料。

2. 可以根据国家政策、规范，结合实际情况确定系统形式和采暖形式，也可按照指导教师的要求进行确定，高层建筑在确定设计方案时，应注意系统的承压问题。

3. 根据房间负荷，进行散热器的选型计算或地板辐射采暖的管间距计算；采用分户热源的用户，还应进行户内热源的选型计算；采用风机盘管采暖的用户，还应进行末端设备的选择计算。

4. 进行整个建筑采暖的大系统和户内采暖小系统的管道的水力计算。

5. 集中供暖的住宅用户，应考虑入户的热量计量装置，包括建筑总引入管和住户引入管。公共建筑，一般只考虑总引入口的热计量装置。

五、设计要求

1. 设计说明书

设计说明书包括设计说明和设计计算两部分。说明书应有封面、前言、目录、外文摘要（不少于150词）、必要的计算过程；计算内容应给出其来源；在确定设计方案时应有一定的技术、经济比较（如设计方案的选择、设备的选型等）说明。内容应分章节，重复计算使用表格方式，参考资料应列出；设计说明书应不少于2万字（60～100页为宜）。设计说明书内容应包括：设计的依据及指导思想；设计方案的系统形式及其优缺点；热媒参数的确定，管材和配件的选用、管道的连接方式、保温及施工安装等技术的要求说明及其供暖调节方案等。要求设计说明书文理通顺、书写工整、叙述清晰、内容完整、观点明确、论据正确，应将建筑概况和设计方案交待清楚。

计算书应有热负荷的计算表、散热设备的选择计算表、系统的水力计算表等计算数据。

2. 设计图纸

设计图纸应能完整地反映出设计概况，如无特殊要求，应绘制不少于6～8张折合成1号图纸的工作量，包括计算机绘图和手绘图，其中至少1张手绘图纸。图纸应包括设计施工说明、主要设备材料明细表、系统图、平面图、局部剖面图、大样图等。设计图纸要求图面整洁，图纸内容布置合理，图文全部采用工程字体，尽量选用标准图号，标题栏按照统一规定格式绘制，图例及绘图方法执行国家有关制图规范。为保证毕业设计是自己独立完成，设计结束后，应上交有关电子文件。

六、设计期限

第4周至17周为毕业设计时间，第18周毕业答辩。

七、参考资料

可参照第二章第五节选取，或从光盘中调取。

第二节　空调工程毕业设计任务书

一、设计题目

某建筑空调系统工程设计

二、设计任务和目的

学生根据所学基础理论和专业知识，结合实际工程，按照工程设计规范、标准、技术措施、设计图集和有关参考资料，独立完成建筑所要求的工程设计，并通过参与工程的设计、施工和验收过程，使学生系统地掌握空调系统的多种形式、设计方法、设计步骤，了解相关专业的配合关系。通过毕业设计，培养学生分析问题和解决问题的能力，为将来从事室内环境设备工程和公共建筑的暖通空调设计、施工组织、验收调试、运行管理和有关应用科学的研究及技术开发等工作，奠定可靠的基础。

三、原始资料

1. 设计工程所在地区：××市

2. 气象资料：根据建筑所在地区，从设计手册中进行查找。主要有供暖、空调室外设计温度，干、湿球温度，太阳辐射情况，冬季室外平均风速及主导风向等参数。

3. 建筑资料

给出建筑用途、建筑层高；图纸包括：建筑平面图、立面图等，图中应包括建筑尺寸、围护结构做法，门窗种类、做法、尺寸等。

4. 室内设计参数和要求

按建筑物性质，查阅暖通设计规范的要求进行确定，并按照要求提供新风。

四、设计内容

1. 设计冷热负荷的计算

室内采暖、空调设计时，应按冷、热负荷的计算方法进行围护结构耗热量的详细计算，分别计算建筑的冷热负荷，并以表格形式表示，其设计参数和方法参见有关设计参考文献。

2. 得出冷热负荷后，结合建筑物特点，初步确定空调系统的形式。

3. 根据空调系统形式，选择空调系统主要设备。

4. 采用中央空调系统时，应进行空调风、水系统的设计和水力计算；采用户式集中空调系统时，应按照所选设备类型、系统形式和系统配备情况进行水系统的水力计算或进行冷媒管的选择计算，选用风管及风机或设计新风系统时，应进行必要的风管水力计算。

5. 确定室内风口或室内机的位置、出风方式，无论采用何种系统，都应进行室内的气流组织的校核。

6. 室内空调系统还应考虑冷凝水系统设计。

7. 消防问题是关系到建筑安全的大问题，也是公安消防部门重点审查的对象，空调系统与消防系统有着密切的联系，在实际工程中是不可缺少的设计环节，空调设计必须符合消防条件。在毕业设计中，凡设计中对涉及建筑有关防排烟等消防问题，应结合空调系统的设计进行同期设计，由于设计时间有限和设计的侧重点不同，学生可按照指导教师的要求，采用设计、方案初步设计或消防方案设计说明等不同深度的设计方法，对消防问题进行必要的论述。

8. 提倡新的设计理念，鼓励采用本专业的新技术、新工艺和新设备。

五、设计要求

1. 设计说明书

说明书应分章节编写，内容包括封面、前言、目录、不少于 150 词外文摘要、必要的计算过程、计算数据表格等。说明书应将建筑概况和所设计的系统情况介绍清楚，在确定设计方案的选择、设备的选型时应有一定的技术、经济比较和说明；计算的内容应给出其方法或来源，参考资料应单独列出。设计说明书应文理通顺、书写工整、叙述清晰、内容完整、观点明确、论据正确，一般不少于 2 万字，以 60～100 页为宜。

2. 设计图纸

毕业设计要求绘制不少于 6～8 张折合为 1 号图纸的工作量，包括计算机绘图和手绘图，其中手绘图纸至少 1 张。图纸应包括设计施工说明、主要设备材料明细表、系统图、热源平面、管网平面、剖面图、大样图、纵断图、水压图等。设计图纸要求按照施工图的标准进行绘制，图面应整洁，图纸内容应布置合理，标注清楚，尺寸线应完整、闭合，图文全部采用工程字体，尽量选用标准图号，标题栏按照统一规定格式绘制，图例及绘图方法执行国家有关制图规范，设计深度应接近施工图设计深度。

为保证毕业设计是自己独立完成，设计结束后，应上交有关电子文件。

六、设计期限

第 4 周至 17 周为毕业设计时间，第 18 周毕业答辩。

七、参考资料

可参照第二章第五节选取，或从光盘中调取。

第三节　洁净空调毕业设计任务书

一、设计题目

某非金属工业厂房洁净空调改造工程设计

二、设计任务和目的

根据所学基础理论和专业知识，结合实际工程，按照工程设计规范、标准、设计图集和有关参考资料，独立完成所要求的工程设计。通过进行工程设计，系统地掌握设计计算方法、步骤，培养学生分析问题和解决问题的能力，为将来到城市建设系统从事室内环境和建筑公共设施系统的设计、施工组织、调试、运行、工程经济管理和有关科学研究及技术开发等工作奠定基础。

三、设计资料

1. 建筑资料

建筑平面图、立面图、剖面图、门窗表、围护结构材料、做法以及建筑性质。

2. 室外设计参数

建筑位于××地区。空调室外设计参数按规范规定在相关设计手册中查找。

3. 室内设计参数

建筑物中包括不同用途的房间，设计者应首先仔细审阅建筑图纸，根据建筑物和房间的用途及功能按照有关规定，合理确定各类房间的室内洁净度等级和设计参数。

四、设计内容

对建筑物的空调系统进行设计，使室内温度、湿度、空气洁净度等参数和空调气流组织等满足工艺要求。本次设计的主要内容如下：

1. 室内热湿负荷的计算，利用焓湿图进行冬夏季工况分析；
2. 确定空调系统的形式；
3. 进行室内气流组织的设计；
4. 完成风道布置及风道水力计算；
5. 进行空气处理设备的选择计算，并确定出各种设备的规格、型号和数量；
6. 绘制设计图纸，图纸内容应能较好的表达设计意图，图纸深度应接近施工图水平；
7. 整理毕业论文。

五、设计具体要求

1. 对设计说明书的要求

毕业设计说明书包括设计说明和计算两部分，内容应分章节编写，应有封面、前言、目录、不少于 150 词的外文摘要、设计方案的说明和比较、毕业设计过程中必要的计算过程和小结等，说明书中的计算内容应给出其来源，重复的计算过程或同类数据，应采用表格的形式表示，所使用的参考资料也应单独列出。设计说明书应不少于2万字，要求观点明确、文理通顺、叙述清晰、书写工整、论据正确、内容完整和装订顺序正确。

2. 对设计图纸的要求

毕业设计的图纸，应能够把设计者的设计意图表述清楚，图纸相对比较完整，如无特殊要求，一般应绘制不少于6～8张折合为1号图纸的工作量，以计算机绘图为主，其中手绘图至少为1张。图纸应包括首页（设计施工说明、主要设备材料明细表图例等）、平面图、剖面图、系统图、大样图等。设计图纸要求图面整洁，图纸内容布置合理，图文全部采用工程字体，尽量选用标准图号，标题栏按照统一规定绘制，图例及绘图方法执行国家制图规范。

六、主要参考资料

可参照第二章第五节选取。

第四节　冷热源及室外管网工程毕业设计任务书

一、设计题目

某建筑群体冷、热源与室外综合管网工程设计

二、设计任务和目的

根据所学基础理论和专业知识，结合实际工程施工程序，按照工程设计规范、标准、设计图集和有关参考资料，独立完成所要求的工程设计。学生将通过进行工程设计，系统地掌握设计计算方法、步骤，培养学生分析问题和解决问题的能力，为将来到城市建设系统从事室内环境设备和建筑公共设施系统的设计、施工组织、调试、运行、工程经济管理和有关科学研究及技术开发等工作奠定基础。

三、原始资料

1. 设计工程所在地区：××市

2. 气象资料：根据所给工程地点，从设计手册中查找，主要包括以下参数：

供暖、空调室外计算温度；冬季室外平均风速及主导风向和供暖天数（$t_w \leqslant +5℃$）；供暖期日平均温度；室外温度的延续时间和最大冻土层深度等。

3. 水文地质资料

通过调研，对当地水文、地质资料有所了解，为选择冷、热源形式和充分利用地热资源、土壤资源、太阳能资源提供帮助条件。

4. 土建原始资料

区域总平面图：包括道路走向、建筑物分布、建筑物高度及建筑面积、建筑物用途以及区域的地形标高和位置坐标等。根据题目需要，提供区域的建筑总平面图和单体建筑的平面、剖面图。

5. 室外管网冷热媒参数可根据冷热源情况确定，也可给定。对未给出的，应按照设计规范和技术措施的要求选取，一般空调系统冬季空调水60/50℃、夏季空调水7/12℃；采暖系统的散热器采暖形式为95/70℃，低温地板辐射采暖形式为50/40℃；生活热水65℃；蒸汽0.4MPa。城市自来水压力为25mH_2O。

6. 室内设计参数：

按《采暖通风与空气调节设计规范》(GB50019－2003）以及相关的设计措施要求进行执行。

四、设计内容

1. 冷、热源设计

只进行冷热源设计时，应进行建筑群体的冷、热负荷的计算，可按照设计手册或有关权威设计技术措施所给冷热指标法估算出建筑群的冷热负荷、生活热水负荷及工艺负荷。

冷、热源设计应根据国家能源和环保政策，结合当地实际情况，确定冷热源的种类和系统形式，鼓励采用新型环保冷热源形式。

冷、热源设计还应进行主要的设备选择计算，包括锅炉、换热器、直燃机和各种热泵等主要设备以及循环水泵、补给水泵、冷却塔、水处理设备、上煤除渣设备等辅助设备，完成冷热源的平面布置，还应考虑系统的循环方式、定压方式、运行方式等设计内容，完成系统的设计。

2. 综合外网设计

只进行外网设计时，应计算出各建筑的冷热负荷，方法同上。进行冷热源和外网综合设计时，可采用同一套数据。

综合外网设计应根据当地的具体情况，确定外线的系统形式、敷设方式和管道保温防腐的做法，以及与其他管线之间的交叉关系。

外网设计应进行管道的水力计算和应力计算，确定出保温层厚度、保护层做法、固定支座的推力、选择补偿器、支座等。同时结合系统形式，完成循环水泵、定压方式的选择。

外网设计的同学，应完成外线平面图、纵断面图、各种大样图的设计，还应该完成外网水压图的分析等工作。

有能力者可设计供热（或制冷）系统状态监测系统和量化管理方案和经济效益分析。

以上内容，学生应根据指导教师的要求有所侧重，做到重点突出。

五、毕业设计要求

设计的总体方案应体现国家能源政策、环保政策和实际情况，方案应有创意。

1. 对设计说明书的要求

说明书应有封面、前言、目录、不少于150词的外文摘要、必要的计算过程；在确定设计方案时应有一定的技术、经济比较（如热网敷设方式的选择、设备的选型等）说明；内容应分章节编写，重复计算尽量采用表格形式，参考资料应列出；设计说明书应不少于2万字（60～100页为宜）。要求设计说明书文理通顺、书写工整、叙述清晰、内容完整、观点明确、论据正确，应将建筑概况和设计方案交待清楚。

2. 设计图纸

要求绘制6～8张折合为1号图纸的工作量，包括计算机绘图和手绘图，其中手绘图纸至少1张。图纸应包括设计施工说明、主要设备材料明细表、系统图、热源平面图、管网平面图、剖面图、大样图、纵断面图、水压图等。设计图纸要求图面整洁，图纸内容布置合理，图文全部采用工程字体，尽量选用标准图号，标题栏按照统一规定格式绘制，图例及绘图方法执行国家有关制图规范。为保证毕业设计为自己独立完成，设计结束后，学生应上交电子文件。

六、设计期限

第4周至17周为毕业设计时间，第18周毕业答辩。

七、参考资料

可参照第二章第五节选取。

第五节　建筑电气毕业设计任务书

一、设计题目

某建筑电气系统设计

二、目的和要求

通过设计，了解并掌握目前建筑电气系统设计思路和方法，掌握国家相关的设计规范、标准和施工技术措施，将建筑供电和智能建筑设计的基本理论和具体工程实践相结合，设计出具有实际应用价值的设计方案。

学生的毕业设计应完成：调研报告、科技资料的查阅、科技英文文献的翻译、科技论文的撰写和该建筑的整套电气施工图纸的设计。

三、设计题目主要内容

通过调研和搜集资料，了解国内外建筑电气和智能建筑领域内最新的设备配置和该领域内的研究成果；巩固和应用所学知识，掌握核心理论知识内容和主要的设计方法，将书本知识灵活运用到实际工程设计领域；要了解建筑物的建筑结构、建筑电气设备等各个组成部分，重点掌握各部分之间相互制约的关系；最后应完成所给建筑的全套电气系统设计任务，包括动力、照明、电话电视、消防、空调、计算机局域网等内容。

四、课题时间安排

毕业设计从第4周正式开始，到18周答辩结束，共计15周时间。

首先应在1～2周内完成文件检索和工程调研工作，利用图书馆、科技情报所的资料查询，以及国际互联网络等，查找国内外公开发表的与专业相关的科研论文、文献和参考资料等，完成科技英语文献的检索工作和翻译工作，通过现场调研，完成工程设计的调研工作。要求上交的调研报告不少于3000字，英文翻译不少于5000词。

利用3周左右的时间，进行建筑供电、智能建筑、设计规范和设计知识的强化学习，包括法规、规范、技术措施以及设计方法的学习。

利用1周的时间，撰写并提交开题报告，完成毕业设计课题工作的框架大纲。

利用2周的时间，进行施工图纸的初步设计，并提交指导教师审阅，指导教师同意设计方案后，即可进行下一步工作。

利用4周的时间，完成施工图纸的绘制工作，并对施工图纸进行深入研究、修改，完成最后整理工作。

指导教师和评阅人，利用1周左右的时间，审阅上交毕业设计论文，将设计成果返给学生，并提出评阅意见。

接到返回的结果后，学生进行毕业答辩的准备工作。

五、主要参考资料

(1)《民用建筑电气设计规范》(JGJ/T16—92). 北京：中国计划出版社

(2)《智能建筑设计规范》(GB/T50314—2000). 北京：中国计划出版社

(3)《建筑照明设计标准》(GB 50034—2004). 北京：中国计划出版社

(4)《低压配电设计规范》(GB 50054—95). 北京：中国计划出版社

(5)《火灾自动报警系统设计规范》(GB 50116—98). 北京：中国计划出版社

(6)《建筑物防雷设计规范》(GB 50057—94)(2000 年版). 北京：中国计划出版社

(7) 全国民用建筑工程设计技术措施—电气. 北京：中国计划出版社，2003

(8) 相关专业课教材、参考文献。

第六节　室内给排水、采暖工程课程设计任务书

一、设计目的

通过对建筑物进行室内给排水、采暖的课程设计，使学生了解和掌握在建筑工程设计及施工中，建筑设备及管道的占用空间与建筑、建筑结构之间的关系，了解各专业之间相互配合的关系，对常见建筑设备系统有一个初步的了解。

二、设计条件

1. 图样条件

某建筑首层建筑平面图、二层或标准层建筑平面图各 1 张，卫生间、厨房的建筑平面图 1 张，立面图 1 张，或门窗规格表，墙体做法等。

2. 其他补充设计条件

(1) 室内采暖热负荷应按照教科书的内容进行计算，也可根据教师所给的负荷值进行计算。通常采暖面积热指标约 70W/m² 左右，室内采暖设计计算温度取 18℃，室外采暖计算温度按照建筑所在地区选取。

(2) 散热器可参照样本等进行选择。

(3) 进行采暖管道的管径水力计算或进行估算。对于分户采暖系统，一般暖气干管为 *DN*20～*DN*25，立管为 *DN*20，支管为 *DN*15～*DN*20，本建筑入户总管为 *DN*25。

(4) 采暖系统的供回水压差为 0.03MPa。

(5) 给排水设计中，给水量可通过计算取得，也可采用估算法获得，可参见书中给水定额表。管径一般采用估算法设计，给水管径可按给水当量估算。排水按照常规的估算方法进行估算，例如：大便器以后的排水管径不能小于 *DN*100、地漏的接管不能小于 *DN*50 等，室外给水点资用压头为 0.20MPa。

(6) 给排水埋地管深度一般在地下－0.80～－1.60m，出户一般在地面下标高为－1.00～－1.20m左右（在冰冻线以下），室内外高差一般为 0.20m。设计时注意给水、排水管道和采暖管道不要打架。室内排水管道的坡度不应小于 2%。并注意在外墙处标出为暖气、给排水管进入室内而应预留孔洞的位置和大小。

三、设计要求

1. 按老师分派给每个同学的不同任务，按时按要求完成。

2. 参照样图，每个人独立完成自己的设计内容。

3. 计算机绘图时，各种不同管线应设置不同的图层及线名，按照图例，设置成不同粗细的不同线型，图名、轴号等应标注正确，尺寸完整。

4. 给水排水、采暖设计应分别装订成册，其中应包括封面、系统的设计说明、计算书或估算书、表示管线水平位置的平面图和表示管线标高和走向以及连接方式的系统图。说明书为 A4 规格，手工绘制的图纸为 A2 规格，机绘图应为 A3 或 A2，图样需将所设计内容表示清楚。

根据不同专业、不同设计时间的设计要求，指导教师可根据具体情况，对设计的内容、深度进

行调整。

四、时间安排

本课程设计总的时间为2周，室内采暖和建筑给排水各1周，学生应在规定的时间内，完成设计任务书所要求的内容。

第七节　空气调节课程设计任务书

一、目的

通过空气调节课程设计，加强学生对“空气调节”课程或“暖通空调”课程内容的理解，并将所学的理论知识与工程设计实践有机的结合起来，达到学以致用的目的。通过空调课程设计，使学生了解工程设计的各个环节，了解和掌握空调工程的具体设计方法、步骤，并初步掌握空调设计图纸的绘制方法。

二、设计题目

位于××地区的某建筑（展厅、会所、车间、剧场、办公建筑、别墅等）空调系统的设计。

三、原始条件

1. 土建图纸

平面图、剖面图、局部详图，围护结构和门窗做法等。

2. 设计要求

舒适性空调无特殊要求时，按照设计规范的规定设计；工艺性空调，按照工艺要求的参数进行设计。也可按照指导教师的要求进行设计。

3. 其他条件或参数

可根据实际情况给出。

四、设计要求和内容

设计时间为2周，在2周的时间内，应完成如下工作：

1. 进行冷热负荷计算；
2. 进行冬夏季的工况分析；
3. 空调方式的选择；
4. 空气处理设备的选择；
5. 风道水力计算和室内气流组织的计算；采用多联机系统时，应进行冷媒配管的计算、室内气流组织的校核计算；
6. 绘制施工图；
7. 按规定时间应上交的成果：设计说明书、空调系统（风、水）平面图、系统图和机房平面、剖面图或大样图，其中，图纸应不少于4张，说明书不少于5000字。

五、主要参考资料

可参照第二章第五节选取。

第五章　毕业设计指导书的编写

毕业设计、课程设计的指导书，是指导毕业设计、课程设计纲领性文件，也是毕业设计、课程设计重点、难点的解析和要点的强调，以及应完成的具体设计内容等。指导书的主要内容应包括：设计的基本任务、基本要求；设计中难点、重点的讲解或提示、设计时间、进度安排、所需参考资料详目等，对要求使用的新技术、新工艺等亦有所提示或说明。指导书的内容应根据题目的难度和具体要求确定，可繁可简。

第一节　高层建筑供暖工程毕业设计指导书

一、设计题目

某高层民用建筑的采暖设计

二、设计目的

毕业设计是学生重要的实践环节，是对学生掌握基本原理和基本知识以及运用的全面综合考察。通过毕业设计，培养学生具有一般工业与民用建筑供暖系统的设计能力和供暖系统的运行管理知识，为学生能尽快服务于社会，打下良好的基础。同时，使学生及时了解和掌握国家有关能源和环保的政策和措施、设计规范所要求执行的强制条款和一般应执行条款内容，为早日成为合格的工程技术人员做好准备。

三、设计的基本要求

1. 对设计说明书的要求

毕业设计说明书分为设计说明和设计计算表格两部分。设计说明书应有 150 词以上的英语摘要，说明书总页数不少于 60～100 页，总字数不少于 2 万字。说明书内容应包括目录、前言、正文、设计计算、小结、参考文献等内容。说明部分应包括：设计的依据及指导思想；设计方案的确定过程；系统的形式及其优缺点；热媒参数的确定；管材和膨胀水箱、补偿器、阀门及热量表等装置的选择；管道连接方式；保温及施工安装等技术的要求说明；供暖运行调节方案等内容。还应包括：新技术及新设备的选用；面积热指标、体积热指标、围护结构平均传热系数等综合参数，以及方案对比参数、结果等内容。还应按照不同学校的规定，完成不少于 4000 字中文的专业外文资料的翻译工作。

设计计算书（表格）应包括以下内容：热负荷计算表；散热器（或散热设备）的选择计算表；采暖系统的水力计算草图和计算表，使用计算机或使用专用软件计算时，应给出计算结果；所有单位应选用国际标准制。

2. 对图纸的要求

设计图纸，应能完整的反映出设计内容，一般不得少于 6～8 张折合为 1 号图纸的工作量。图纸应包括：设计说明、施工说明及图纸目录、图例，首层、标准层、顶层采暖平面布置图，以及水箱间的平面图或大样图；采暖热用户的入户节点大样图、采暖系统透视图或立管图；局部连接节点大样图；带有热源设计内容的，还应包括热力站或锅炉房的工艺流程图；分户热源采暖的用户，还应绘制热源大样图或管道连接大样图。本次设计要求计算机和手工绘图，其中手绘图至少一张。

四、工作进度安排

毕业设计共 14 周，其中：收集资料，实习调研，写毕业实习报告及毕业设计进度计划 2.0 周；指定方案和进行设计计算 4.5 周；绘图调整方案 4.0 周；成果整理和补充 2.0 周；答辩准备和答辩 1.5 周。

五、主要参考资料

可参照第二章第五节选取。

第二节　空调工程毕业设计指导书

一、设计题目

某建筑空调工程设计

二、设计说明书的内容

说明书应首先介绍工程名称、建筑面积、空调面积、使用功能、人流量等及所处的地域、方位，以及本工程设计的必要性、现实性、可靠性、先进性、经济性及不足之处。还应包括如下内容：

1. 明确建筑的要求和条件

设计前，应了解对各空调间冬夏季不同温、湿度的要求；对各房间洁净度的要求；对各房间噪声的要求、防火排烟要求、防振的要求；以及对经济指标的要求等。若甲方无特殊要求时，则按设计规范进行设计。

(1) 阐明当地主要设计气象参数：包括空调室外冬、夏季计算干球温度；室外夏季计算湿球温度；室外相对湿度（冬夏季）及冬季最冷月，月平均相对湿度；冬夏季大气压力。

(2) 列表说明各空调房间的设计条件包括：冬夏季的温度、相对湿度、平均风速；新风量、噪声声级、空气中含尘量。

(3) 阐明空调系统方式的选择及其依据和服务范围系统采用的形式和依据，例如全风系统及其选择依据、风-水系统及其选择依据、全分散式系统及其选择依据等。

(4) 阐明空调系统的划分、组成与其服务区域，并列表说明各系统的送风量、冬夏季的设计负荷、空调方式、气流组织。

(5) 阐明冷、热源的选择及其依据，应标明冷热源的规格、型号、台数、价格、生产厂家及其先进性、可靠性、经济性。同时还应说明其使用工质的情况及其与环保的关系。

2. 对风水系统的要求

(1) 对冷冻水系统、冷却水系统和热水系统应分别说明如下问题：供回水温度、不同管径管材材质的选择、循环方式；机械循环的选择及其依据；管道保温（冷却水）材料及厚度、管道附件的选择情况、水泵的选择及其依据；表明所选水泵的规格、型号、台数及安装时减振措施、管路中最高压力及试压的要求、管道防腐措施、换热器与管路连接等注意事项，还应说明相关设备如冷却塔、板式换热器的选择情况及其管道的配套情况以及对施工的要求。

(2) 对风系统应说明如下问题：对风道材料、厚度、加工方法、连接方法的选择及其依据；管道穿越变形缝的措施；调节阀、防火阀的选型及配置情况说明。

3. 对施工的要求

包括对管道支、挂、托架的要求；对风机安装的要求，包括选配风机的型号、规格及其依据；对防腐、保温的要求；对调试的要求和设计全年运行管理工况的说明和分析（包括对自动控制系统的要求和调整）等。对于直接蒸发式的户式中央空调系统，应进行设备配型、冷媒配管，并对室内机组的气流组织进行校核。

三、设计计算的内容

设计计算的详细内容如下：

空调房间冷负荷计算及汇总表（尽可能用计算机计算并应配以平面图和围护结构构造图）；各空调房间送风量和新风量的计算（尽可能用计算机汇总）表；风系统、水系统的阻力计算（应配以系统计算草图）；风机、水泵、冷却塔选型计算；保温厚度计算；设备选型计算；气流组织计算；洁净室的设计计算；冬季热负荷的计算或校核；防火排烟系统的设计计算。

以上计算要求每种只举一例进行详细计算，其他均列表汇总。

四、主要技术经济指标汇总

汇总的内容包括：本空调工程总建筑面积××（m^2）；本空调工程空调面积××（m^2）；夏季设计冷负荷××（kW）；空调房间中最大冷负荷指标××（W/m^2）、空调房间中最小冷负荷指标××（W/m^2）、空调房间中平均冷负荷指标××（W/m^2）；冬季设计热负荷××（kW）；空调房间中最大热负荷指标××（W/m^2）、空调房间中最小热负荷指标××（W/m^2）、空调房间中平均热负荷指标××（W/m^2）。

还应该包括：工程总造价××（万元）；单方造价××（元/m^2），按总建筑面积和空调面积分别计算。

还需算出总耗电量××（kW）；总耗水量××（m^3/h）；每单位制冷量（供热量）消耗的水和电××（m^3/kW）（kW/kW）。

五、施工图的内容和要求

1. 总的要求

图纸的图幅、标题栏、线条、符号、尺寸标准、文字、比例、目录及图例等均严格执行制图及有关标准。建筑图内容，在这里一律用细实线画出，必须标明轴线尺寸和轴线号。空调管道和设备在图上用粗实线和图例标明。图纸的深度，应参照施工图设计深度，尺寸应标注齐全，具有可操作性，方便施工。

2. 平面图的内容和要求

平面图应包括：首层平面、顶层平面和标准层平面（若各层布局不同，则每层都须出平面图）、空调机房平面，做制冷机房设计的还应有制冷机房平面图。

平面图应能清楚说明如下问题：空调及制冷设备的具体位置、管道与建筑物的关系及相关高度、间距尺寸、管径、坡度、坡向及出入户等情况。

3. 系统图的内容和要求

系统图应包括：机房系统图（包括空调机房、制冷机房）、冷却水系统图（也可与机房系统图合并绘制）、冷冻水系统图、风道系统图等，以上内容可根据设计内容侧重点的不同而有所不同。

系统图上应标明空调设备的型号或编号及相对位置；管道的走向应与平面图相吻合；系统图上还应标明管径、标高、坡度、坡向等内容；还应标出空调设备、附件的图例、对应编号等；以及主要阀件、仪器、仪表、自控装置符号等等。系统图应用正轴测画出。

4. 详图及大样图的内容和要求

详图的内容：由于平面图和系统图一般比例均为1∶100或1∶50，有些局部地方不能表示详尽清楚，会给施工造成困难。故须由设计人根据实际需要，绘制出一些详图和设备基础图、剖面图等。

对详图的要求：线型与其他图纸相吻合，需施工中加工的尺寸，要标注得更细致且符合制图标准。

5. 设计说明、设备明细表和要求

图纸应有设计说明和设备明细表。一般可作为图纸的首页，当系统较小或简单时，可写在图纸上空白的地方。设备图纸目录一般应单列，当图纸张数较少时，也可写在首页上。

设计说明中应明确说明如下问题：

建筑名称、所处位置、建筑面积、建筑性质；本次设计的内容、设计依据；设计所采用的系统的形式和主要特点；主要的设计参数，特别是有关各项指标。系统设计中材质的选择、管道防腐、保温措施、连接方式及对施工的具体要求等。有关穿墙、穿基础、穿楼板、伸缝伸的做法和要求。其他应该交待给施工单位的注意事项等。

六、施工验收方面的要求

对包含有施工验收内容的毕业设计，应结合施工现场的实际情况，完成设计图纸与现场竣工图纸之间的转换。对于施工用图纸，要求应满足施工的需要。

毕业论文中，施工验收内容应单独列出说明章节。

应根据暖通专业施工验收的程序和验收标准、质量标准，以及各项有关规定，对本工程进行验收。

七、进度要求

毕业设计的进度要求见下表：

周数	主要工作内容	备注
2	毕业实习、收集资料熟悉设计任务书	可分阶段进行
1.5	冷热负荷计算确定设计方案	
2	选择计算并确定设备型号、规格等，或确定管网敷设方式	
2	水力计算，热力计算，水压图绘制，量化管理运行调节方法	
3.5	绘制施工图：平面图、剖面图、系统图	
2	管网平面图、剖面图及大样图等。整理设计说明书，准备答辩	
1	答辩	

八、成果的装订

1. 设计说明书的装订

设计说明书应按照以下内容和顺序并装订成册：

封面；成果清单；内容摘要；目录；任务书（加盖系公章）、正文（设计说明书与计算书、论文）；参考文献、参考资料目录；附录；图纸（或作为论文内容的调研报告）；附件。

2. 毕业设计成果装袋内容

以下成果按照A4格式，应直接装入毕业设计的资料袋中：

指导书、调研报告（作为设计任务的调研报告）、译文；光盘（存放论文电子版及程序）；装订好的毕业设计（论文）；毕业设计（论文）评分手册。

九、主要参考文献

可参照第二章第五节选取。

第三节　冷热源及室外管线毕业设计指导书

一、设计题目

冷、热源及室外综合管线工程设计

二、设计方法及步骤

1. 设计冷热负荷的计算

冷热源设计时，对于办公建筑、民用建筑等可利用供暖面积热指标计算采暖热负荷，热指标选取可参阅教科书或有关设计手册；冷负荷采用给定值或按冷负荷计算方法计算。室内采暖空调设计时，应进行围护结构的热工计算，分别计算建筑的冷热负荷，其设计参数详见有关设计手册。

2. 冷源、热源方案的确定

根据计算出的冷热负荷值，综合考虑用户或建筑物用途、分布情况、冷热媒的种类和参数、当地的客观条件等因素，选择适宜的冷、热源方案，提倡冷、热源新技术的应用（如直燃机、热泵等）和节能环保措施的应用。设计应确定出冷、热源在总平面的位置、选用设备情况、管网走向和敷设方式等，并确定系统的定压方式、运行调节方式以及与用户的连接方式。在确定方案过程中，应通过进行技术经济比较，并结合国家的有关政策，选出最合理的方案。

3. 设备的选择

冷、热源设备，主要是指为用户提供冷热源的主机设备和辅助设备，如：燃油或燃气锅炉、直燃机、吸收式制冷机、各种热泵机组以及附属设备等的选择。

(1) 锅炉、直燃机、热泵或换热器的选择和计算

锅炉、直燃机、热泵或换热器的确定，应根据计算出来的总冷、热负荷值，考虑热源自用冷热、管网冷热损失以及一定的富裕量来确定。锅炉、直燃机、热泵、换热器的型号规格和台数应根据用户的实际情况和设计规范要求选择。锅炉、直燃机、热泵和换热器的选择计算可参见相应的样本。一般每一个热源应不少于两台供热、供冷设备。

(2) 水泵的选择计算

1) 热网循环泵　流量 G 按下式得出：

$$G=\sum 0.86\times Q\times S\times 10^{-3}/(t_g-t_h)\quad (t/h)$$

式中　S——漏损系数，取 $S=1.05$。

扬程按下式计算：$H=H_r+H_w+H_y$

式中　H_r——为热源内部阻力损失，对锅炉作热源时取 $H_r=10\sim15mH_2O$；

H_w——为网路的阻力损失，包括供、回水管路，根据网路水力计算确定；

H_y——为用户预留压头，具体数值取决于用户连接方式及用户所使用的设备。对直连采暖用户可取 $H_y=2\sim5mH_2O$，风机盘管用户，可取 $H_y=5\sim8mH_2O$，当网路的水压图确定以后，水泵扬程 H 可直接从水压图上得出。

对供热系统来讲，当采用分阶段改变流量的质调节时，循环水泵的选择应考虑以下原则：

对于中小型系统，可采用两阶段式变流量，两台循环水泵的流量分别为计算值的 100%和 75%，扬程为计算值的 100%和 56%，其水泵耗电分别为 100%、42%。对于大型系统，可采用三阶段式变流量，三台循环水泵的流量分别为计算值的 100%、80%和 60%，扬程分别为计算值的

100%、64%和36%。其水泵耗电量分别为100%、51%、22%。也可利用变频循环技术，用单一泵组解决这个问题。

并联运行的水泵应有相同的特性曲线，选择流量时，应考虑并联运行时水泵实际流量下降的因素。为了防止突然停电时产生水击损坏循环水泵，可在循环水泵前后进、出水总管之间，设一带止回阀的旁通管。旁通管的管径与总管相同。

2）冷网循环泵　循环水泵的流量G，按下式计算：

$$G=Q/(1.163\Delta t) \qquad (m^3/h)$$

式中　Q——水泵所负担的冷负荷或热负荷，kW；

Δt——冷水或热水的设计温升或温降，℃。

注：1. 单式泵与复式泵系统的一次冷水泵的流量，应为所对应的冷水机组的冷水流量。

2. 二次冷水泵的流量，应为按该区冷负荷综合最大值计算出的流量。

水泵台数应按系统的调节方式和流量的大小决定，并考虑事故检修的备用。

循环水泵的扬程同热网循环泵。

采用闭式循环单泵系统时，冷水泵扬程为管路、管件阻力、冷水机组的蒸发器阻力和末端设备的表冷器阻力之和。

当采用闭式循环复式泵系统时，一次冷水泵扬程为一次管路、管件阻力和冷水机组的蒸发器阻力之和。

二次冷水泵扬程为二次管路、管件阻力和末端设备的表冷器阻力之和。

当采用开式冷水系统时，一次水泵扬程还包括从蓄冷水池水面到冷水机组的蒸发器之间的高差；二次水泵扬程还包括从蓄冷水池水面到空调器的表冷器之间的高差，如设喷淋室，二次水泵扬程还包括喷嘴前的必要压头。

空调热水泵扬程为管路、管件阻力、热交换器阻力和空调器（或风机盘管）的空气加热器阻力之和。对供冷系统而言，在冷热源中，除采用质调节外，变频循环技术也正在被越来越广泛地应用。大多数变频系统是在原循环水泵的基础上加装变频设备改造而成。其控制方法多采用压差控制和温差控制。

所有系统的水泵扬程，均为计算值加10%的附加值。

3）补给水泵

冷热源补给水泵流量可取网路循环流量的2%～4%（按正常补水量1%，事故补水为正常补水的4倍考虑）。

扬程：

$$H=H_b+H_{xs}+H_{ys}-9.8\times10h \qquad (Pa)$$

按水柱高度表示为：

$$H=H_b+H_{xs}+H_{ys}-h \qquad (mH_2O)$$

工程上认为补给水泵吸水管损失H_{xs}和压水管损失H_{ys}较小，同时补给水箱高出水泵的高度h往往作为富裕值，或为抵消H_{xs}和H_{ys}的影响，所以上述公式可简化为：

$$H=H_b \qquad (mH_2O)$$

补水点的压力值H_b可以从水压图上直接得到。当采用补给水泵定压时H_b值可取静压线的高度。补水泵的台数仍需考虑备用，选择时不应少于两台，一台运行，另一台备用。当采用变频水泵补水定压时，其最大流量和扬程均应满足系统要求。

4. 水处理设备的选择计算

根据水质资料和补水量选择软化装置和除氧装置，这一部分可参见相应的样本资料或选型手册。

5. 管网平面布置及敷设方式

管网的平面布置应遵照经济上合理、技术上可靠以及与周围环境协调的总原则来决定管网路由。同时，也应考虑本区域内的中、远期发展规划，注意留有余地。

管网敷设方式的选择应根据管道数目多少，热媒种类、参数，用户情况以及地质条件等综合考虑。总的原则是在满足用户使用的前提下尽量降低管网造价。在北方地区一般以地下敷设为宜，对采暖的城市热网，以采用半通行、不通行地沟为好。当地质条件较好时，也可采用无沟直埋敷设管道的敷设原则。该原则是：尽量使管道位于区域中心；尽量沿道路两侧、人行道、绿化带下布置管线；考虑以后发展可能与更大规模的城市区域供热并网；注意设计区域的地势情况及管道交叉情况。

6. 管道的水力计算

确定管网走向和附件的布置以后，根据冷热负荷和管网平面图计算各管段的管径和网路的总压力损失。注意选用的管径计算表的适用条件应与所计算的管段相同，当条件不同时，应进行相应的修正。

冷热水管网并联环路间应考虑阻力平衡问题，但是由于室外管网所带用户较多，管网较长；又由于室外管道直径不宜小于 DN50mm，所以阻力平衡较难。当近热源端阻力损失太小无法平衡时，可采取加节流孔板或加调节阀的办法解决，亦可以采用加平衡阀的解决办法。

考虑目前设计中的实际情况以及热网水力稳定性的要求，热网水力计算时，取主干线平均比摩阻 R_{pj} 的推荐值 30～80Pa/m。

空调水系统的阻力计算可参见有关手册。

7. 水压图

水压图是在水力计算基础上得出的，水压图可以反映水力计算的成果。绘制水压图时一般以热源为水压图的相对 O 点。同时要考虑系统的定压方式，热媒参数，建筑物高度，散热设备的承压能力，以及用户与外网的连接方式等。

8. 供冷、热调节及量化管理

目前，国内热网常用的调节方式仍以集中质调节和分阶段改变流量质调节为主，而以量调节、间歇调节为辅助调节，近年来变频调节比较流行，从节约运行费用的角度讲，变频技术能够减少一定的能耗。根据目前供热技术发展情况来看，供热系统运行调节应用热量监测或计算机监测系统，在运行过程中，根据气象条件，采用热量调节法，实行按需供热，并计量烧煤量或燃气、燃油量。所以，首先设计计算出量化管理运行参数表，作为运行管理的依据。当采用热交换器间接连接时，一次网的调节公式应做相应变动。

冷网的调节，分一次网和二次网调节，一次网一般采用定流量质调，二次网一般可采用质调或变流量调节。小系统也可只采用一次网系统，如果对该系统进行量调节时，注意其流量变化，不能超过制冷机的最小流量要求。

9. 管道及设备的保温

保温材料的选用，应根据输送热媒种类、参数的实际情况，在保证用户使用要求的条件下，充分考虑设计地区的资源状况，尽量选用本地区的保温材料，以减少运输成本、降低工程造价。

目前，北方地区较常用的保温材料有膨胀珍珠岩制品、玻璃棉纤维制品、岩棉制品。对于直埋管道，可采用聚氨酯泡沫塑料外设保护层的保温办法。也可采用成品直埋管。但普通型直埋保温管耐温一般不超过 120℃，高于 120℃，应采用高温复合型直埋保温管。

保温厚度的确定，原则上应按“经济厚度”的计算得出，再按照节能设计要求增加一定的厚度。在不进行详细经济分析时，工程上也可以按最大允许热损失值计算得出。

10. 附件的选择计算

(1) 活动支架选择

活动支架可参照有关设计手册选取，也可通过计算获得。其间距应在强度、刚度、最大挠度三种计算方法中选取间距最小值，以保证安全运行。设计中可选择某一管段按三种不同方法计算间距，对其余管段，可直接查表确定间距，具体计算方法可参阅教科书或有关设计手册。

（2）固定支座的选择计算

固定支架在不同的情况下所受的推力不同，因此作法、使用材料也不相同。一般应通过计算获得应力值。计算方法可参见教科书或有关设计手册，其结果可列表。

（3）补偿器选择计算

热力管道应尽量利用自然补偿，当自然补偿不能满足需要时，在空间允许的情况下，尽量选择方形补偿器。当热力管道管径 $DN>150$mm，或空间不允许设方形补偿器时允许采用其他补偿器。补偿器应进行计算，计算方法可参见教科书或有关设计手册，其结果可列表。

11. 工程新技术应用及技术经济分析

提倡采用暖通新技术，对不同方案，在完成全部设计图纸之后，可对该工程的技术、经济效益进行分析，做出经济比较，算出全部工程投资和单位造价。还可计算出竣工投产后的年运行费用及供冷、供热成本等多项经济指标。

对小区冷、热网工程和能源中心工程，应做出环保评价。必要时，还要做出某些因素变动后对经济指标产生影响的敏感性分析。

三、设计进度安排

周数	主要工作内容	备注
2	毕业实习、收集资料熟悉设计任务书	可分阶段进行
1.5	冷、热负荷计算确定设计方案	
2	选择计算并确定冷、热源设备型号、规格等，确定管网敷设方式	
2	水力计算，热力计算，水压图绘制，量化管理运行调节方法	
3.5	绘制施工图：热源系统图、平面图、剖面图	
2	管网平面图、剖面图及大样图等。整理设计说明书，准备答辩	
1	答辩	

四、主要参考资料

可参照第二章第五节选取。

第四节　建筑电气毕业设计（论文）指导书

一、设计题目

“××××建筑”建筑电气系统设计

二、毕业设计的要求

1. 对专业知识的要求

（1）应掌握建筑供电方面的理论知识；

（2）应掌握智能建筑方面的理论知识；

（3）应掌握与建筑相关的有关专业的基础知识。

2. 使用有效的设计规范

(1)《民用建筑电气设计规范》(JGJ/T16—92)

(2)《智能建筑设计规范》(GB/T50314—2000)

(3)《建筑照明设计标准》(GB 50034—2004)

(4)《低压配电设计规范》(GB 50054—95)

(5)《火灾自动报警系统设计规范》(GB 50116—98)

(6)《建筑物防雷设计规范》(2000 年版)(GB 50057—94)

(7)《全国民用建筑工程设计技术措施——电气》. 北京：中国计划出版社，2003

(8) 其他与本设计有关的设计规范。

3. 对施工图纸的要求

(1) 参照施工图设计的设计深度要求绘制。

(2) 图纸应完整。主要包括设计说明、材料表、平面图、大样图等；图纸应标注主要限定尺寸，大样图应将节点表示清楚，系统图应绘制表示正确。

(3) 图纸的张数应满足该毕业设计的需要，一般不少于 8 张 1 号图纸。

4. 对撰写毕业设计论文的要求

(1) 应首先编写毕业设计论文大纲。

(2) 论文内容应将毕业设计的方案选择、计算过程等表示清楚；内容应包括前言、方案或系统介绍、方案的确定过程或比较、计算过程及结果等。大量的计算结果可作为计算书内容以列表的形式标出。

(3) 最终得出的设计结论理论依据应充足，结果应正确。

(4) 论文编写结束后，应按照学校统一规定的装订顺序进行装订。

三、毕业设计步骤和时间安排

整个毕业设计时间多为 13～15 周。在这段时间内，应完成以下工作：

(1) 看懂设计任务书，掌握毕业设计要求的核心内容和应采用的主要方法。

(2) 在掌握了任务书具体要求的情况下，进行有针对性的调研工作，按照指导教师的具体要求，在毕业设计前期的 1～2 周内完成，并完成不少于 3000 字的调研报告。

(3) 查阅外文文献，一般应在毕业设计初期完成，并完成不少于 5000 词的英文翻译。

(4) 开始毕业设计主体工作，根据调研结果和计算结果，完成方案的初步设计，待指导教师初步确认后，完成最终方案的设计。同时进行毕业论文草稿的撰写工作，该步骤完成过程为 5～8 周。

(5) 完成毕业设计图纸的设计，大约需要 3 周左右。

(6) 对毕业设计的成果进行修改、完善、整理，形成有价值的毕业设计论文和成果。该过程约需 1～2 周。

(7) 准备毕业答辩，该时间段大约为 1 周。

四、毕业设计成果的上交

学生完成毕业设计的全部工作后，应将成果按照顺序要求进行装订，并装袋上交。

第五节　高职、专科学生室内采暖设计指导书

一、设计宗旨

毕业设计是学生在校期间最后依次全面综合的对学生基本原理和基本知识的运用。通过设计，

培养学生具有一般民用建筑供暖系统的设计能力及供暖系统的运行与管理知识，随着热量商品化的进展，本次毕业设计鼓励学生设计成按户计量的室内供暖系统。

二、设计要求

1. 设计说明书

设计说明书总页数不少于 40～70 页，内容包括目录、前言、正文、设计计算、小结、参考文献等，总字数不少于 1.4 万字。

说明书内容应包括：设计的依据及指导思想、设计方案的确定过程、系统形式及其优缺点、热媒参数、管材和设备的选用、连接方式、保温及施工安装等技术的要求说明、供暖调节方案等，还应包括面积热指标、体积热指标、围护结构平均传热系数 K_m 等设计综合系数数值。设计所采用的新技术及新设备应重点进行论述。

2. 设计计算书

设计计算书应包括以下内容：热负荷计算表、散热器的选择计算表、采暖系统的水力计算表和计算草图、使用的计算软件及最终计算结果。

3. 图样的绘制

采用散热器采暖时，应绘制平面图、系统透视图或立管图、节点大样图、工艺流程图以及设计施工说明和图例、材料表等内容。平面图样的内容应包括：首层、标准层、顶层的采暖平面图，相同的层数可只画一层，但应在所画的平面中，标注出未画层的散热器的片数或长度；如果有水箱间，或需设置膨胀水箱时，还应绘制水箱间平面布置图。

采用低温地板辐射采暖时，应绘出每一层的采暖平面图，还应绘制出热用户或分户热源的连接大样图。

4. 设备的选择

应按照指导教师的设计要求，选择膨胀水箱、补偿器、分集水器、阀门等设备，并应有必要的计算过程。

三、工作进度安排

毕业设计共 7 周，其中收集资料、调研用 1.0 周，确定方案、设计计算用 2.5 周，绘图用 2.5 周，成果整理和补充需 1 周。

四、主要参考资料

可参照第二章第五节选取。

第六章　常用数据

暖通空调设计中常用的条件数据和指标值列于表 6-1～6-11，在设计时可具体选用。

建筑物围护结构传热阻 *R*（m²·℃/W）及传热系数 *K*［W/（m²·℃）］值　　**表 6-1**

围护结构特征	厚度（mm）	*R*	*K*
砖　墙（无抹灰）	120	0.299	3.344
	180	0.372	2.688
	240	0.446	2.242
	370	0.607	1.647
	490	0.755	1.323
	620	0.915	1.093
砖　墙（单面抹灰）	120	0.321	3.115
	180	0.395	2.532
	240	0.469	2.132
	370	0.630	1.587
	490	0.778	1.285
	620	0.938	1.066
砖　墙（双面抹灰）	120	0.344	2.907
	180	0.418	2.392
	240	0.492	2.033
	370	0.653	1.531
	490	0.801	1.248
	620	0.961	1.041
空心砖墙（无抹灰）	120	0.357	2.801
	180	0.460	2.174
	240	0.564	1.773
	370	0.788	1.269
	490	0.995	1.005
	620	1.219	0.886
空心砖墙（单面抹灰）	120	0.380	2.631
	180	0.483	2.070
	240	0.587	1.704
	370	0.811	1.233
	490	1.018	0.982
	620	1.242	0.805
空心砖墙（双面抹灰）	120	0.403	2.481
	180	0.506	1.976
	240	0.610	1.639
	370	0.834	1.199
	490	1.041	0.961
	620	1.256	0.796
沥青膨胀珍珠岩	40	0.333	3.003
	50	0.417	2.398
	60	0.500	2.000
	70	0.583	1.715
	80	0.667	1.499
	90	0.750	1.333
	100	0.833	1.200
	125	1.042	0.960
	150	1.250	0.800
	175	1.458	0.686
	200	1.667	0.599
	225	1.875	0.533
	250	2.083	0.480
	275	2.292	0.436
	300	2.500	0.400
	325	2.708	0.340
	350	2.917	0.343
加气混凝土块	40	0.182	5.494
	50	0.227	4.405
	60	0.273	3.663
	70	0.318	3.145
	80	0.364	2.747
	90	0.409	2.445
	100	0.455	2.198
	125	0.568	1.757
	150	0.682	1.466
	175	0.795	1.258
	200	0.909	1.100
	225	1.023	0.977
	250	1.136	0.880
	275	1.250	0.800
	300	1.364	0.733
	325	1.477	0.677
	350	1.591	0.629
水泥膨胀珍珠岩	40	0.250	4.000
	50	0.313	3.195
	60	0.375	2.667
	70	0.438	2.283
	80	0.500	2.000
	90	0.563	1.776
	100	0.625	1.600

续表

围护结构特征	厚度（mm）	R	K
水泥膨胀珍珠岩	125	0.781	1.280
	150	0.938	1.066
	175	1.094	0.914
	200	1.250	0.800
	225	1.406	0.711
	250	1.563	0.640
	275	1.719	0.582
	300	1.875	0.533
	325	2.031	0.492
	350	2.188	0.457
水泥膨胀蛭石	40	0.286	3.450
	50	0.257	2.801
	60	0.429	2.331
	70	0.500	2.000
	80	0.571	1.751
	90	0.643	1.555
	100	0.714	1.401
	125	0.893	1.120
	150	1.071	0.933
	175	1.250	0.800
	200	1.429	0.700
	225	1.607	0.622
	250	1.786	0.560
	275	1.964	0.509
	300	2.143	0.467
	325	2.321	0.431
	350	2.500	0.400
钢铝 单层窗	—	0.156	6.4
钢铝 单框双玻璃	12	0.256	3.9
	16	0.270	3.7
	20～30	0.278	3.6
钢铝 双层窗	100～140	0.333	3.0
钢铝 单层+单框双玻璃	100～140	0.400	2.5
木、塑料 单层窗	—	0.213	4.7
木、塑料 单框双玻璃	12	0.370	2.7
	16	0.385	2.6
	20～30	0.400	2.5
木、塑料 双层窗	100～140	0.435	2.3
木、塑料 单层+单框双玻璃	100～140	0.500	2.0

注：1. 窗的厚度为空气间层厚度。

2. 非保温地面的传热系数和换热阻按每2m划分一个地带采用。第一地带$R=2.15$，$K=0.47$；第二地带$R=4.3$，$K=0.23$；第三地带$R=8.6$，$K=0.12$；第四地带$R=14.2$，$K=0.07$。

围护结构最大允许传热系数 表6-2

围护结构名称	全国执行标准［W/（m²·℃）］	北京市执行标准［W/（m²·℃）］
屋 顶	1.0	0.8
顶 棚	1.2	0.9
外 墙	1.5	1.0
内墙和楼板	2.0	1.2

注：内墙和楼板的K值仅适用于相邻房间的温差大于3℃时。

不同类型窗玻璃的传热系数K_{ch}值 表6-3

玻璃类型	空气层（mm）	传热系数［W/（m²·℃）］
单层透明玻璃		5.9
双层透明中空玻璃	6	3.4
	9	3.1
双层有色玻璃	6	2.5
	12	1.8
三层透明中空玻璃	2×9	2.2
	2×12	2.1
双层反射中空玻璃	12	1.6

高层建筑窗户的计算传热系数 K_j [W/(m²·℃)] **表 6-4**

外窗中心距室外地坪高度(m)	单层金属窗 K=6.4 W/(m²·℃) 当地室外风速(m/s)				双层金属窗 K=3.26 W/(m²·℃) 当地室外风速(m/s)			
	3	4	5	5	3	4	5	6
1.5	6.4	6.4	6.4	6.6	3.26	3.3	3.3	3.3
4.5	6.4	6.4	6.7	6.8	3.3	3.3	3.3	3.4
7.5	6.4	6.5	6.8	6.9	3.3	3.3	3.4	3.4
10.5	6.4	6.6	6.8	7.0	3.3	3.3	3.4	3.4
13.5	6.4	6.7	6.8	7.0	3.3	3.3	3.4	3.4
16.5	6.4	6.7	6.9	7.1	3.3	3.3	3.4	3.4
19.5	6.5	6.7	7.0	7.1	3.3	3.4	3.4	3.5
22.5	6.5	6.8	7.0	7.2	3.3	3.4	3.4	3.5
25.5	6.5	6.8	7.0	7.2	3.3	3.4	3.4	3.5
28.5	6.5	6.8	7.0	7.2	3.3	3.4	3.4	3.5
31.5	6.5	6.8	7.0	7.2	3.3	3.4	3.4	3.5
34.5	6.5	6.8	7.0	7.2	3.3	3.4	3.5	3.5
37.5	6.6	6.8	7.1	7.2	3.3	3.4	3.5	3.5
40.5	6.6	6.8	7.1	7.3	3.3	3.4	3.5	3.5
43.5	6.6	6.9	7.1	7.3	3.3	3.4	3.5	3.5
46.5	6.6	6.9	7.1	7.3	3.3	3.4	3.5	3.5
49.5	6.6	6.9	7.2	7.3	3.3	3.4	3.5	3.5
52.5	6.7	6.9	7.2	7.3	3.3	3.4	3.5	3.5
55.5	6.7	6.9	7.2	7.4	3.3	3.4	3.5	3.5
58.5	6.7	7.0	7.2	7.4	3.3	3.4	3.5	3.5

注：室外风速小于3m/s时，可忽略窗户计算传热系数随窗户所在高度的变化。

维护结构外表面换热系数 [W/(m²·℃)] **表 6-5**

室外平均风速(m/s)	1.0	1.5	2.0	2.5	3.0	3.5	4.0
换热系数 α_w	14.0	17.4	19.8	22.1	24.4	25.6	27.9

玻璃窗的逐时冷负荷计算温度 t_{lc} (℃) **表 6-6**

时刻	0	1	2	3	4	5	6	7	8	9	10	11
t_{lc}	27.2	26.7	26.2	25.8	25.5	25.3	25.4	26.0	26.9	27.9	29.0	29.9
时刻	12	13	14	15	16	17	18	19	20	21	22	23
t_{lc}	30.8	31.5	31.9	32.2	32.2	32.0	31.6	30.8	29.9	29.1	28.4	27.8

建筑物的面积热指标 **表 6-7**

建筑物类型	热指标(W/m²)	建筑物类型	热指标(W/m²)
住宅	45～70	商店	65～75
综合居住区	50～67	食堂、餐厅	115～140
学校、办公楼	60～80	影剧院、展览馆	95～115
医院、托幼	65～80	大礼堂、体育馆	115～160
旅馆	60～70	图书馆	45～75
单层住宅	80～105		

北京地区民用建筑的体积热指标 表 6-8

建筑物名称	建筑物体积（m^3）	体积热指标［W/（m^3・℃）］	
		一层玻璃	北及西面为双层玻璃
住宅1、2层	700～1200	0.39	0.16
住宅4、5层	9000～12000	0.64	0.58
行政办公楼4、5层	18000～22000	0.58	0.52
高等学校、中学3、4层	～22000	0.58	0.52
小学、幼儿园、托儿所2层	～35000	0.81	0.76
医院4、5层	～10000	0.64	0.58

建筑物的冷负荷估算指标（W/m^2） 表 6-9

序号	建筑物类型及房间名称	冷负荷指标	序号	建筑物类型及房间名称	冷负荷指标
1	旅游旅馆：客房标准层	80～110	17	一般手术室	100～150
2	酒吧、咖啡厅	100～180	18	医院：洁净手术室	300～500
3	西餐厅	160～200	19	X光、CT室、B超诊室	120～150
4	中餐厅、宴会厅	180～350	20	商店：营业厅	150～250
5	商店、小卖部	100～160	21	影剧院：观众席	180～350
6	中庭、接待	90～120	22	休息厅（允许吸烟）	300～400
7	小会议室（允许少量吸烟）	200～300	23	化妆室	90～120
8	大会议室（不允许吸烟）	180～280	24	体育馆：比赛馆	120～250
9	理发、美容	120～180	25	观众休息区（允许吸烟）	300～400
10	健身房、保龄球	100～200	26	贵宾室	100～200
11	弹子房	90～120	27	展览厅、陈列室	130～200
12	室内游泳池	200～350	28	会堂、报告厅	150～200
13	舞厅（交谊舞）	250～350	29	图书阅览室	75～100
14	舞厅（迪斯科）	250～350	30	科研、办公	90～140
15	办公	90～120	31	公寓、住宅	80～90
16	医院：高级病房	80～110	32	餐馆	200～350

室内照明及人员密度估算指标 表 6-10

房间名称	室内人数（人/m^2）	照明负荷（W/m^2）
旅馆客房	0.1～0.15	16～20
商店营业厅（首层）	1.0～1.2	35～45
商店营业厅（其他层）	0.5～0.8	35～45
精品商场	0.3	34～45
餐厅、宴会厅	0.5～1.0	12～20
一般办公室	0.1～0.23	18～23
会议室	0.4～0.5	18～23

空调冷凝水管管径估算 表 6-11

冷负荷（kW）	≤7	7.1～18	18.1～100	101～176	177～598	599～1055	1056～1512
管径（*DN*）	20	25	32	40	50	80	100

第七章 标准图样的画法

建设部出台的施工图审图制度文件（建设［2000］41号《建筑工程施工图设计文件审查暂行办法》），对设计图样的质量也提出了更高的要求，加强了对施工图样设计深度的审查力度，作为工科高等学校的毕业设计，也应适应当前形势的要求，进一步提高设计图样的质量。毕业设计的图样绘制深度要求可参见第二章。

本章列举了部分设计样图的主要画法，供读者参考。更多的设计实例，可通过配套光盘中查询。

［例1］ 采暖设计图样画法

采暖设计说明

一、工程概况

本工程位于北方某市，为某中专学校学生宿舍楼，地上六层，建筑面积为3968.7m²。

二、设计依据

1.《采暖通风与空气调节设计规范》（GB50019—2003）

2.《建筑设计防火规范》（GBJ16—87）2001版

三、设计参数

1. 室外计算参数：

冬季采暖计算温度　　−9℃

冬季平均风速　　2.8m/s

冬季最多风向　　NNW

2. 室内设计温度：

宿舍，值班室：18℃；门厅，走廊，楼梯间，卫生间，盥洗室：16℃。

3. 主要技术指标：

建筑面积（m^2）	采暖热负荷（kW）	采暖热指示（W/m^2）	系统阻力（kPa）
3961.73	165.1	41.7	10.60

四、采暖系统设计

1. 系统：本工程采用上供下回单管式热水采暖系统，供水干管敷设在六层楼板下，回水干管敷设在首层地沟内。

2. 热媒：采暖热媒为95/70℃低温热水，由学校内锅炉房直接供给。

3. 散热设备：采用灰铸铁散热器PZ4—5，工作压力0.8MPa，落地安装。详见《通用图集91SB1—1 2005》6页。

4. 排气设备：采用ZP88—1型立式铸铜自动排气阀。

五、施工要求

1. 管材：采暖管道采用焊接钢管，管径在32mm以下者采用螺纹连接，管径在40mm以上者采用焊接。

2. 防腐：所有管道、管件、支吊架表面除锈后，刷防锈漆两道，明装不保温部分再刷银粉两道。

3. 保温：敷设在暖沟内的管道（包括支干连接处立管），管件及采暖主立管均需保温，保温材料采用岩棉管壳，厚度为40mm，外缠玻璃布保护层，具体作法请见《通用图集91SB1》第61页。

4. 试压：系统安装完毕应进行分段和整体试压，10分钟内压力降不大于0.02MPa为合格。

5. 冲洗：系统投入使用前必须进行冲洗，冲洗前应将滤网、温度计、调节阀、恒温阀及平衡阀等拆除，待冲洗合格后再装上。

6. 入口：采暖入口作法请见《通用图集91SB1—1》第104页。

7. 管道穿墙及楼板内应设套管，安装在楼板内的套管其顶部应高出地面20mm，穿过厕所、盥洗室的套管其顶部，应高出地面50mm，底部与楼板底部相平，套管与管道之间应填实油麻。

8. 图中所注平面尺寸以毫米计，标高以米计。

9. 未说明部分，请按《建筑给水排水及采暖工程施工质量验收规范》（GB50242—2002）及《建筑设备施工安装通用图集》（91SB系列）的相关内容进行施工。

图样目录

图　号	图　名	图样规格	备　注
设施-1	首页	A2	
设施-2	首层采暖平面图	A2	
设施-3	二至五层采暖平面图	A2	
设施-4	六层采暖平面图	A2	
设施-5	采暖系统图	A2	
设施-6	采暖立管图	A2	

图　例

名　称	图　例	名　称	图　例
采暖供水管		散热器	
采暖回水管		散热器手动跑风门	
阀门		自动排气阀	
平衡阀		泄水丝堵	
温控阀		固定支架	

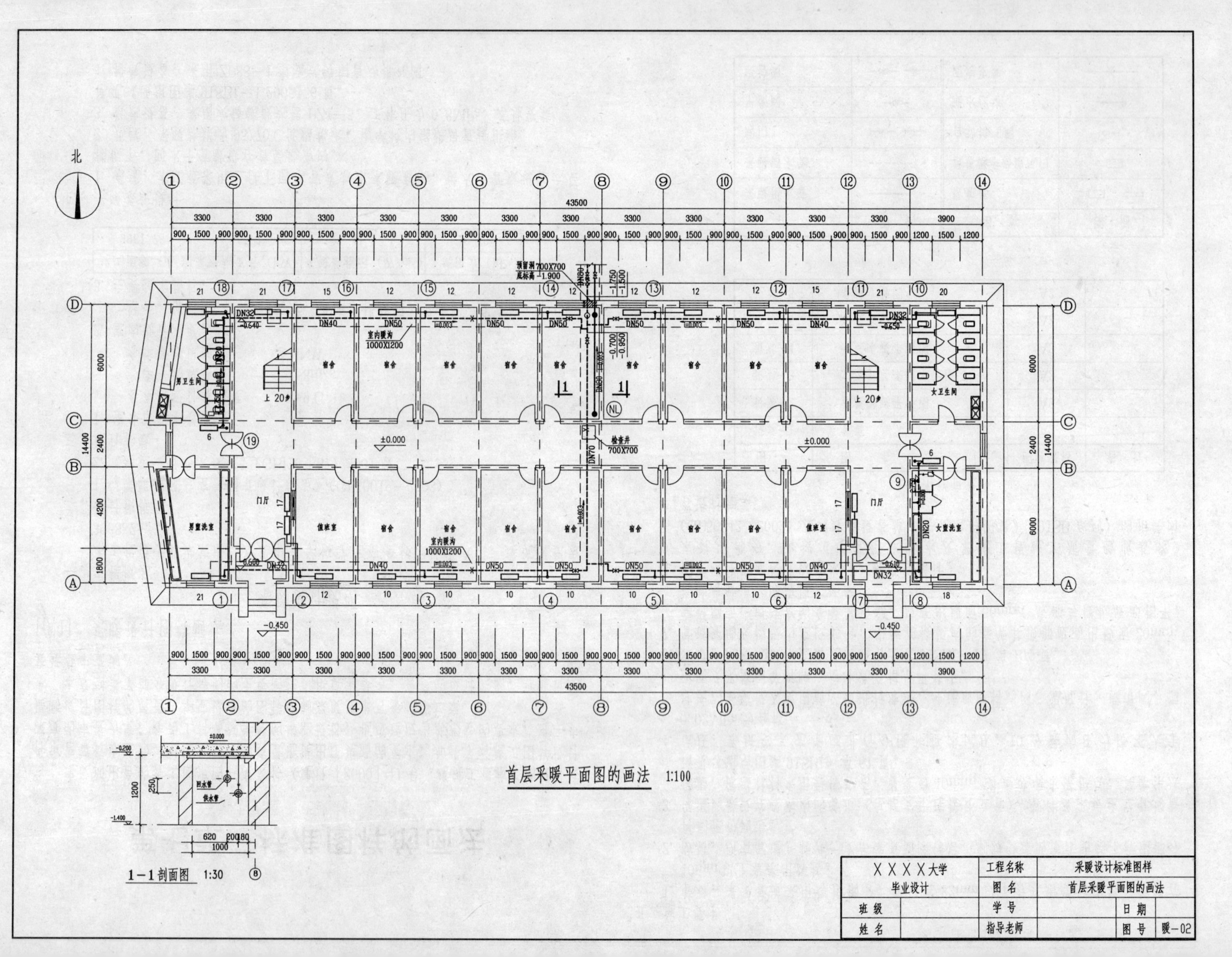

首层采暖平面图的画法 1:100

1-1剖面图 1:30

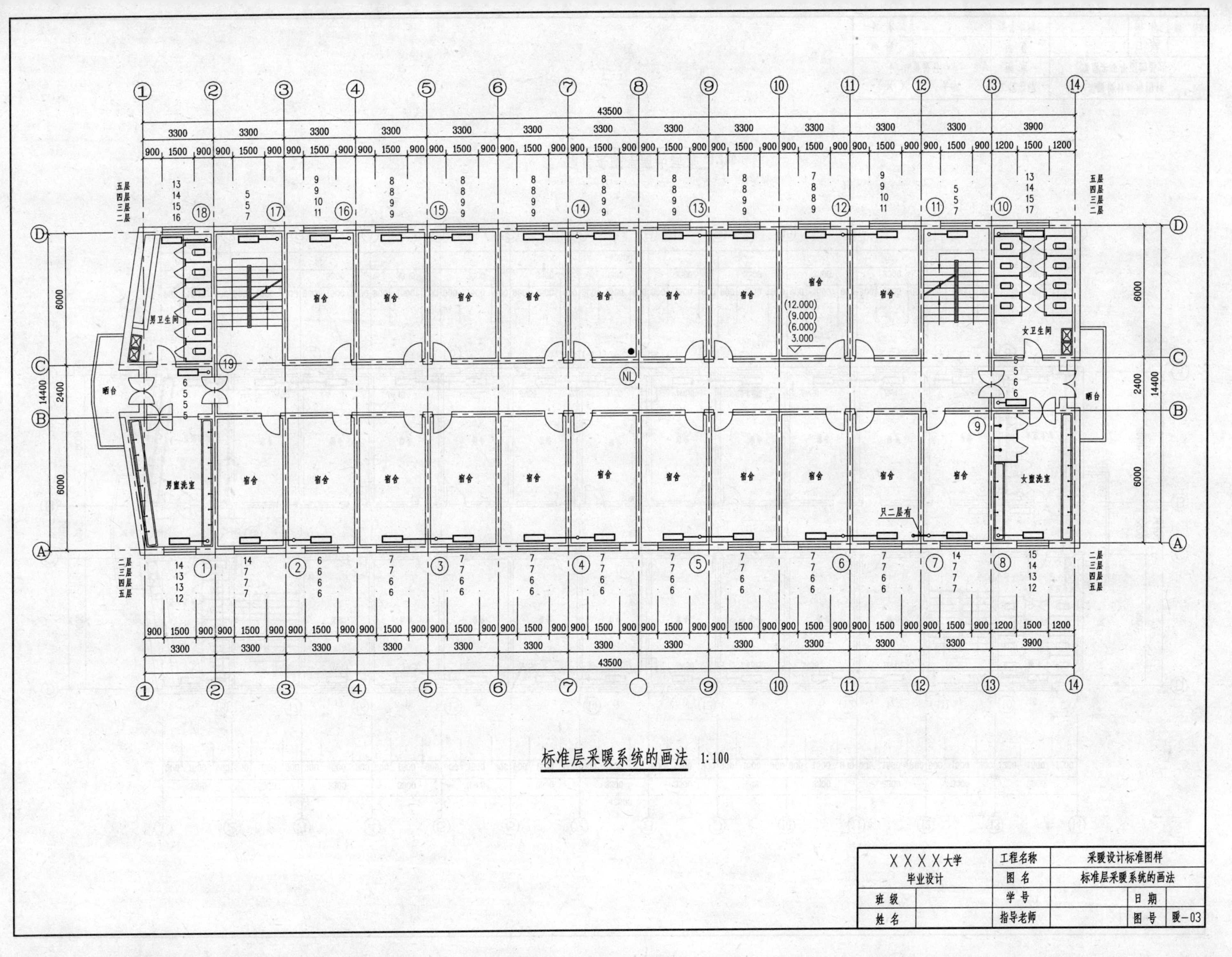

标准层采暖系统的画法 1:100

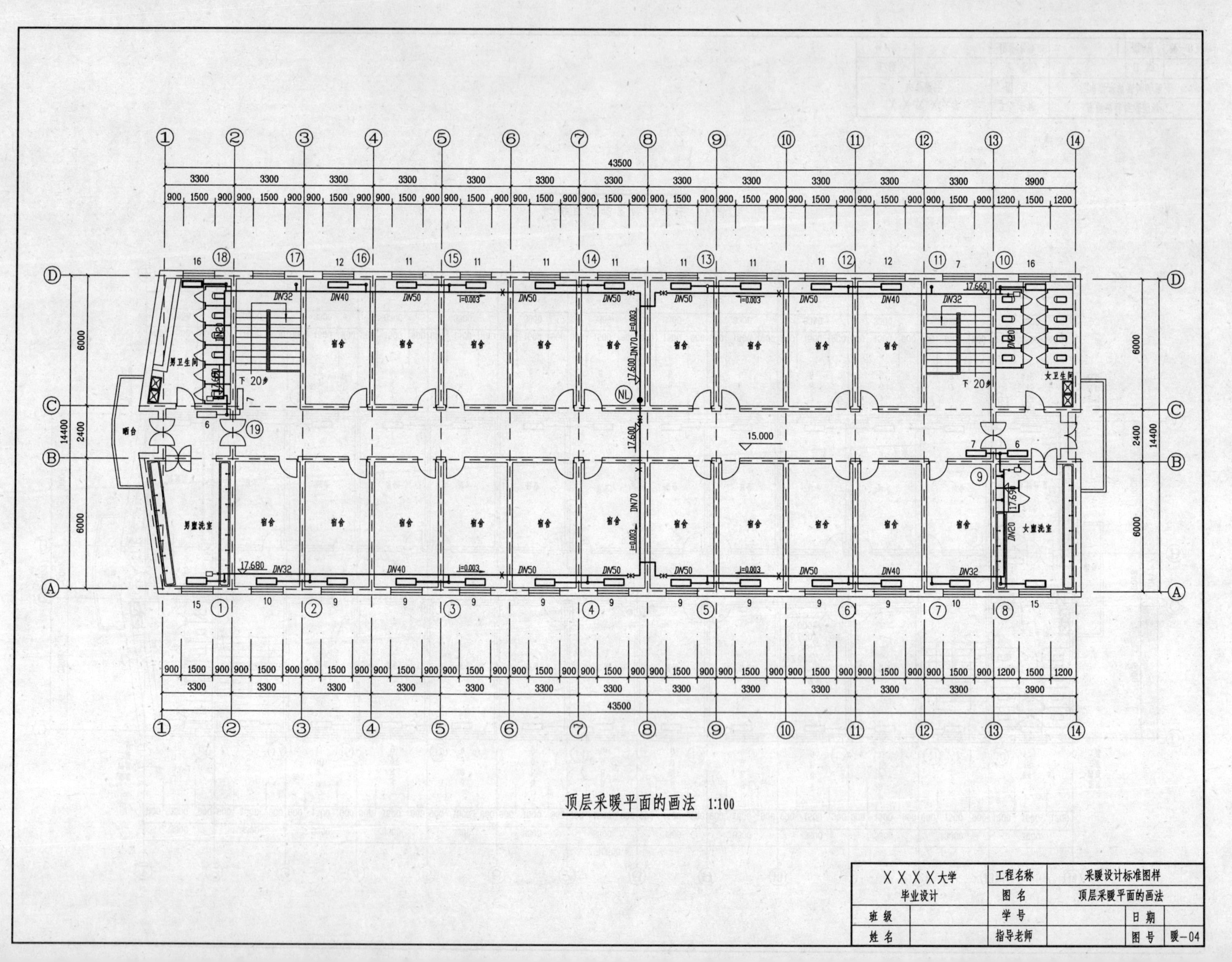

顶层采暖平面的画法 1:100

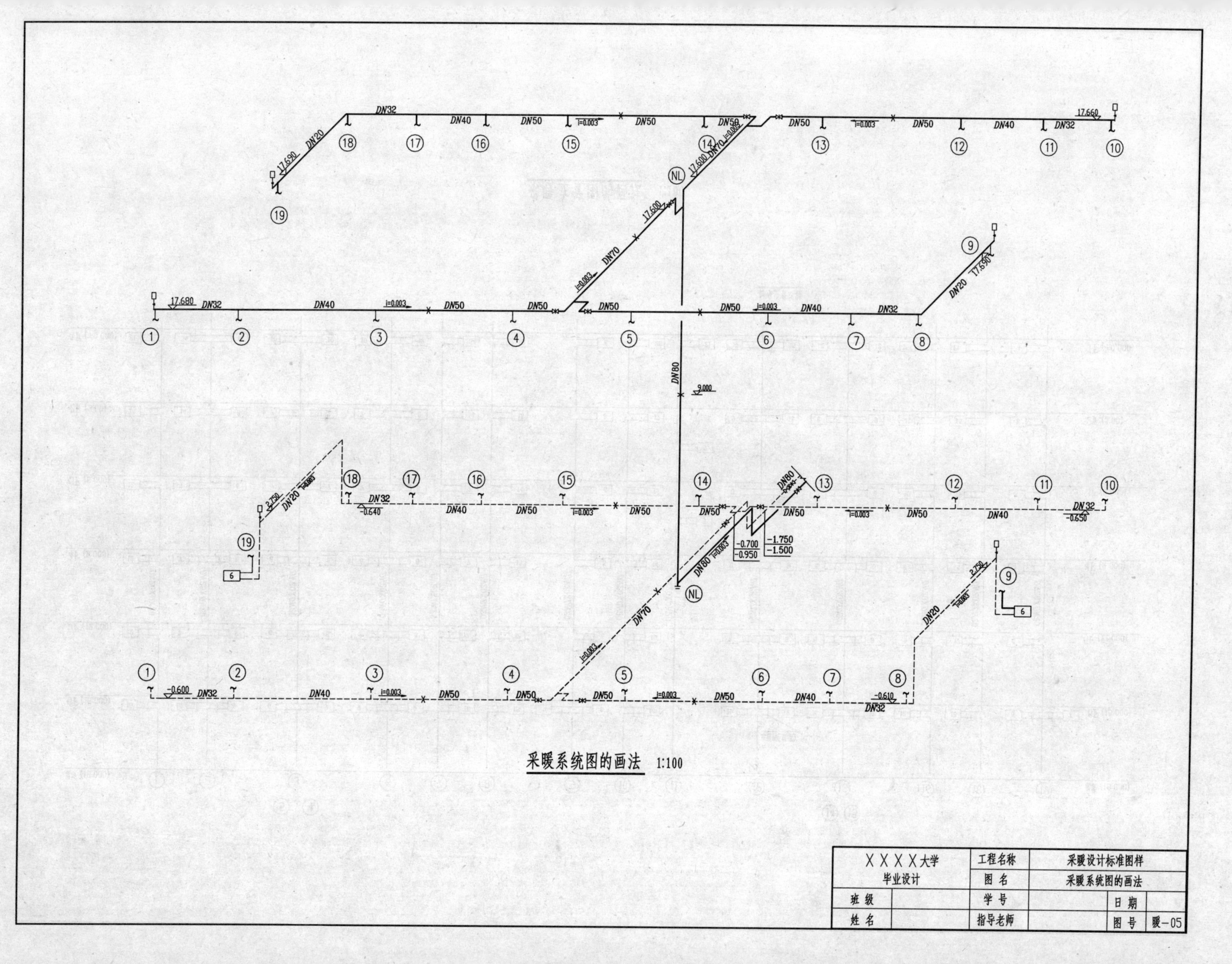

采暖系统图的画法 1:100

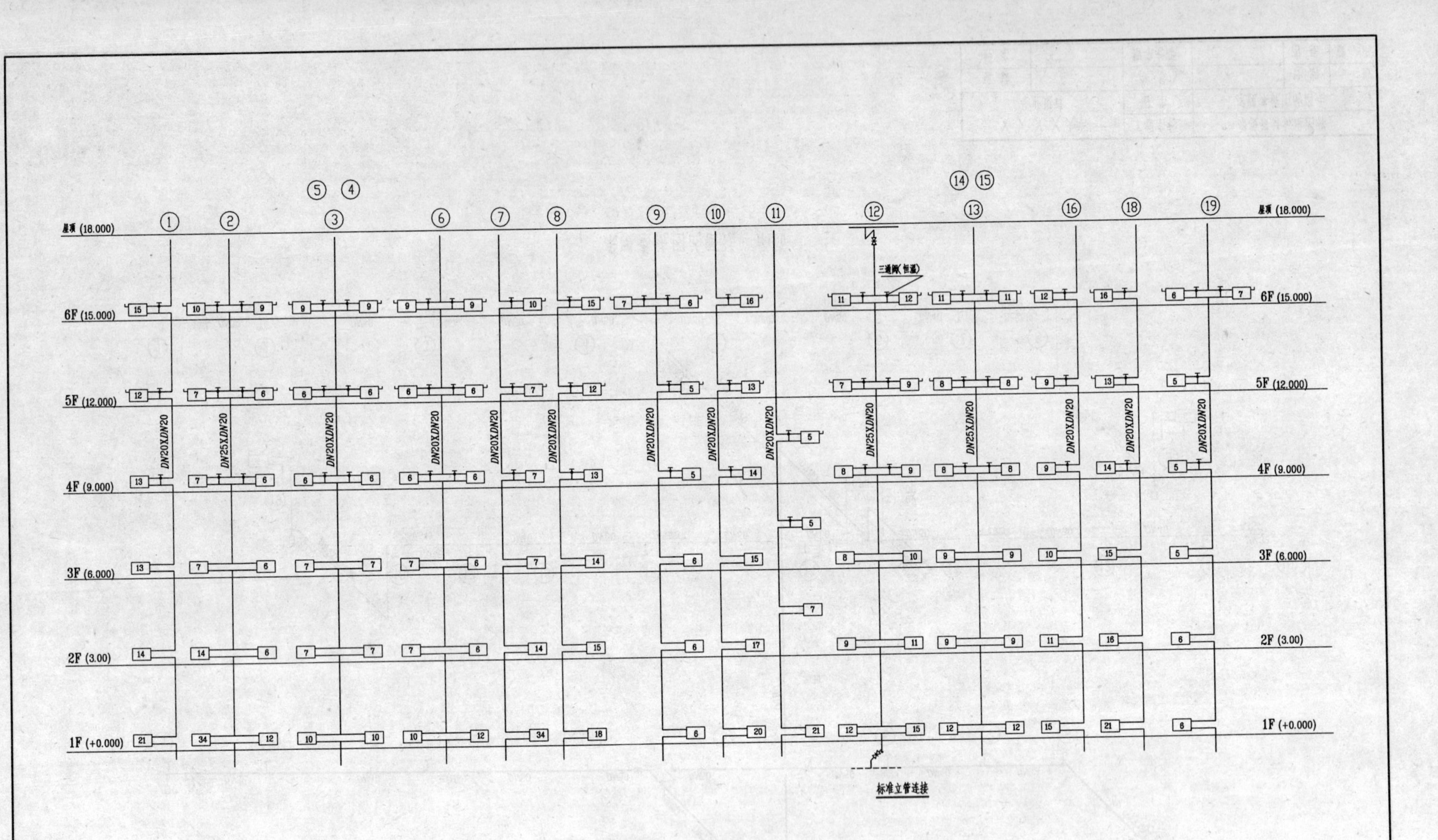

采暖立管图的画法 1:100

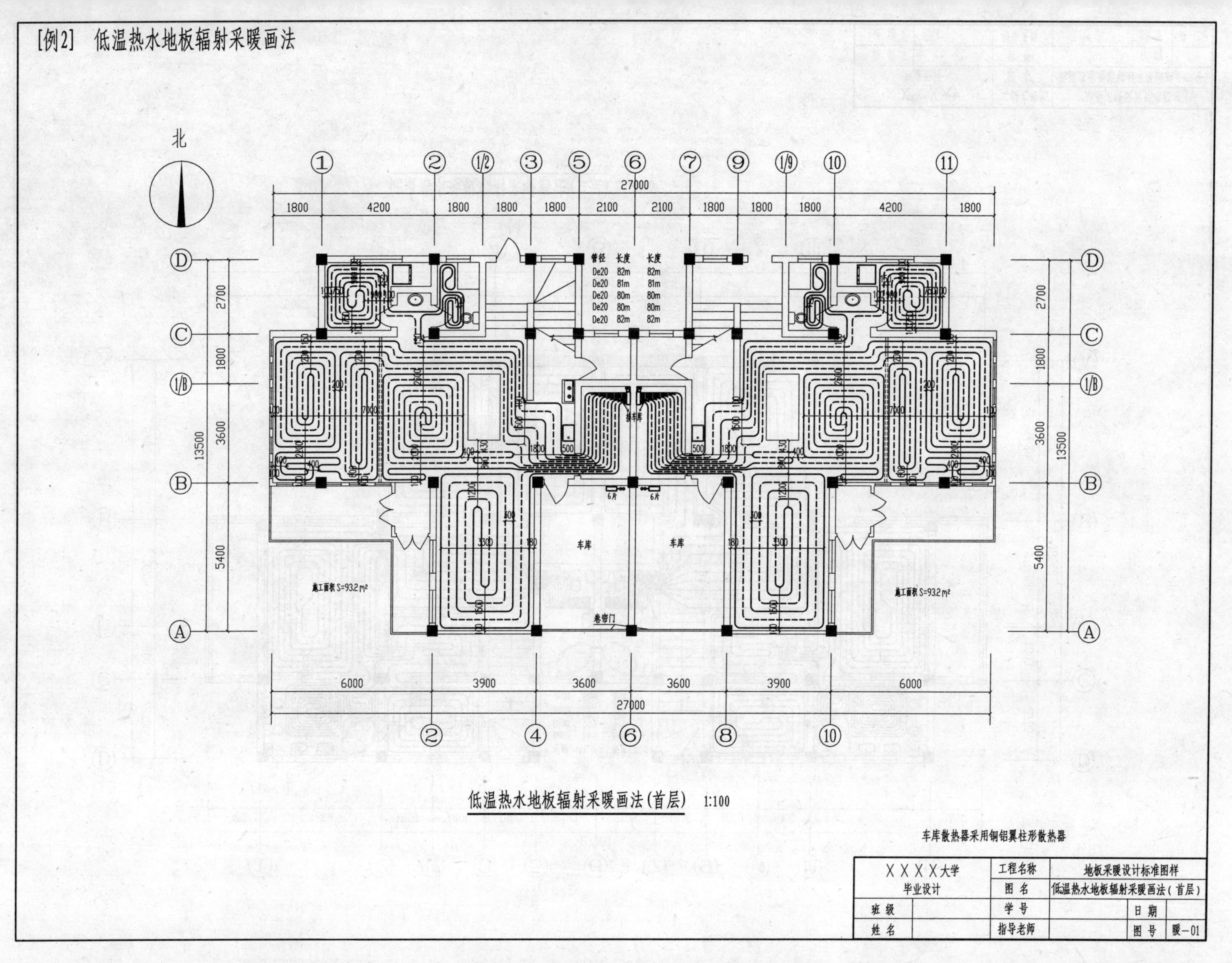
[例2] 低温热水地板辐射采暖画法
北
27000
1800 4200 1800 1800 1800 2100 2100 1800 1800 1800 4200 1800
管径 长度 长度
De20 82m 82m
De20 81m 81m
De20 80m 80m
De20 80m 80m
De20 82m 82m
2700
1800
3600
5400
13500
施工面积 S=93.2 m²
车库
卷帘门
6片
6000 3900 3600 3600 3900 6000
低温热水地板辐射采暖画法(首层) 1:100
车库散热器采用铜铝翼柱形散热器
XXXX大学
毕业设计
工程名称
地板采暖设计标准图样
图名
低温热水地板辐射采暖画法(首层)
班级
学号
日期
姓名
指导老师
图号
暖-01

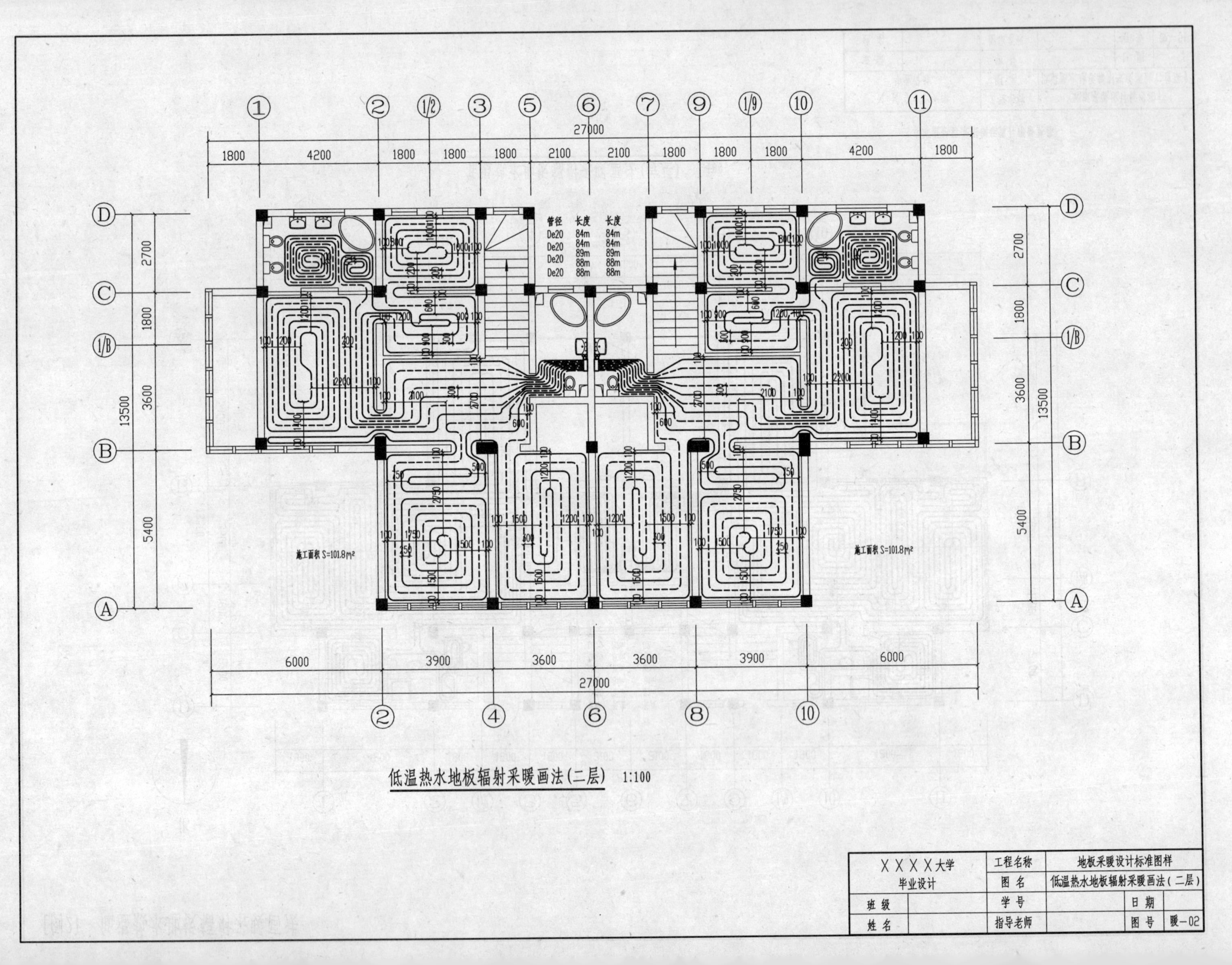

低温热水地板辐射采暖画法(二层) 1:100

[例3]　给排水设计图样画法

给排水设计说明

一、概况

本工程为某中专学校教学综合楼，地上五层。建筑面积 3056.85 平方米。

二、设计依据

1.《建筑给水排水设计规范》(GB50015－2003)

2. 华北标办《施工安装建筑设备通用图集》(91SB 系列)

3.《建筑设计防火规范》(GBJ16－87.2001 版)

4. 建筑专业提供的建筑图纸

三、给水工程

1. 本工程生活给水由校内生活给水管网直接供给，生活给水压力为 0.28MPa，共设有大便器 35 个，其中冲洗阀 21 个、高位水箱 14 个、小便槽 5 个、墩布池 10 个、盥洗槽 10 个。总管设计秒流量为 5.0 L/s，时变化系数为 2.5。最大时用水量为 $6.5m^3/h$。

2. 室内给水管材采用衬塑钢管或 PP-R 管。使用衬塑钢管时，管径放大 2 号，管件连接，管道外刷面漆二道，使用 PP-R 管时，粘接，管材选择 S5 系列，系统工作压力为 0.6MPa。管材公称外径分别为 16mm＼20mm＼25mm。最小壁厚分别为 1.8mm＼1.9mm＼2.3mm。

3. 系统试压按《建筑给水排水及采暖工程施工质量验收规范》(GB50242－2002) 执行。

4. 给水入户管穿墙采用柔性防水套管。

四、排水工程

1. 本工程最高日排水量为 3.63L/s，室外排水管标高均为管道中心标高，室内排水管道标高以室内±0.000 为准。

2. 室内排水管道均采用 UPVC 管道，粘接。排出管穿墙采用柔性防水套管。伸缩节做法参见 91SBX1－WS12。

3. 系统完工后应作通球及闭水试验。详见规范《建筑给水排水及采暖工程施工质量验收规范》(GB50242－2002)。

五、消防系统

1. 室内消火栓系统由校内消防系统直接提供，供水压力为 0.35MPa。

2. 楼内消防水管按环状设计，管径 *DN*100 布线，室内消火栓用水量 10L/s。每根消防立管最小流量为 10L/s，每枝水枪最小流量为 5L/s。消火栓充实水注长度不小于 10m。

3. 消火栓系统管材埋地部分采用给水铸铁管，明装支管立管采用热镀锌钢管，丝接，或焊接钢管，焊接，管网试验压力 1.4MPa。

4. 消防箱做法详见 91SB3－给水工程 111 页（甲型）。水龙带直径 65mm，水枪喷嘴口径为 QZ19/ø19。每消火栓箱下配置 3 组 2kg 手提式干粉灭火器。

六、施工、验收及其他

本工程给排水、消防安装作法以华北标办 91SB 图册要求为准，施工及验收以《建筑给水排水及采暖工程施工验收规范》(GB50242－2002) 和北京市质检站有关文件要求为依据。

七、具体做法

蹲式大便器（脚踏式冲洗阀）做法参见 91SB－X1－WS07。

蹲式大便器（高位水箱）做法参见 91SB 卫－97 页。

小便槽做法参见 91SB 卫－86 乙型，给水阀采用定时冲洗阀，冲洗管采用给水塑料管。

盥洗槽做法参见 91SB 卫－39；墩布池做法参见 91SB 卫－42 乙型。

图　例

名　称	图　例
给水管	
排水管	
消防专用管	X
消火栓	
蹲式大便器	
清扫口	
地漏	
脚踏式冲洗阀	
掏堵	
排水立管掏堵	
屋顶透气帽	
检查井	
入户井	
高位水箱	高
手提式灭火器	
蝶阀	

图 样 目 录

图　号	图样目录
1	给排水设计说明
2	首层给排水平面图
3	2.3 层给排水平面图
4	4.5 层给排水平面图
5	卫生间给排水大样图
6	给排水系统透视图
7	消火栓系统透视图

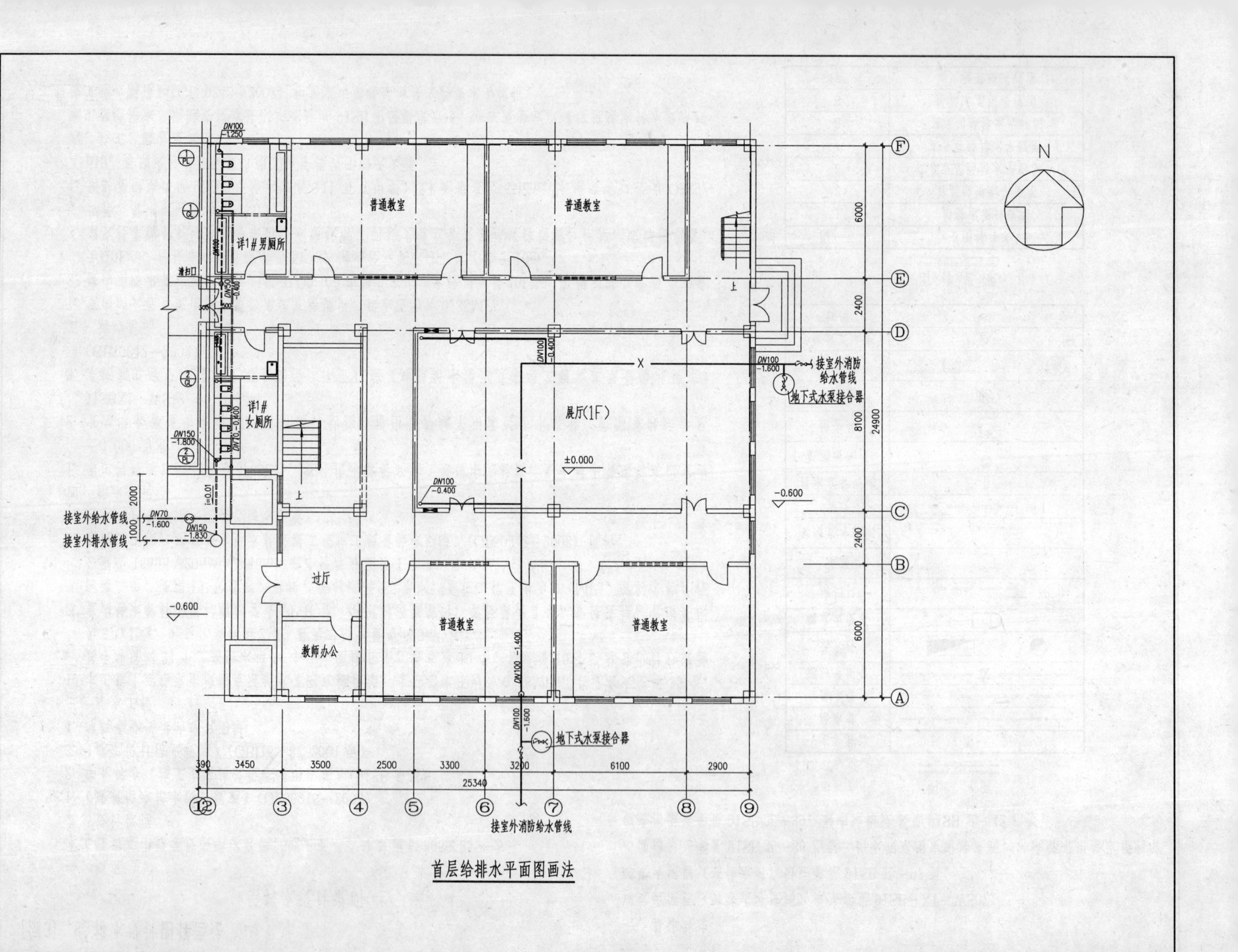
N
普通教室
普通教室
详1#男厕所
清扫口
详1#
女厕所
展厅(1F)
±0.000
过厅
教师办公
普通教室
普通教室
接室外消防
给水管线
地下式水泵接合器
地下式水泵接合器
接室外消防给水管线
接室外给水管线
接室外排水管线
DN100 -1.250
DN150 -1.800
DN70 -1.600
DN150 -1.830
DN100 -1.600
DN100 -0.400
DN100 -1.400
i=0.01
-0.600
-0.600
6000
2400
8100
2400
6000
24900
390
3450
3500
2500
3300
3200
6100
2900
25340
2000
1000

首层给排水平面图画法

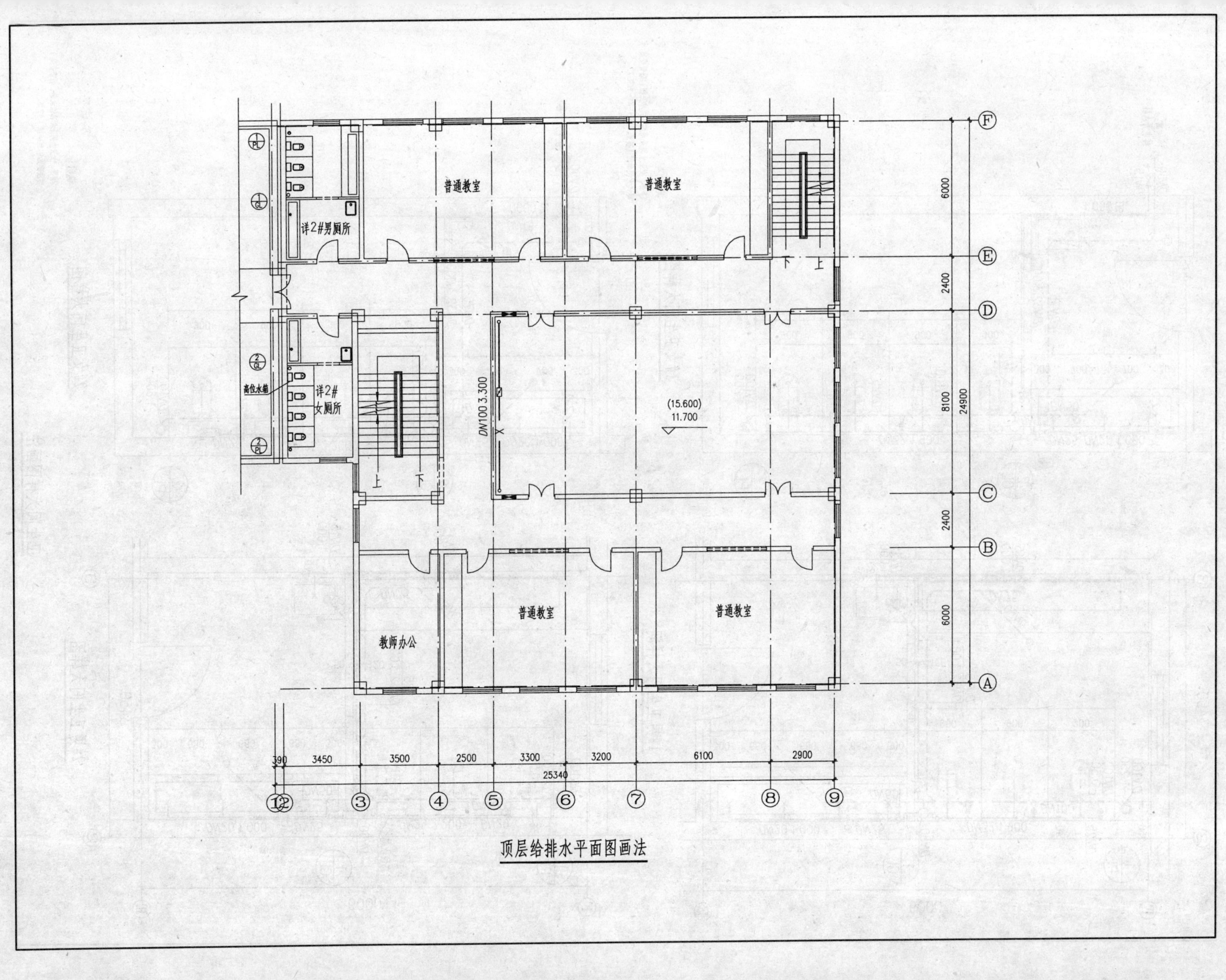

普通教室
普通教室
详2#男厕所
详2#女厕所
高位水箱
DN100 3.300
(15.600)
11.700
普通教室
普通教室
教师办公
6000
2400
8100
24900
2400
6000
390
3450
3500
2500
3300
3200
6100
2900
25340

顶层给排水平面图画法

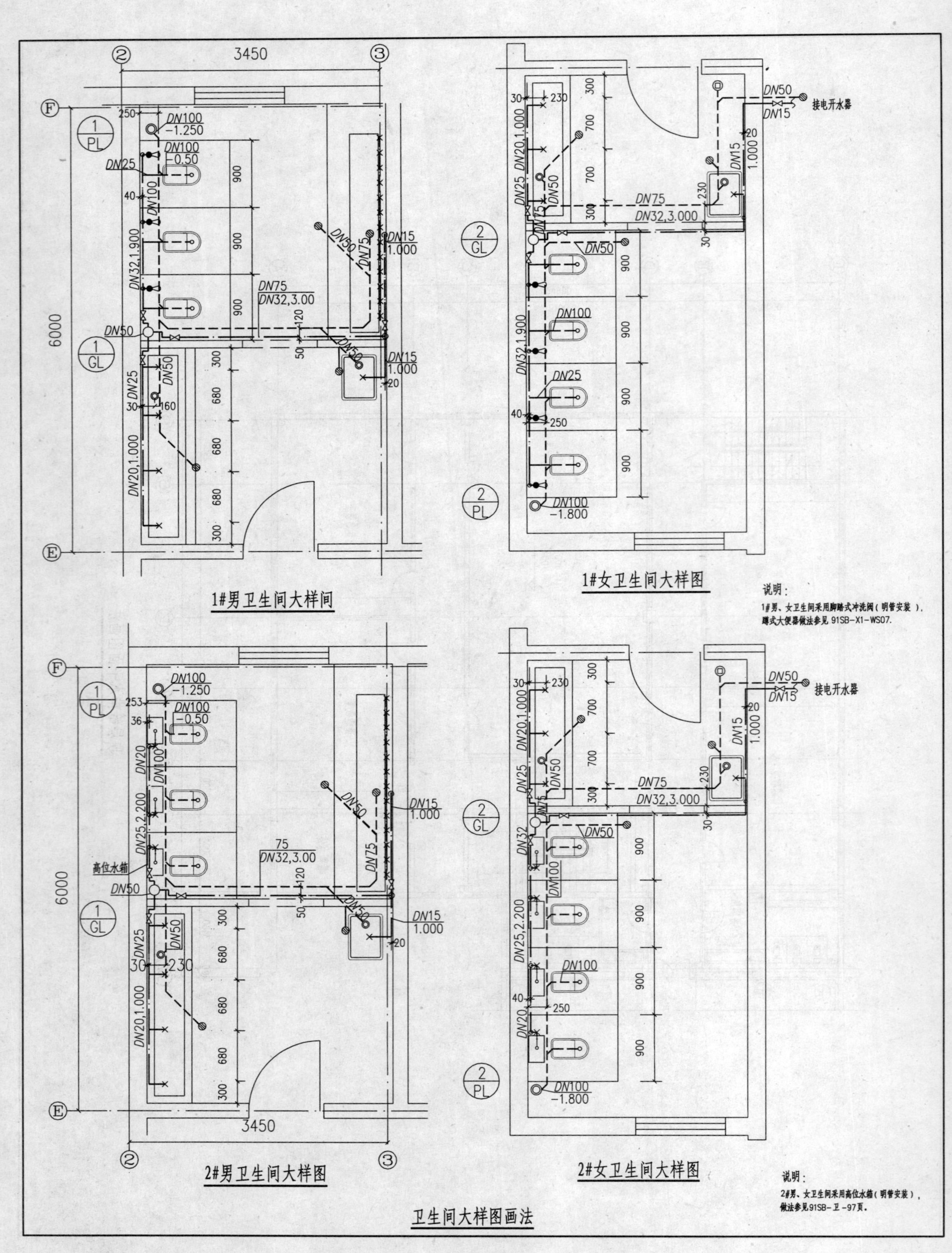
1#男卫生间大样间
1#女卫生间大样图
2#男卫生间大样图
2#女卫生间大样图
高位水箱
接电开水器
说明：
1#男、女卫生间采用脚踏式冲洗阀（明管安装），蹲式大便器做法参见 91SB-X1-WS07.
说明：
2#男、女卫生间采用高位水箱（明管安装），做法参见91SB-卫-97页。

卫生间大样图画法

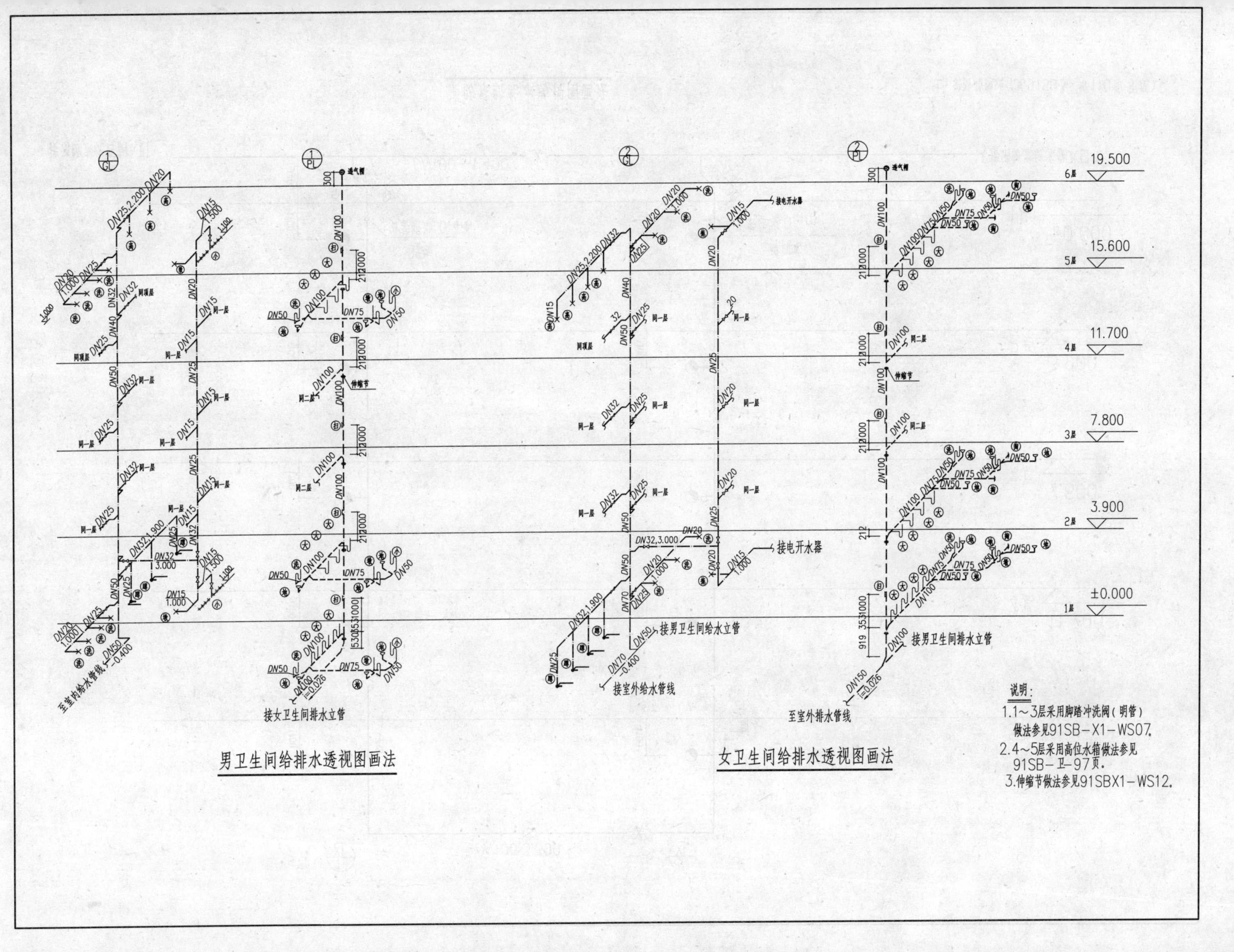

男卫生间给排水透视图画法

女卫生间给排水透视图画法

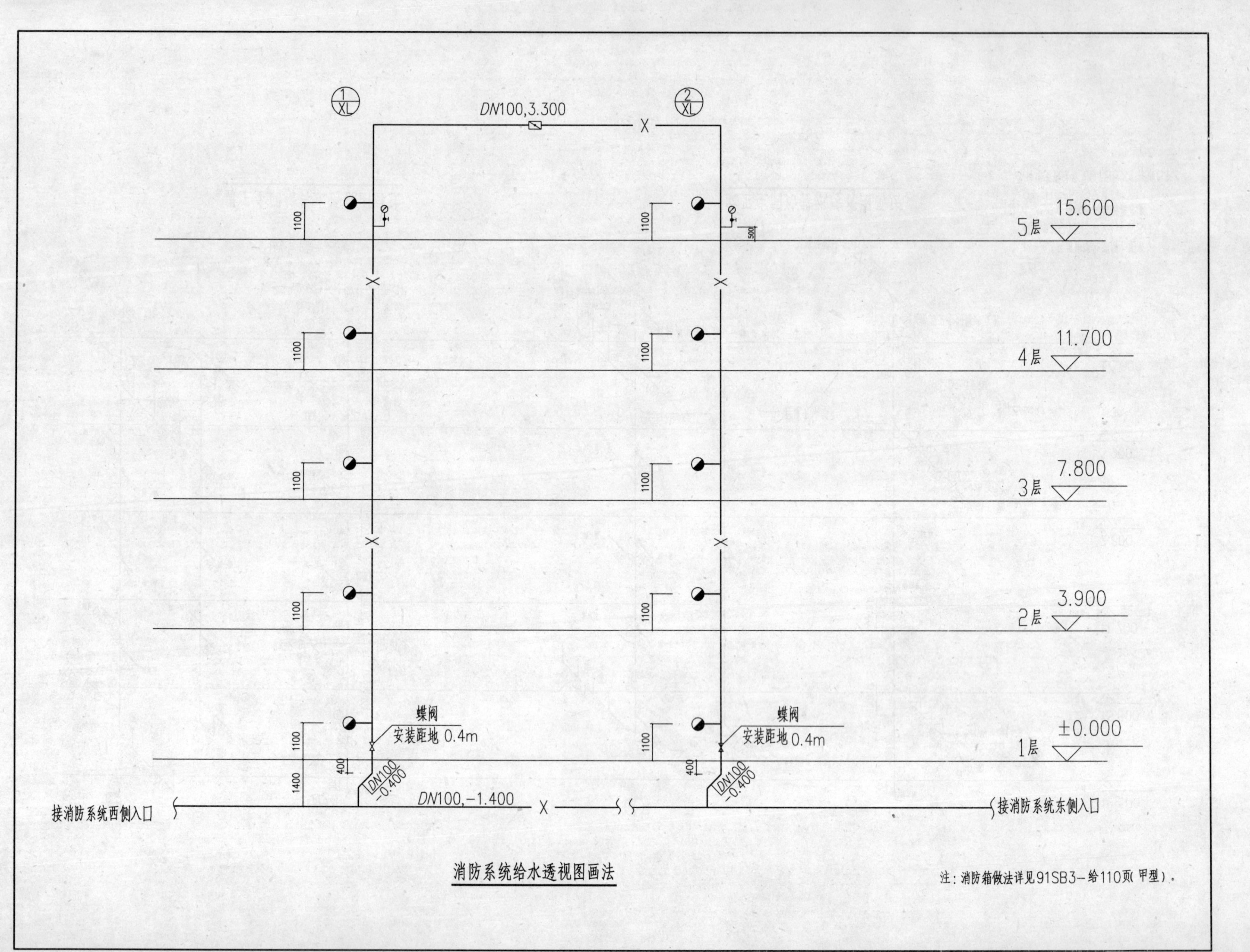

消防系统给水透视图画法

注：消防箱做法详见91SB3—给110页(甲型)。

[例4]　空调设计图样画法

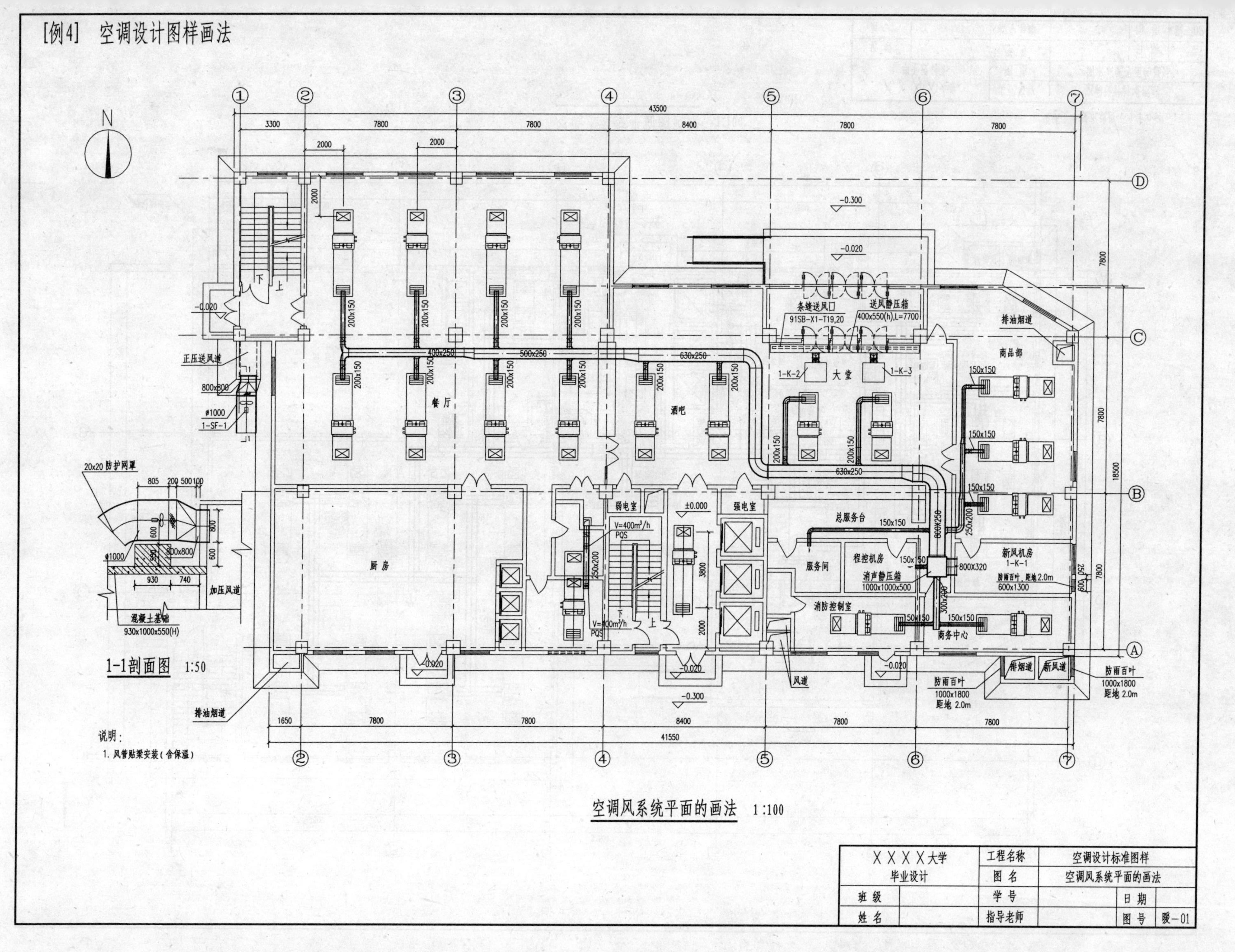

1-1剖面图　1:50

说明：

1. 风管贴梁安装（含保温）

空调风系统平面的画法　1:100

XXXX大学 毕业设计		工程名称	空调设计标准图样	
		图　名	空调风系统平面的画法	
班　级		学　号		日　期
姓　名		指导老师		图　号　暖－01

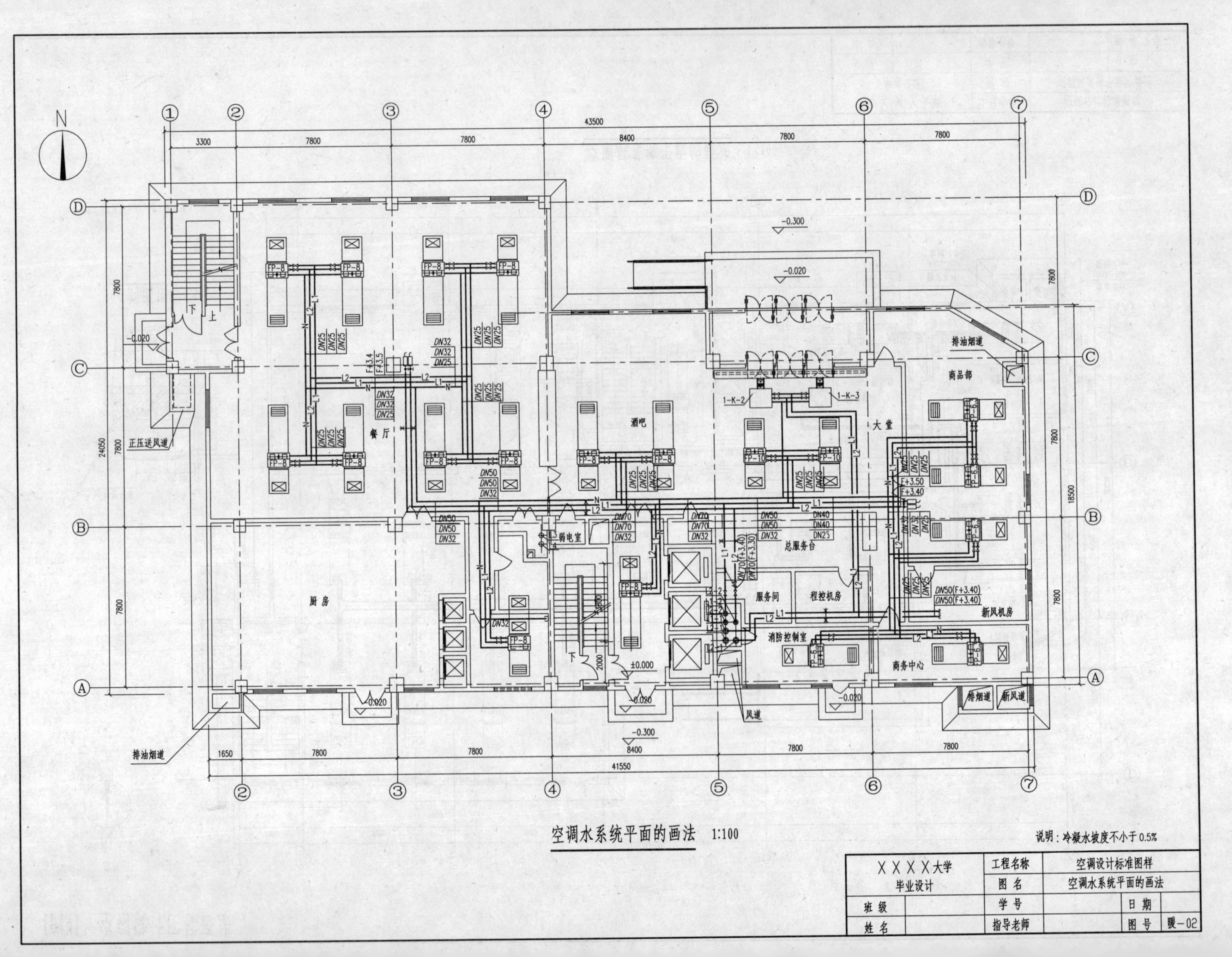

空调水系统平面的画法 1:100

说明：冷凝水坡度不小于0.5%

XXXX大学 毕业设计	工程名称	空调设计标准图样	
	图名	空调水系统平面的画法	
班级	学号	日期	
姓名	指导老师	图号	暖-02

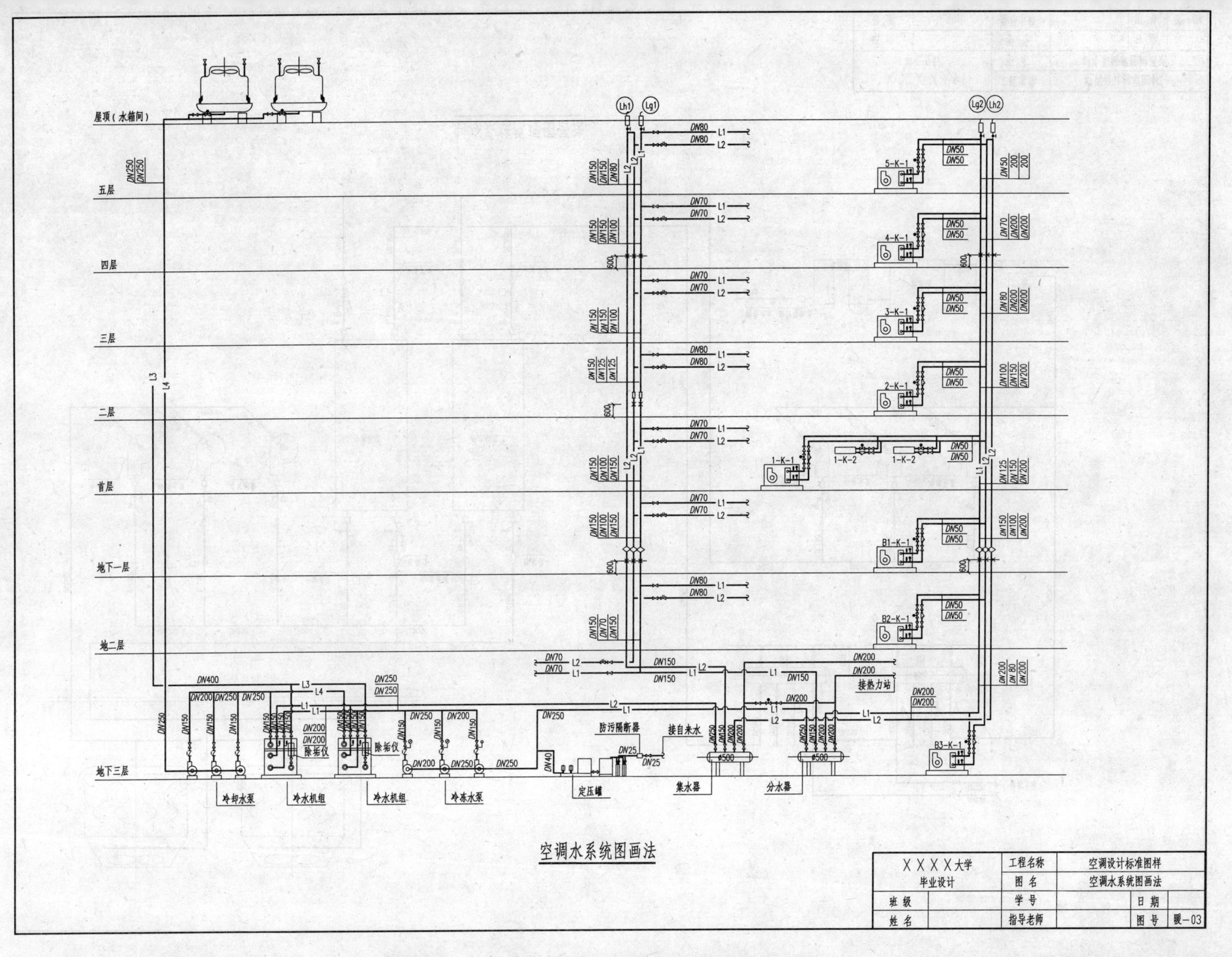
屋顶（水箱间）
五层
四层
三层
二层
首层
地下一层
地二层
地下三层
Lh1
Lg1
Lg2
Lh2
5-K-1
4-K-1
3-K-1
2-K-1
1-K-1
1-K-2
1-K-2
B1-K-1
B2-K-1
B3-K-1
L1
L2
L3
L4
DN400
DN250
DN200
DN150
DN125
DN100
DN80
DN70
DN50
DN40
DN25
600
防污隔断器
接自来水
接热力站
除垢仪
φ500
冷却水泵
冷水机组
冷水机组
冷冻水泵
定压罐
集水器
分水器
XXXX大学
毕业设计
工程名称
空调设计标准图样
图 名
空调水系统图画法
班 级
学 号
日 期
姓 名
指导老师
图 号
暖－03

空调水系统图画法

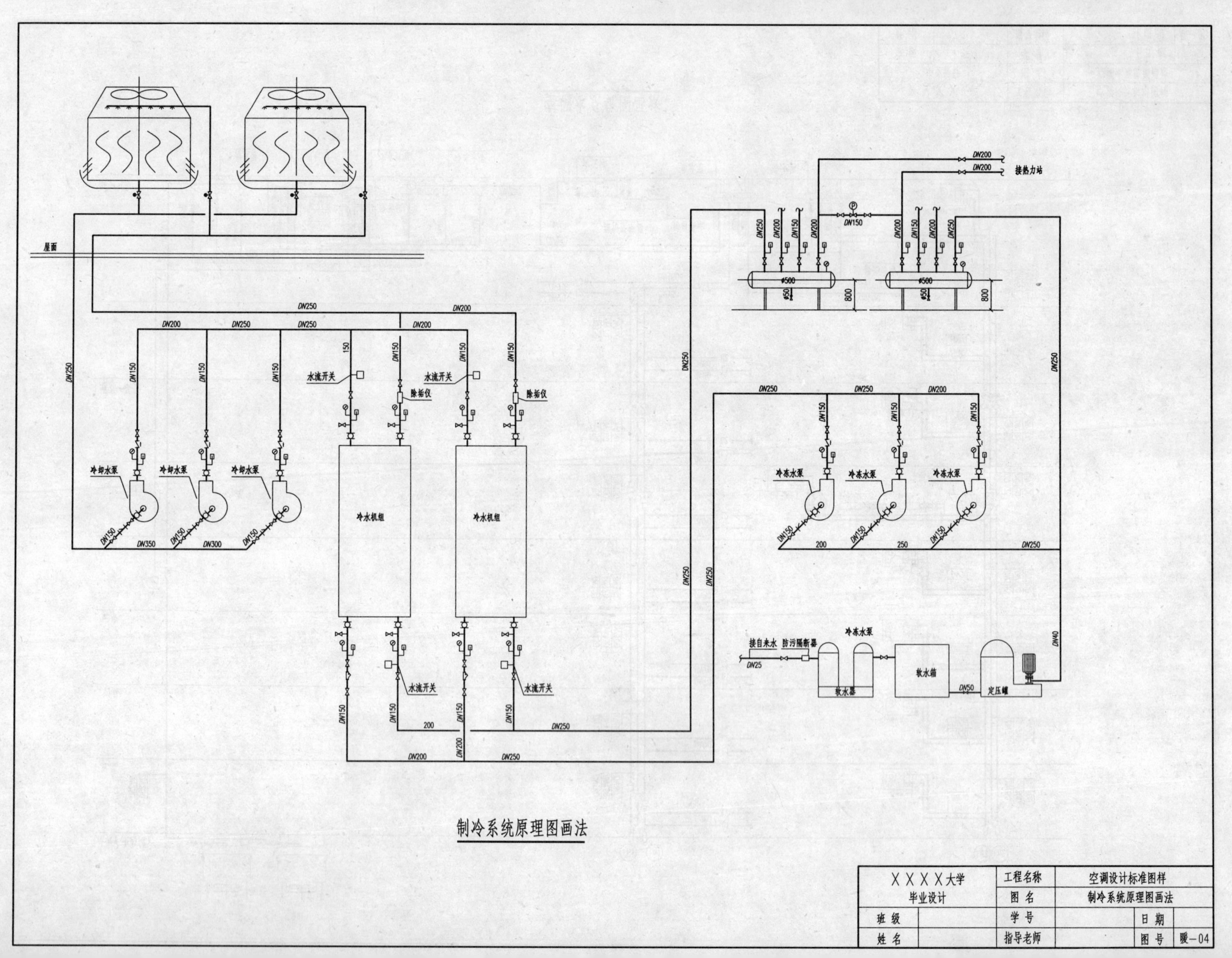
屋面
冷却水泵
冷却水泵
冷却水泵
冷水机组
冷水机组
水流开关
除垢仪
冷冻水泵
冷冻水泵
冷冻水泵
接热力站
接自来水
防污隔断器
软水器
软水箱
定压罐
DN250
DN200
DN150
DN350
DN300
DN50
DN40
DN25
Φ500
Φ50
800
XXXX大学
毕业设计
班级
姓名
工程名称
空调设计标准图样
图名
制冷系统原理图画法
学号
指导老师
日期
图号
暖—04

制冷系统原理图画法

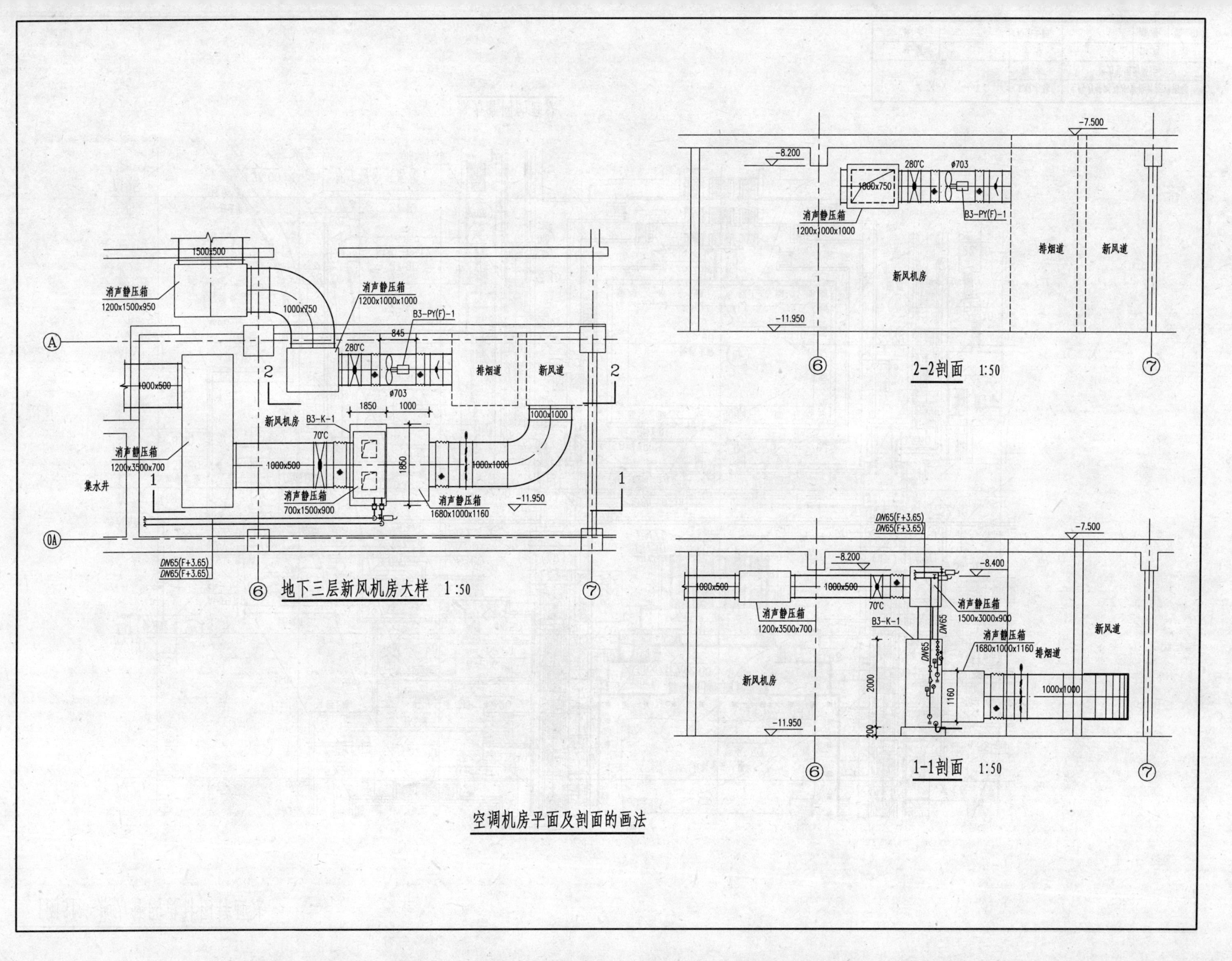
消声静压箱
1200x1500x950
1500x500
1000x750
消声静压箱
1200x1000x1000
B3-PY(F)-1
845
280℃
ø703
排烟道
新风道
1000x500
新风机房
B3-K-1
70℃
1850
1000
消声静压箱
1200x3500x700
1000x500
1000x1000
集水井
消声静压箱
700x1500x900
消声静压箱
1680x1000x1160
-11.950
DN65(F+3.65)
DN65(F+3.65)
地下三层新风机房大样 1:50
-8.200
-7.500
消声静压箱
1200x1000x1000
新风机房
-11.950
2-2剖面 1:50
-8.400
消声静压箱
1500x3000x900
DN65
2000
200
1160
1-1剖面 1:50
空调机房平面及剖面的画法

[例5] 热力管网设计图样画法

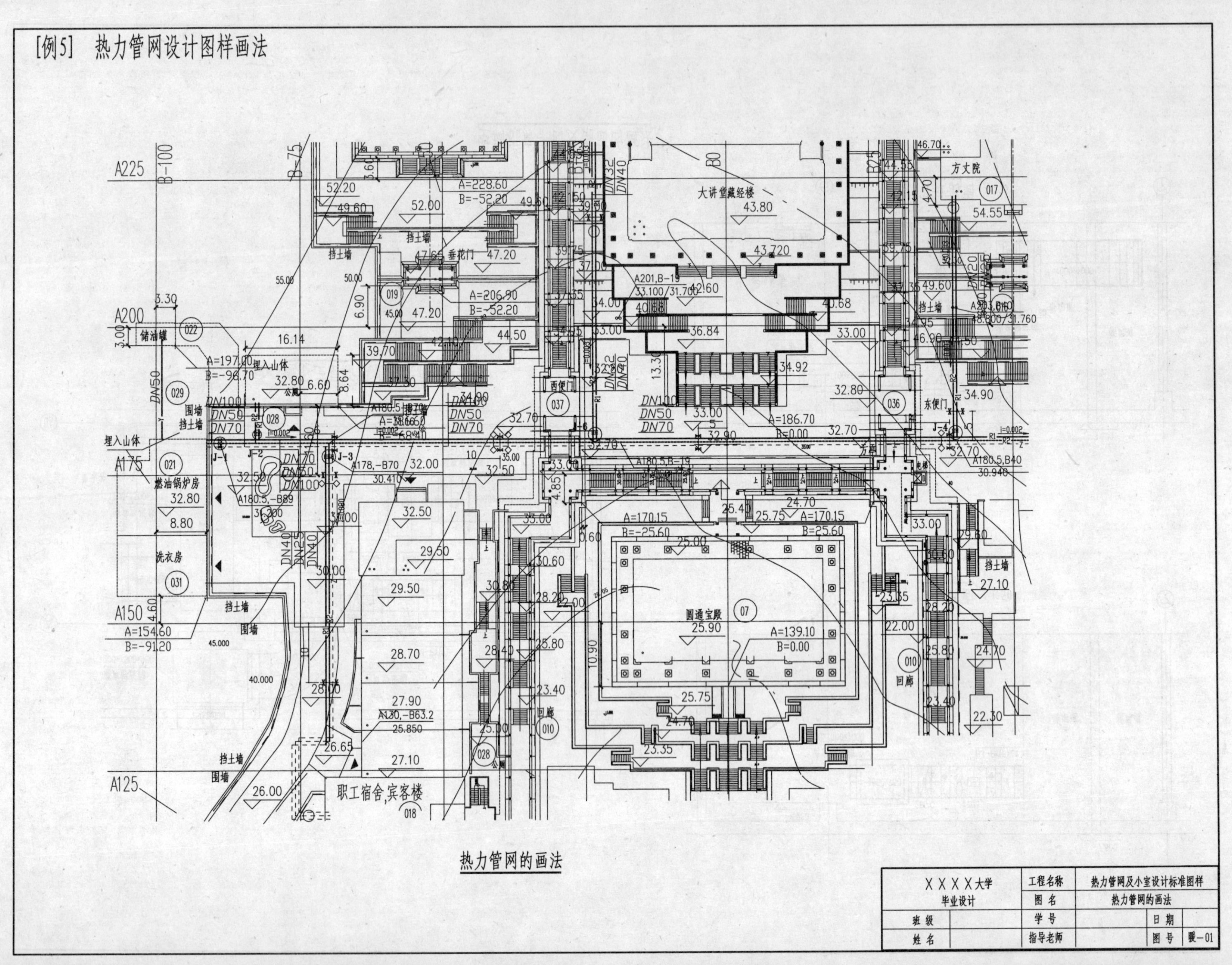

热力管网的画法

XXXX大学	工程名称	热力管网及小室设计标准图样		
毕业设计	图 名	热力管网的画法		
班 级	学 号		日 期	
姓 名	指导老师		图 号	暖—01

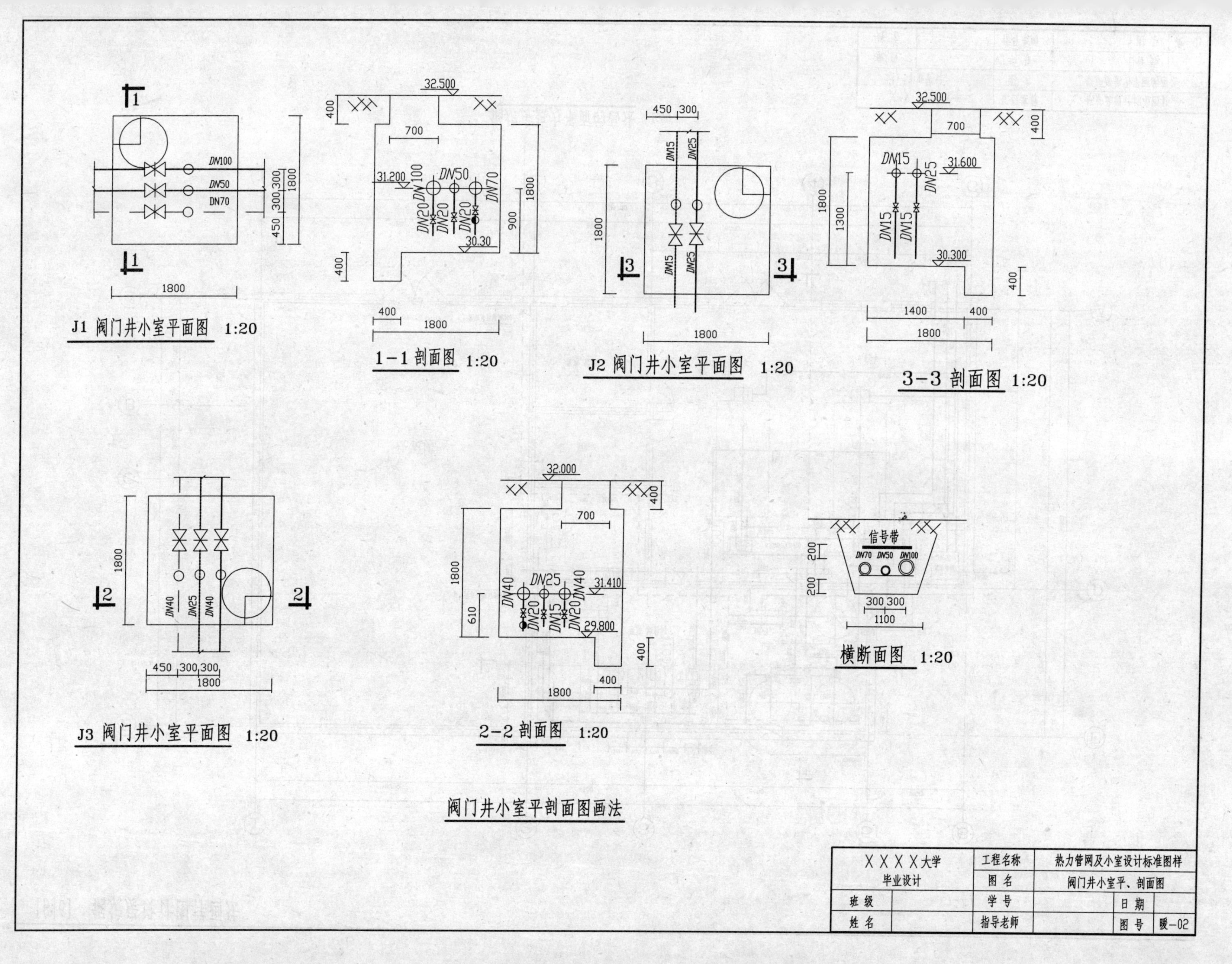
J1 阀门井小室平面图 1:20
DN100
DN50
DN70
1800
450 300 300
1-1 剖面图 1:20
32.500
31.200
30.30
700
900
400
DN100
DN50
DN70
DN20
J2 阀门井小室平面图 1:20
DN15
DN25
3-3 剖面图 1:20
31.600
30.300
1400
1300
J3 阀门井小室平面图 1:20
DN40
DN25
2-2 剖面图 1:20
32.000
31.410
29.800
610
横断面图 1:20
信号带
300 300
1100
200
阀门井小室平剖面图画法
XXXX大学
毕业设计
工程名称
热力管网及小室设计标准图样
图名
阀门井小室平、剖面图
班级
学号
日期
姓名
指导老师
图号
暖-02

[例6] 锅炉房设计图样画法

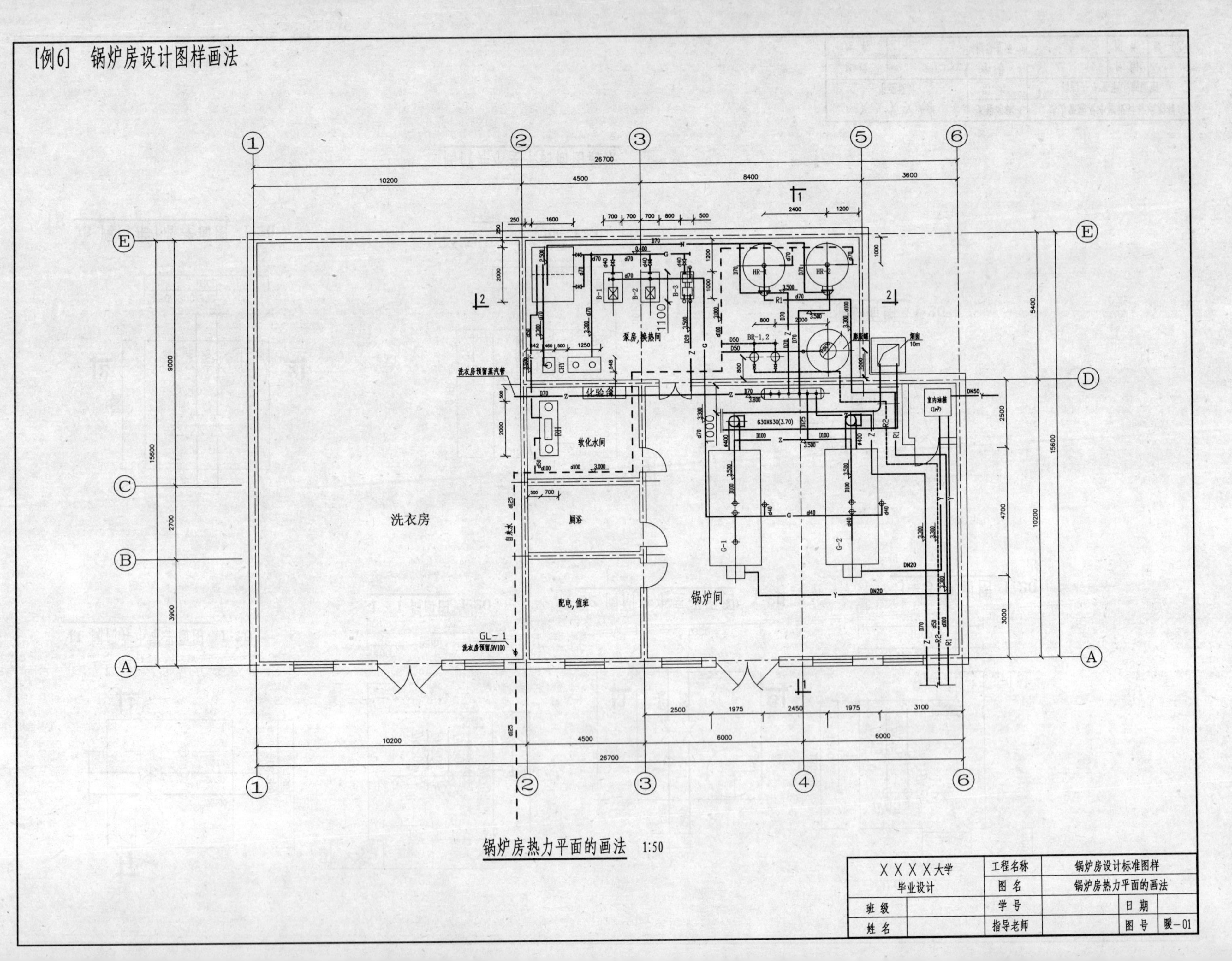

锅炉房热力平面的画法 1:50

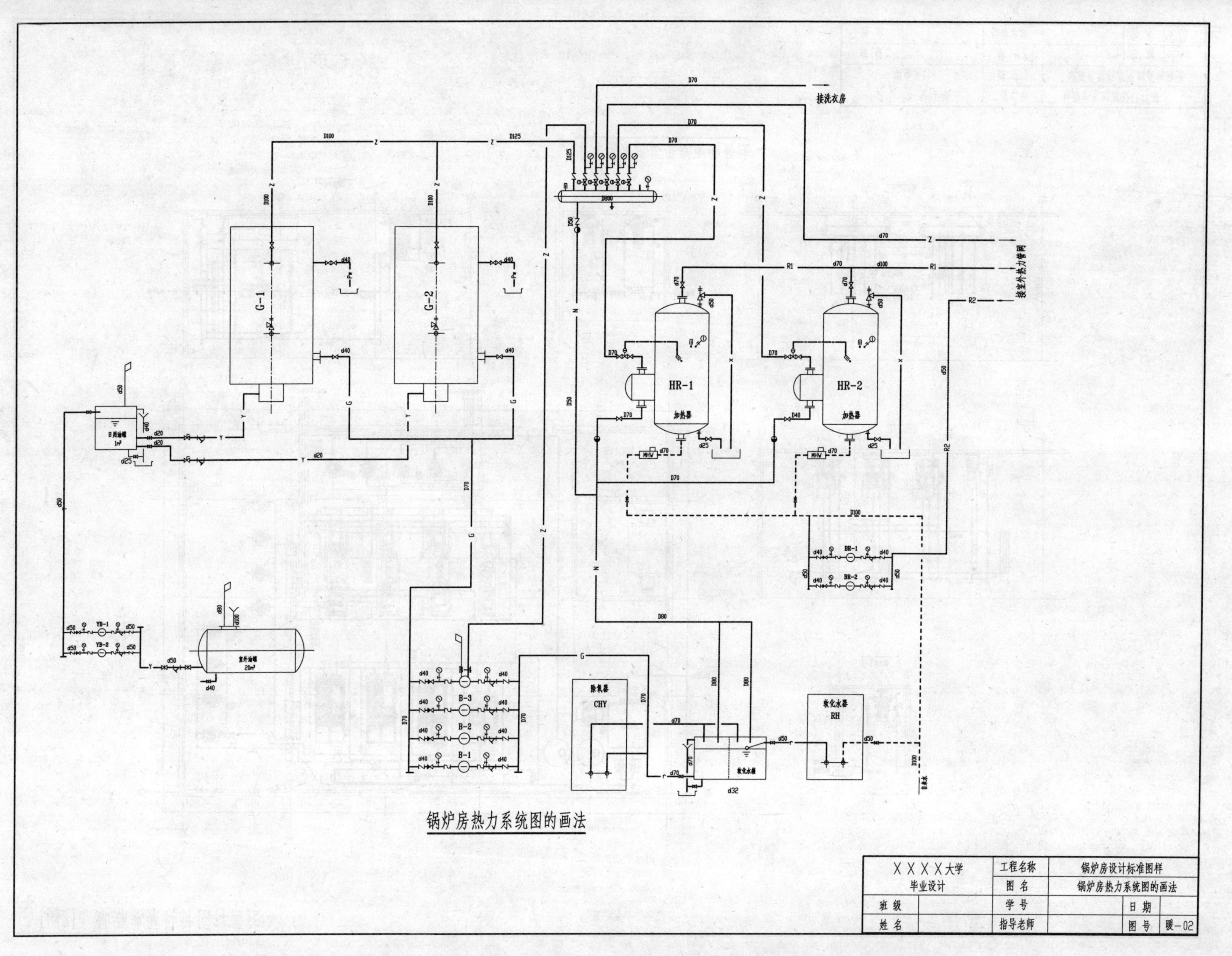

锅炉房热力系统图的画法

XXXX大学 毕业设计		工程名称	锅炉房设计标准图样	
		图 名	锅炉房热力系统图的画法	
班 级		学 号	日 期	
姓 名		指导老师	图 号	暖-02

[例7]　地源热泵设计图样画法

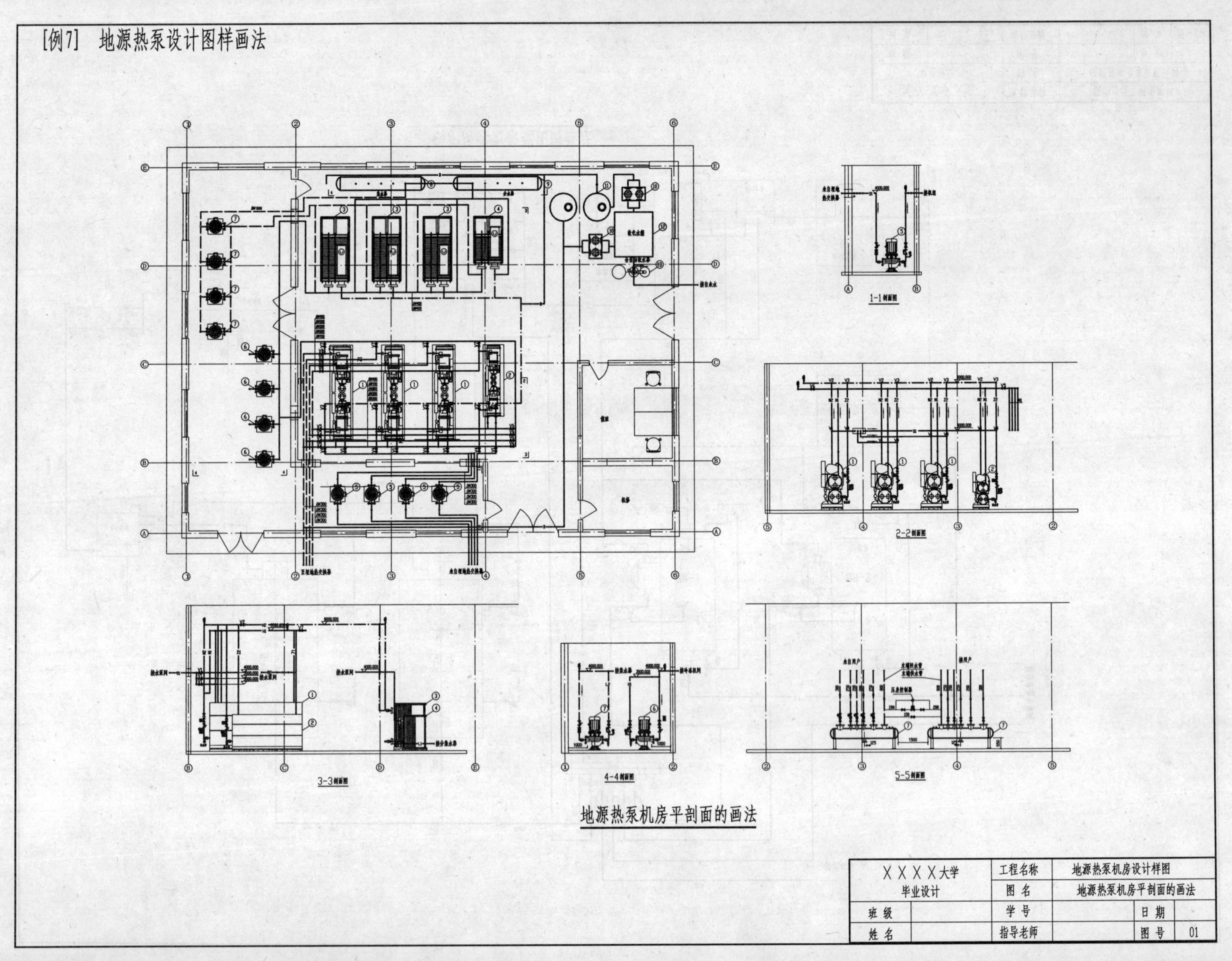

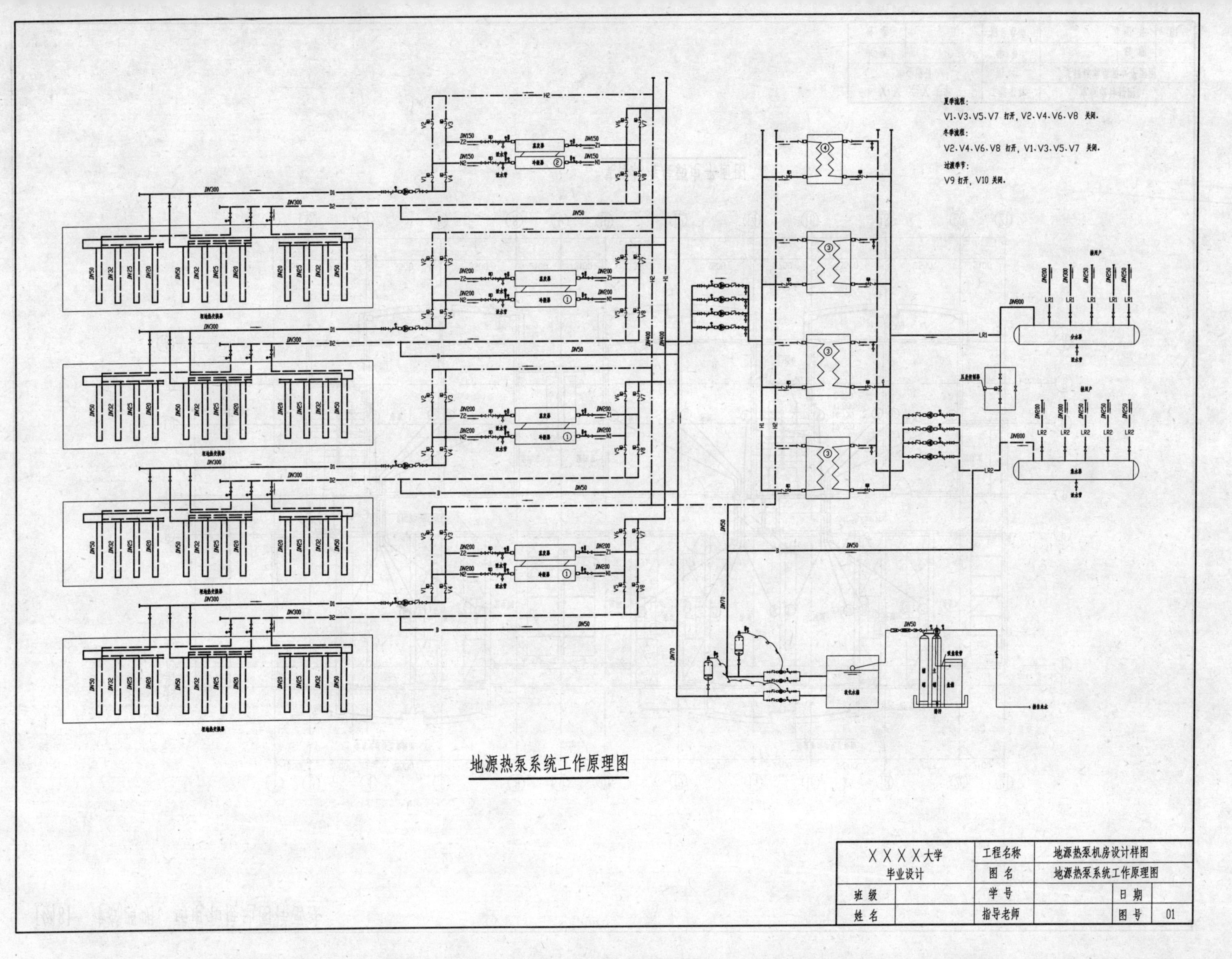

地源热泵系统工作原理图

[例8] 建筑照明、弱电和接地图样画法

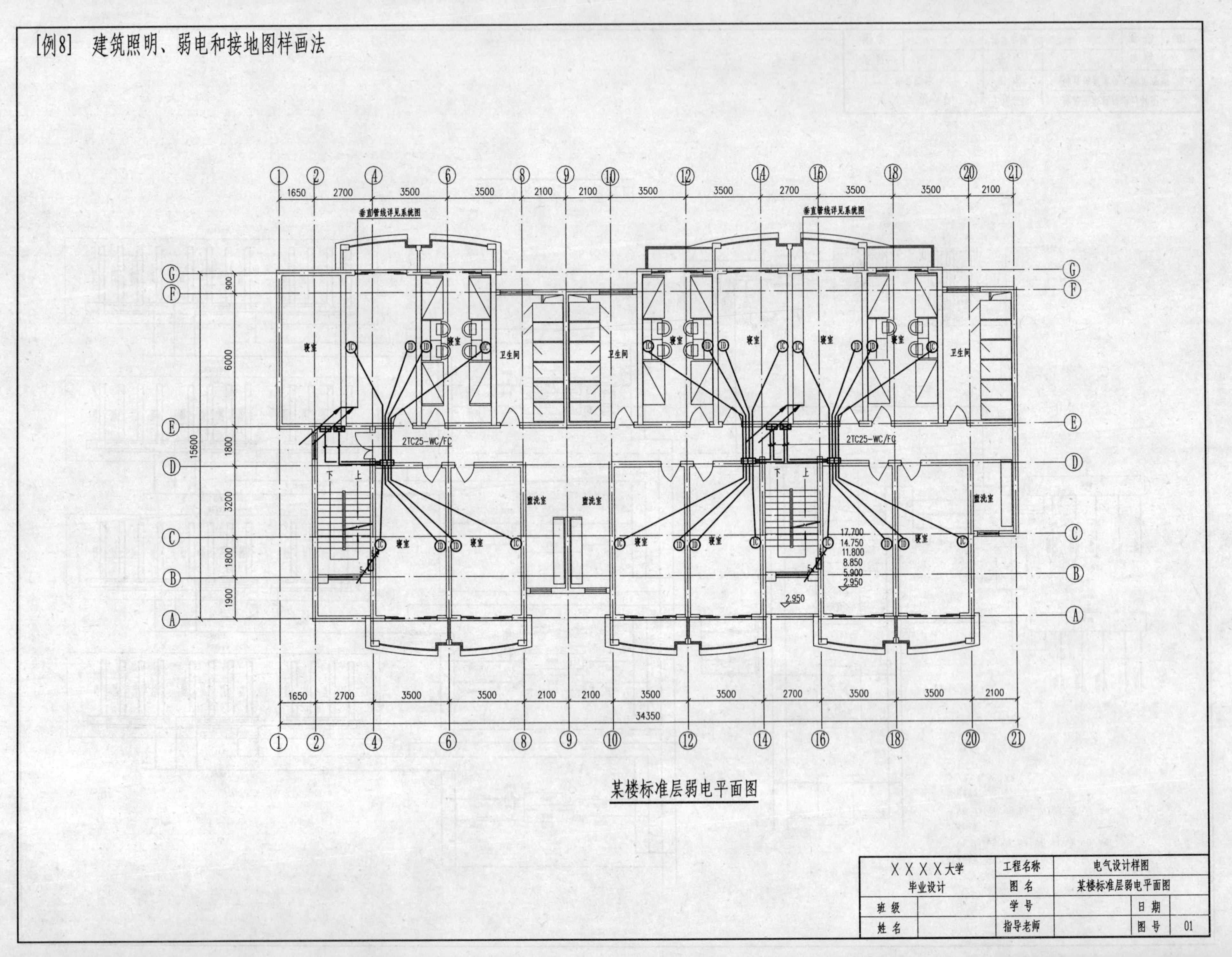

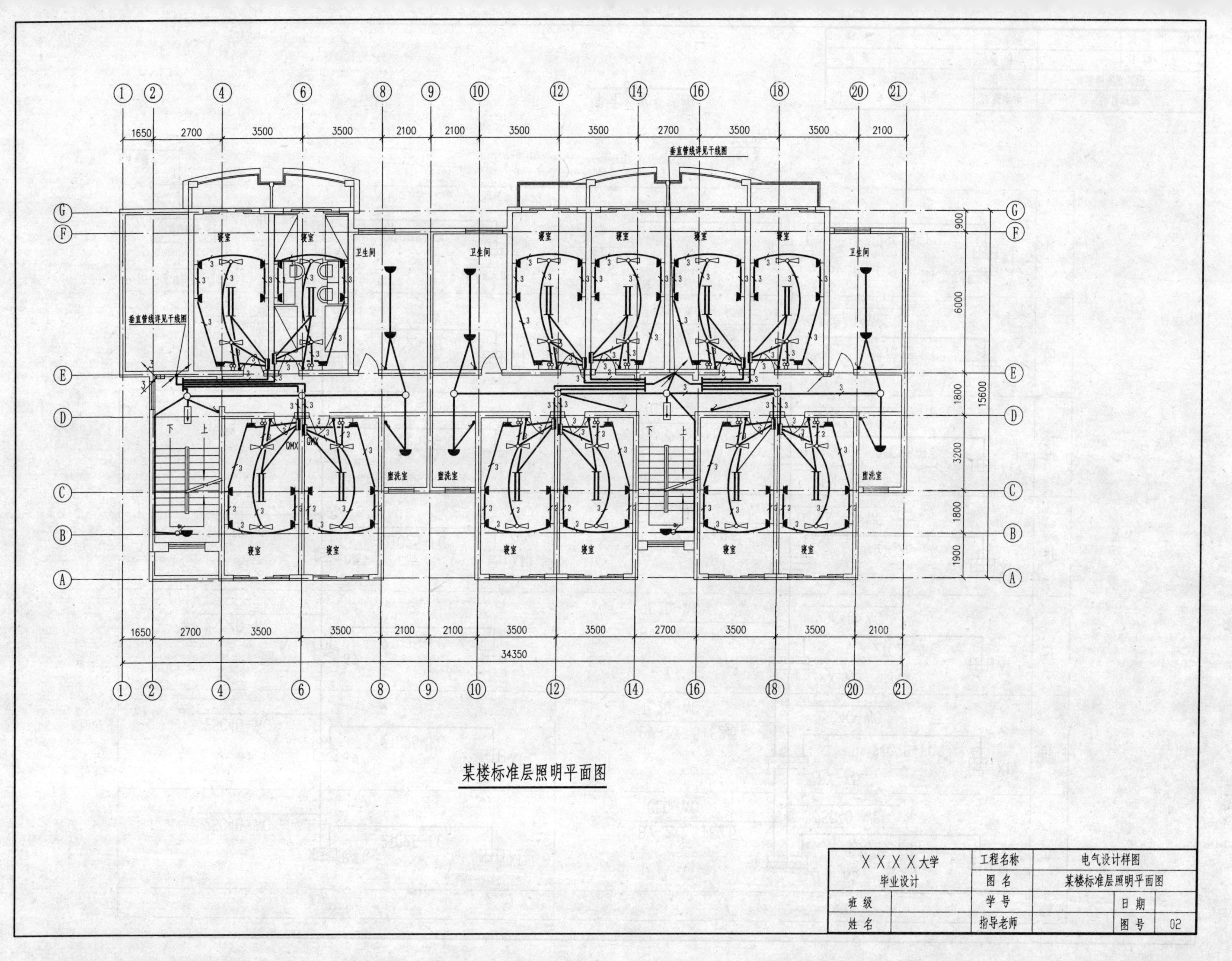

某楼标准层照明平面图

XXXX大学	工程名称	电气设计样图	
毕业设计	图 名	某楼标准层照明平面图	
班 级	学 号	日 期	
姓 名	指导老师	图 号	02

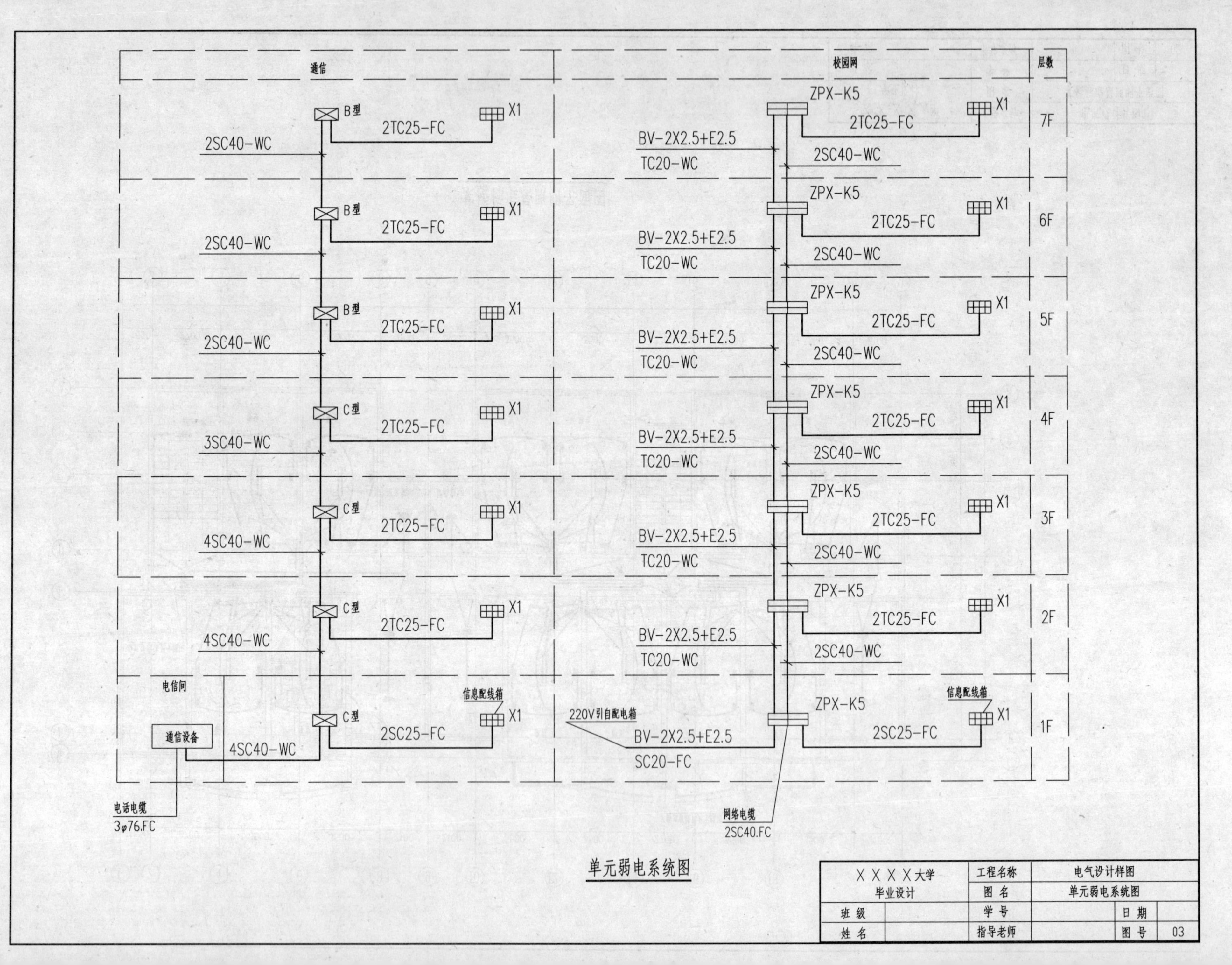

单元弱电系统图

X X X X大学 毕业设计		工程名称	电气设计样图		
		图 名	单元弱电系统图		
班 级		学 号		日 期	
姓 名		指导老师		图 号	03

第八章　毕业设计题库

为帮助教师做好工程设计类毕业设计、课程设计的选题工作，我们选取了近百个不同类型、不同规模的工业与民用建筑和小区建筑实例，经修改、整理、浓缩加工而成，既反映出实际工程的情况，又简化了部分图纸内容，突出了重点，使之更适合于进行建筑设备类工程设计使用。该图库中的绝大多数建筑，都曾进行过暖通空调、建筑给水排水等设计，有据可依，各种设计难度的建筑均有，可操作性较强。与前面所给的设计任务书、设计指导书和书中第六章所给常用参数进行组合，可方便地进行毕业设计、课程设计的选题工作。

书中带有部分建筑的平面图和立面图，学生可利用平面图进行负荷计算和方案布置等工作，并通过立面图了解整个建筑的基本情况，更多、更详细的图纸则可通过光盘调取。

地下三层平面图　1:100

XXXX大学 毕业设计	工程名称	某二十九层办公建筑	
	图 名	地下三层平面图	
班 级	学 号	日 期	
姓 名	指导老师	图 号	01

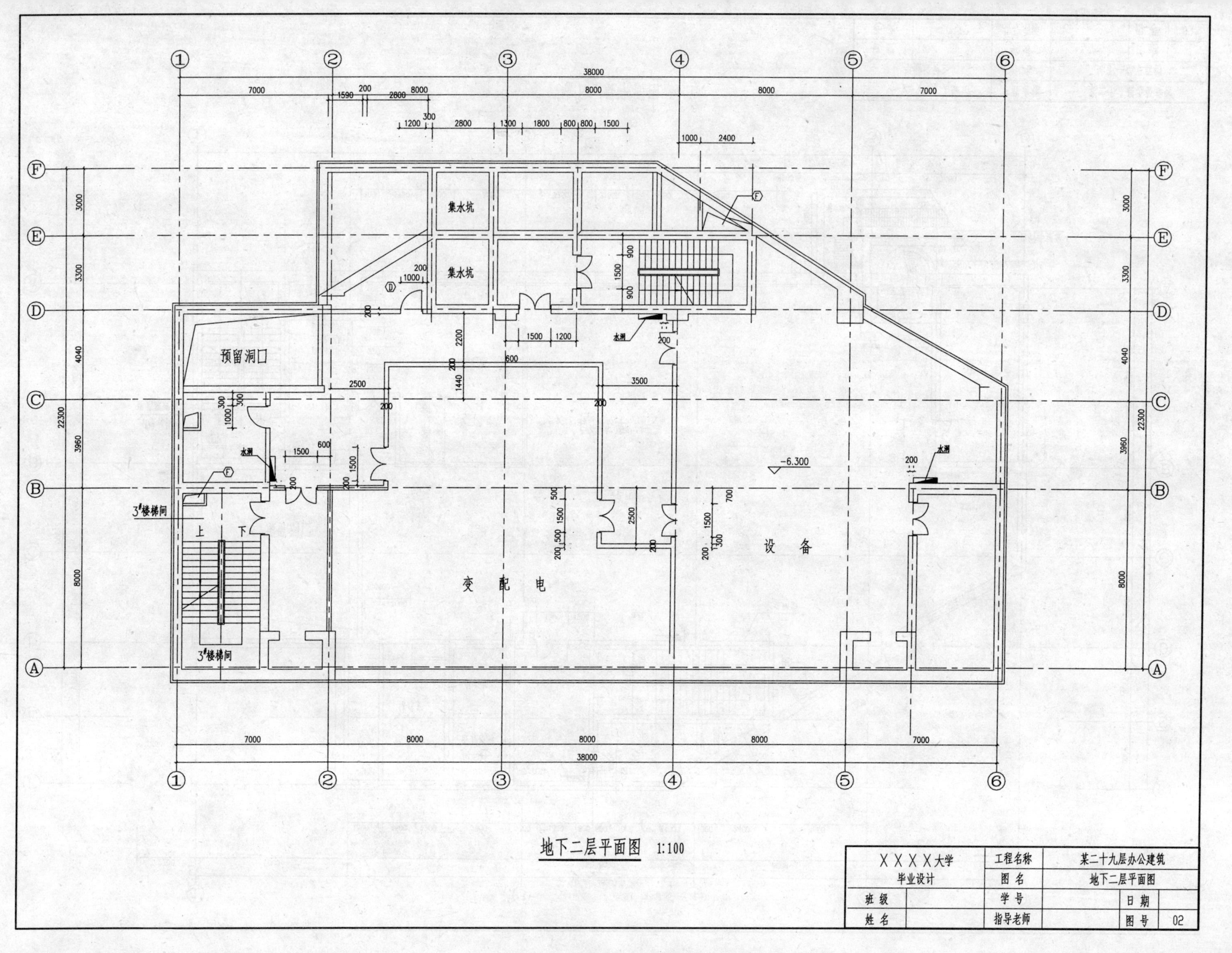

集水坑
集水坑
预留洞口
3#楼梯间
上
下
水洞
-6.300
变　配　电
设　备
38000
22300
地下二层平面图 1:100
XXXX大学
毕业设计
班级
姓名
工程名称
某二十九层办公建筑
图名
地下二层平面图
学号
日期
指导老师
图号
02

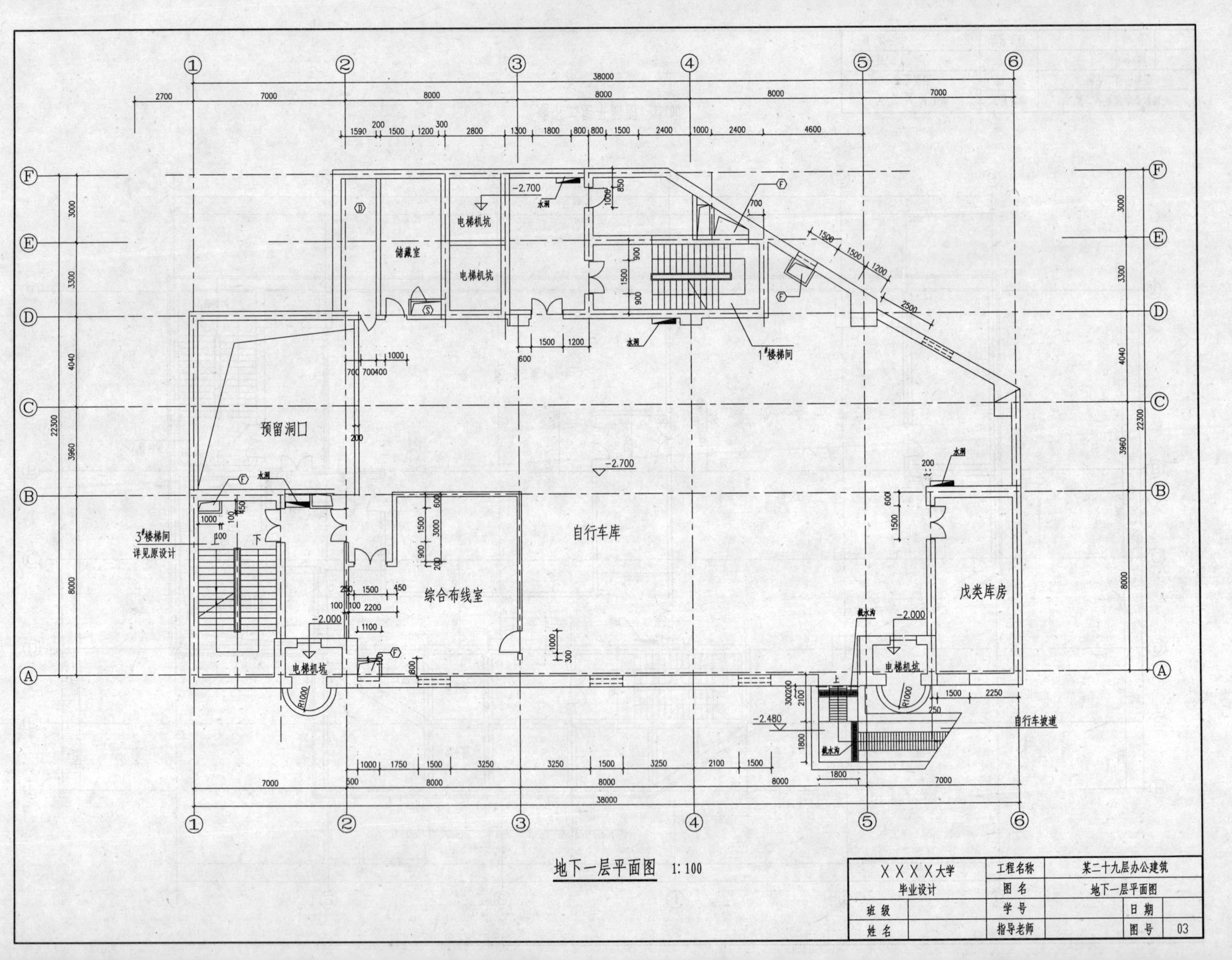

储藏室
电梯机坑
电梯机坑
1#楼梯间
预留洞口
自行车库
3#楼梯间
详见原设计
综合布线室
戊类库房
电梯机坑
电梯机坑
自行车坡道
集水沟
水洞
-2.700
-2.000
-2.480
地下一层平面图 1:100
XXXX大学
毕业设计
班级
姓名
工程名称
某二十九层办公建筑
图名
地下一层平面图
学号
指导老师
日期
图号
03

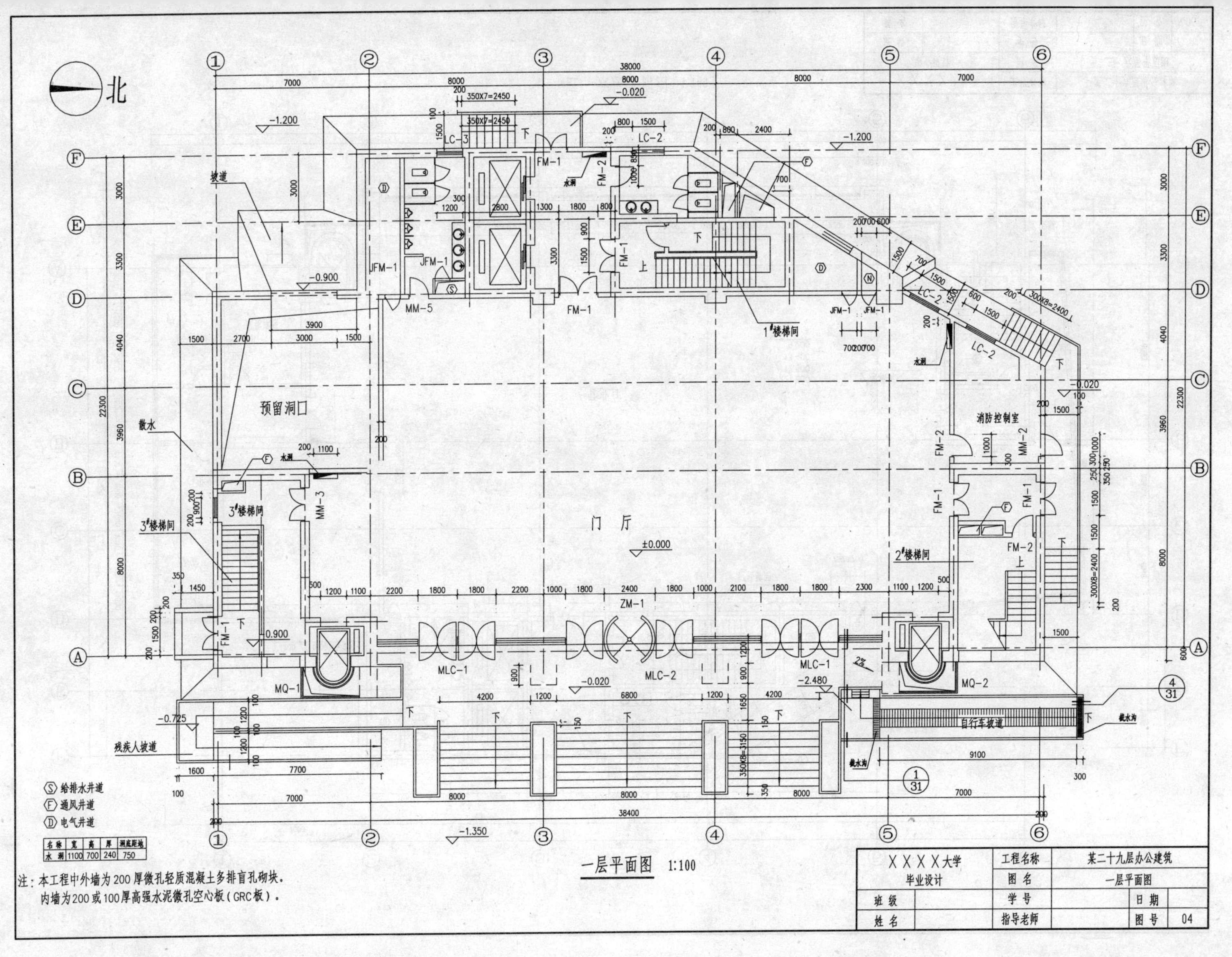

名称	宽	高	厚	洞底距地
水洞	1100	700	240	750

注：本工程中外墙为200厚微孔轻质混凝土多排盲孔砌块。
内墙为200或100厚高强水泥微孔空心板（GRC板）。

一层平面图 1:100

XXXX大学 毕业设计	工程名称	某二十九层办公建筑	
	图名	一层平面图	
班级	学号	日期	
姓名	指导老师	图号	04

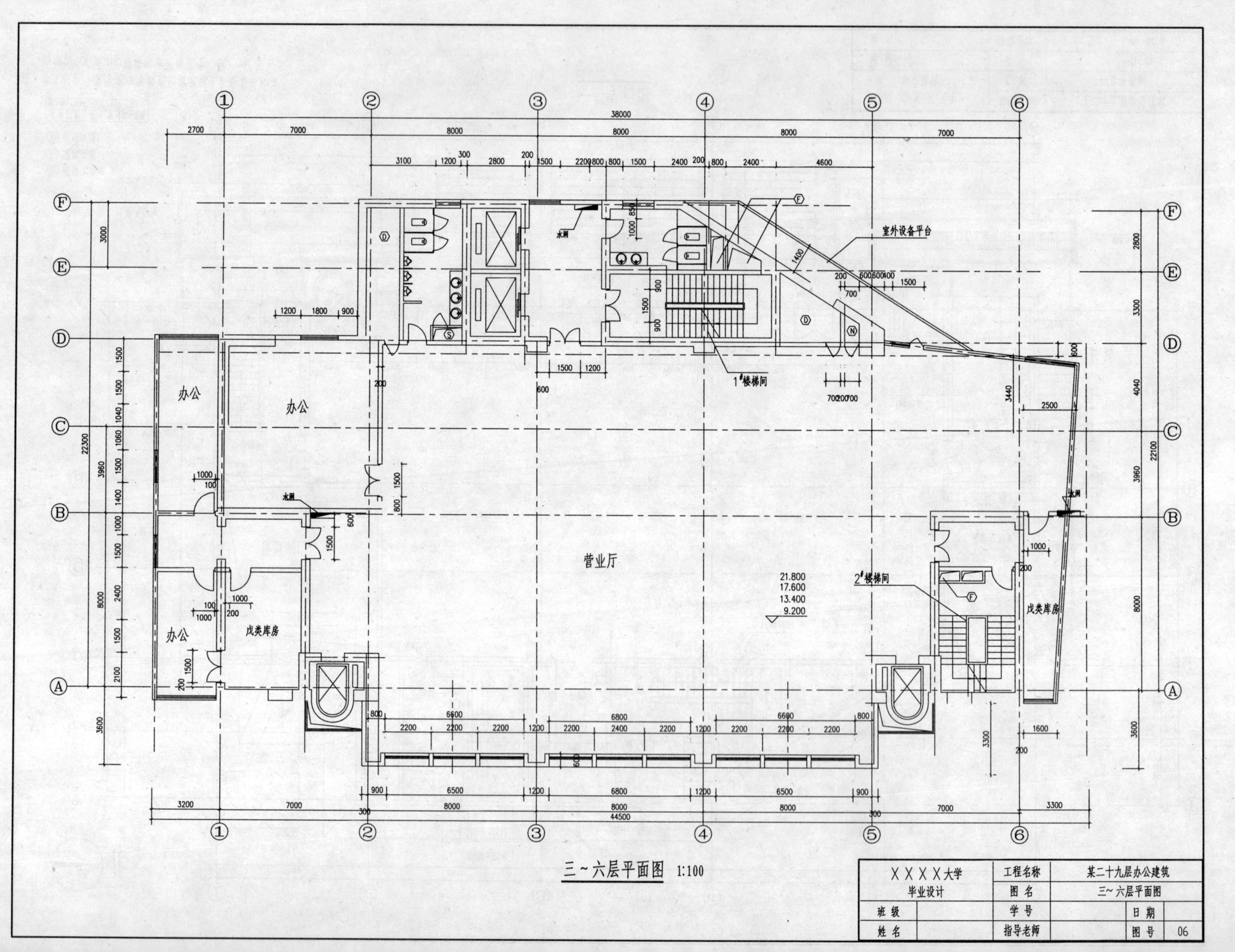

三~六层平面图 1:100

XXXX大学 毕业设计		工程名称	某二十九层办公建筑
		图名	三~六层平面图
班级		学号	日期
姓名		指导老师	图号 06

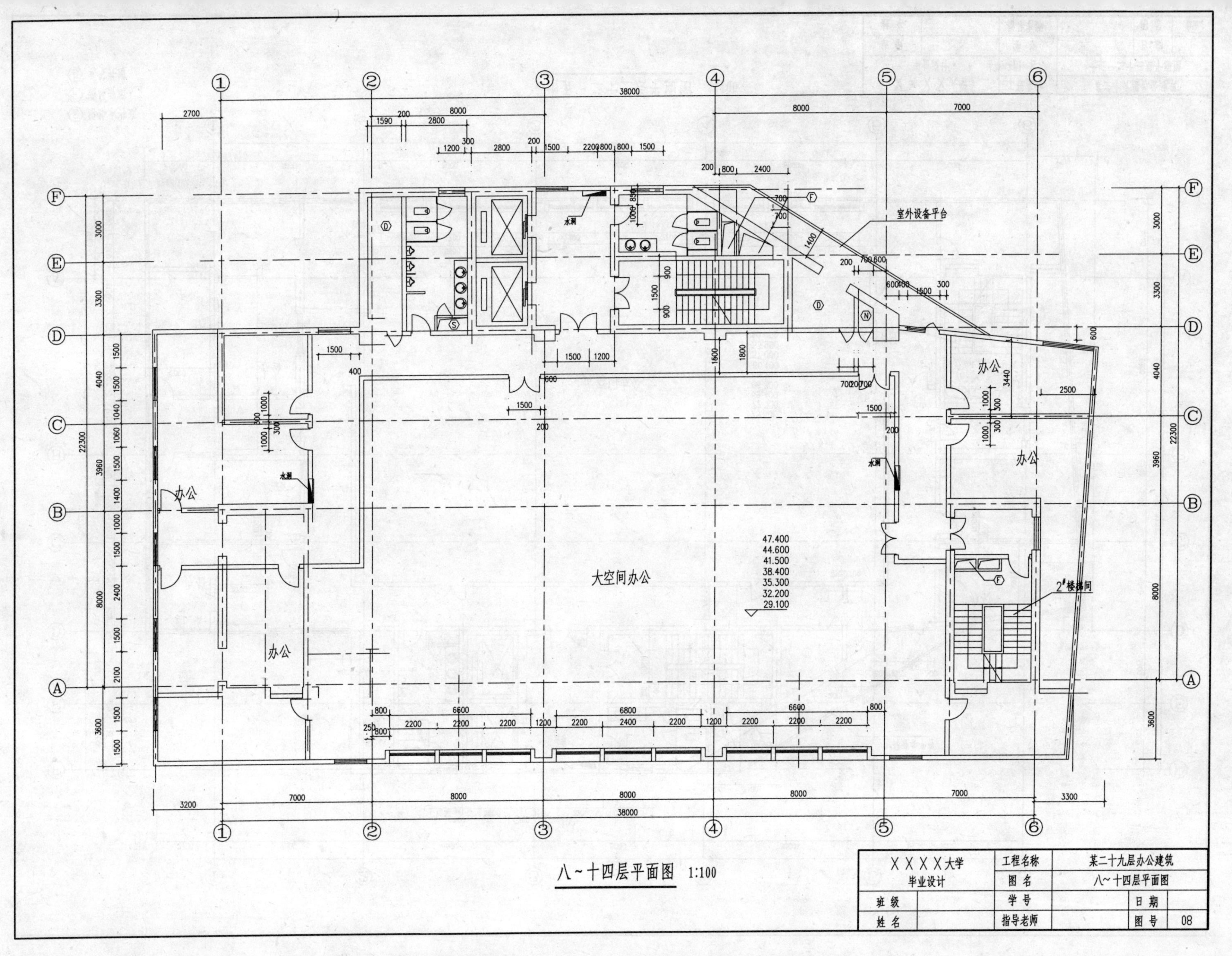

八~十四层平面图 1:100

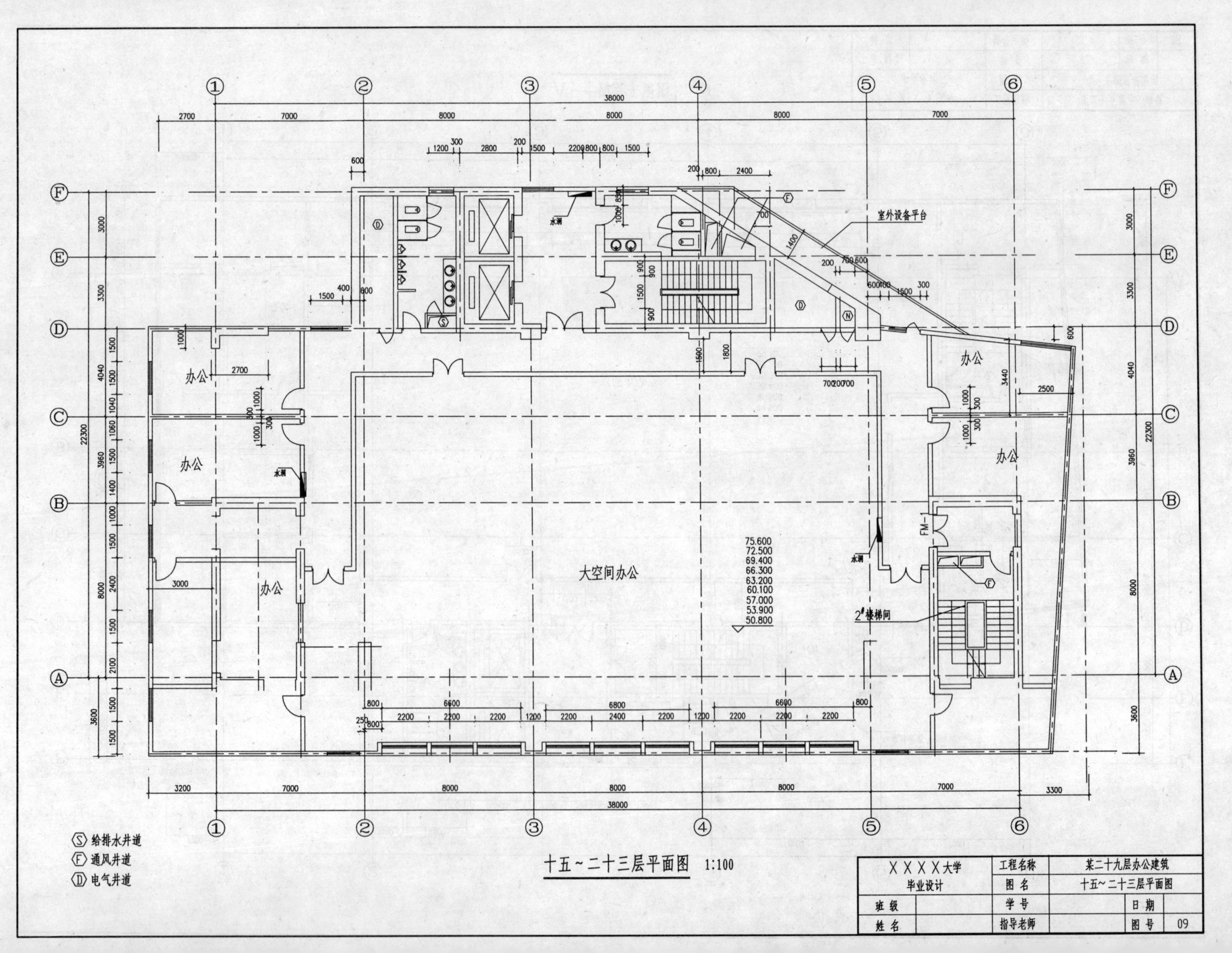

室外设备平台
办公
大空间办公
2#楼梯间
FM-1
水洞
75.600
72.500
69.400
66.300
63.200
60.100
57.000
53.900
50.800
S 给排水井道
F 通风井道
D 电气井道
十五~二十三层平面图 1:100
XXXX大学
毕业设计
工程名称
某二十九层办公建筑
图名
十五~二十三层平面图
班级
姓名
学号
指导老师
日期
图号
09

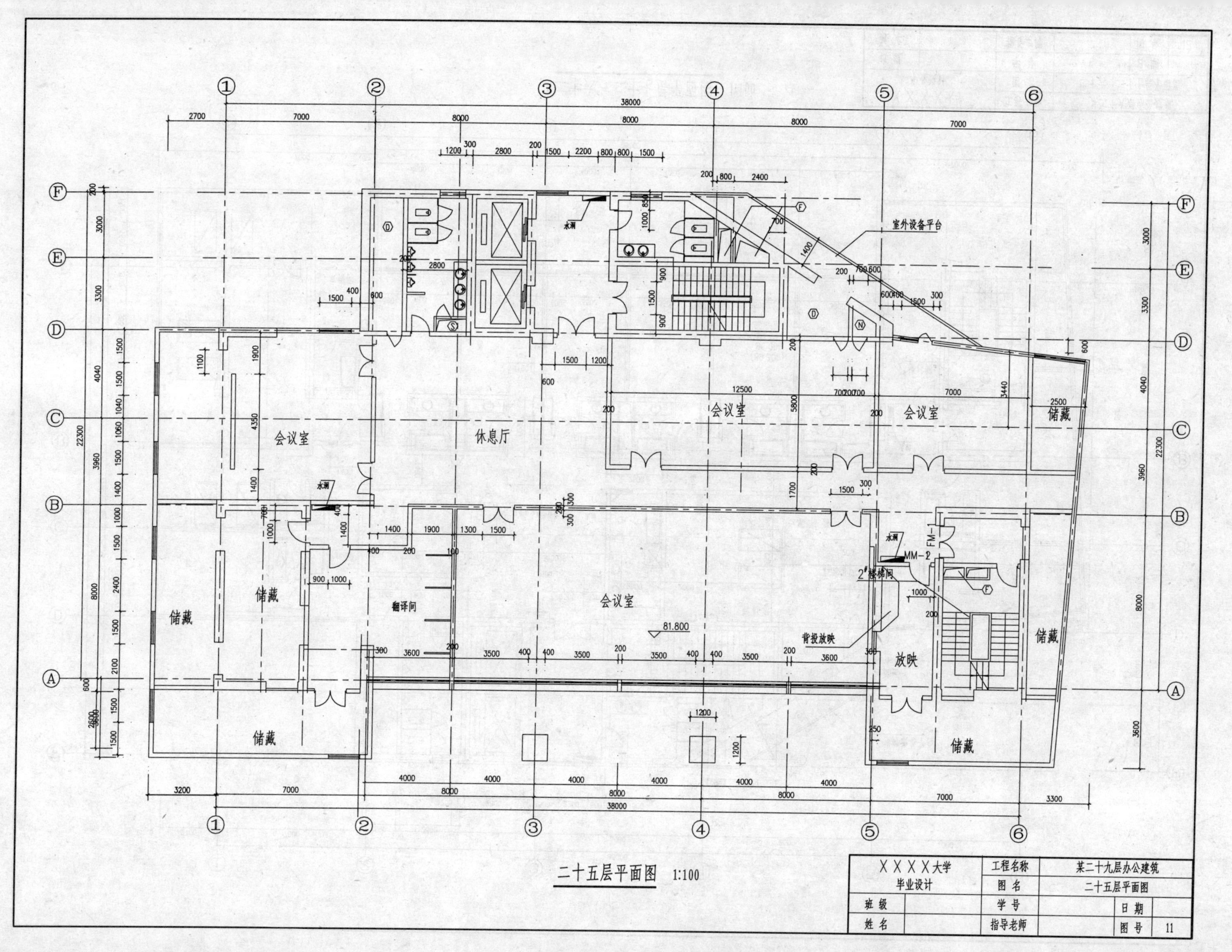
会议室
休息厅
储藏
放映
背投放映
翻译间
室外设备平台
81.800
二十五层平面图 1:100
XXXX大学
毕业设计
班级
姓名
工程名称
图名
学号
指导老师
某二十九层办公建筑
二十五层平面图
日期
图号
11

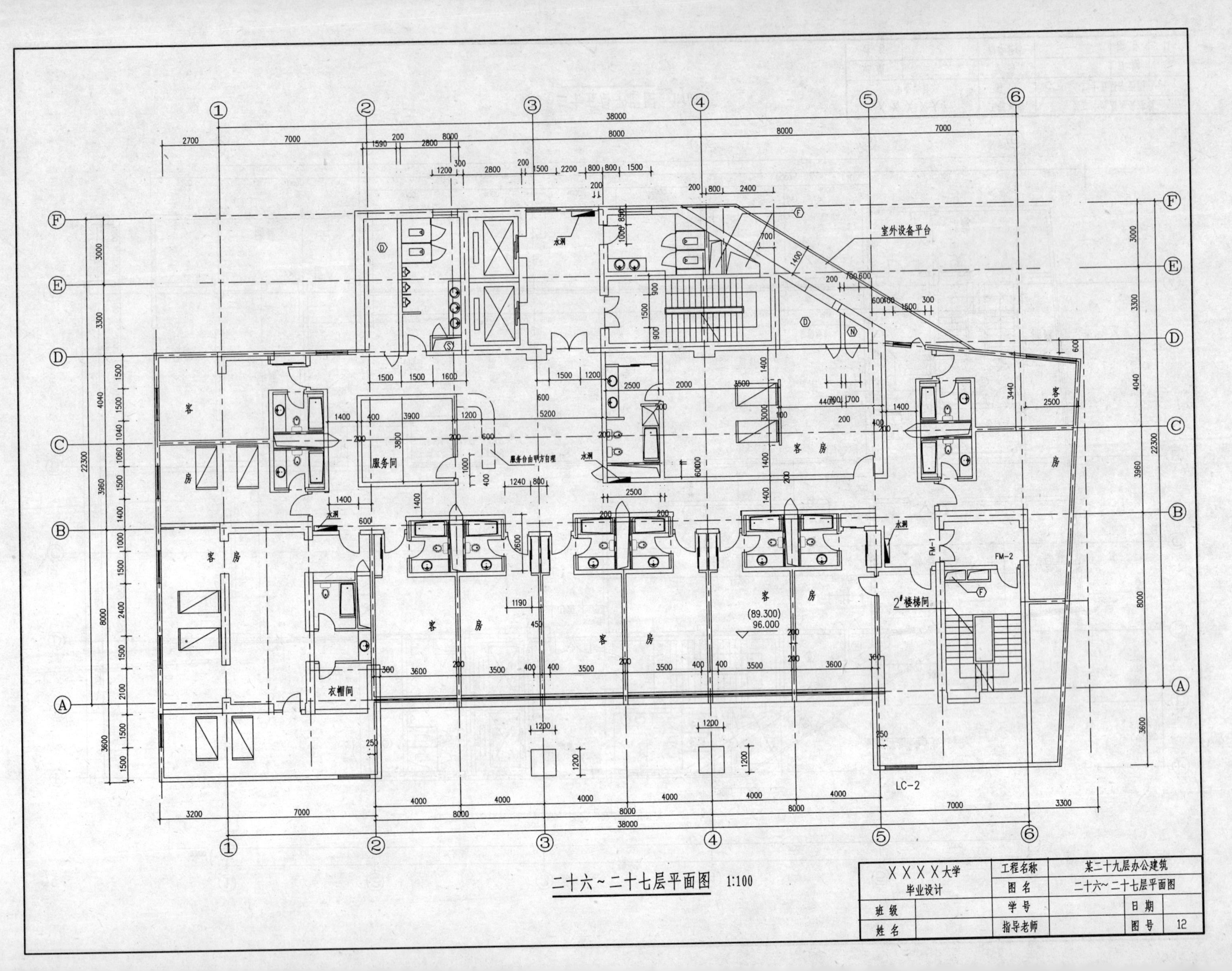
室外设备平台
水洞
服务间
服务台由甲方自理
客房
衣帽间
2#楼梯间
FM-1
FM-2
LC-2
(89.300)
96.000
二十六~二十七层平面图 1:100
XXXX大学
毕业设计
班级
姓名
工程名称
某二十九层办公建筑
图名
二十六~二十七层平面图
学号
日期
指导老师
图号
12

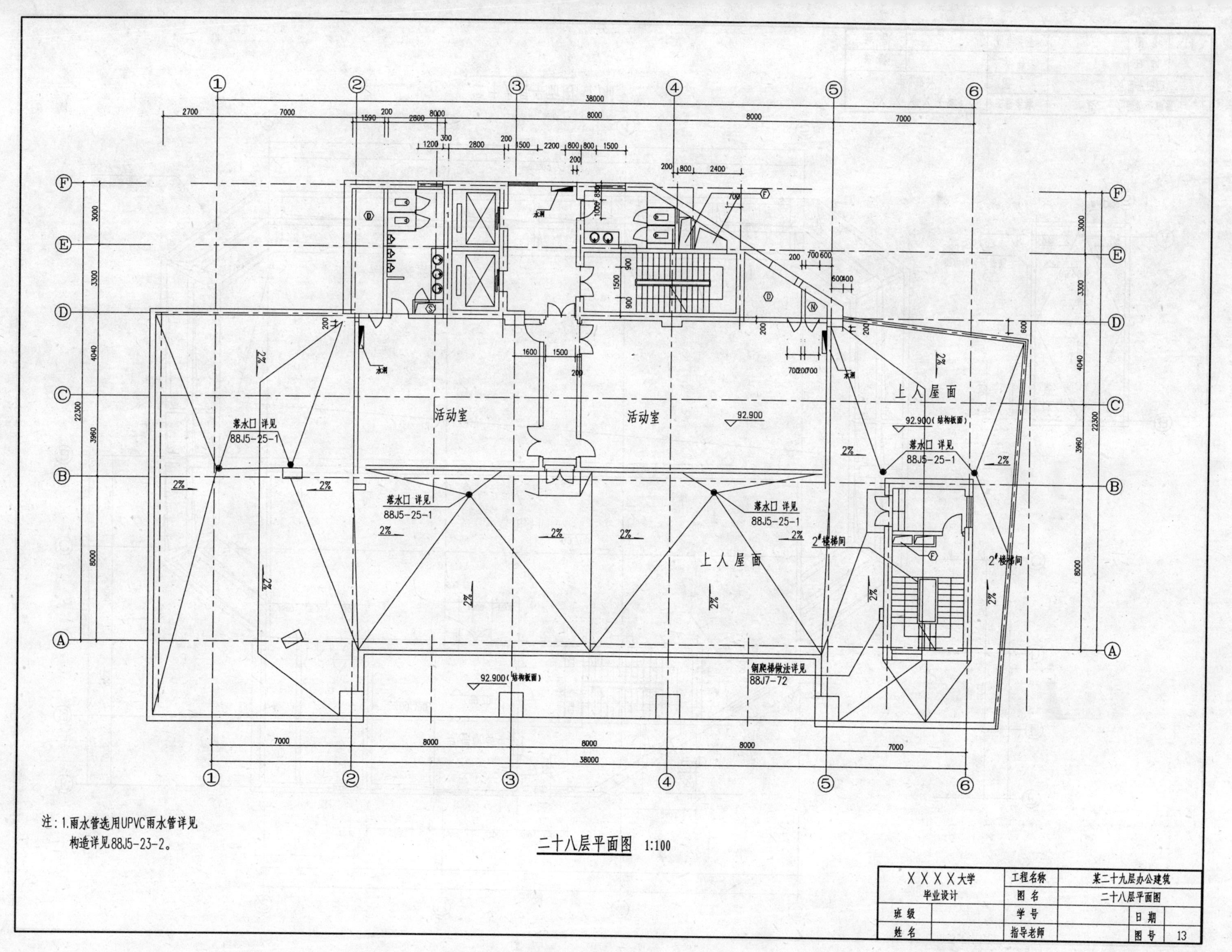

二十八层平面图 1:100

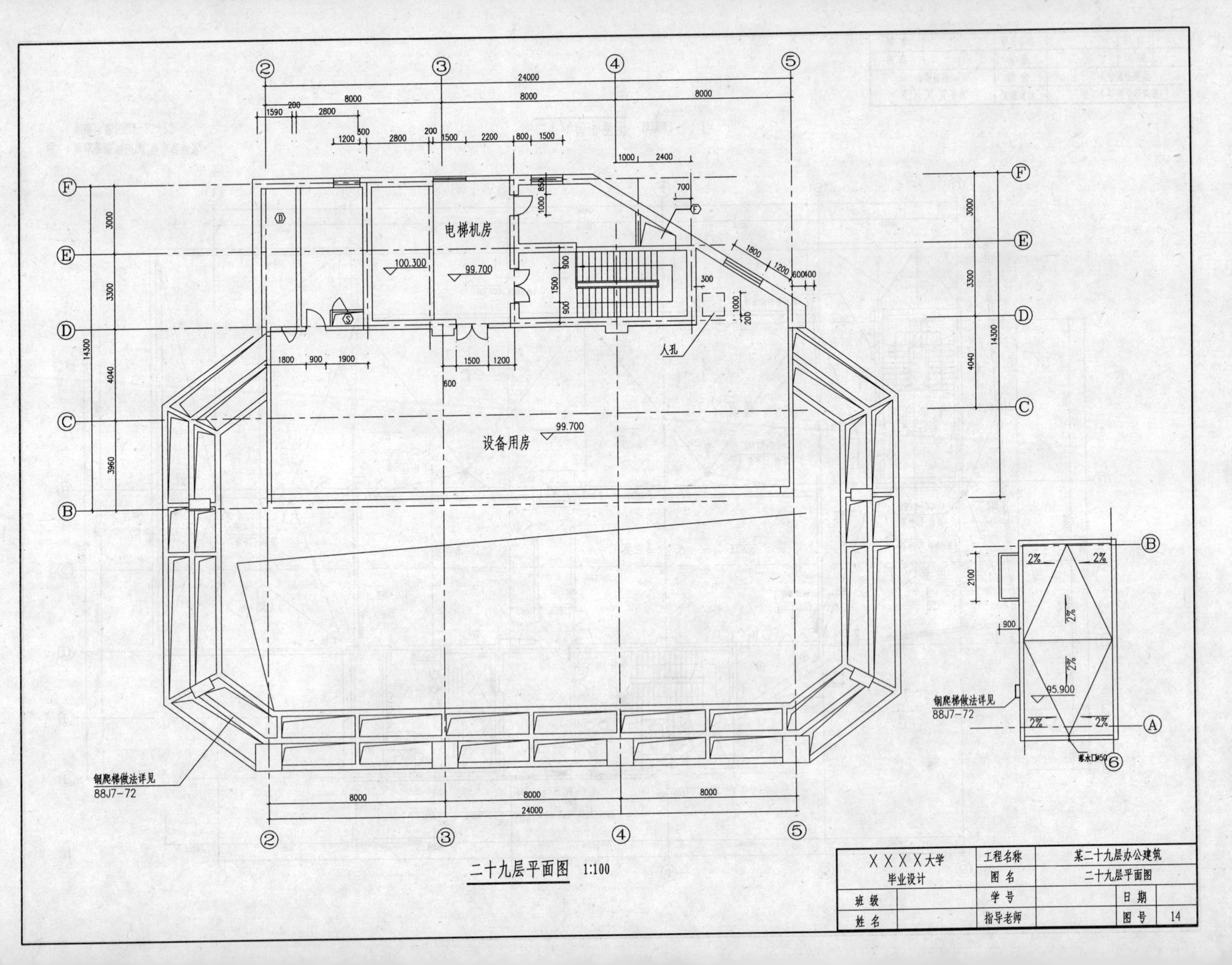

二十九层平面图 1:100

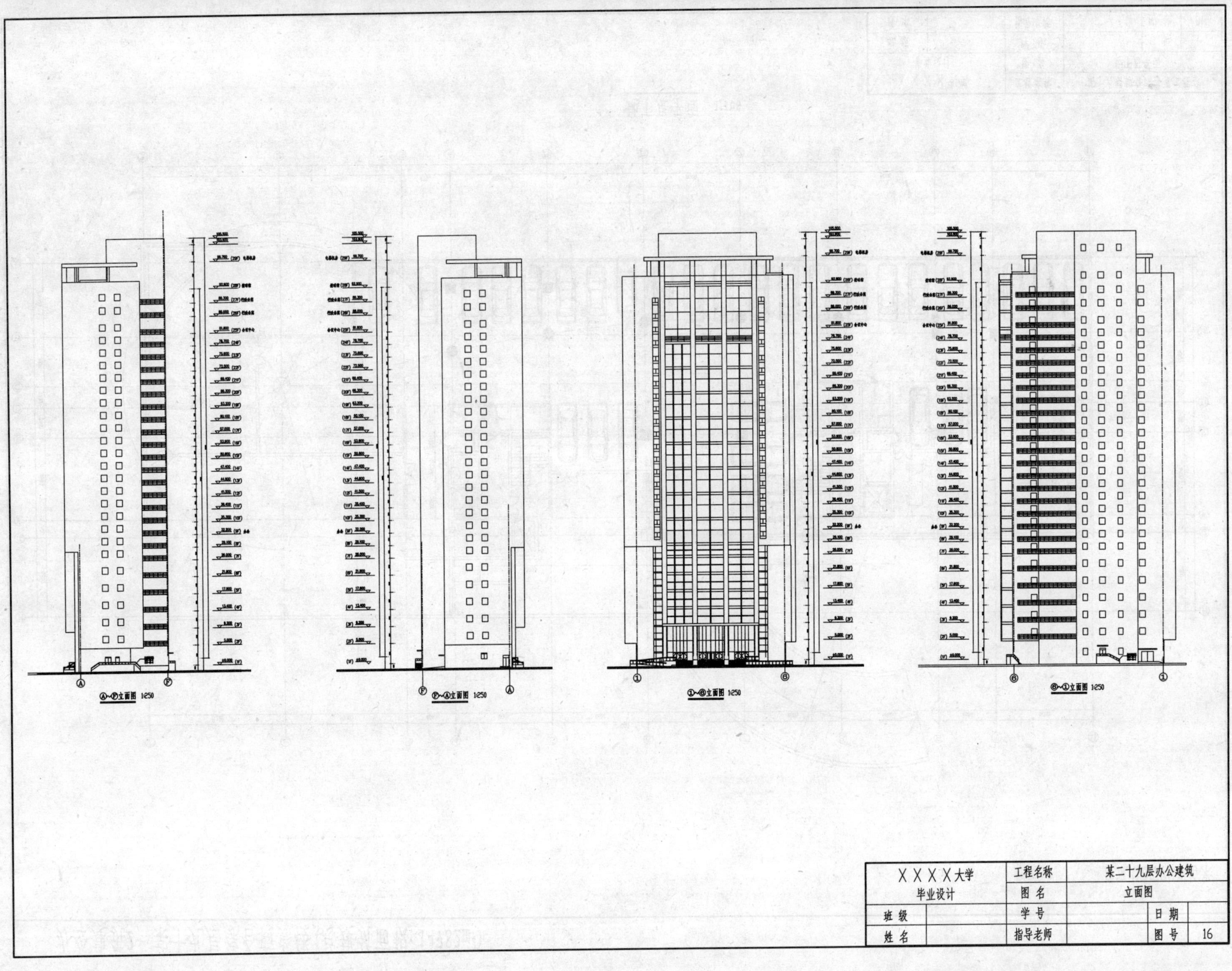
Ⓐ~Ⓕ立面图 1:250
Ⓕ~Ⓐ立面图 1:250
①~⑧立面图 1:250
⑧~①立面图 1:250
XXXX大学
毕业设计
工程名称
某二十九层办公建筑
图名
立面图
班级
学号
日期
姓名
指导老师
图号
16

建筑面积778平方米

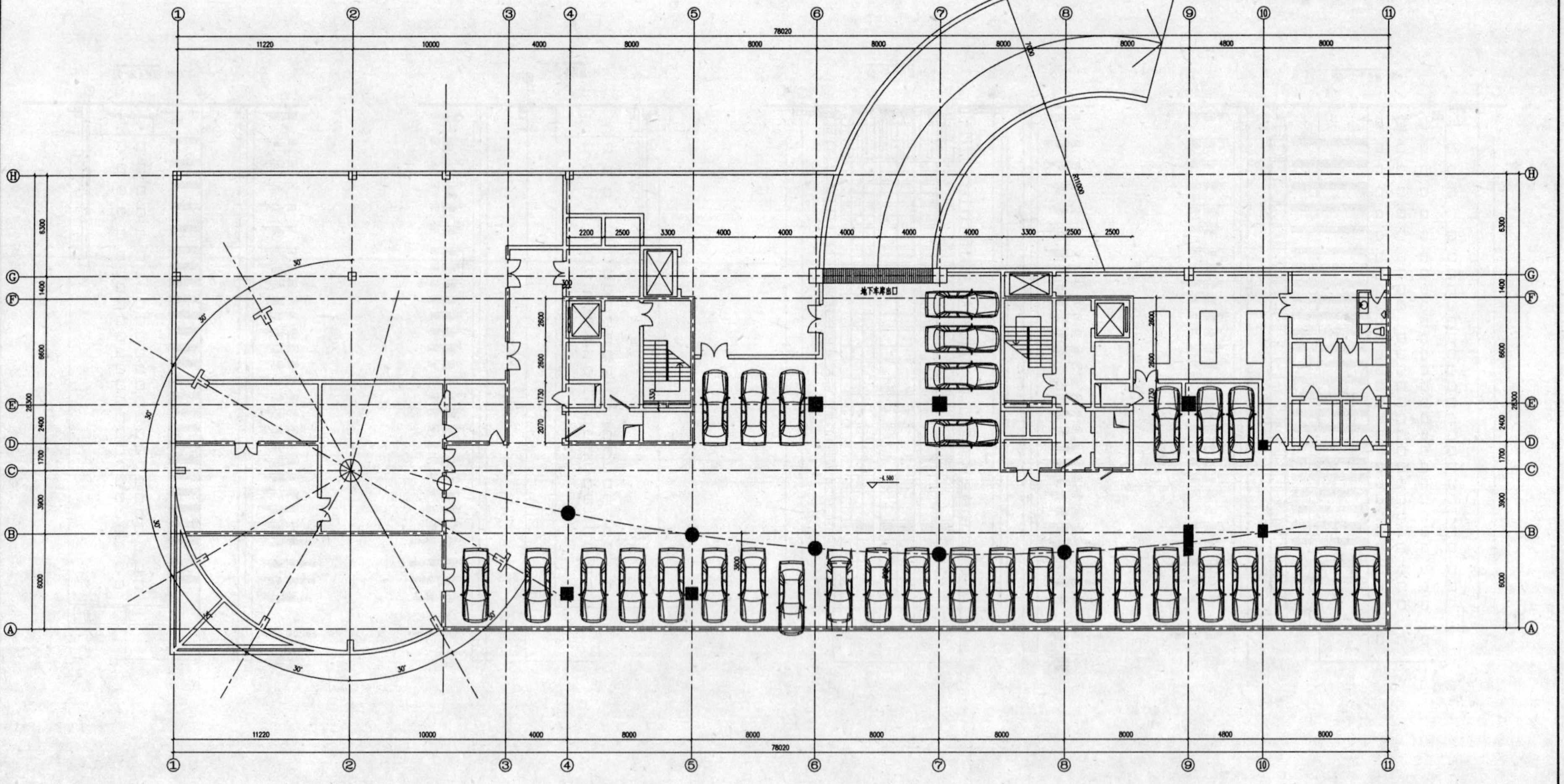

地下层平面　1:100

X X X X 大学 毕业设计		工程名称	某十九层综合商务楼工程	
		图　名	地下层平面	
班　级		学　号	日　期	
姓　名		指导老师	图　号	01

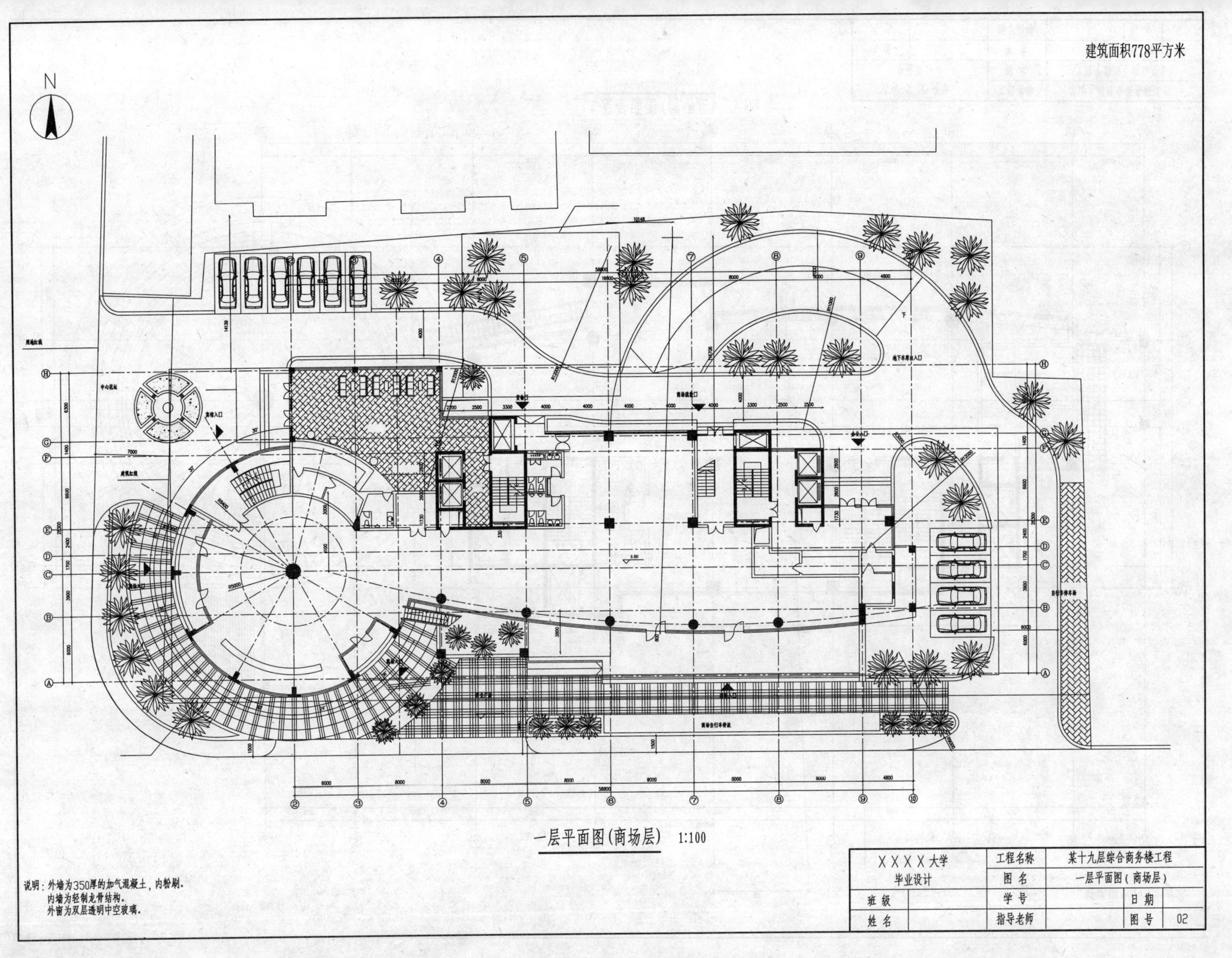

建筑面积778平方米
N
一层平面图(商场层) 1:100
说明：外墙为350厚的加气混凝土，内粉刷。
内墙为轻钢龙骨结构。
外窗为双层透明中空玻璃。
XXXX大学
毕业设计
班级
姓名
工程名称
某十九层综合商务楼工程
图名
一层平面图(商场层)
学号
日期
指导老师
图号
02

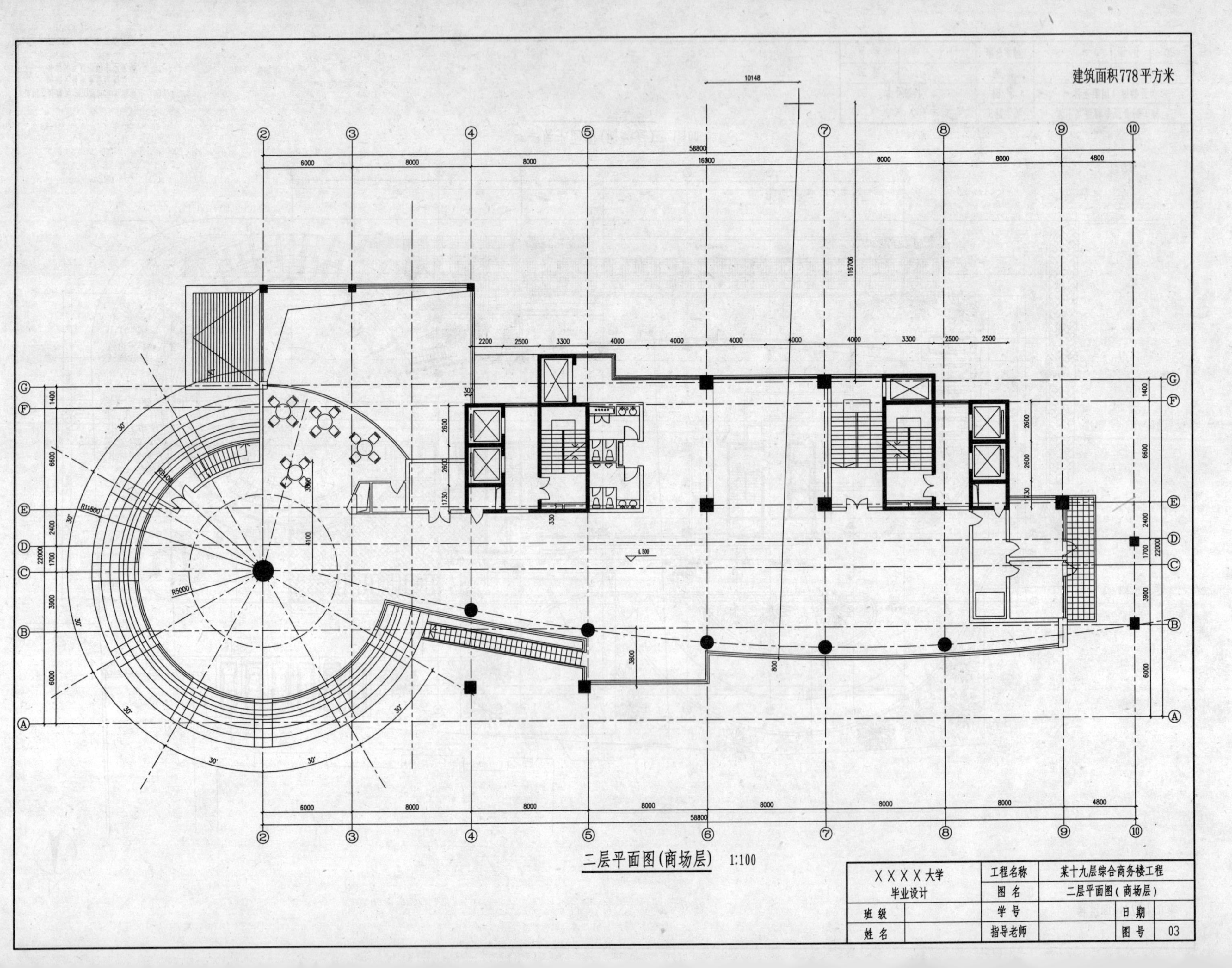

建筑面积778平方米
二层平面图(商场层) 1:100
XXXX大学
毕业设计
班级
姓名
工程名称
某十九层综合商务楼工程
图名
二层平面图(商场层)
学号
日期
指导老师
图号
03

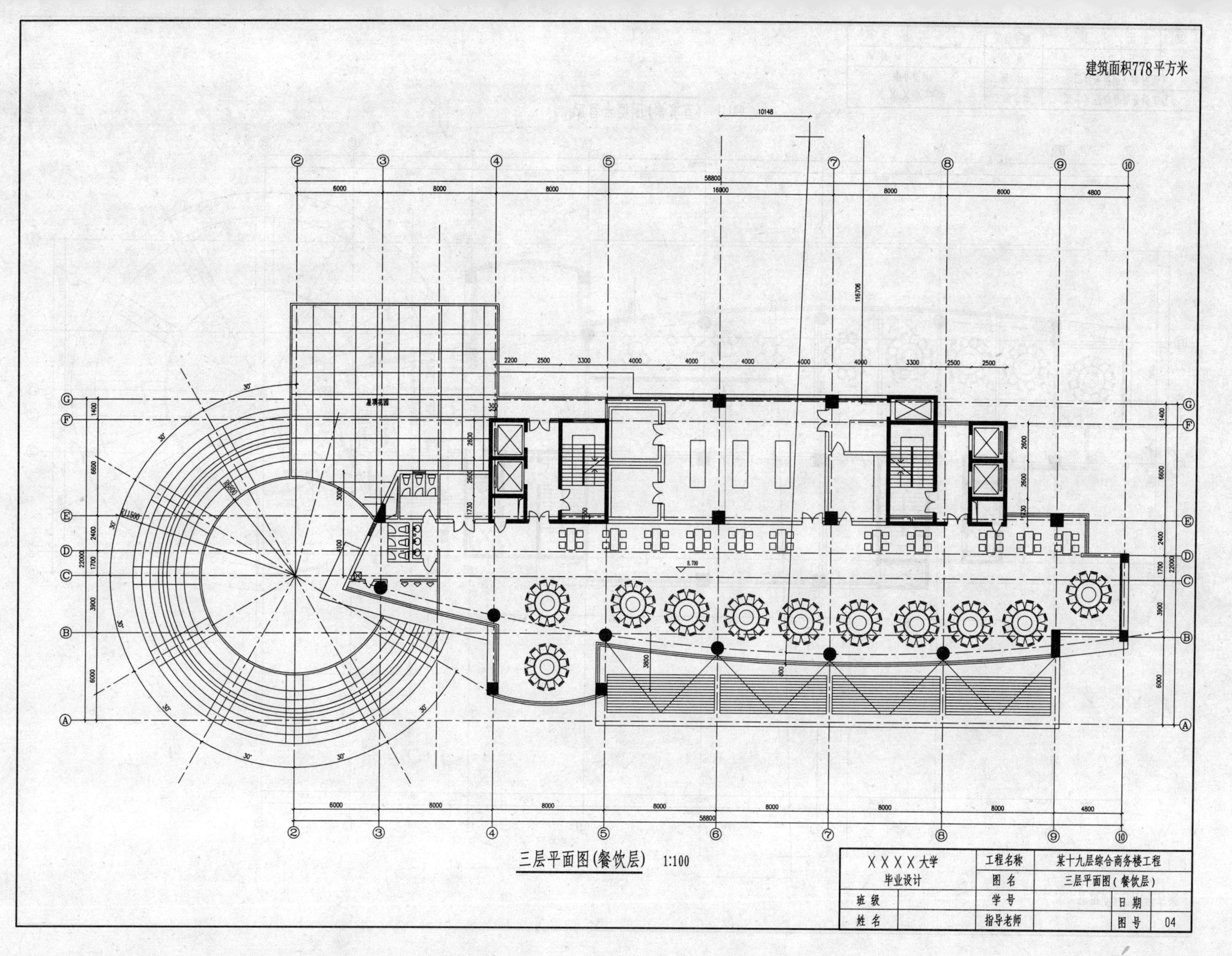
建筑面积778平方米
屋顶花园
三层平面图(餐饮层) 1:100
XXXX大学
毕业设计
班级
姓名
工程名称
某十九层综合商务楼工程
图名
三层平面图（餐饮层）
学号
日期
指导老师
图号
04

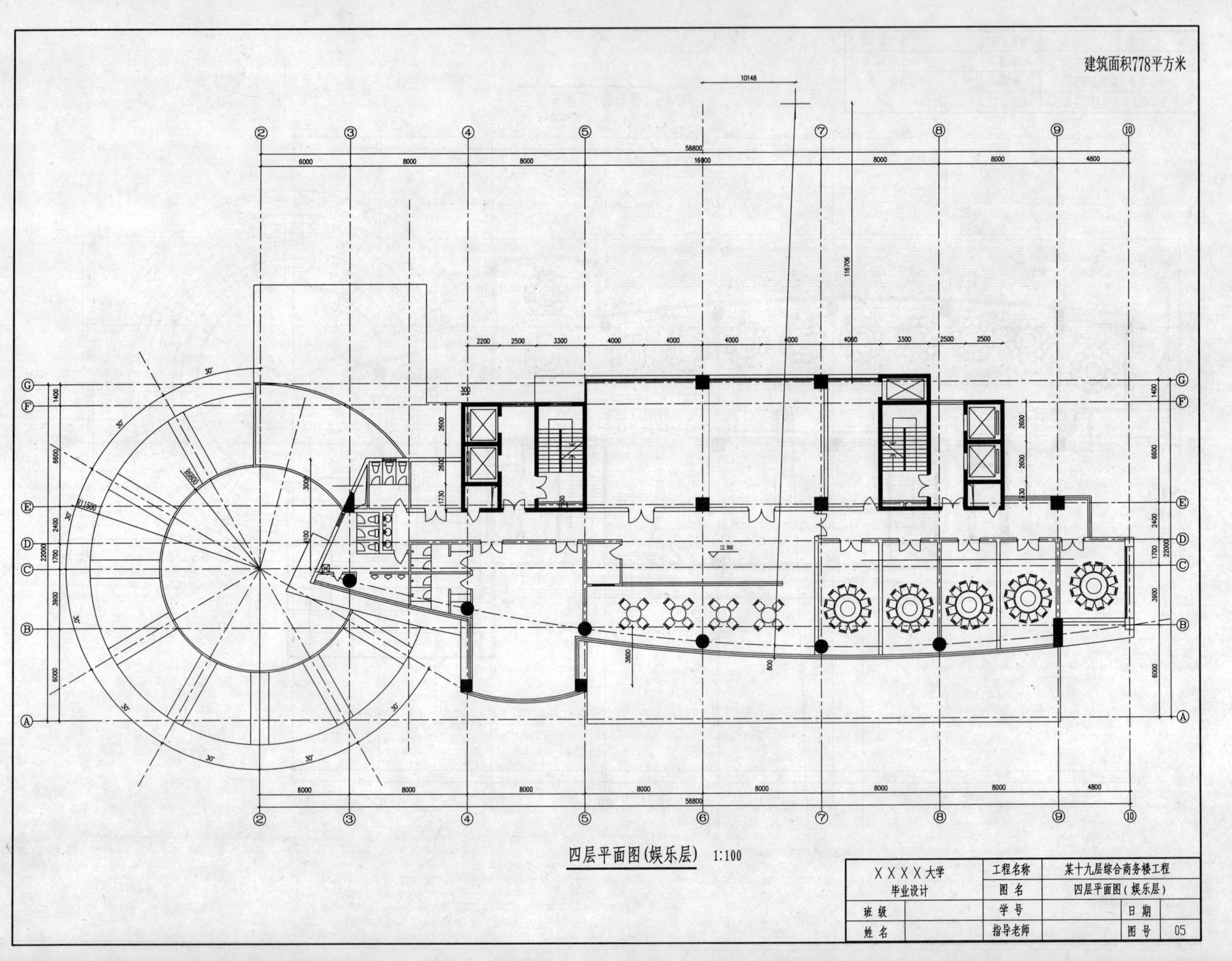
建筑面积778平方米
四层平面图(娱乐层) 1:100
XXXX大学
毕业设计
班级
姓名
工程名称
某十九层综合商务楼工程
图名
四层平面图(娱乐层)
学号
日期
指导老师
图号
05

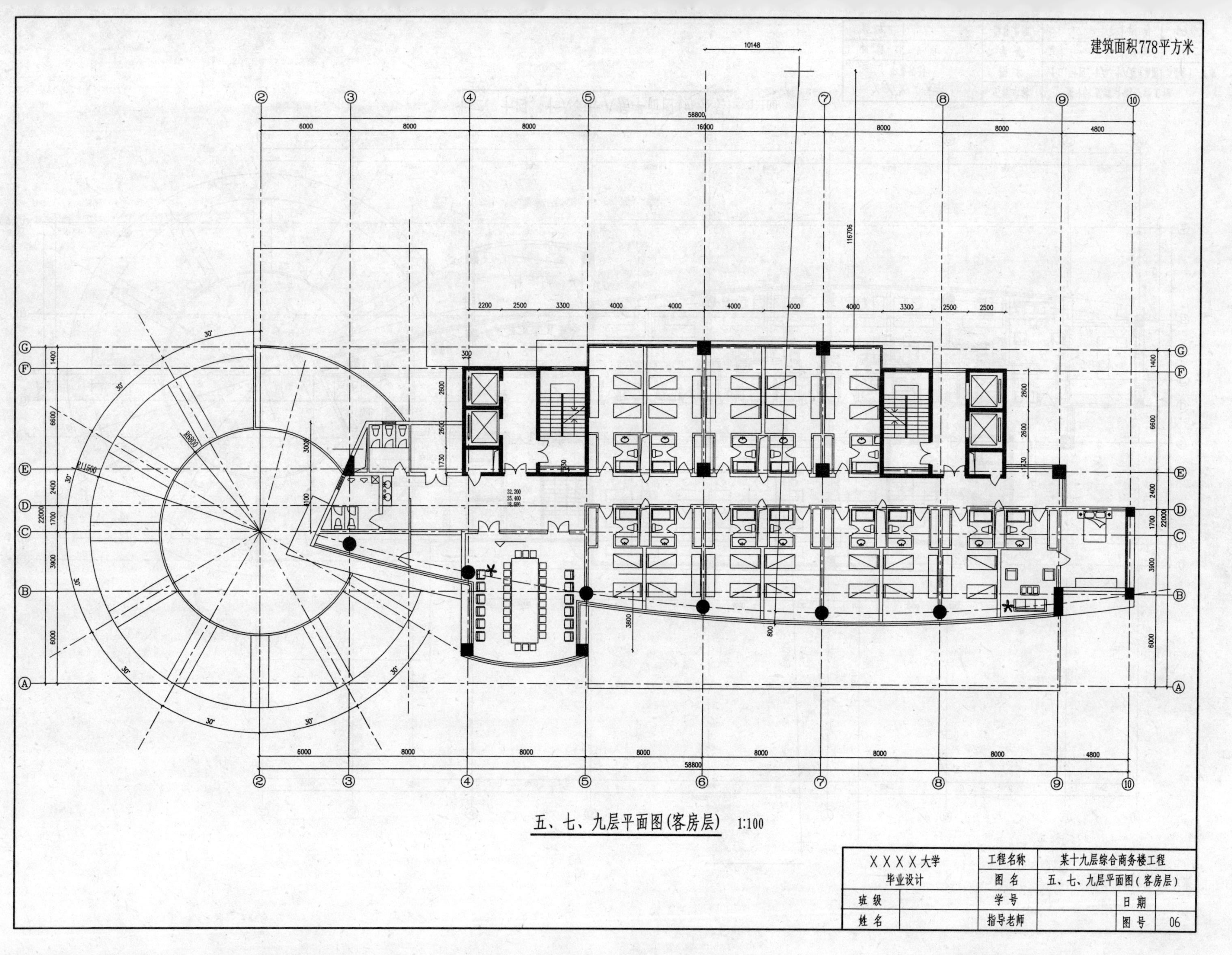

五、七、九层平面图(客房层) 1:100

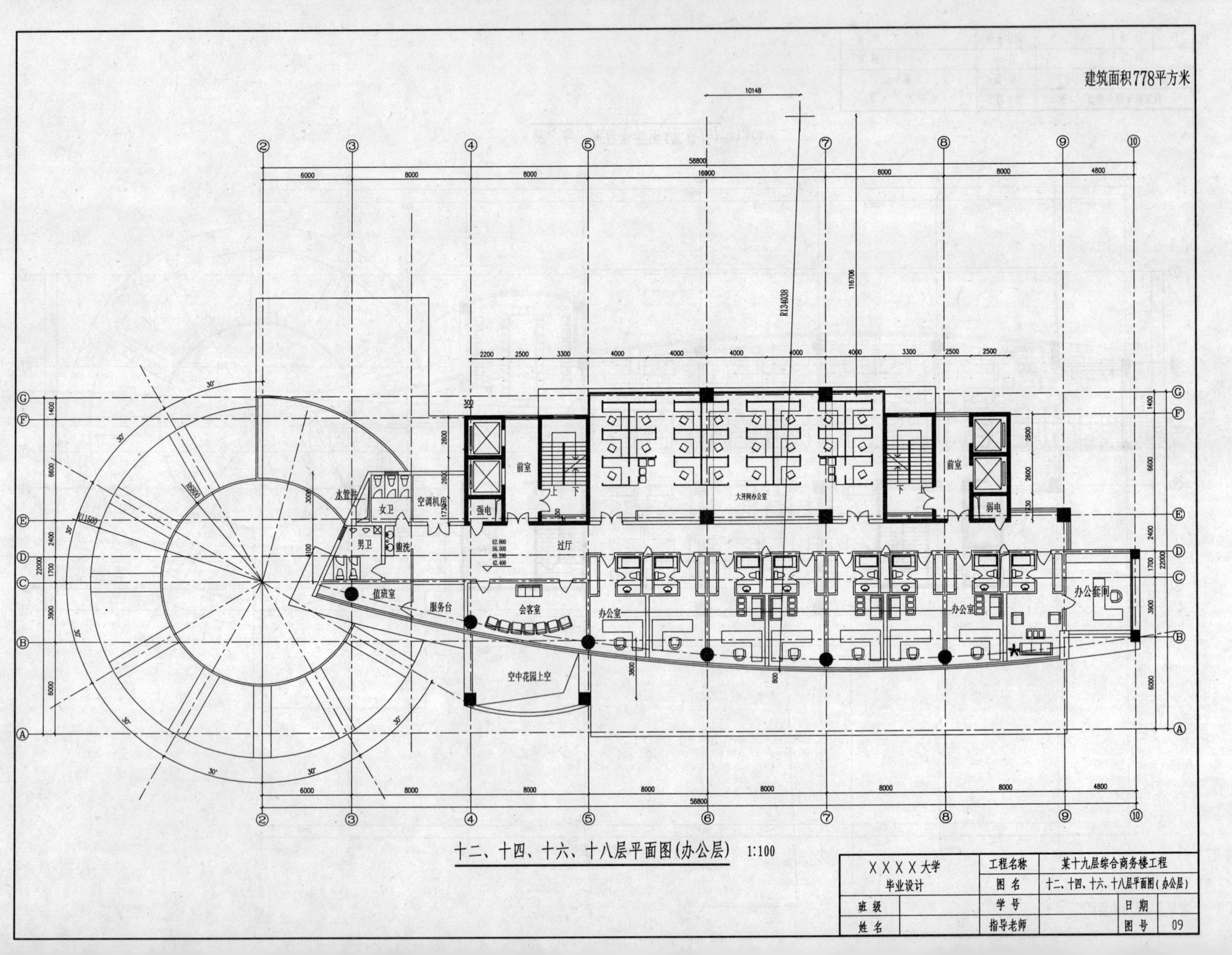
建筑面积778平方米
十二、十四、十六、十八层平面图(办公层) 1:100
XXXX大学
毕业设计
班级
姓名
工程名称
某十九层综合商务楼工程
图名
十二、十四、十六、十八层平面图(办公层)
学号
指导老师
日期
图号
09
大开间办公室
办公室
办公套间
会客室
服务台
值班室
空中花园上空
过厅
前室
强电
弱电
空调机房
女卫
男卫
盥洗
水管井

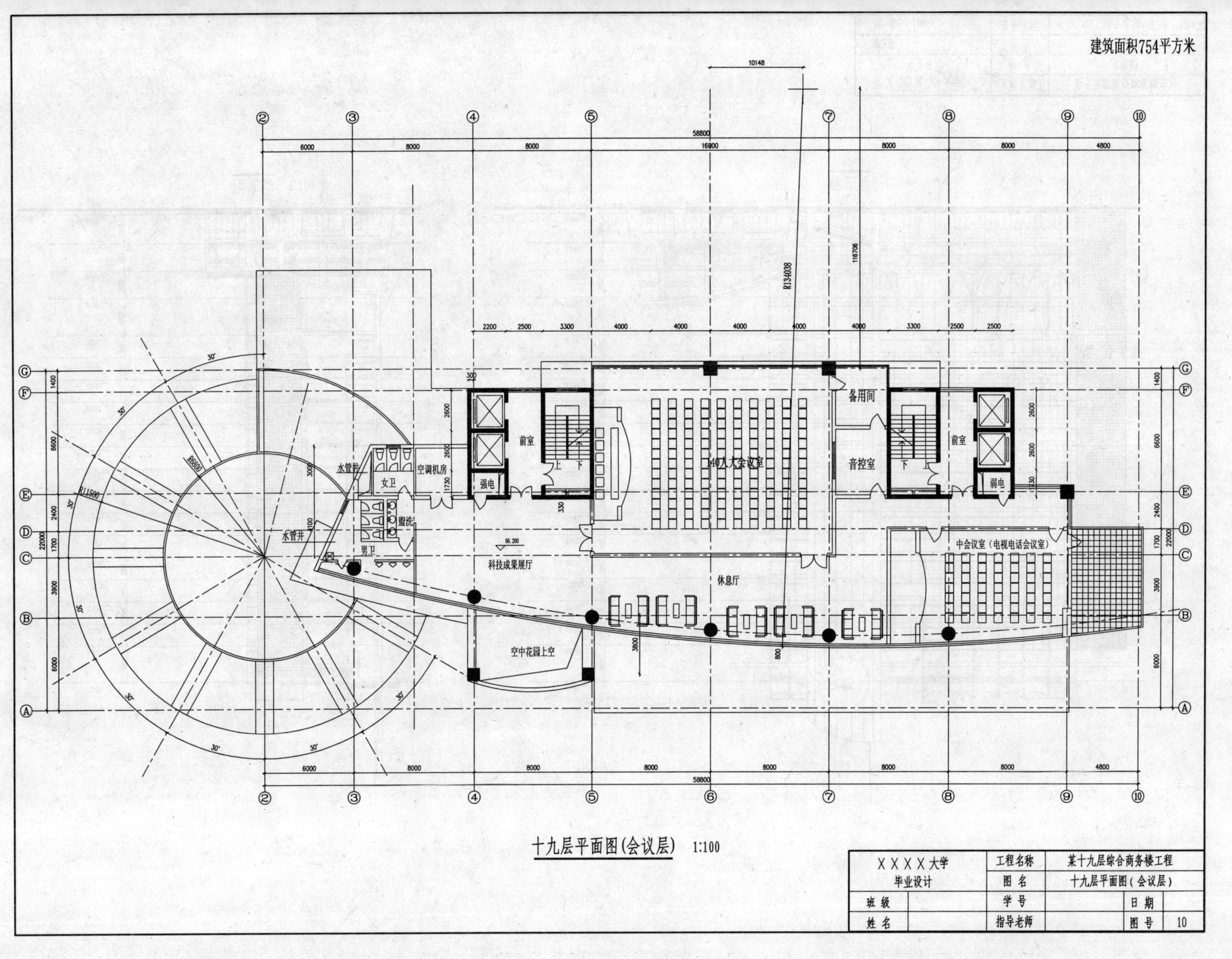

十九层平面图(会议层) 1:100

XXXX大学 毕业设计	工程名称	某十九层综合商务楼工程		
	图 名	十九层平面图（会议层）		
班 级	学 号		日 期	
姓 名	指导老师		图 号	10

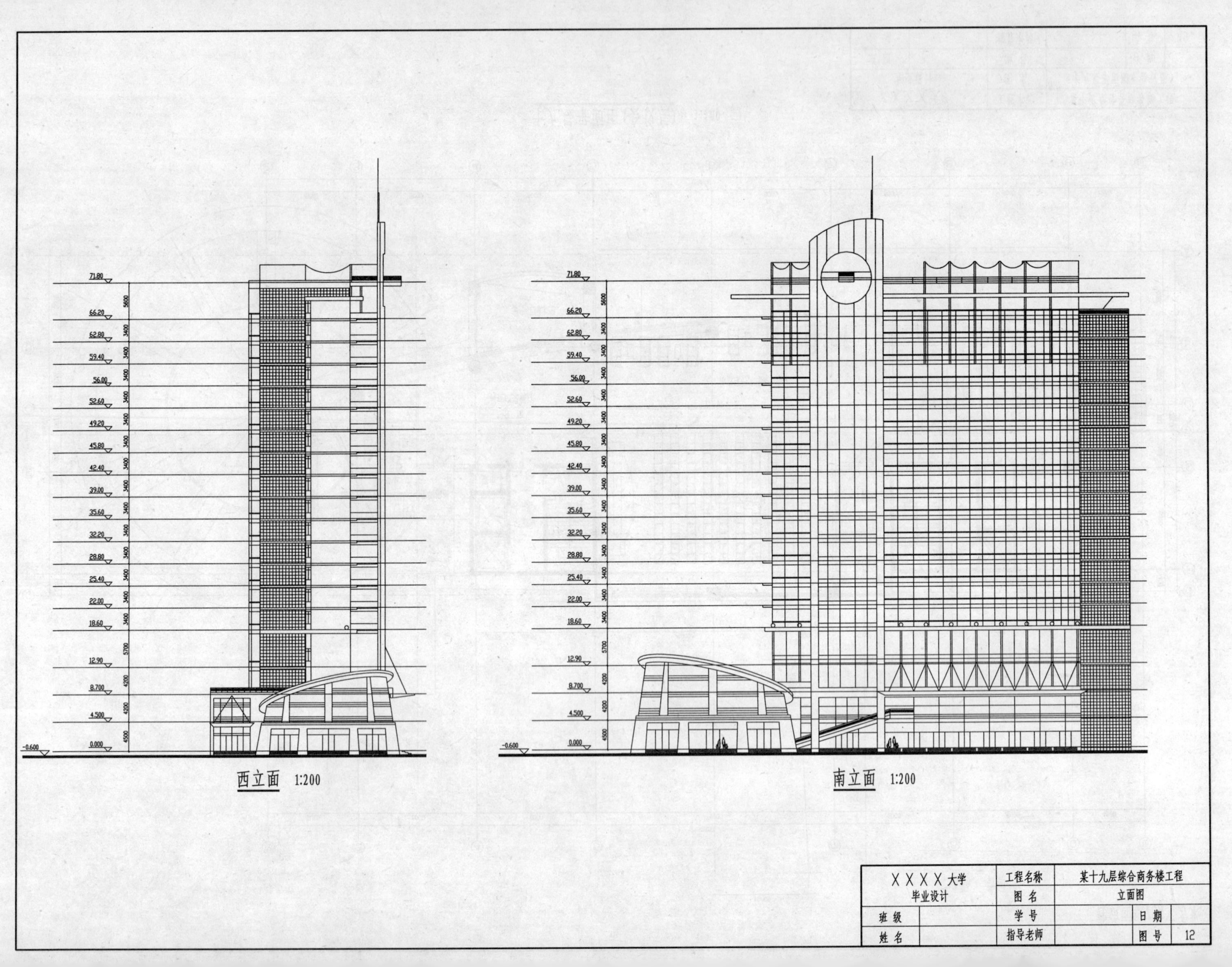

71.80
66.20
62.80
59.40
56.00
52.60
49.20
45.80
42.40
39.00
35.60
32.20
28.80
25.40
22.00
18.60
12.90
8.700
4.500
0.000
-0.600
西立面 1:200
南立面 1:200
XXXX大学
毕业设计
工程名称
某十九层综合商务楼工程
图名
立面图
班级
学号
日期
姓名
指导老师
图号
12

办公建筑3　某十一层办公建筑(总建筑面积: $60077.2m^2$)

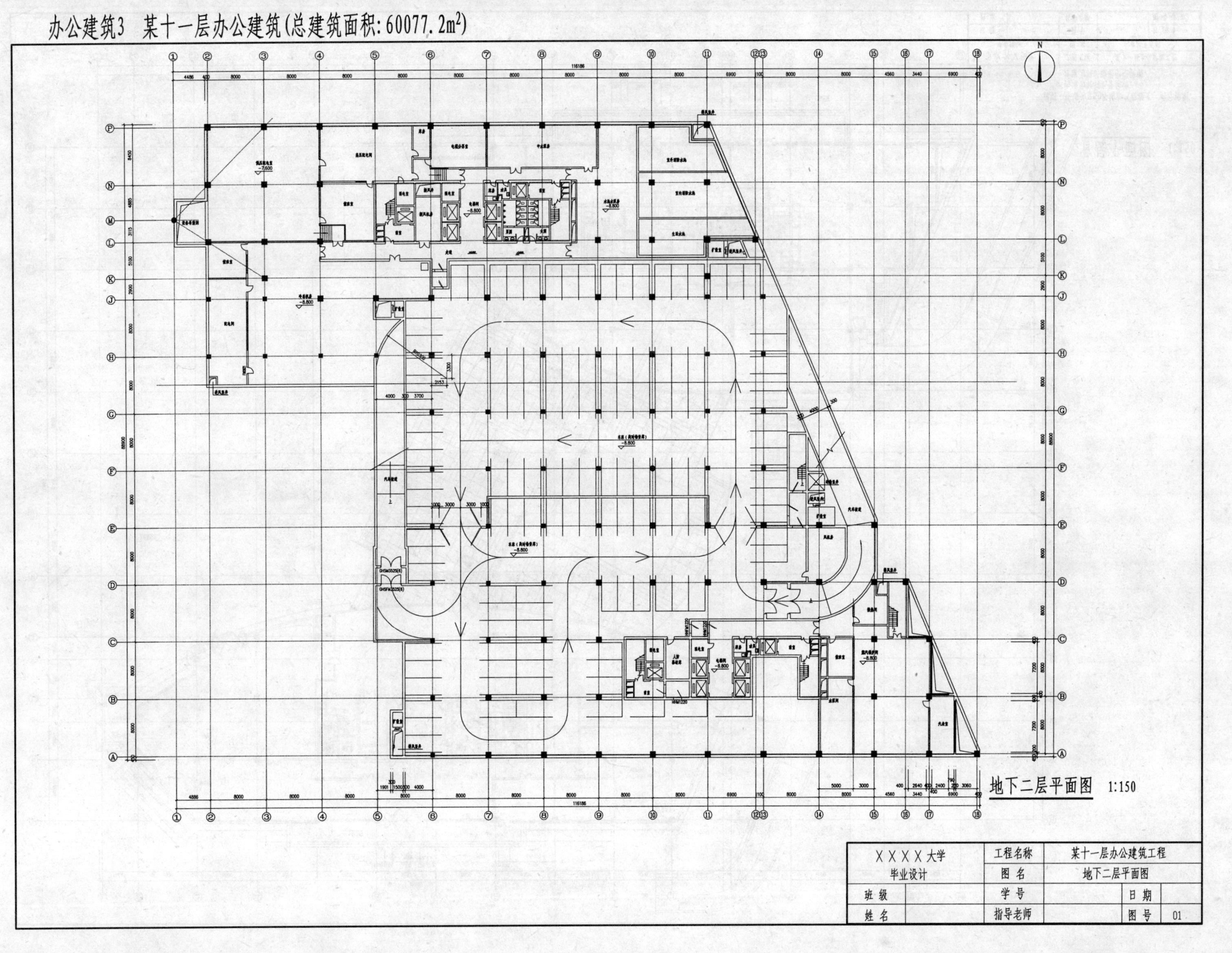

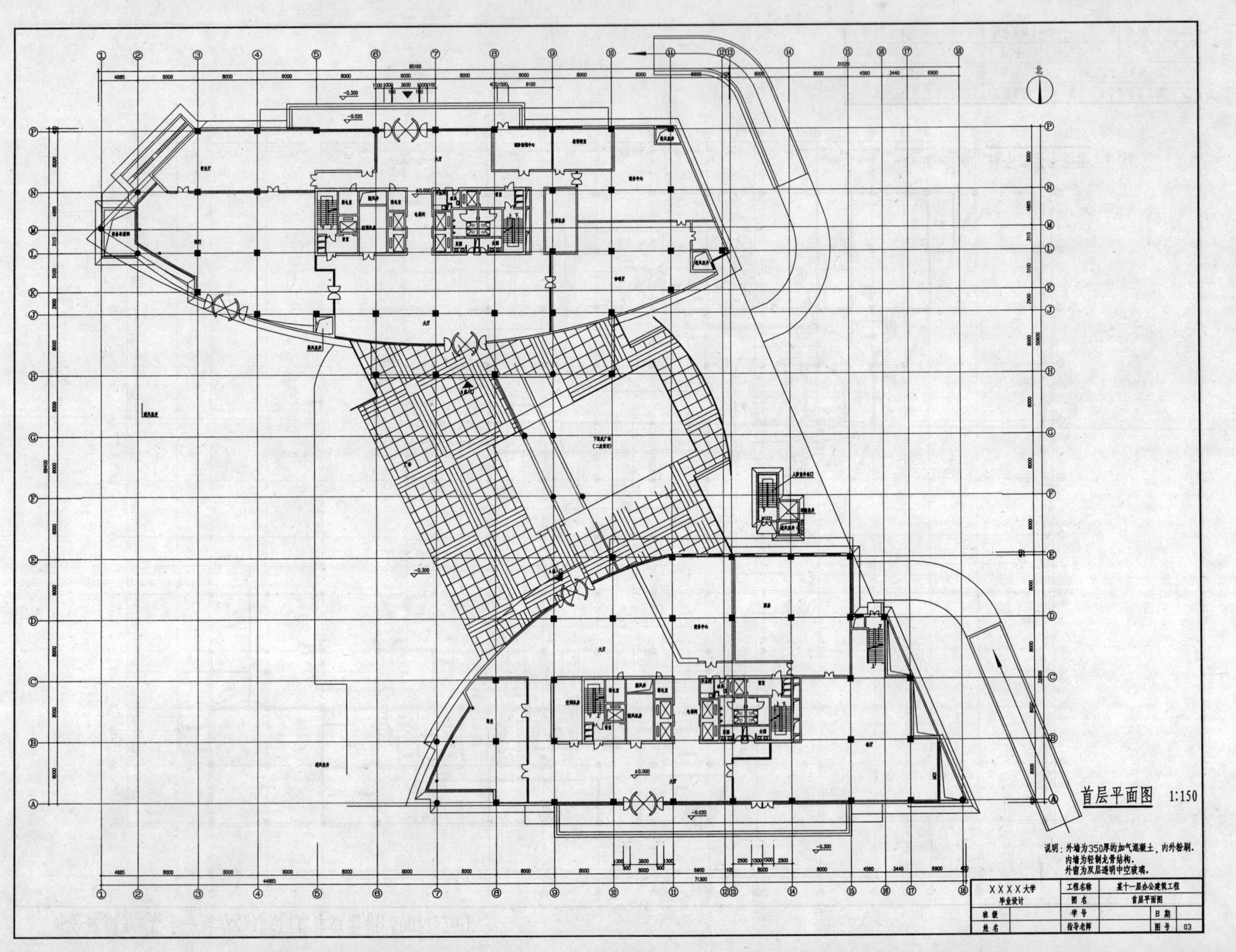
首层平面图 1:150
说明：外墙为350厚的加气混凝土，内外粉刷.
内墙为轻钢龙骨结构.
外窗为双层透明中空玻璃.
XXXX大学
毕业设计
班级
姓名
工程名称
某十一层办公建筑工程
图名
首层平面图
学号
日期
指导老师
图号
03
北
大厅
商务中心
下沉式广场
(二次设计)

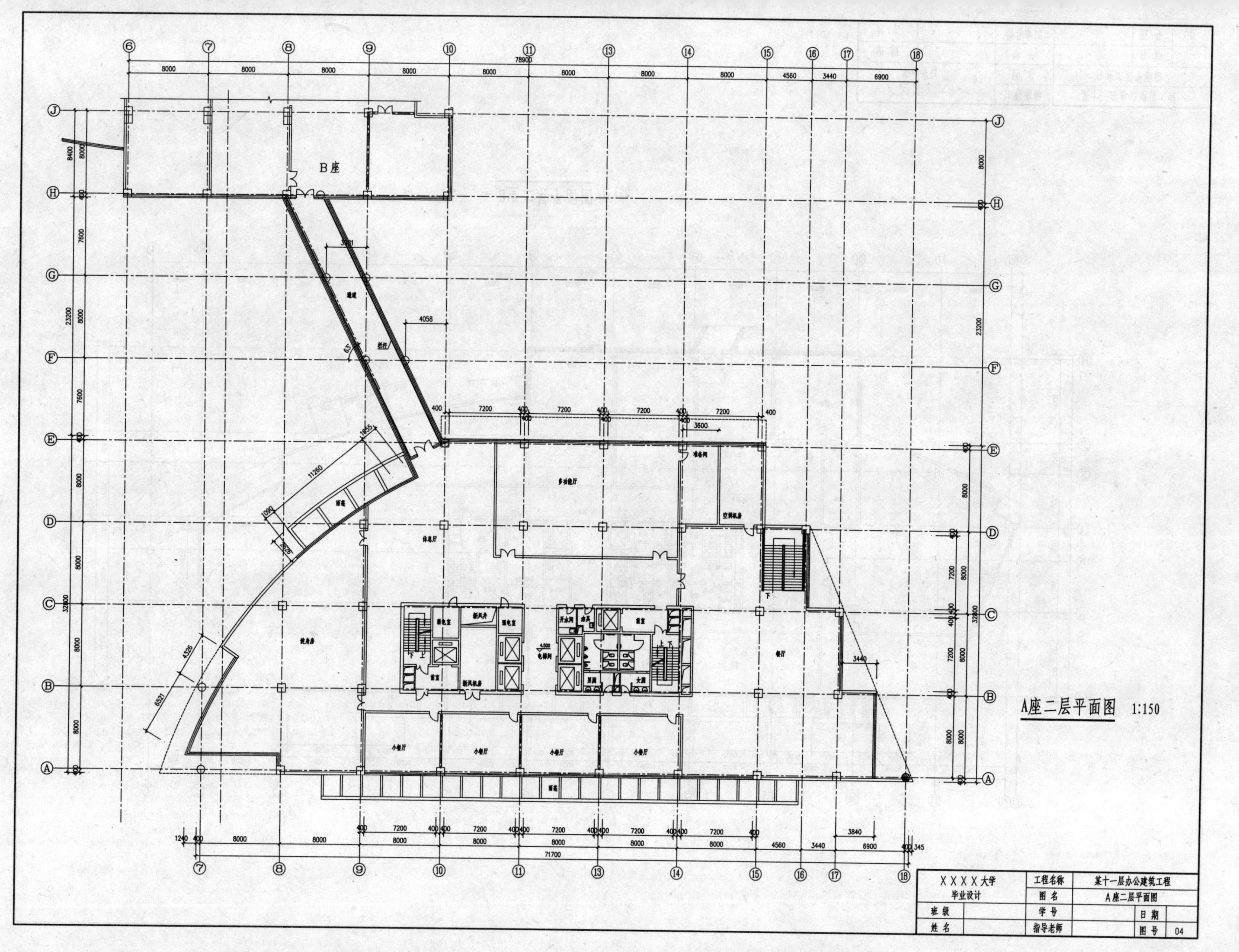
A座二层平面图 1:150
B座
多功能厅
休息厅
健身房
餐厅
小餐厅
通道
画廊
准备间
空调机房
新风机房
强电室
弱电室
新风井
电梯间
开水间
清洁
男厕
女厕
管室
XXXX大学
毕业设计
班级
姓名
工程名称
某十一层办公建筑工程
图名
A座二层平面图
学号
指导老师
日期
图号
04

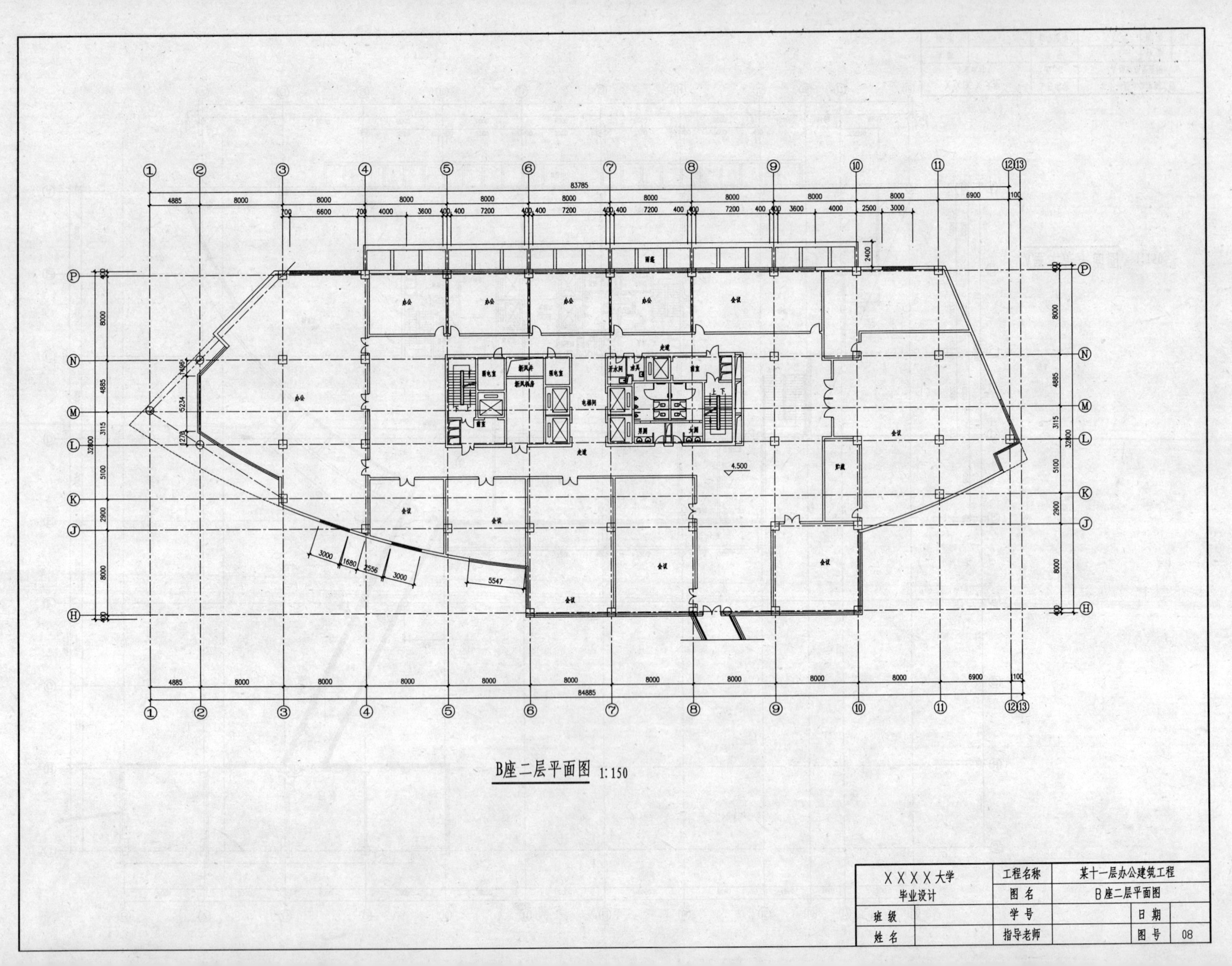
B座二层平面图 1:150
XXXX大学
毕业设计
班 级
姓 名
工程名称
某十一层办公建筑工程
图 名
B座二层平面图
学 号
日 期
指导老师
图 号
08

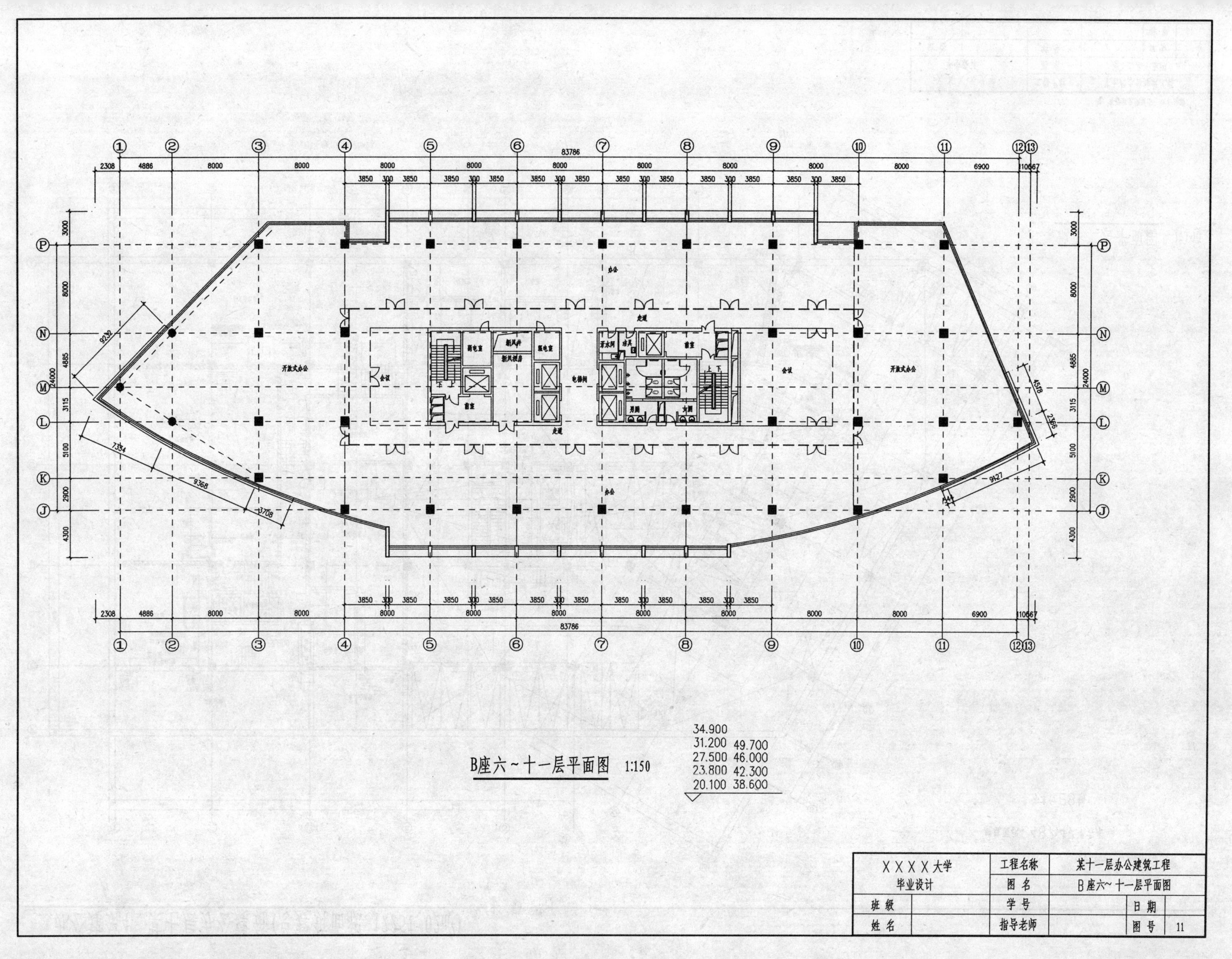

B座六~十一层平面图 1:150

办公建筑4　某七层办公建筑(总建筑面积:12251.02m²)

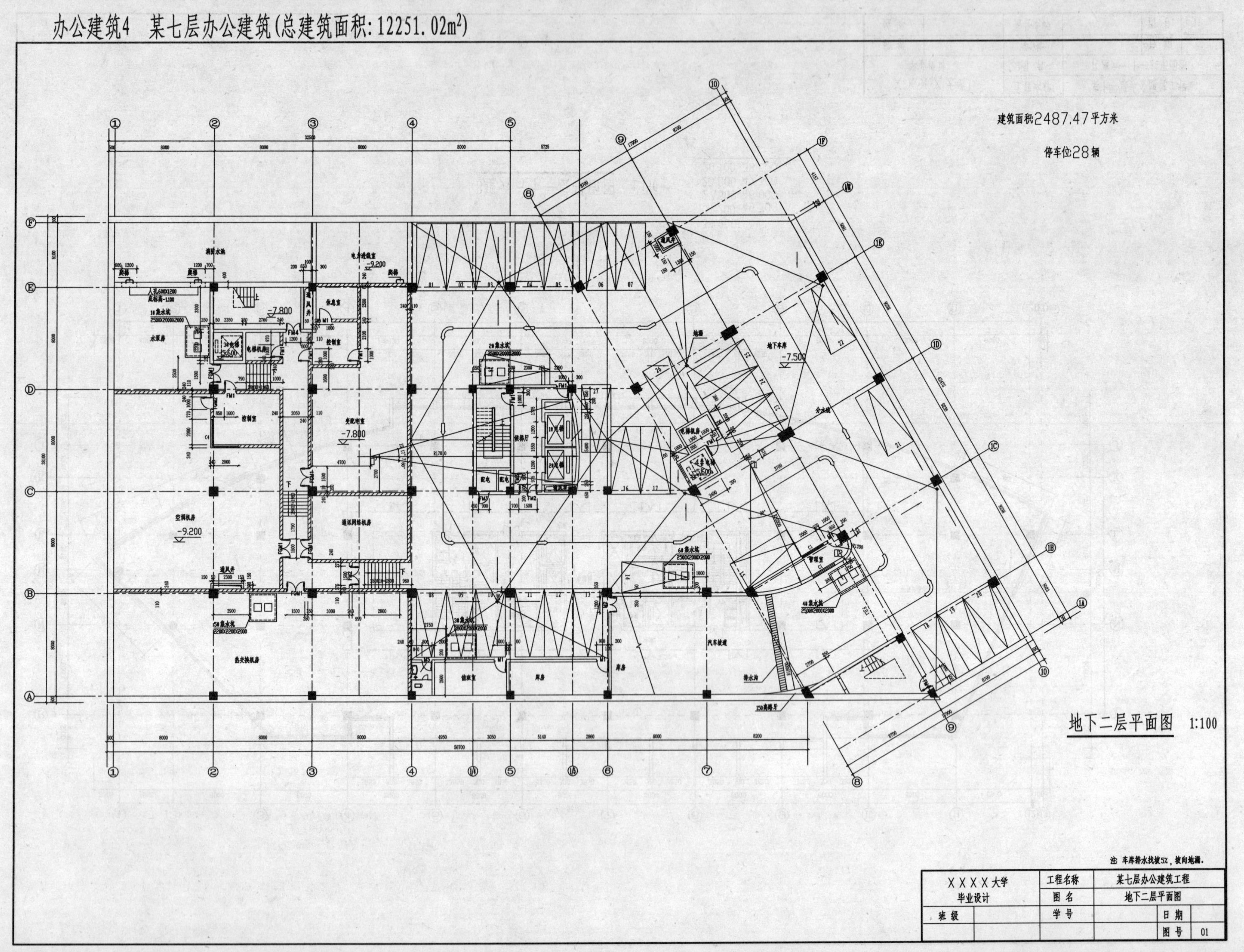

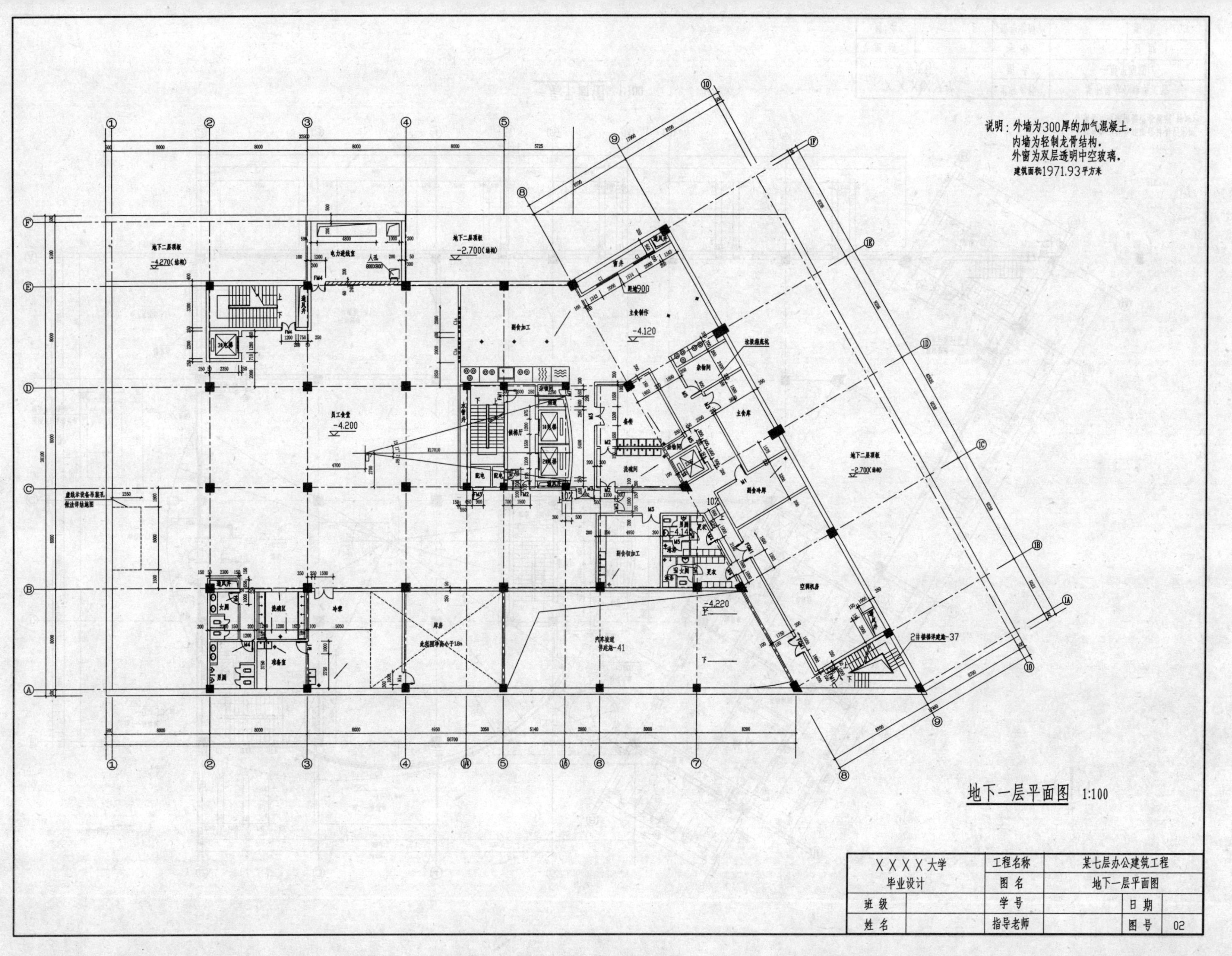
说明：外墙为300厚的加气混凝土。
内墙为轻制龙骨结构。
外窗为双层透明中空玻璃。
建筑面积1971.93平方米
地下一层平面图 1:100
X X X X大学
毕业设计
工程名称
某七层办公建筑工程
图名
地下一层平面图
班级
学号
日期
姓名
指导老师
图号
02

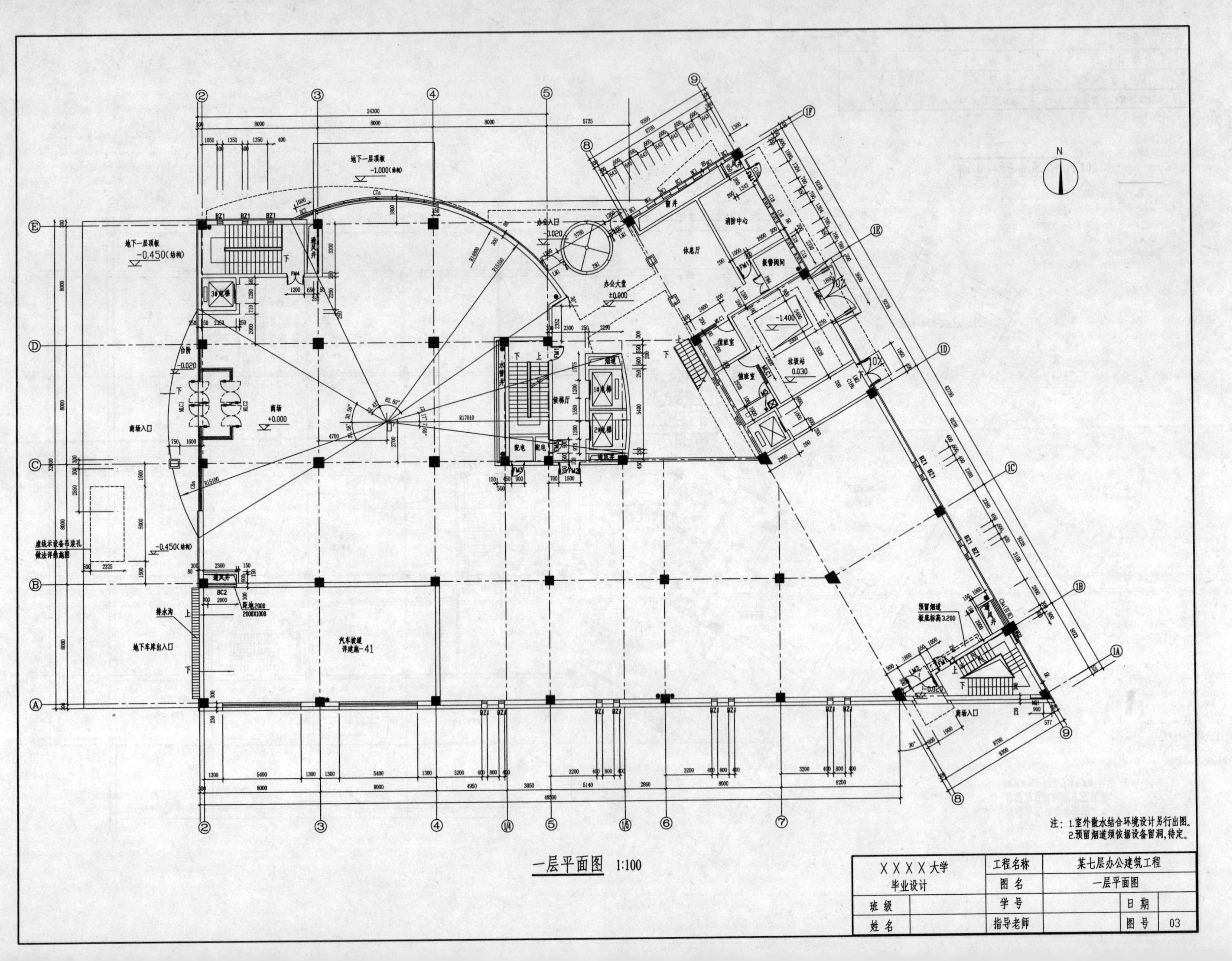

地下一层顶板
-1.000(结构)
地下一层顶板
-0.450(结构)
办公入口
-0.020
办公大堂
±0.000
休息厅
消防中心
报警阀间
值班室
垃圾站
0.030
-1.400
商场
+0.000
商场入口
候梯厅
配电
汽车坡道
详建施-41
地下车库出入口
排水沟
虚线示设备吊装孔
做法详结施图
预留烟道
板底标高3.200
注：1.室外散水结合环境设计另行出图。
2.预留烟道须依据设备留洞，待定。
XXXX大学
毕业设计
工程名称
某七层办公建筑工程
图名
一层平面图
班级
学号
日期
姓名
指导老师
图号
03

一层平面图 1:100

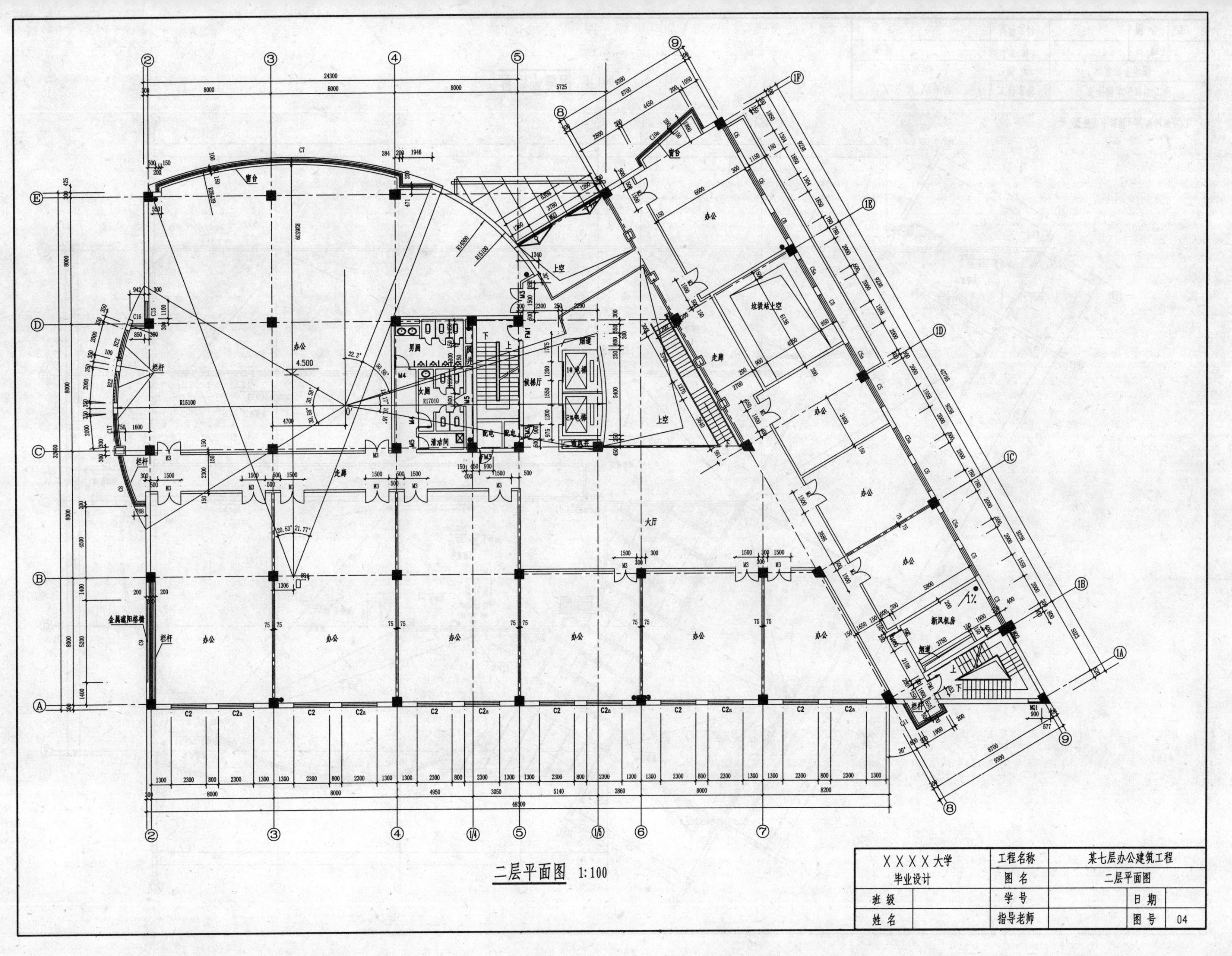
二层平面图 1:100
XXXX大学
毕业设计
工程名称
某七层办公建筑工程
图名
二层平面图
班级
学号
日期
姓名
指导老师
图号
04
办公
走廊
大厅
上空
男厕
女厕
清洁间
候梯厅
1#电梯
2#电梯
新风机房
垃圾站上空
窗台
栏杆
金属遮阳格栅

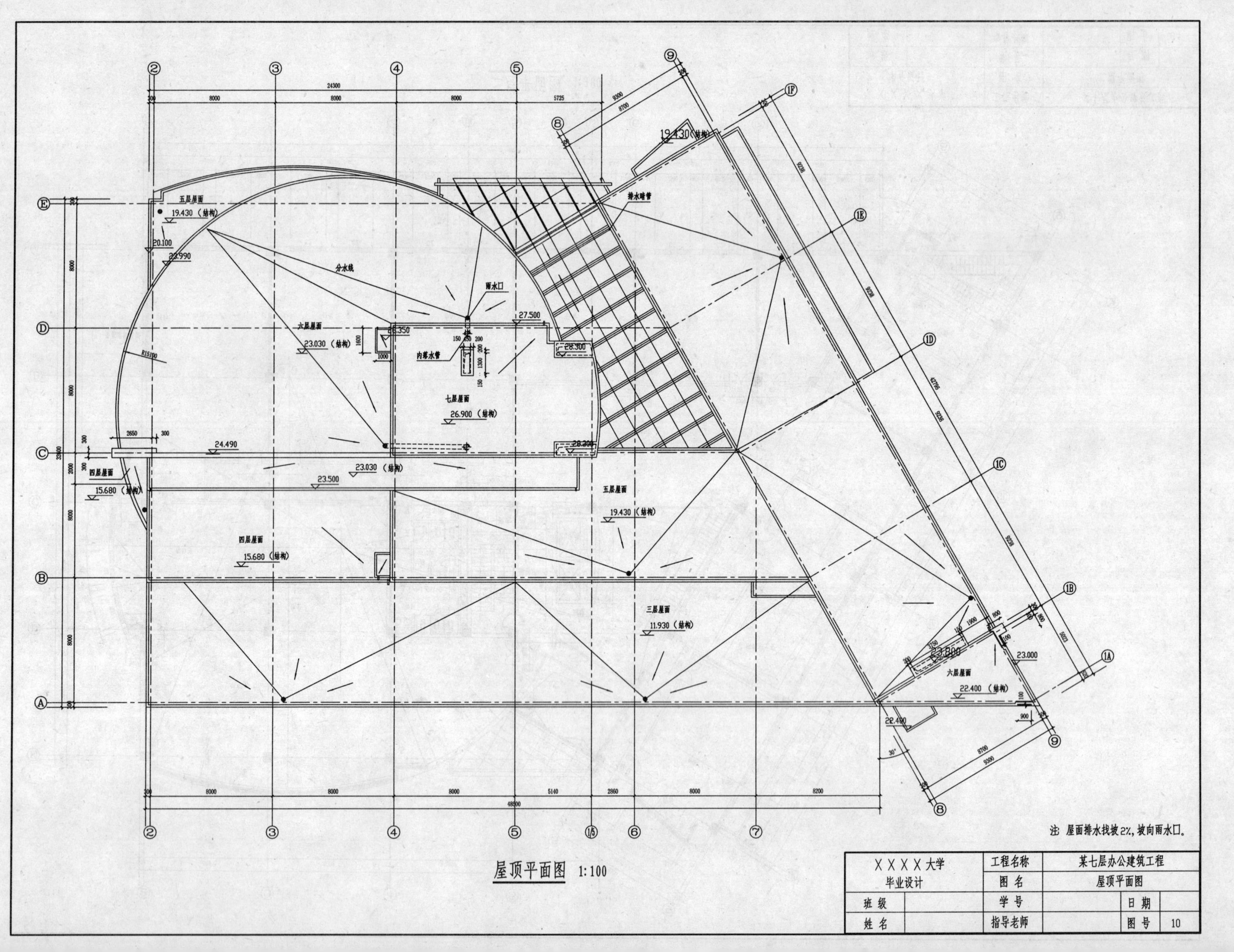

屋顶平面图 1:100

XXXX大学 毕业设计	工程名称	某七层办公建筑工程		
	图名	屋顶平面图		
班级	学号		日期	
姓名	指导老师		图号	10

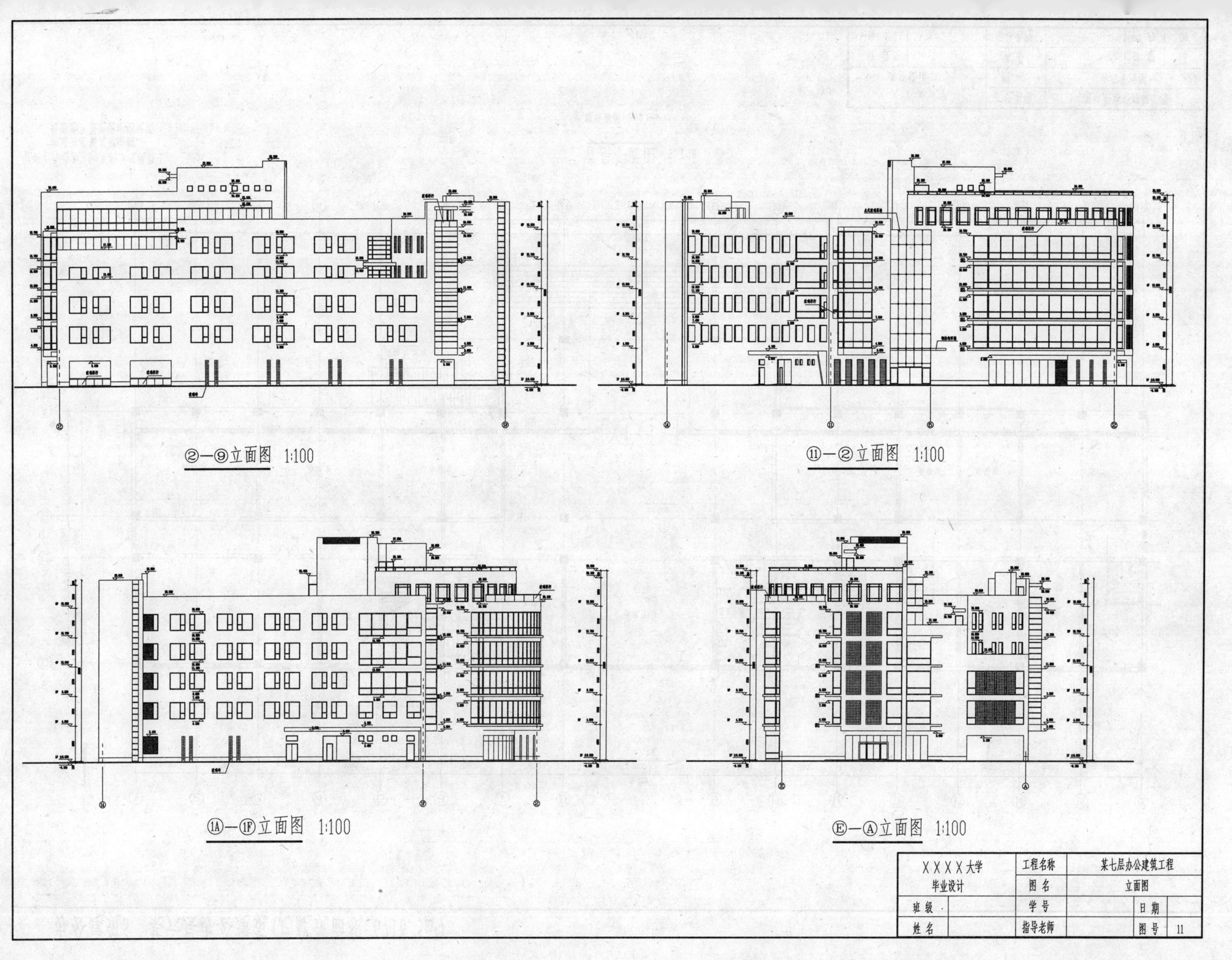
②—⑨立面图 1:100
⑪—②立面图 1:100
⑴A—⑴F立面图 1:100
Ⓔ—Ⓐ立面图 1:100
XXXX大学
毕业设计
工程名称
某七层办公建筑工程
图名
立面图
班级
学号
日期
姓名
指导老师
图号
11

办公建筑5　某六层办公建筑(总建筑面积:6716.5m²)

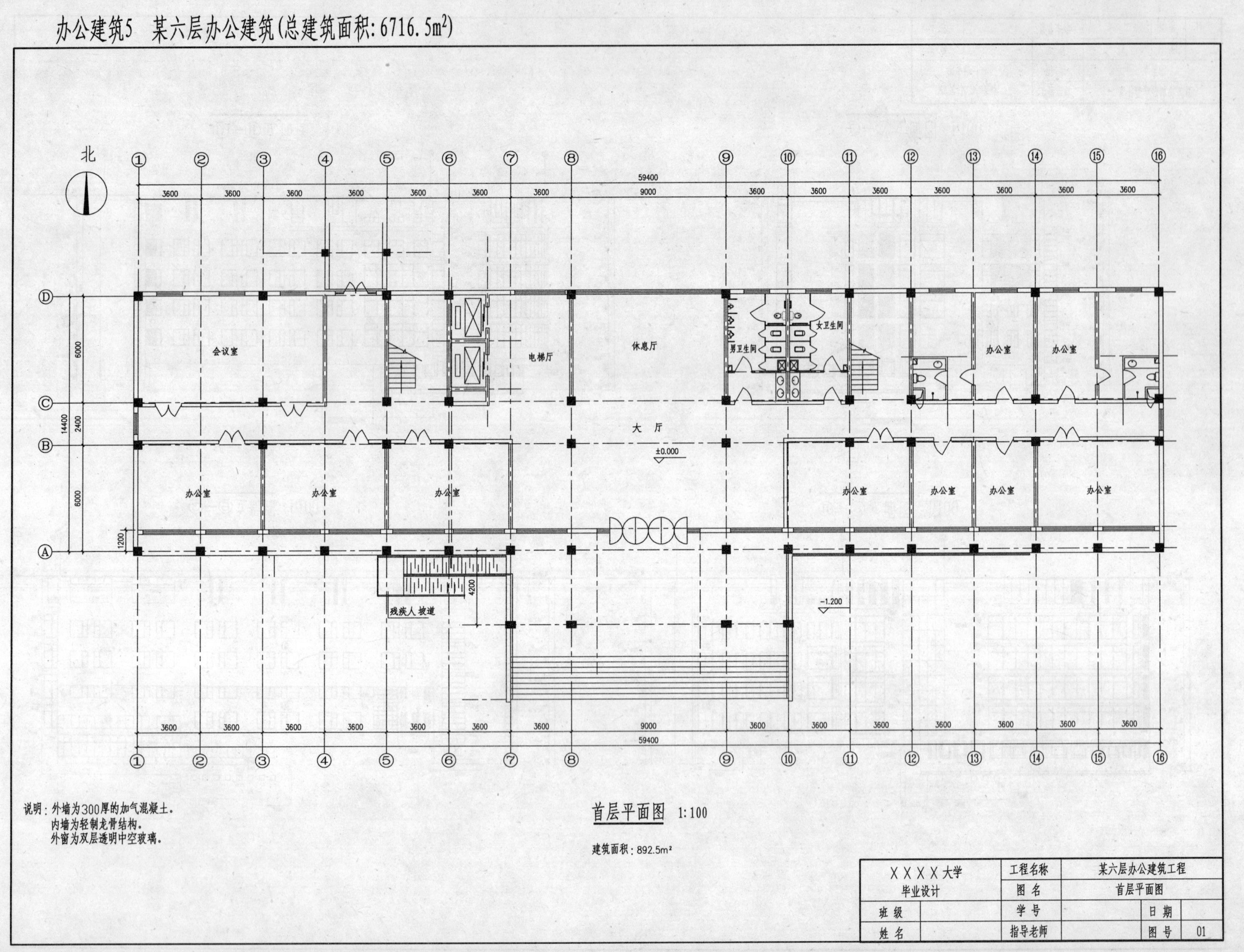

说明：外墙为300厚的加气混凝土。
内墙为轻制龙骨结构。
外窗为双层透明中空玻璃。

首层平面图　1:100

建筑面积：892.5m²

XXXX大学 毕业设计		工程名称	某六层办公建筑工程		
		图名	首层平面图		
班级		学号		日期	
姓名		指导老师		图号	01

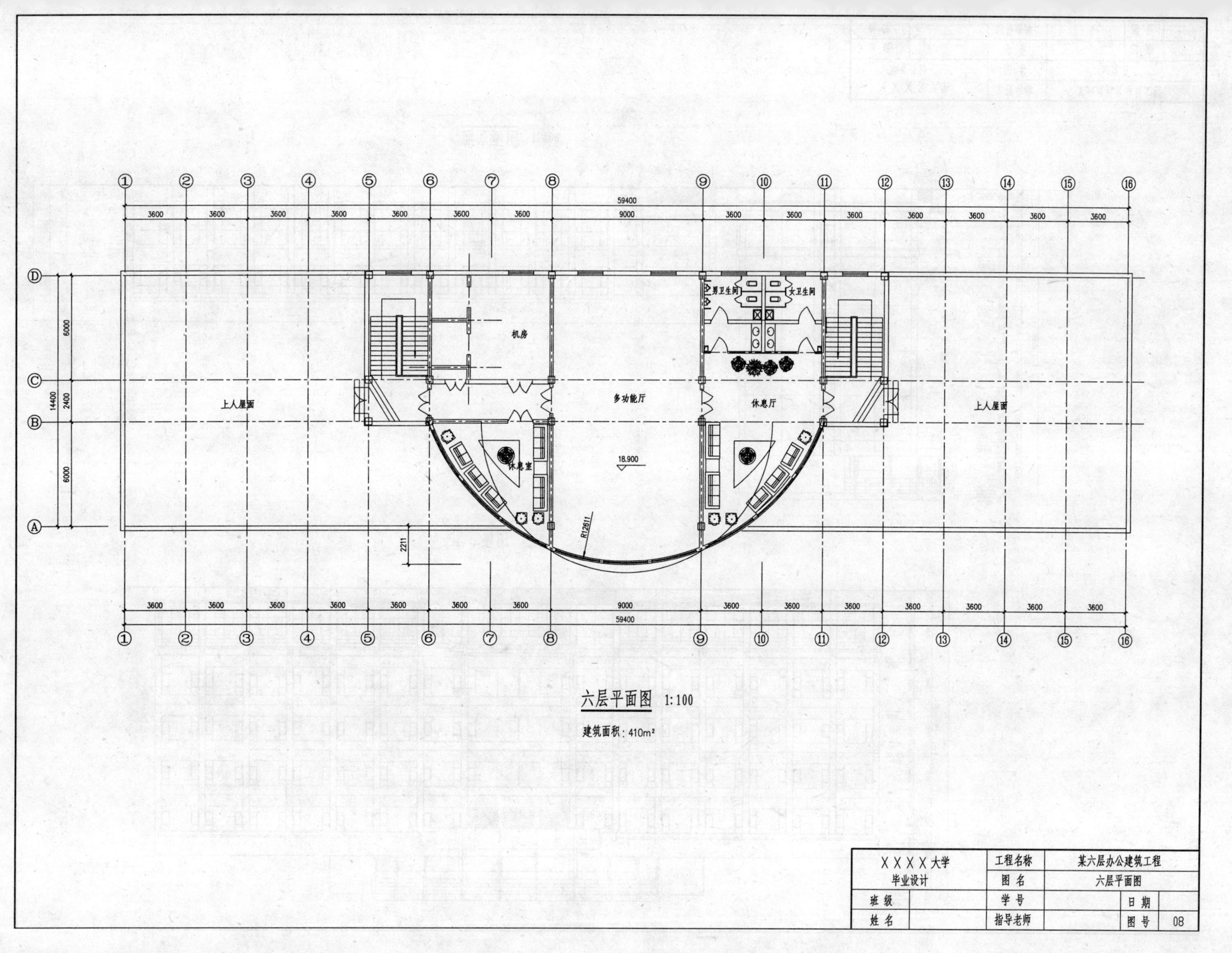
上人屋面
机房
多功能厅
休息厅
休息室
男卫生间
女卫生间
上人屋面
18.900
R12611
59400
9000
3600
6000
2400
14400
2211
六层平面图 1:100
建筑面积：410m²
XXXX大学
毕业设计
班级
姓名
工程名称
某六层办公建筑工程
图名
六层平面图
学号
指导老师
日期
图号
08

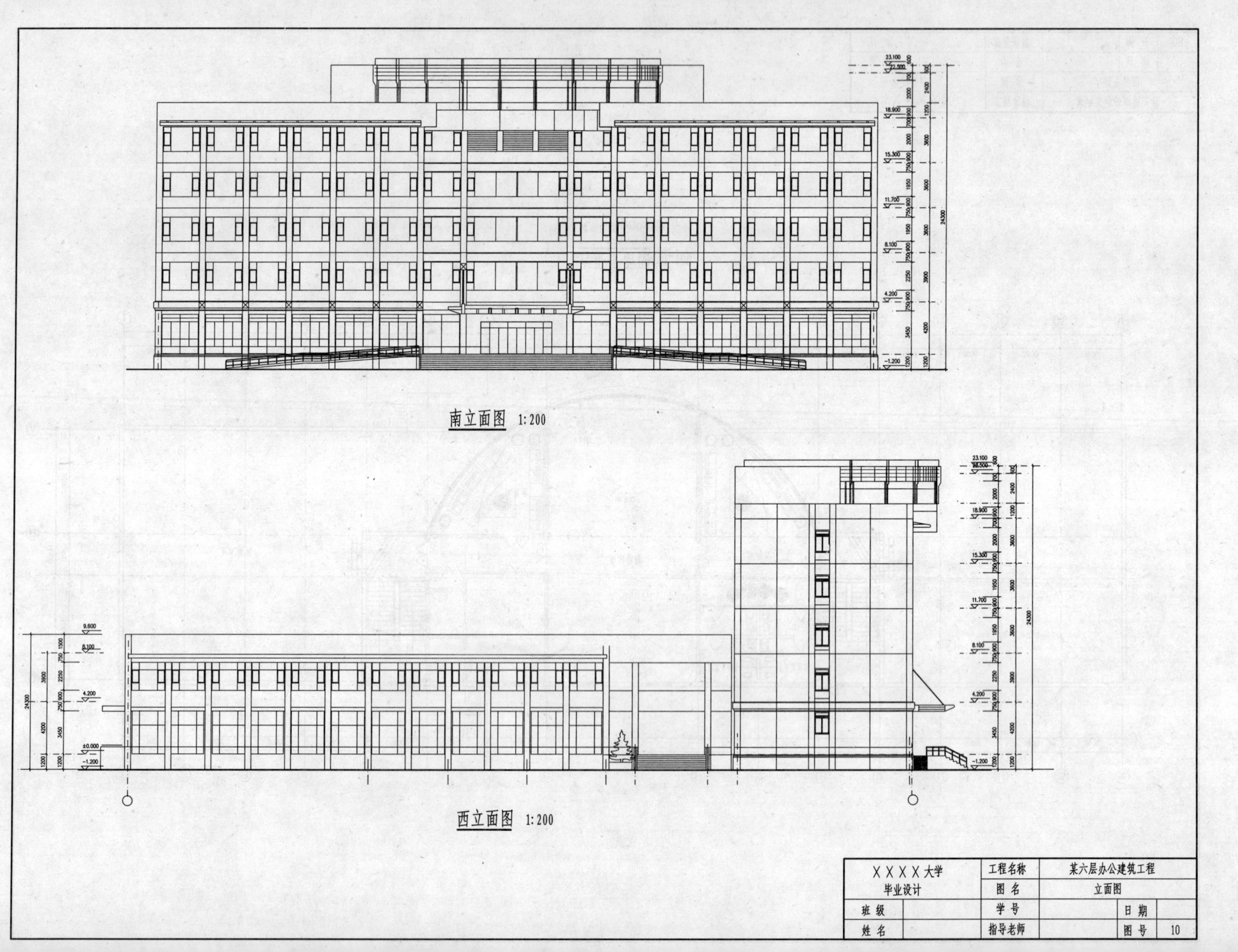
南立面图 1:200
西立面图 1:200
XXXX大学
毕业设计
班级
姓名
工程名称
某六层办公建筑工程
图名
立面图
学号
指导老师
日期
图号
10

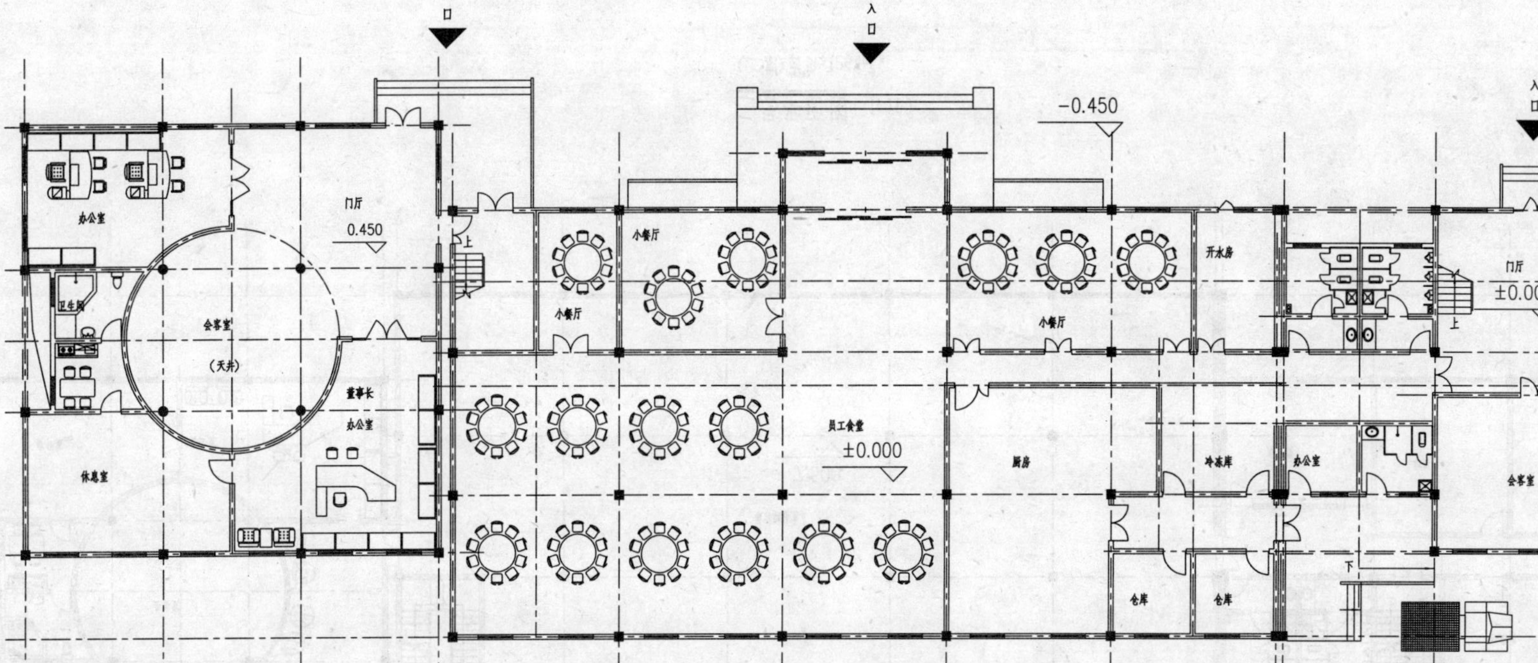

首层平面图　1:100

(二期)面积：1288m²

说明：外墙为250厚的加气混凝土。
内墙为轻制龙骨结构。
外窗为双层透明中空玻璃。

XXXX大学 毕业设计		工程名称	某五层商务办公楼工程	
		图 名	首层平面图	
班 级		学 号		日 期
姓 名		指导老师		图 号 05

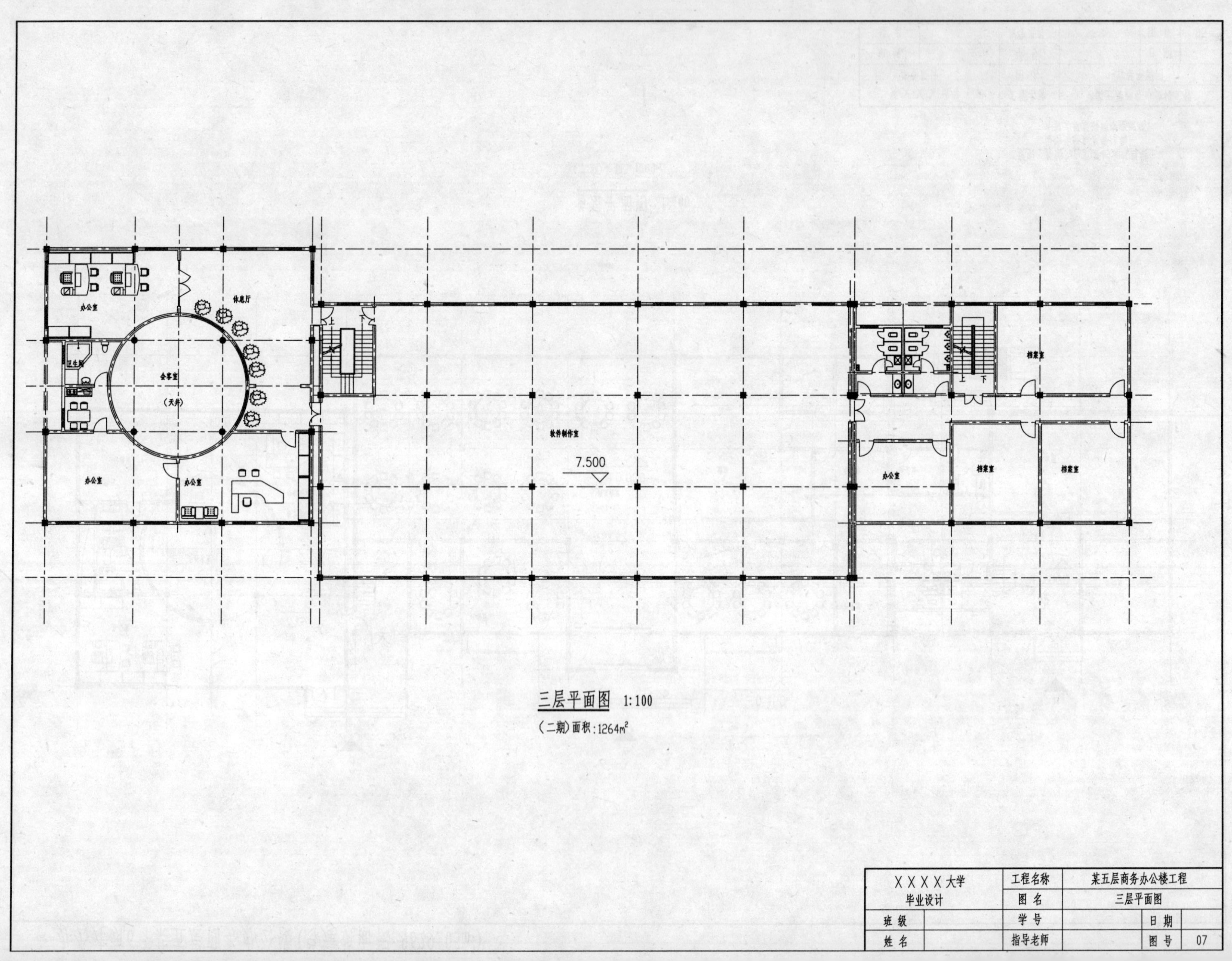
办公室
休息厅
会客室
（天井）
卫生间
办公室
办公室
软件制作室
7.500
办公室
档案室
档案室
档案室
上
下
三层平面图 1:100
（二期）面积:1264m²
XXXX大学
毕业设计
工程名称
某五层商务办公楼工程
图 名
三层平面图
班 级
学 号
日 期
姓 名
指导老师
图 号
07

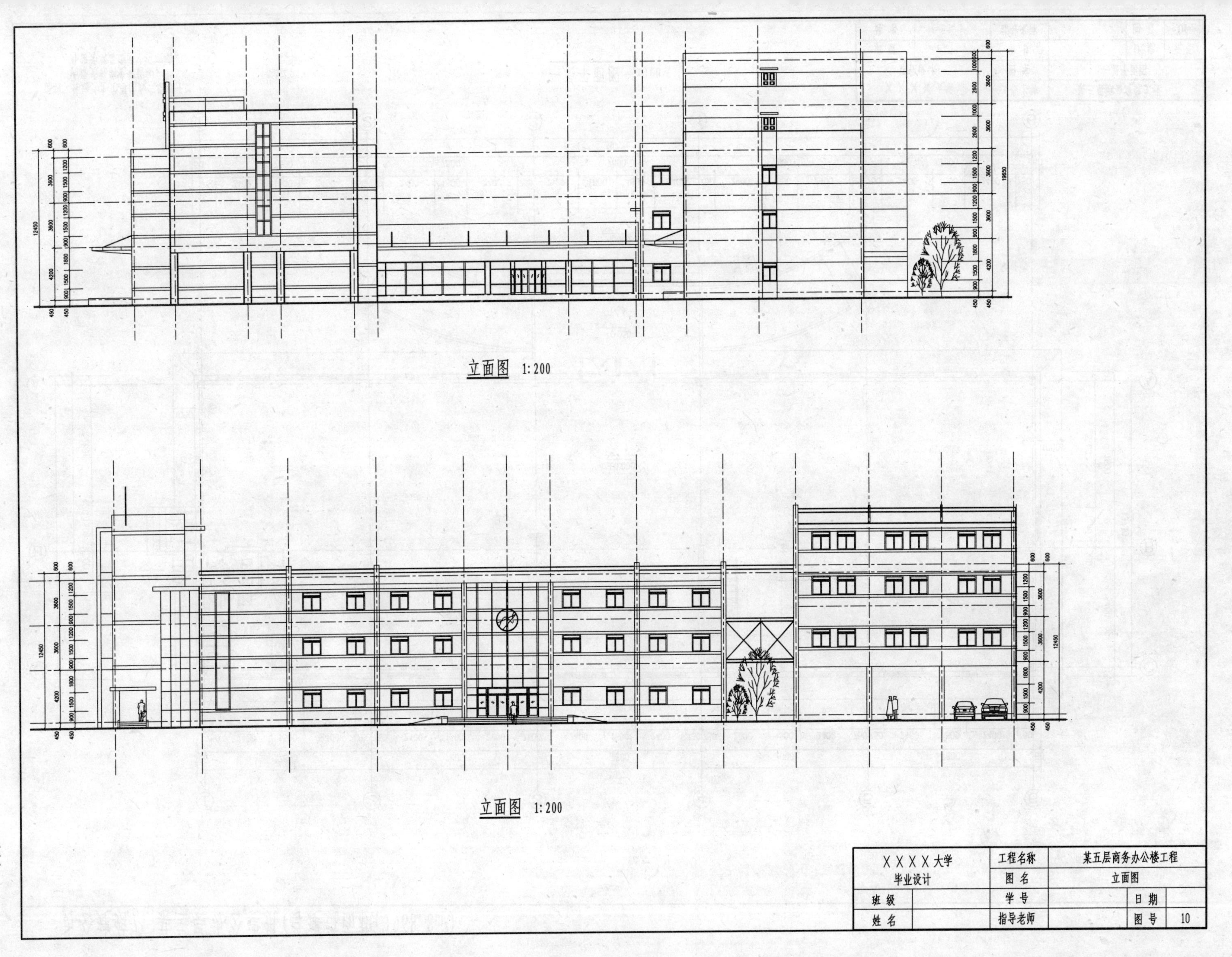
立面图 1:200
立面图 1:200
XXXX大学
毕业设计
工程名称
某五层商务办公楼工程
图名
立面图
班级
学号
日期
姓名
指导老师
图号
10

办公建筑7　某三层 办公建筑(总建筑面积: $1968.8m^2$)

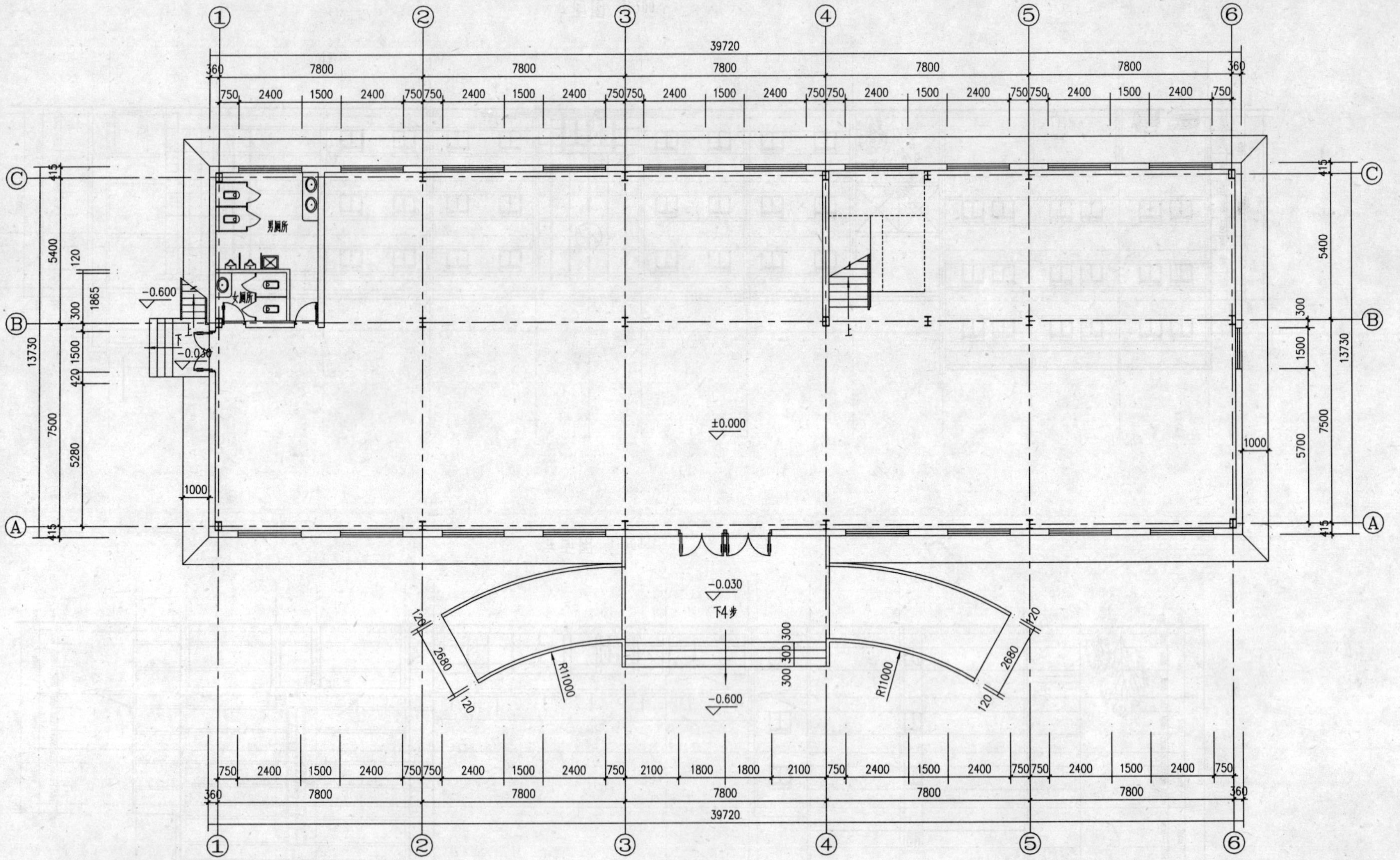
39720
7800
360
750
2400
1500
2100
1800
13730
5400
7500
5700
5280
1865
1000
415
300
420
120
2680
R11000
男厕所
女厕所
±0.000
-0.030
-0.600
下4步

说明：外墙为200厚的加气混凝土。
内墙为轻钢龙骨结构。
外窗为双层透明中空玻璃。

一层平面图　1:100

XXXX大学 课程设计		工程名称	某三层办公建筑工程		
		图 名	一层平面图		
班 级		学 号		日 期	
姓 名		指导老师		图 号	01

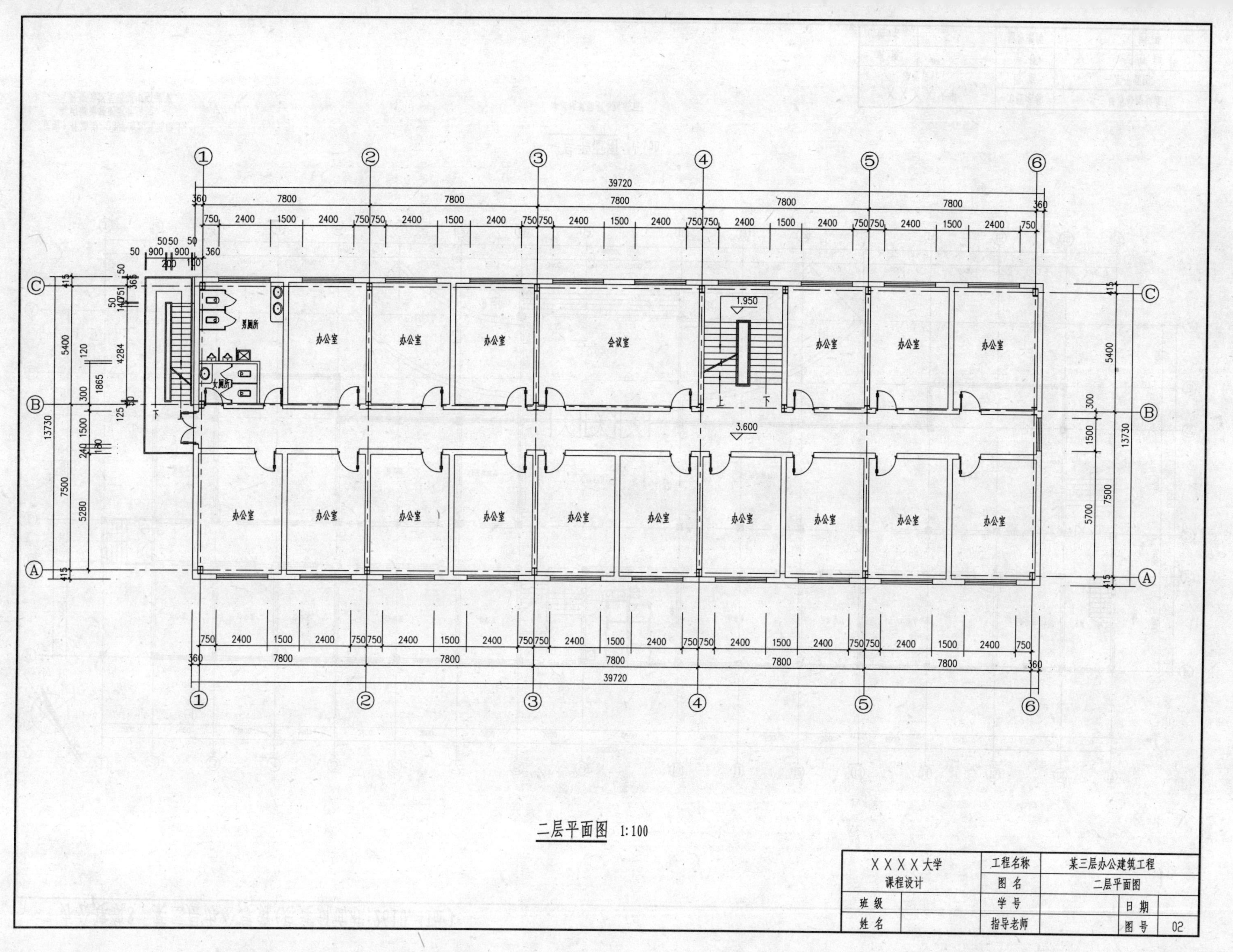

二层平面图 1:100

XXXX大学 课程设计		工程名称	某三层办公建筑工程	
		图名	二层平面图	
班级		学号	日期	
姓名		指导老师	图号	02

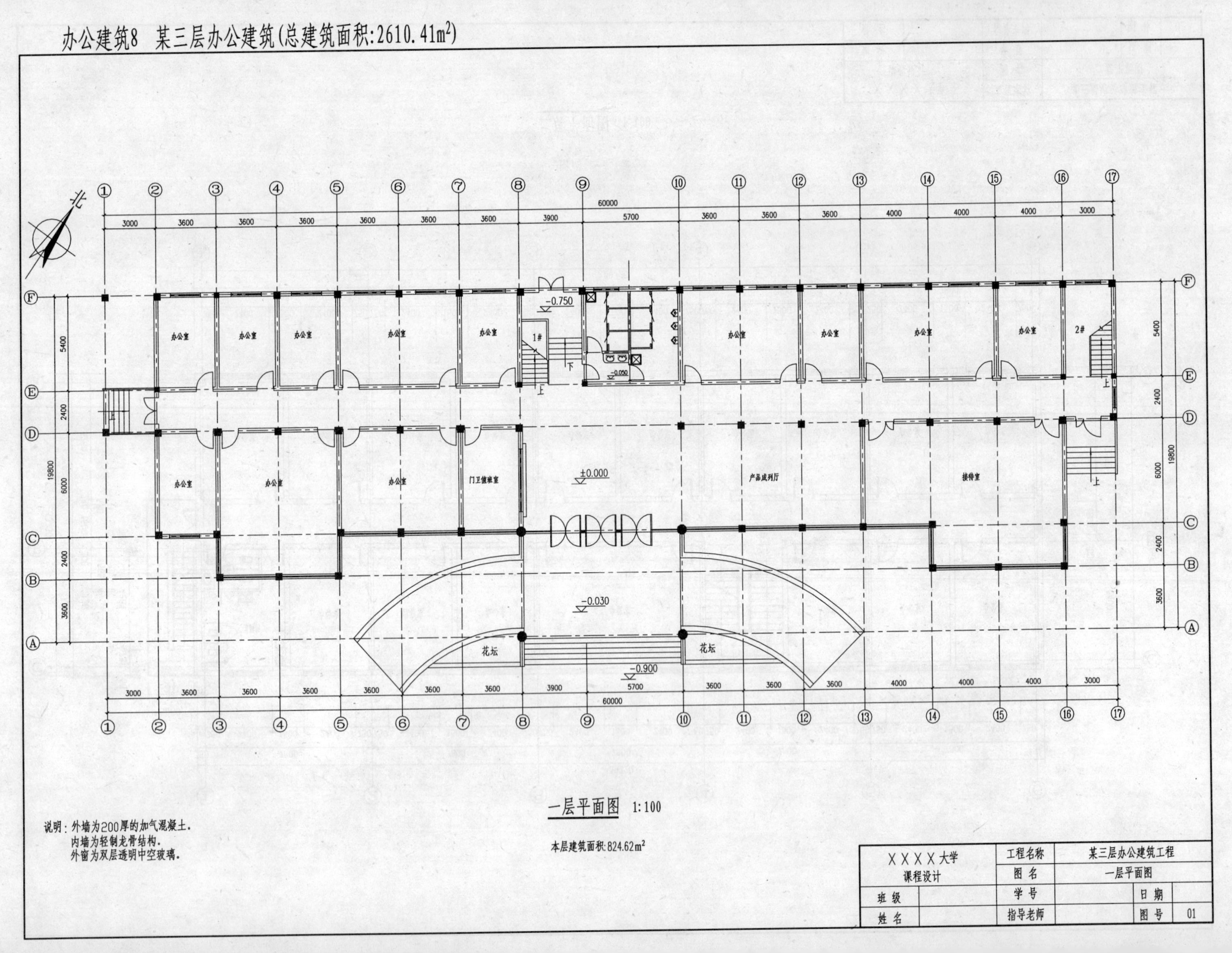
北
3000
3600
3900
5700
4000
60000
5400
2400
6000
19800
办公室
1#
2#
下
上
-0.750
-0.050
±0.000
门卫值班室
产品陈列厅
接待室
-0.030
花坛
-0.900
一层平面图 1:100
本层建筑面积:824.62m²
说明：外墙为200厚的加气混凝土。
内墙为轻钢龙骨结构。
外窗为双层透明中空玻璃。
XXXX大学
课程设计
班级
姓名
工程名称
某三层办公建筑工程
图名
一层平面图
学号
日期
指导老师
图号
01

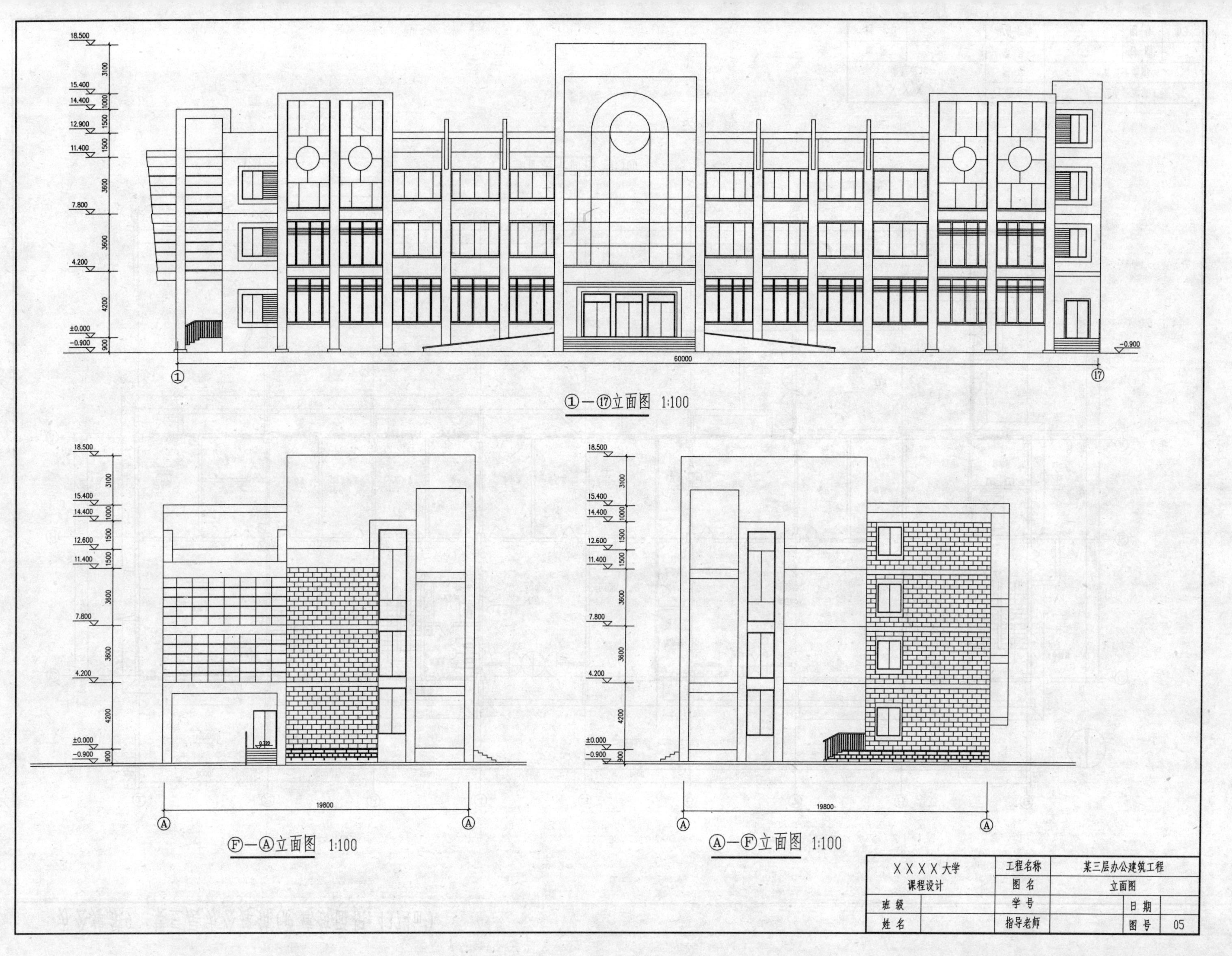
18.500
15.400
14.400
12.900
11.400
7.800
4.200
±0.000
-0.900
3100
1000
1500
3600
4200
900
60000
①
⑰
①—⑰立面图 1:100
12.600
19800
Ⓐ
Ⓕ—Ⓐ立面图 1:100
Ⓐ—Ⓕ立面图 1:100
XXXX大学
课程设计
班级
姓名
工程名称
某三层办公建筑工程
图名
立面图
学号
指导老师
日期
图号
05

办公建筑9　某三层办公建筑(总建筑面积: 4374m²)

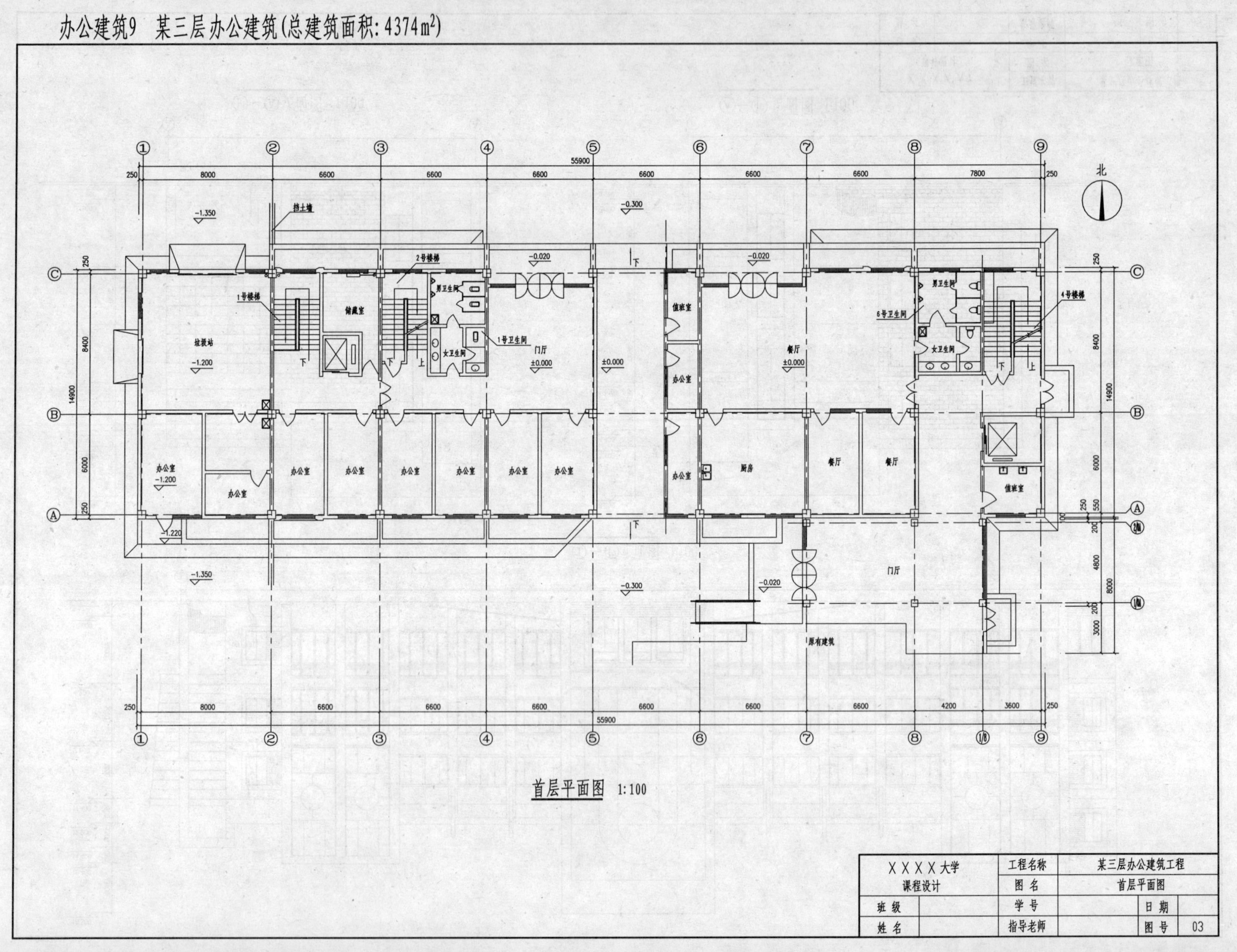

办公建筑10 某一层办公建筑(总建筑面积：$1374m^2$)

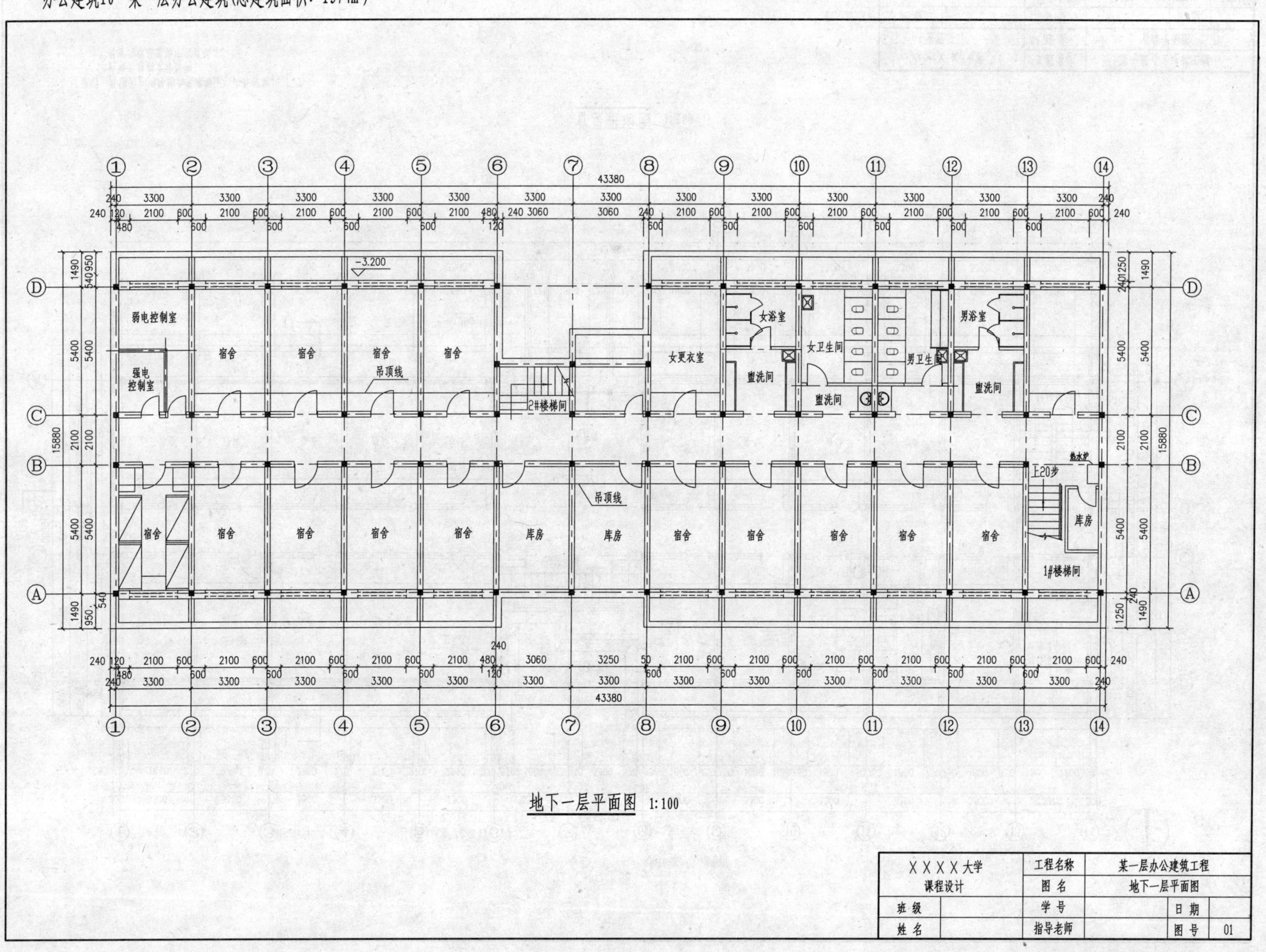

地下一层平面图 1:100

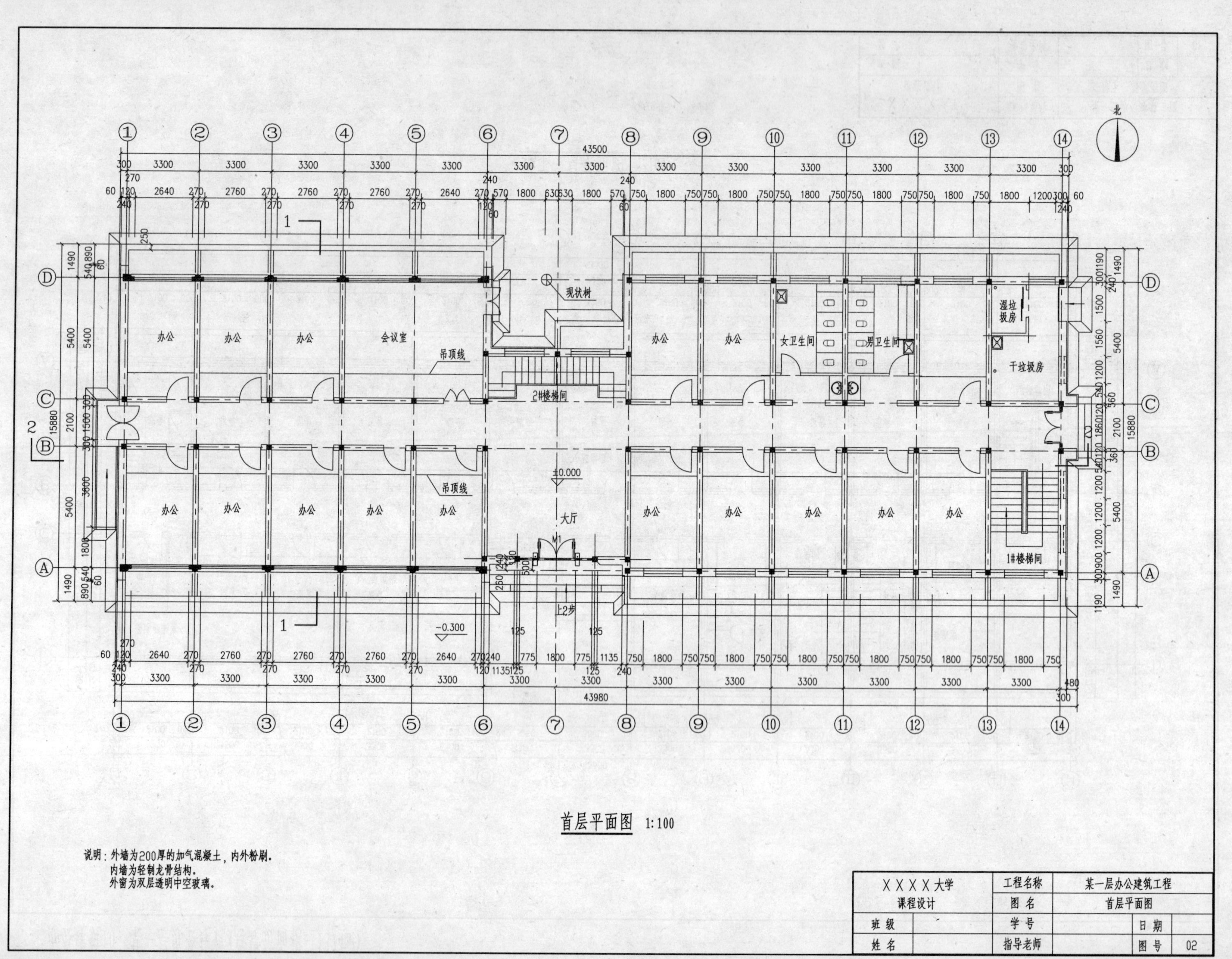

首层平面图 1:100

说明：外墙为200厚的加气混凝土，内外粉刷。
内墙为轻制龙骨结构。
外窗为双层透明中空玻璃。

XXXX大学 课程设计	工程名称	某一层办公建筑工程	
	图 名	首层平面图	
班 级	学 号		日 期
姓 名	指导老师		图 号 02

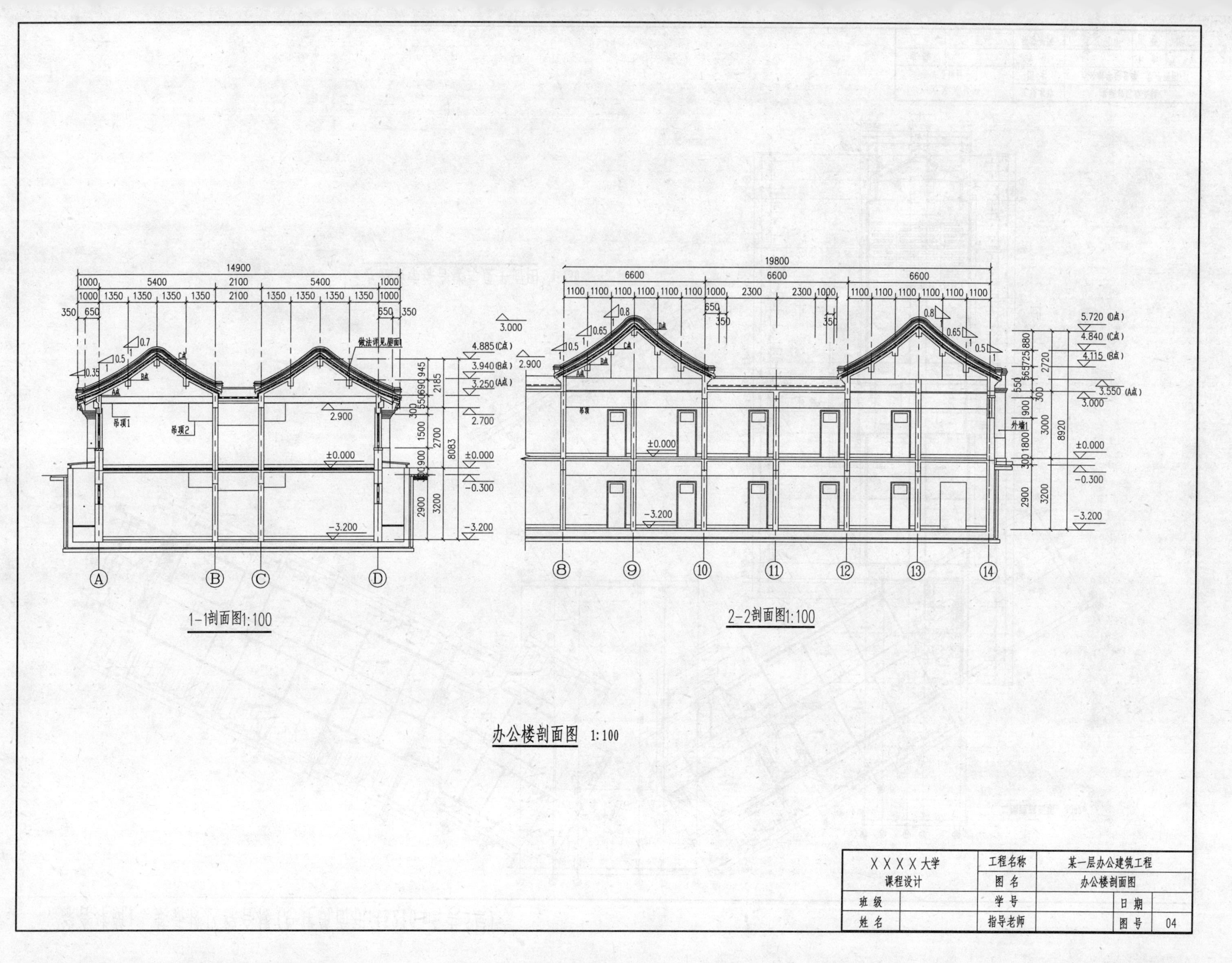
1-1剖面图1:100
2-2剖面图1:100
办公楼剖面图 1:100
吊顶1
吊顶2
做法详见屋面1
外墙1
XXXX大学
课程设计
工程名称
某一层办公建筑工程
图 名
办公楼剖面图
班 级
学 号
日 期
姓 名
指导老师
图 号
04

办公教学综合楼二层平面图　1:150

XXXX大学 毕业设计	工程名称	某新校区综合楼		
	图 名	办公教学综合楼二层平面图		
班 级	学 号		日 期	
姓 名	指导老师		图 号	02

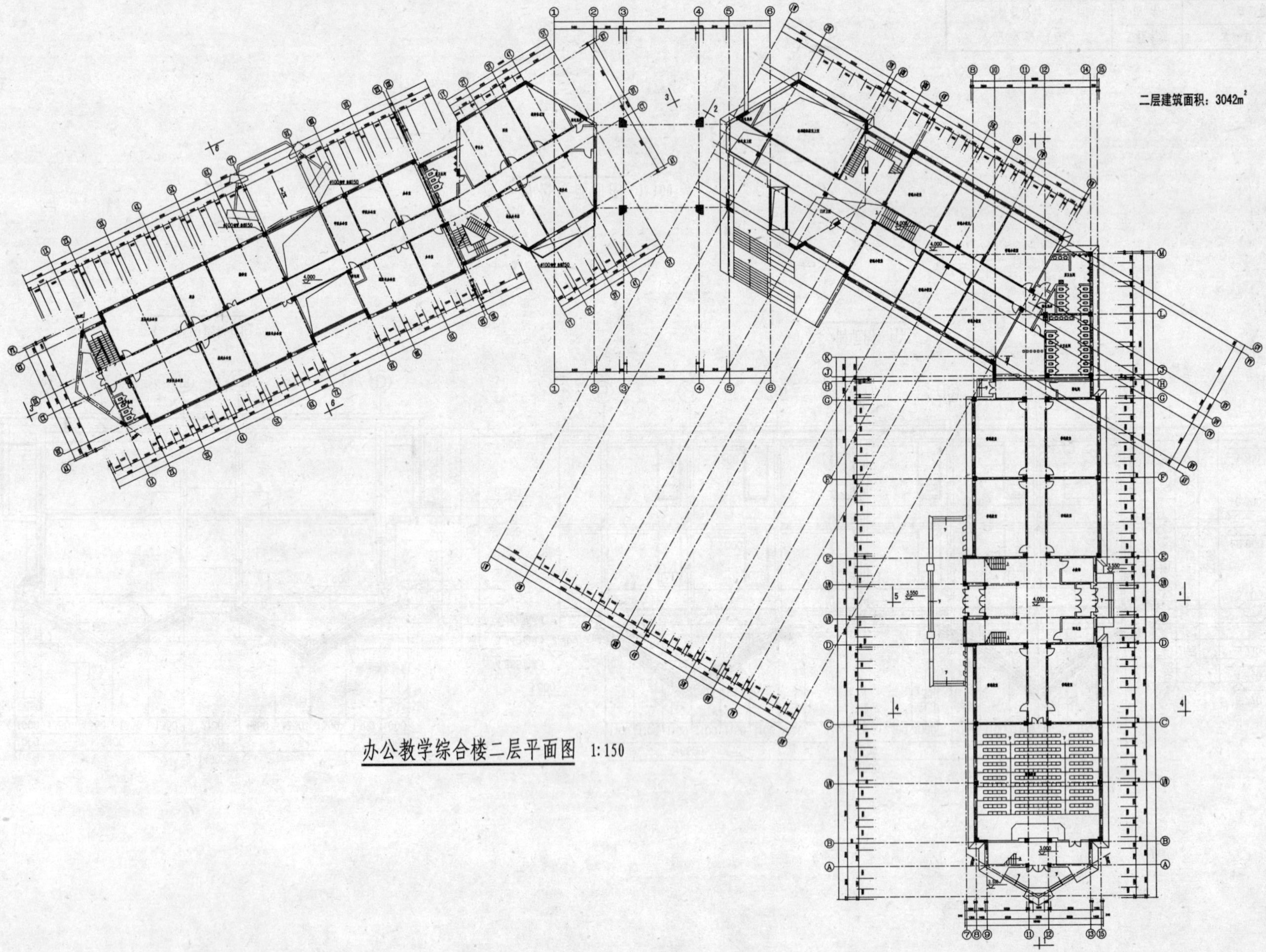

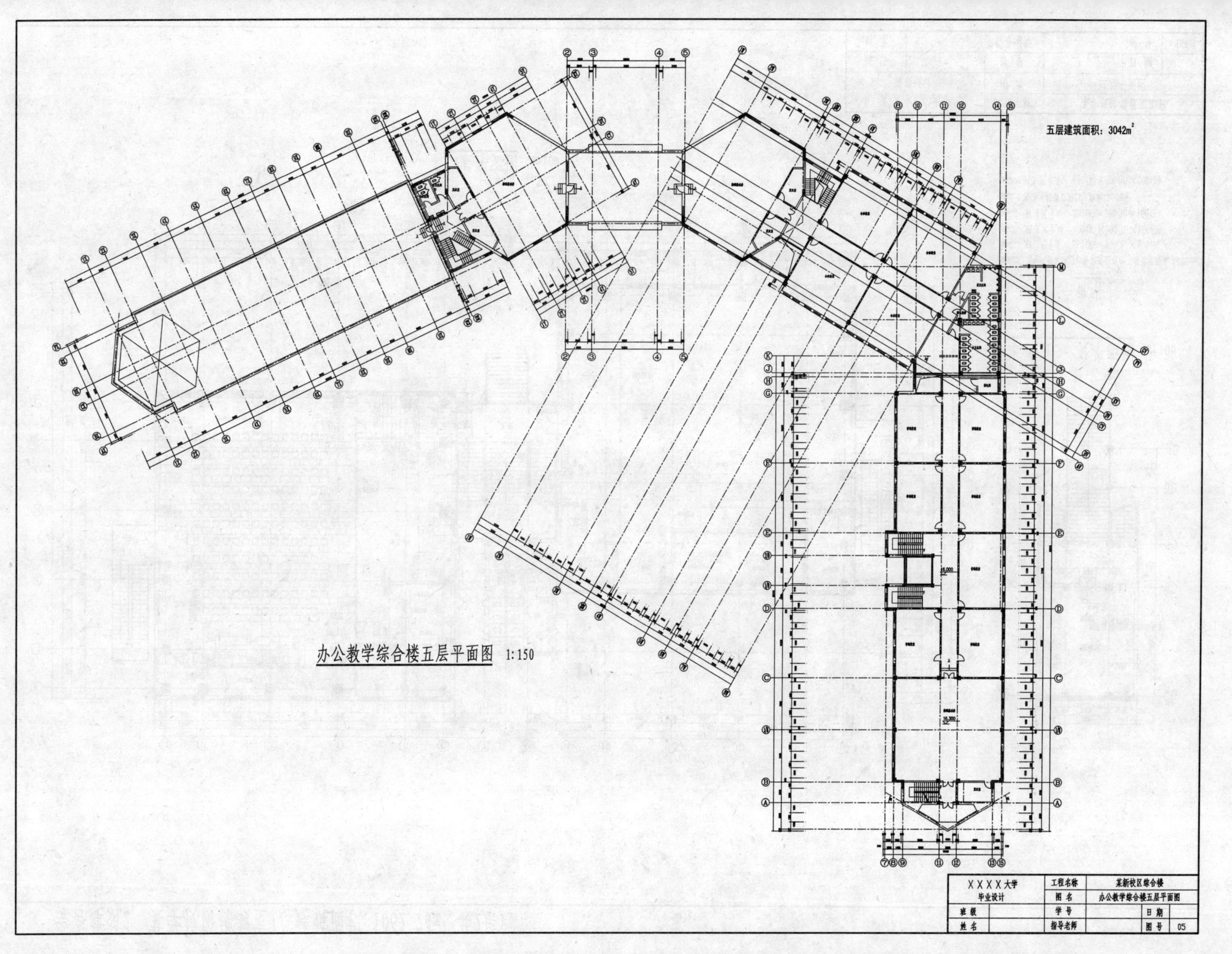

办公教学综合楼五层平面图 1:150

综合建筑2　某学校阶梯教室(总建筑面积:1062.24m^2,共2层)

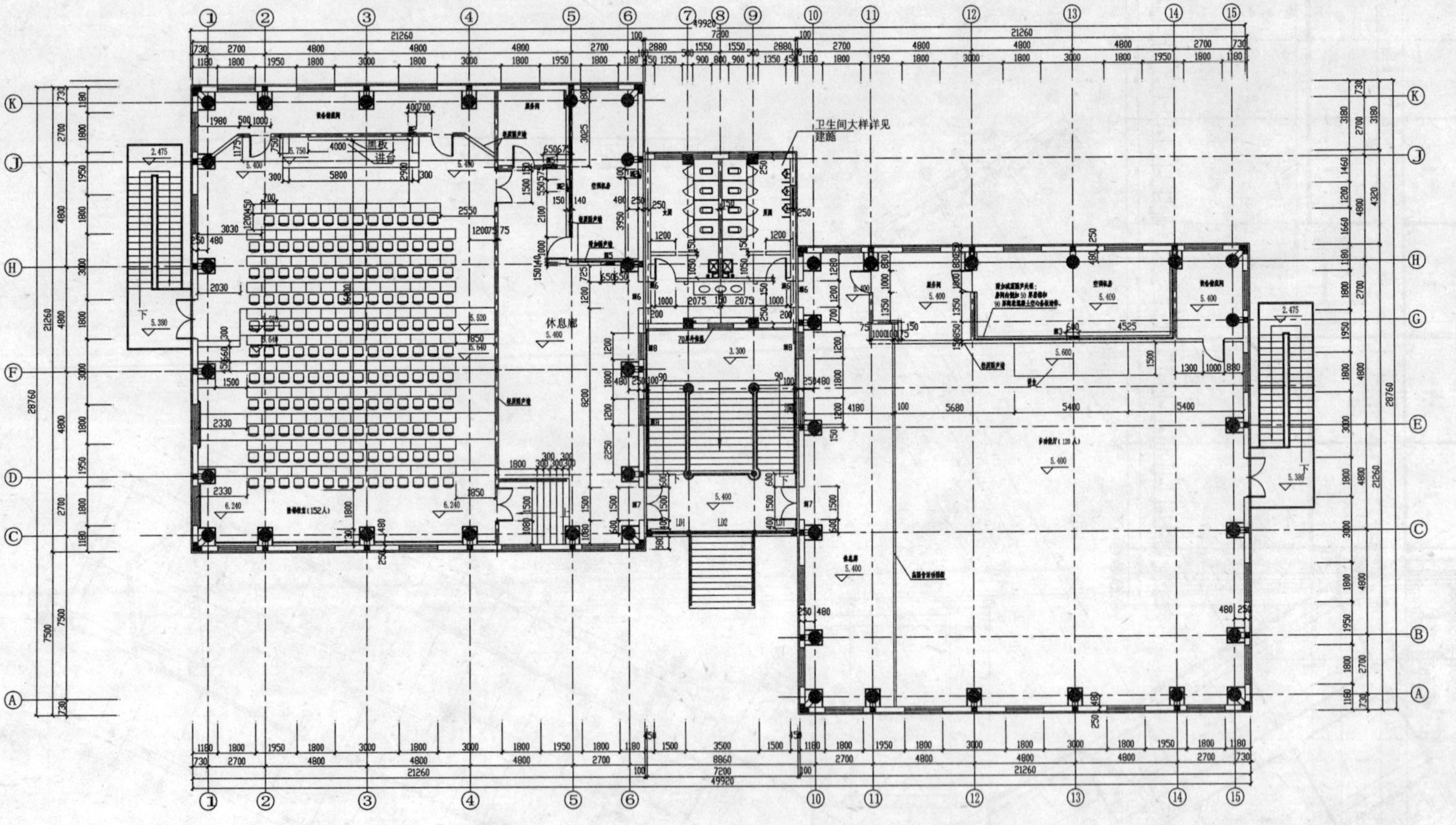

二层平面图　1:100

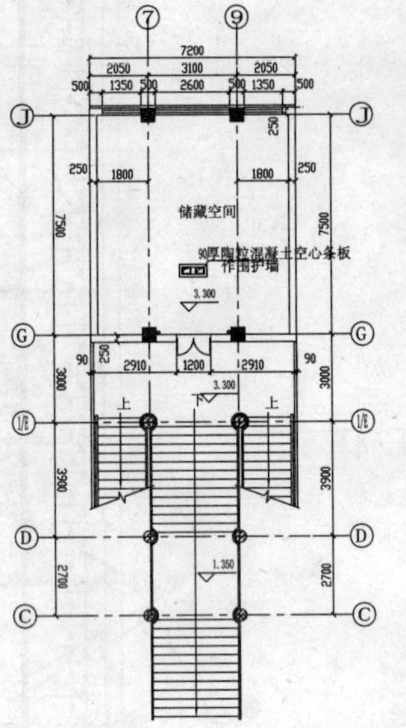

标高3.3m 处平面图　1:100

说明

- 为电气预留洞口，除特殊注明外，其他均距地 1400mm
- 洞 1尺寸为　550(W)×300(H)×160(D)
- 洞 2尺寸为　400(W)×300(H)×160(D)
- 洞 3尺寸为　600(W)×300(H)×160(D)
- 为消火栓预留洞口，距地 750mm
- 洞 5 尺寸为　650(W)×800(H)×200(D)

ＸＸＸＸ大学 课程设计		工程名称	某学校阶梯教室工程		
		图 名	二层平面图		
班 级		学 号		日 期	
姓 名		指导老师		图 号	02

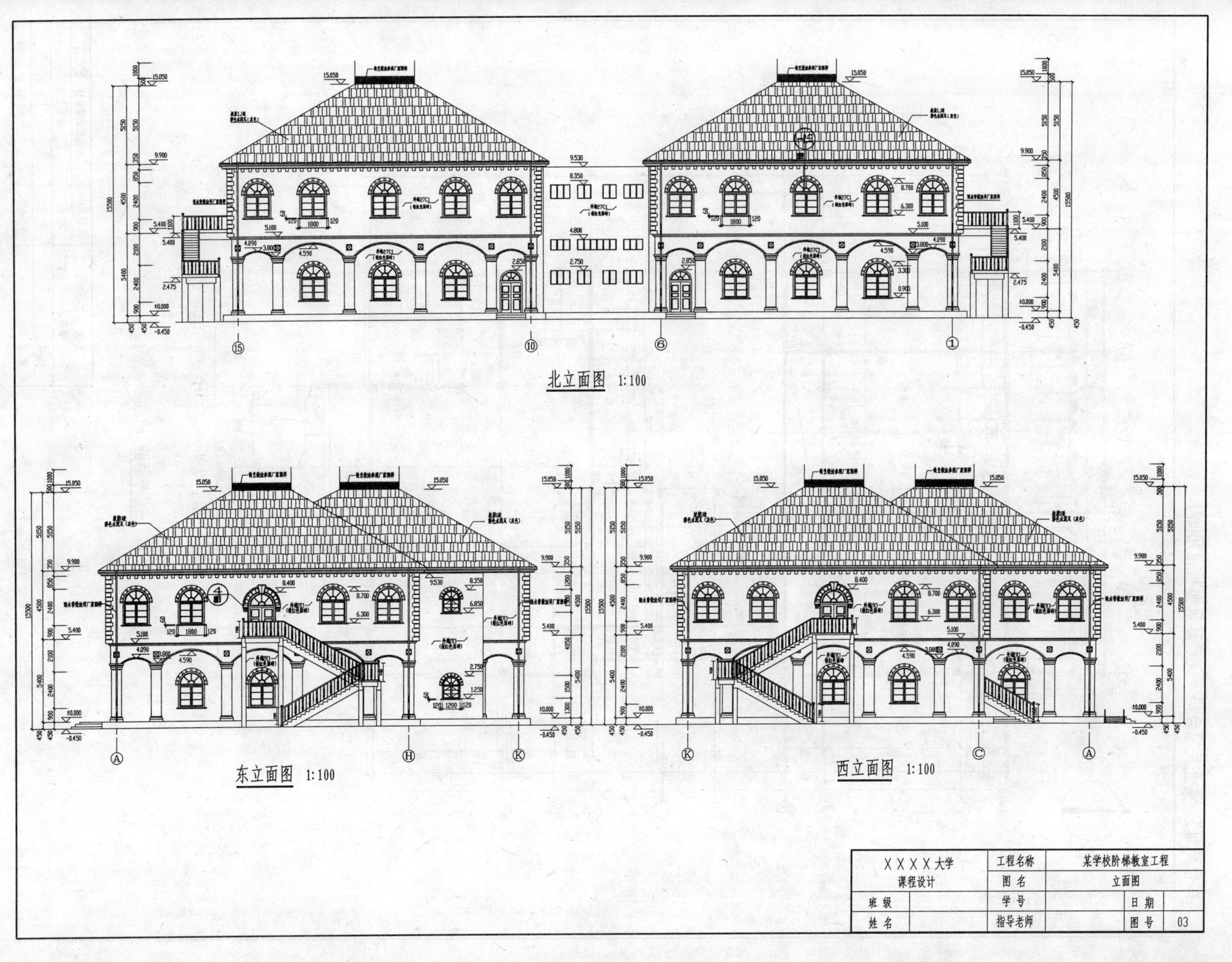
北立面图 1:100
东立面图 1:100
西立面图 1:100
XXXX大学
课程设计
工程名称
某学校阶梯教室工程
图名
立面图
班级
学号
日期
姓名
指导老师
图号
03

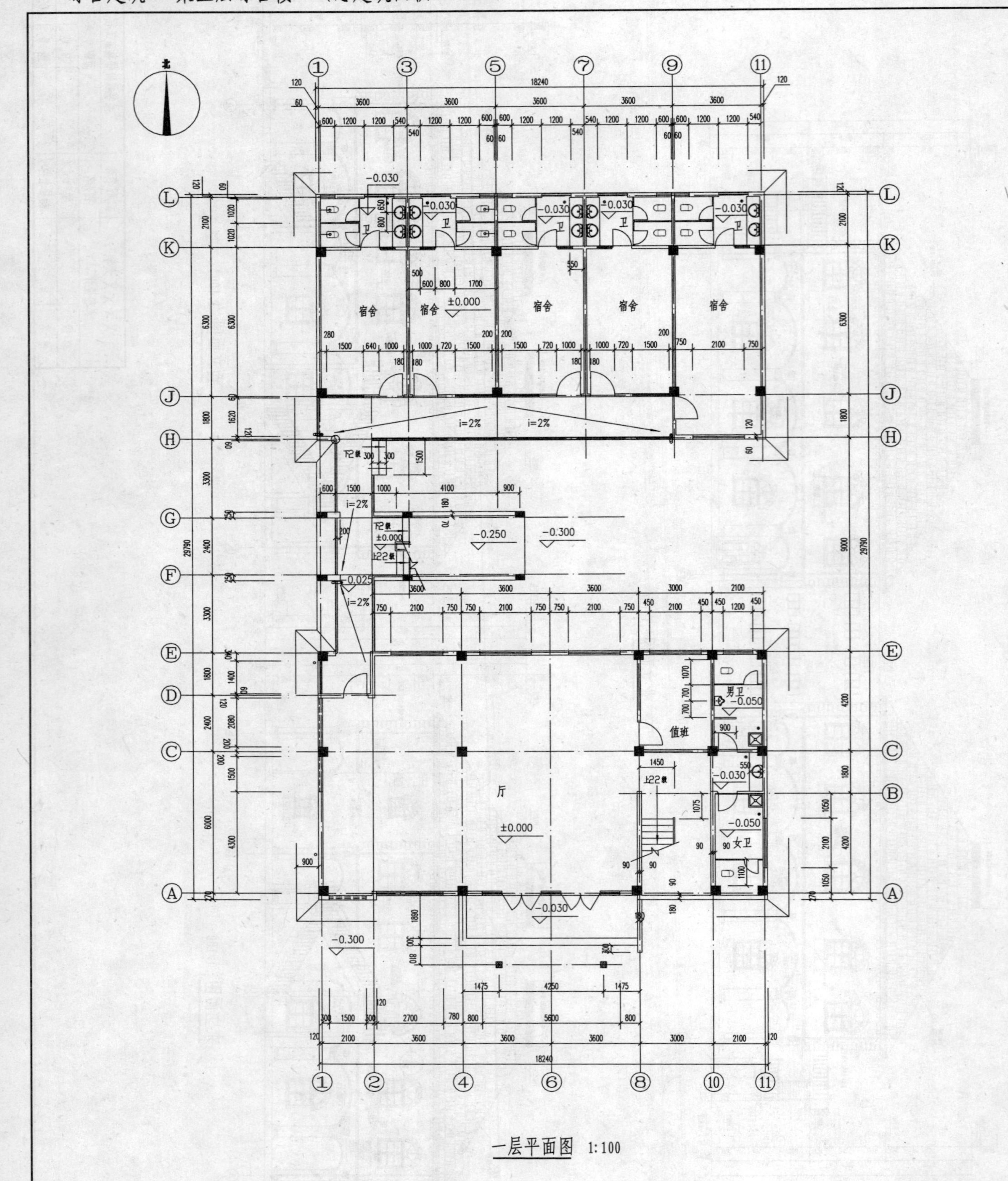

XXXX大学		工程名称	某五层综合楼工程		
课程设计		图名	一层平面图		
班级		学号		日期	
姓名		指导老师		图号	01

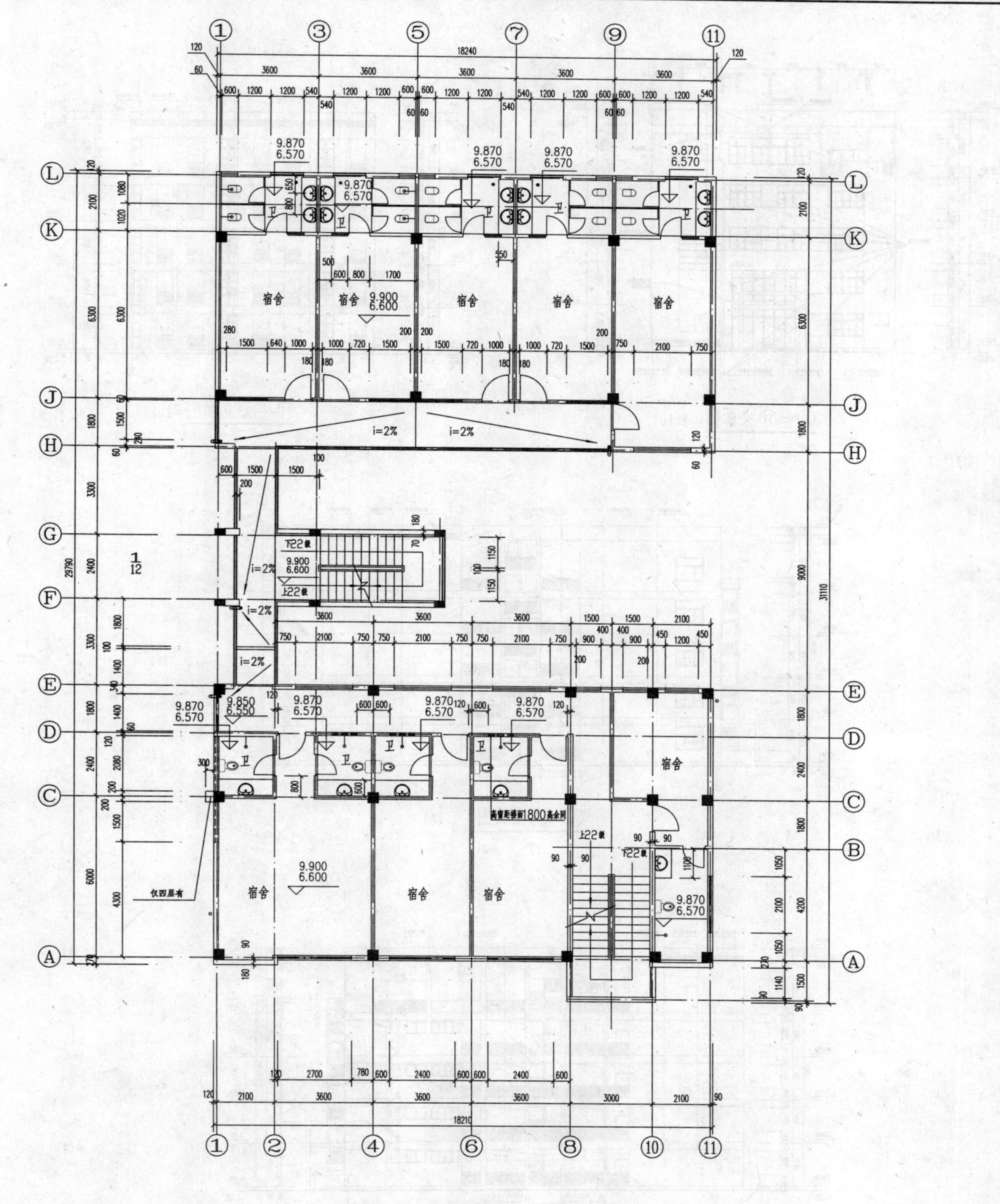

三~四层平面图 1:100

XXXX大学 课程设计		工程名称	某五层综合楼工程	
		图 名	三～四层平面图	
班 级		学 号		日 期
姓 名		指导老师		图 号 03

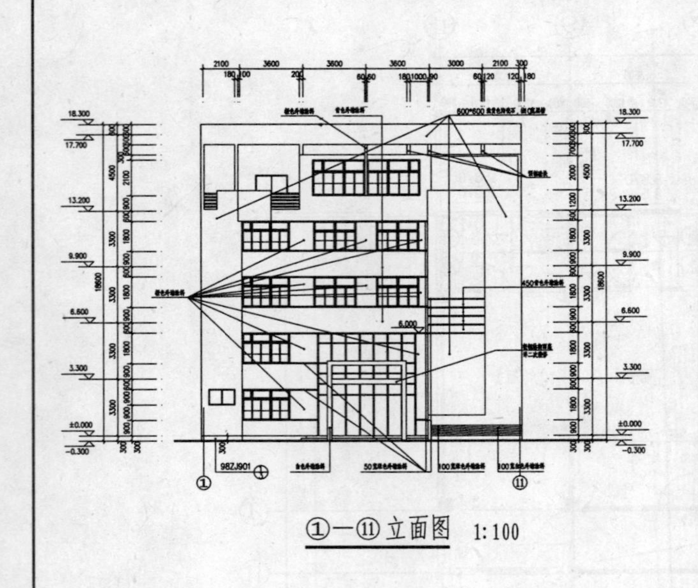

①—⑪立面图 1:100

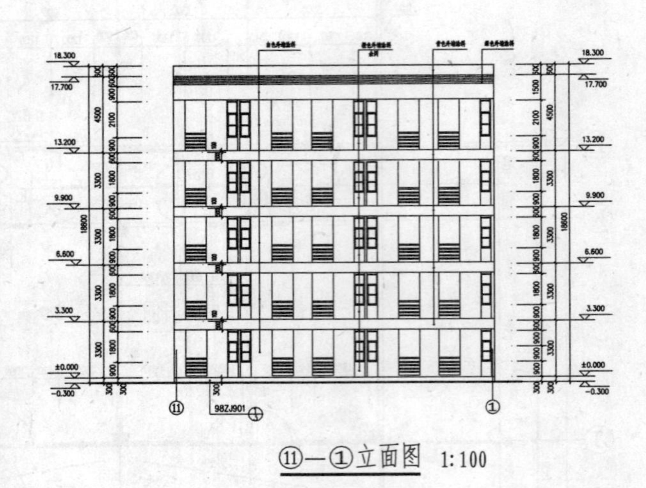

⑪—①立面图 1:100

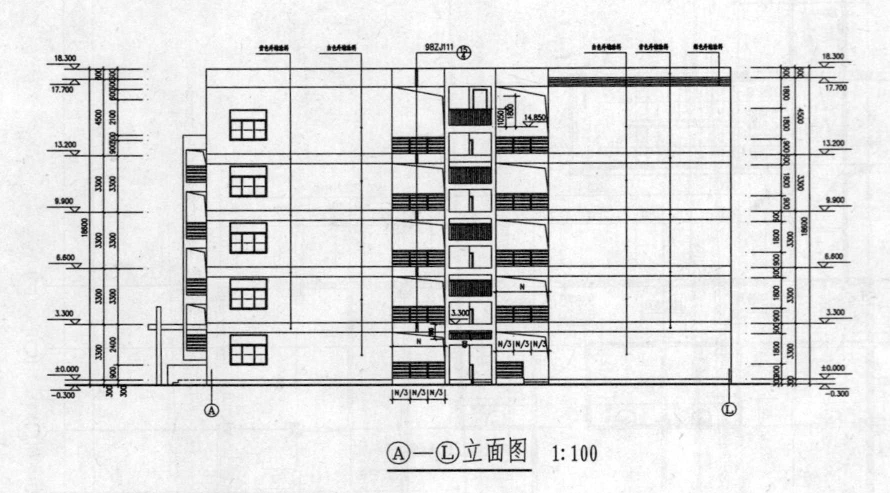

Ⓐ—Ⓛ立面图 1:100

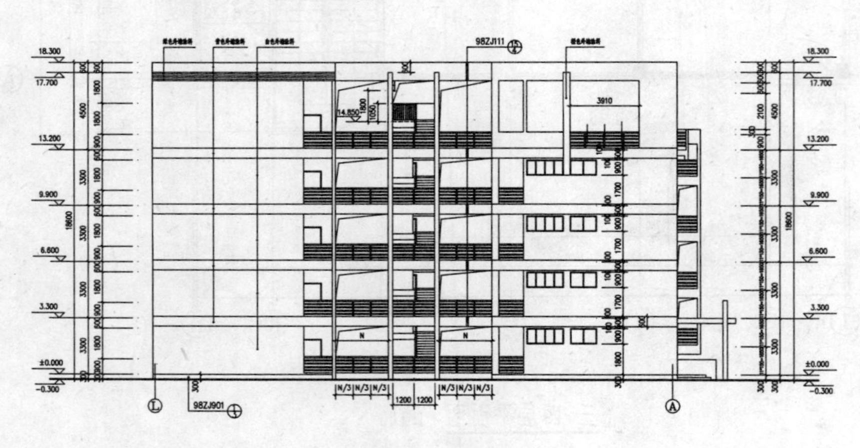

Ⓛ—Ⓐ 立面图 1:100

XXXX大学 课程设计		工程名称	某五层综合楼工程	
		图 名	立面图	
班 级		学 号	日 期	
姓 名		指导老师	图 号	06

综合建筑4　某北方邮局(总建筑面积：5995.76m²，共5层)

本层建筑面积1105.56㎡

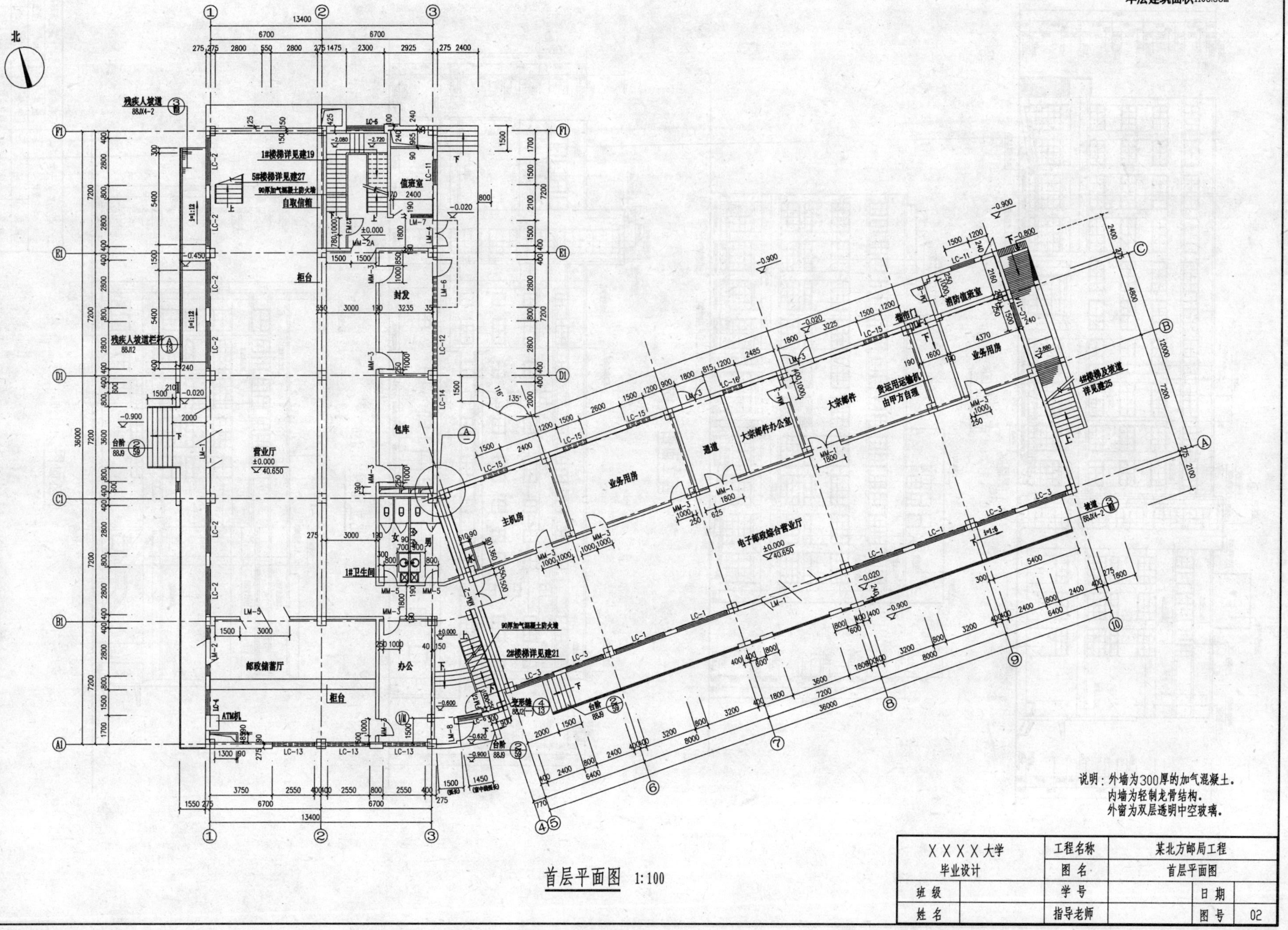

说明：外墙为300厚的加气混凝土。
内墙为轻制龙骨结构。
外窗为双层透明中空玻璃。

首层平面图　1:100

XXXX大学 毕业设计		工程名称	某北方邮局工程	
		图　名	首层平面图	
班　级		学　号		日　期
姓　名		指导老师		图　号　02

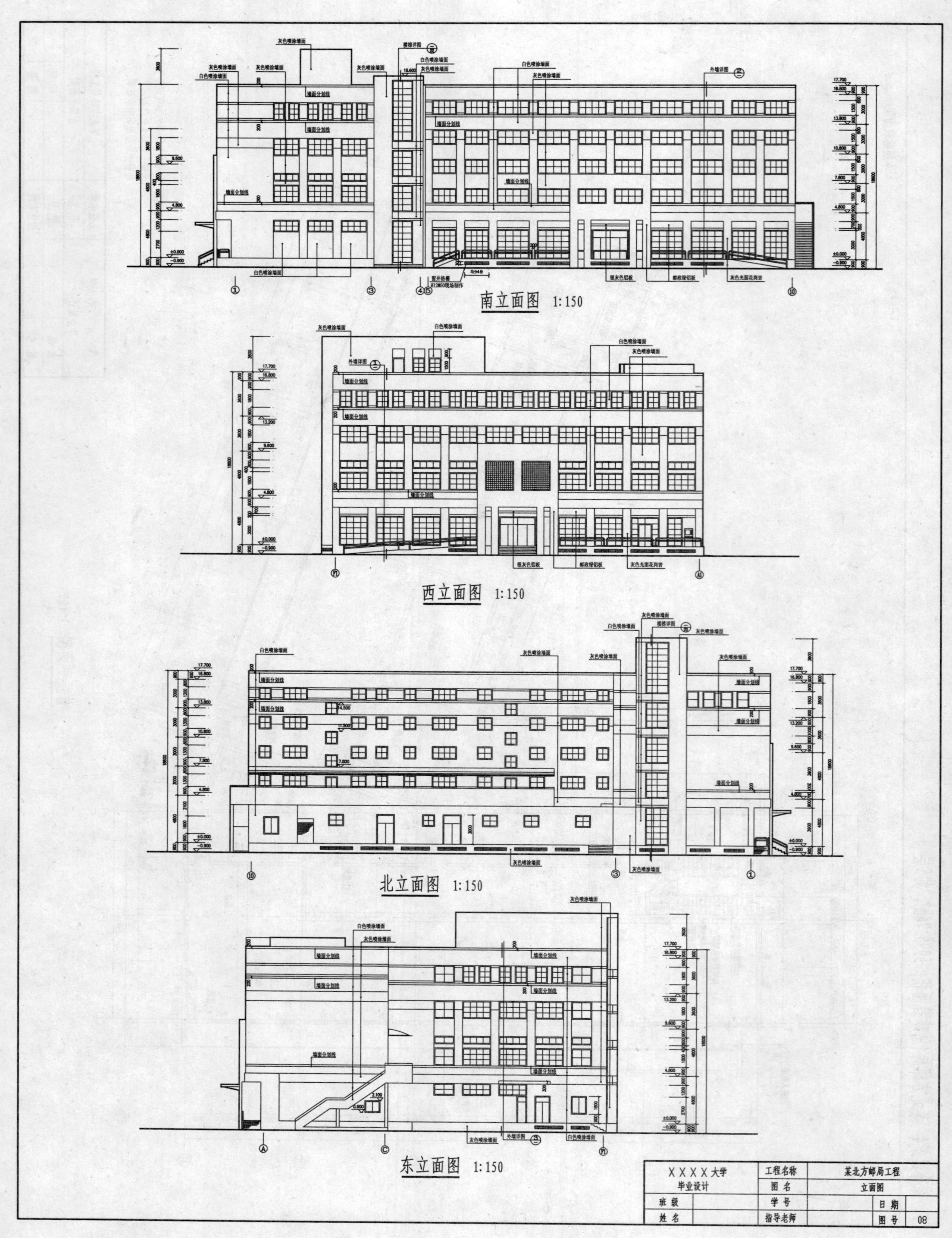
南立面图 1:150
西立面图 1:150
北立面图 1:150
东立面图 1:150
XXXX大学
毕业设计
工程名称
某北方邮局工程
图 名
立面图
班 级
学 号
日 期
姓 名
指导老师
图 号
08

综合建筑5　某别墅区综合服务楼(总建筑面积：1658.1m²,共3层)

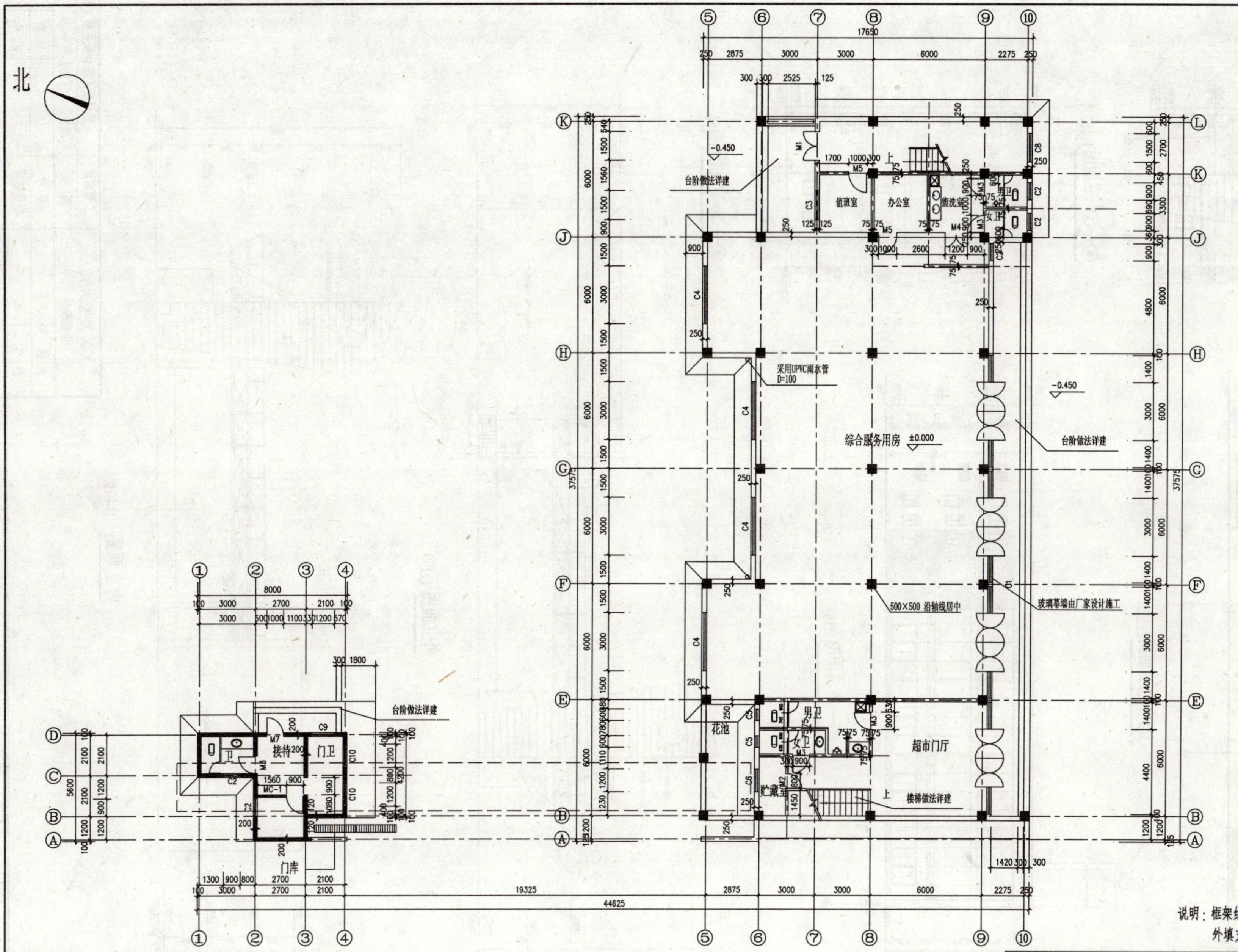

北

综合服务用房　±0.000

超市门厅

值班室

办公室

说明：框架结构填充墙为陶粒混凝土空心砌块，外填充墙为250厚，内填充墙为150厚。

首层平面图　1:100

XXXX大学	工程名称	某别墅区综合服务楼工程	
课程设计	图名	首层平面图	
班级		学号	日期	
姓名		指导老师	图号	01

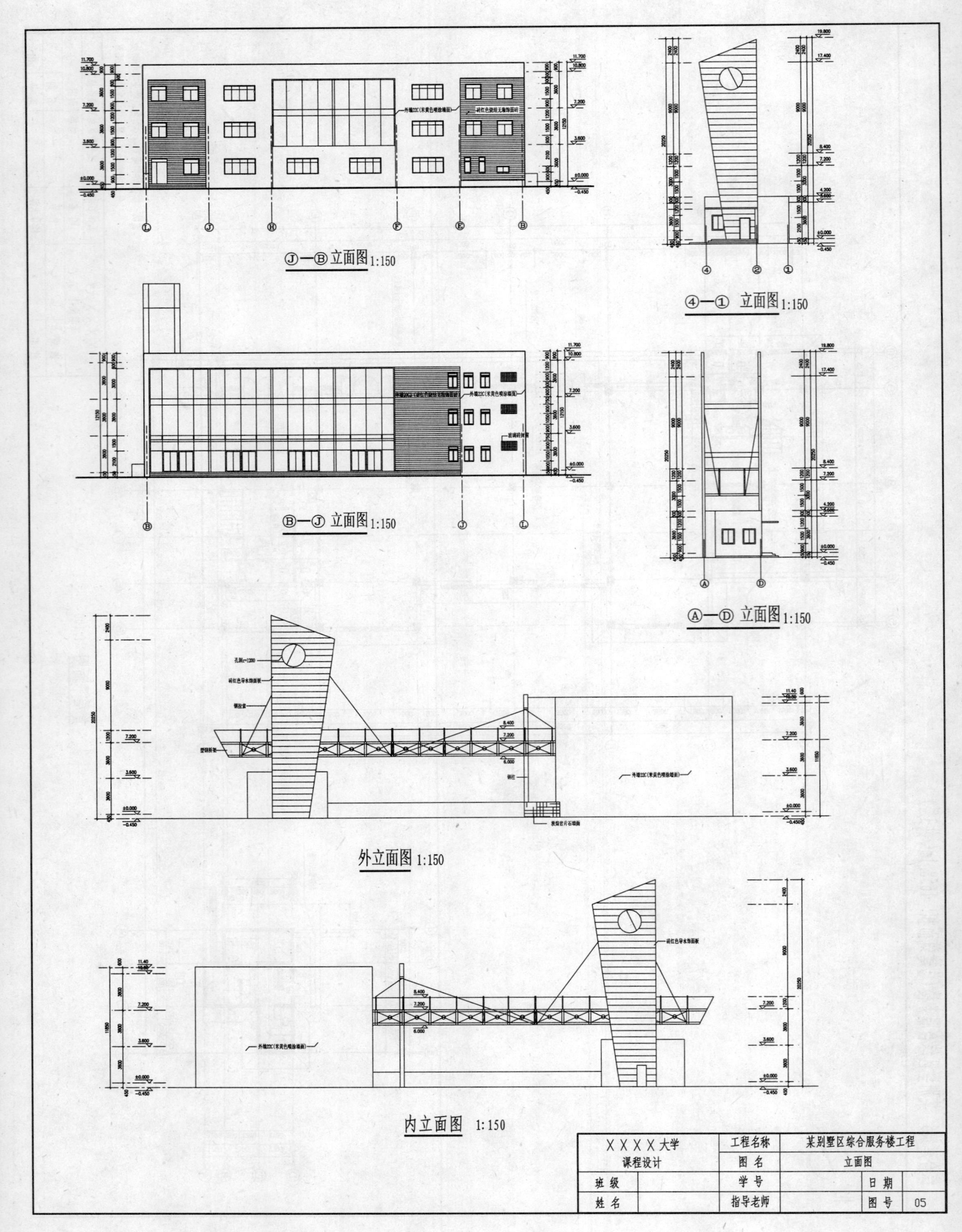
Ⓙ—Ⓑ立面图 1:150
④—① 立面图 1:150
Ⓑ—Ⓙ 立面图 1:150
Ⓐ—Ⓓ 立面图 1:150
外立面图 1:150
内立面图 1:150
XXXX大学
课程设计
工程名称
某别墅区综合服务楼工程
图 名
立面图
班 级
学 号
日 期
姓 名
指导老师
图 号
05

综合建筑6　某别墅区会所(总建筑面积:1176.9m^2,共2层)

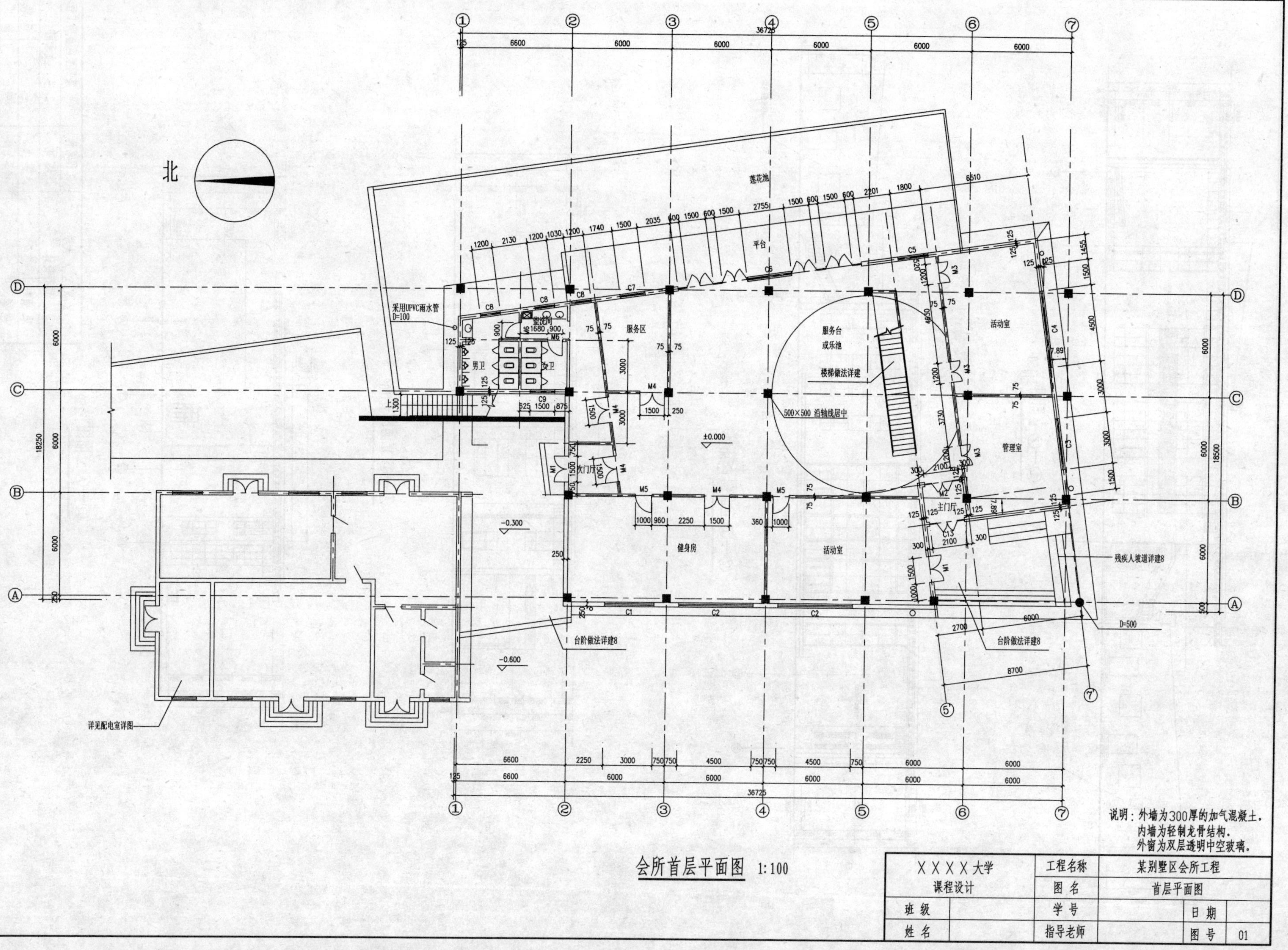

会所首层平面图　1:100

说明：外墙为300厚的加气混凝土。
内墙为轻钢龙骨结构。
外窗为双层透明中空玻璃。

X X X X大学 课程设计		工程名称	某别墅区会所工程		
		图 名	首层平面图		
班 级		学 号		日 期	
姓 名		指导老师		图 号	01

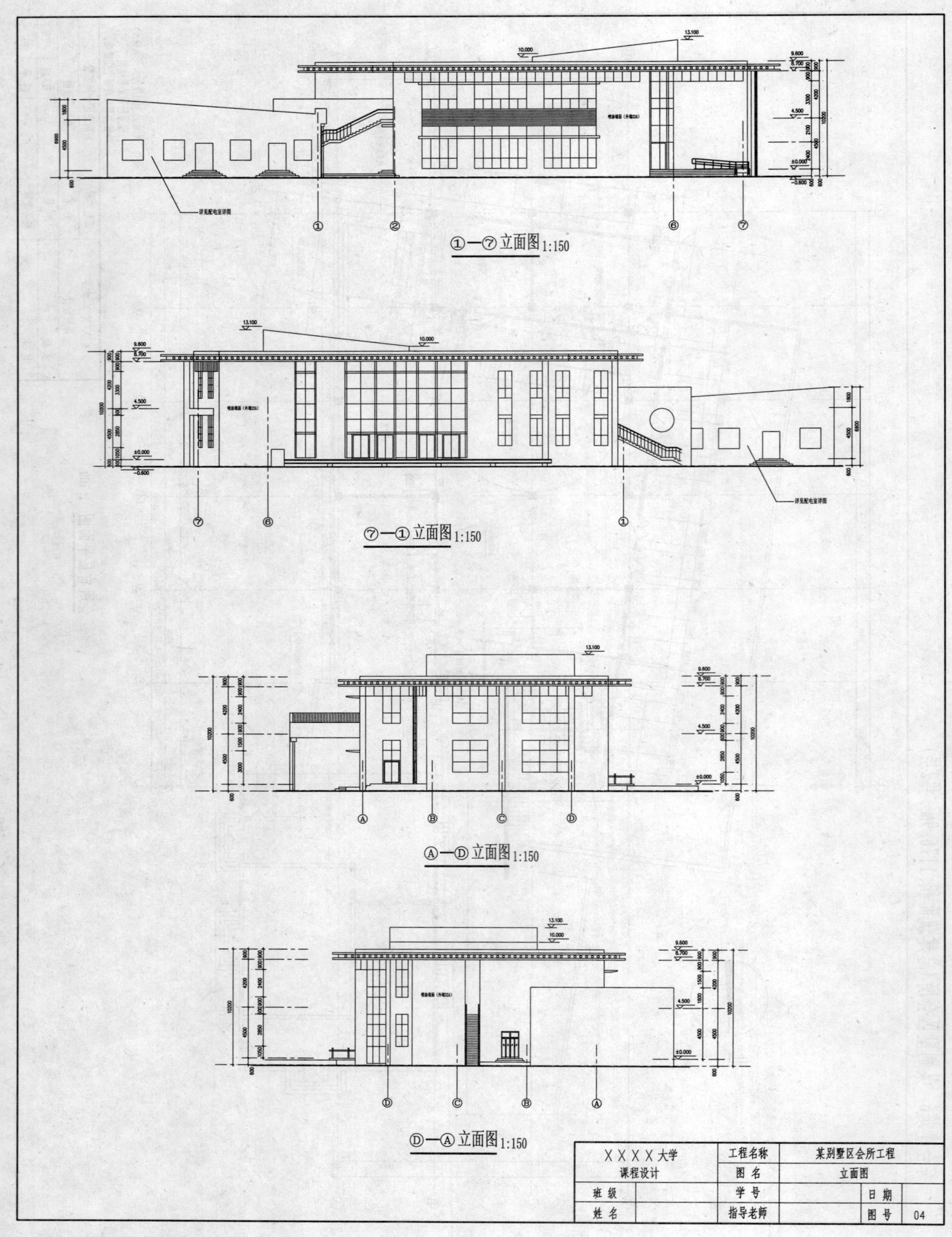
①—⑦立面图1:150
⑦—①立面图1:150
Ⓐ—Ⓓ立面图1:150
Ⓓ—Ⓐ立面图1:150
详见配电室详图
XXXX大学
课程设计
工程名称
某别墅区会所工程
图 名
立面图
班 级
学 号
日 期
姓 名
指导老师
图 号
04

综合建筑7　小教室与办公用房(总建筑面积:286.5m²)

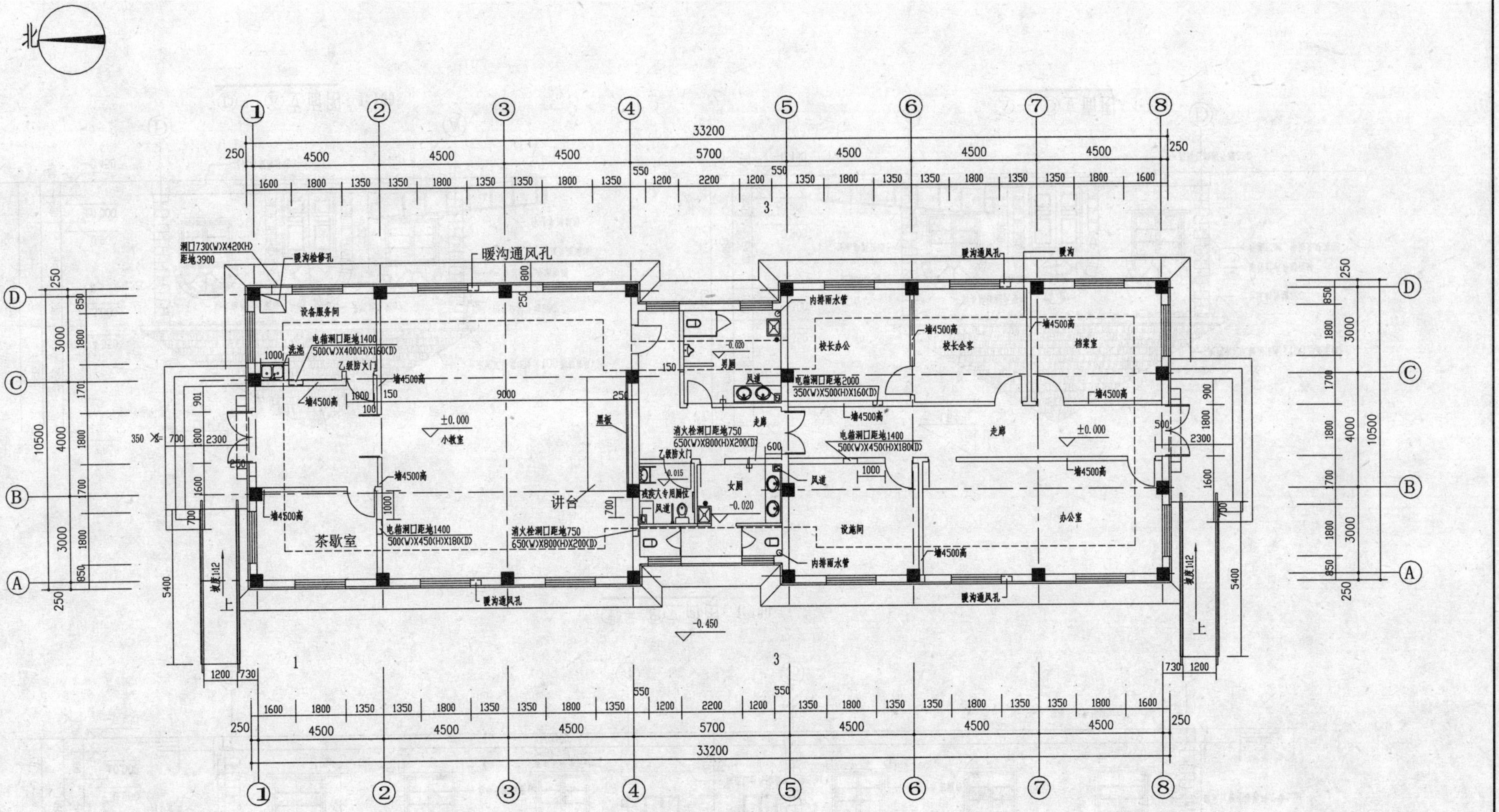

小教室与办公用房平面图　1:100

X X X X 大学 课程设计	工程名称	小教室与办公用房	
	图　名	小教室与办公用房平面图	
班　级	学　号	日　期	
姓　名	指导老师	图　号	01

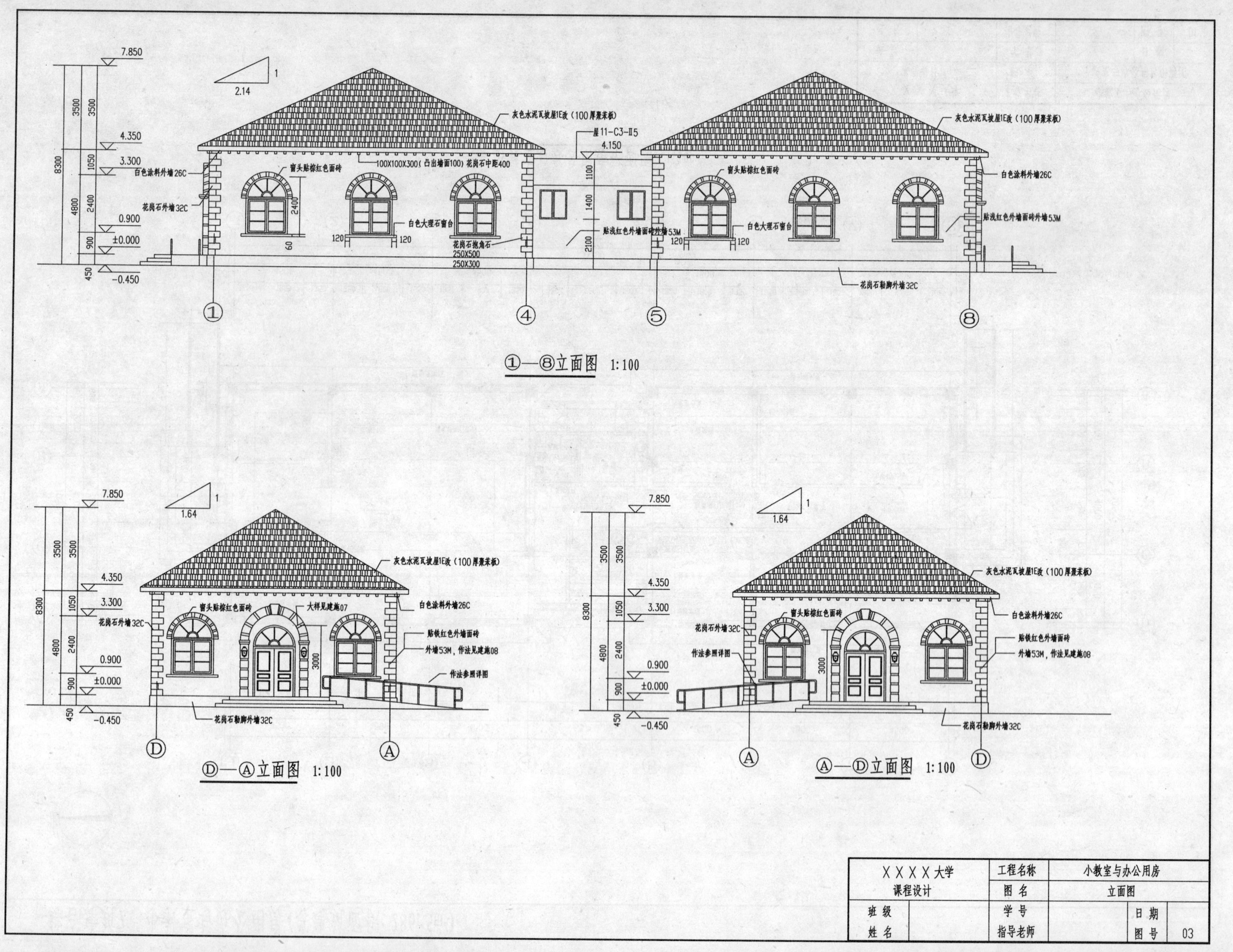
7.850
4.350
3.300
0.900
±0.000
-0.450
3500
1050
2400
900
450
4800
8300
2.14
1
灰色水泥瓦坡屋1E改（100厚聚苯板）
100X100X300（凸出墙面100）花岗石中距400
屋11-C3-Ⅱ5
4.150
窗头贴棕红色面砖
白色涂料外墙26C
花岗石外墙32C
白色大理石窗台
花岗石抱角石
250X500
250X300
贴浅红色外墙面砖外墙53M
花岗石勒脚外墙32C
1100
1400
2100
120
60
①—⑧立面图 1:100
1.64
大样见建施07
贴铁红色外墙面砖
外墙53M，作法见建施08
作法参照详图
3000
Ⓓ—Ⓐ立面图 1:100
Ⓐ—Ⓓ立面图 1:100
XXXX大学
课程设计
班级
姓名
工程名称
小教室与办公用房
图名
立面图
学号
指导老师
日期
图号
03

综合建筑8　某饭店附属用房(总建筑面积: $2700m^2$, 共3层)

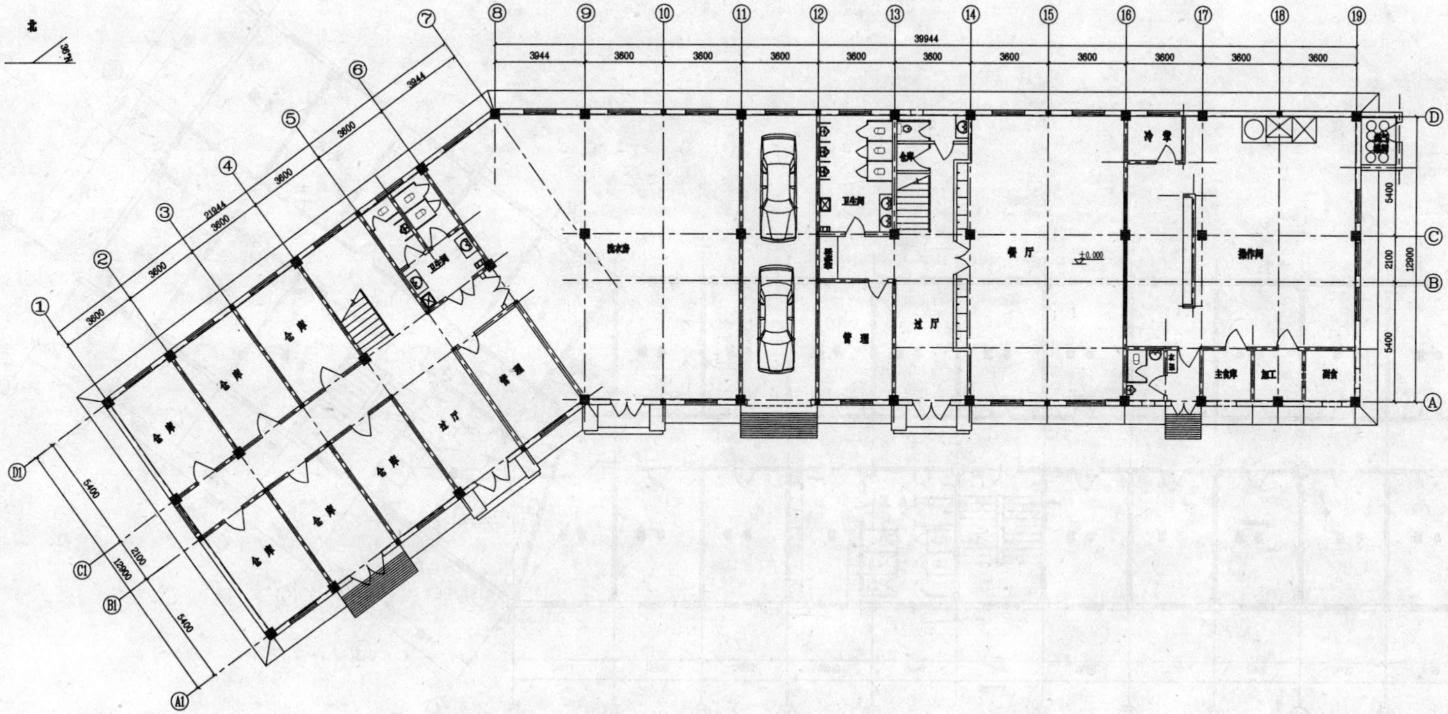

首层平面图　1:100

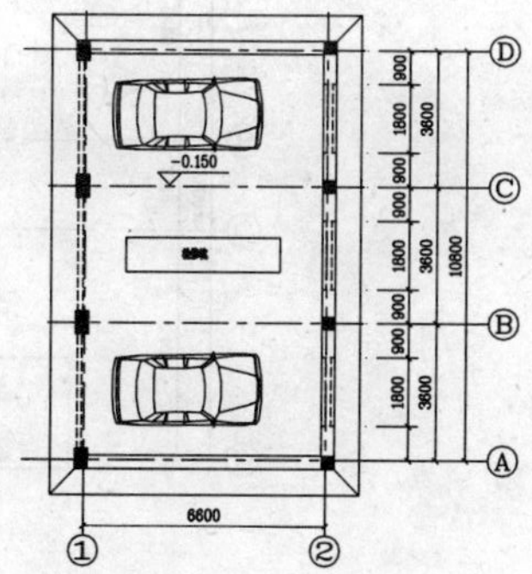

车库平面图　1:100

说明: 外墙为250厚的加气混凝土。
内墙为轻制龙骨结构。
外窗为双层透明中空玻璃。

XXXX大学 课程设计		工程名称	某饭店附属用房工程	
		图　名	首层平面图	
班　级		学　号		日　期
姓　名		指导老师		图　号　01

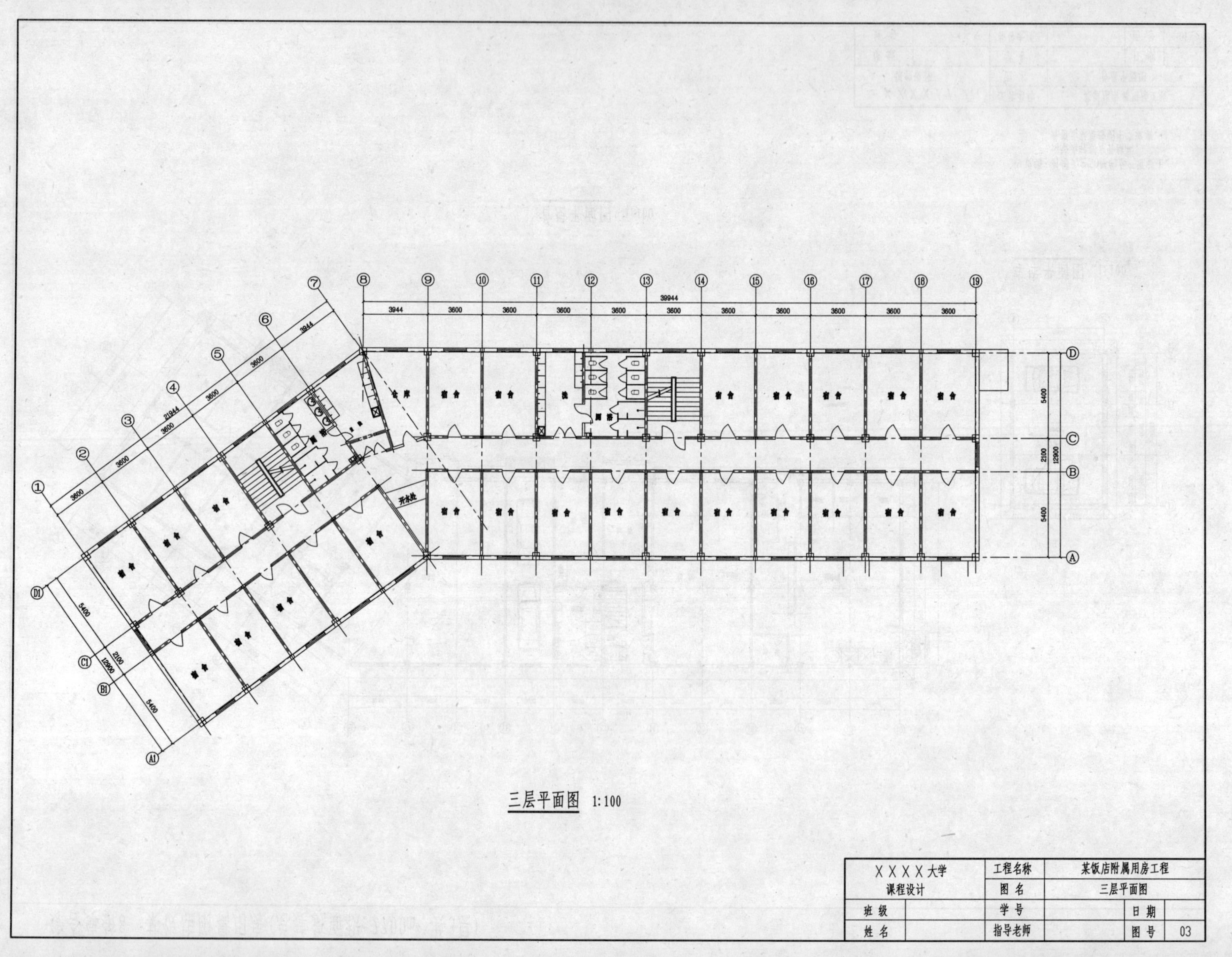
39944
3944
3600
21944
12900
5400
2100
宿舍
仓库
开水处
盥洗
XXXX大学
课程设计
工程名称
某饭店附属用房工程
图名
三层平面图
班级
学号
日期
姓名
指导老师
图号
03

三层平面图 1:100

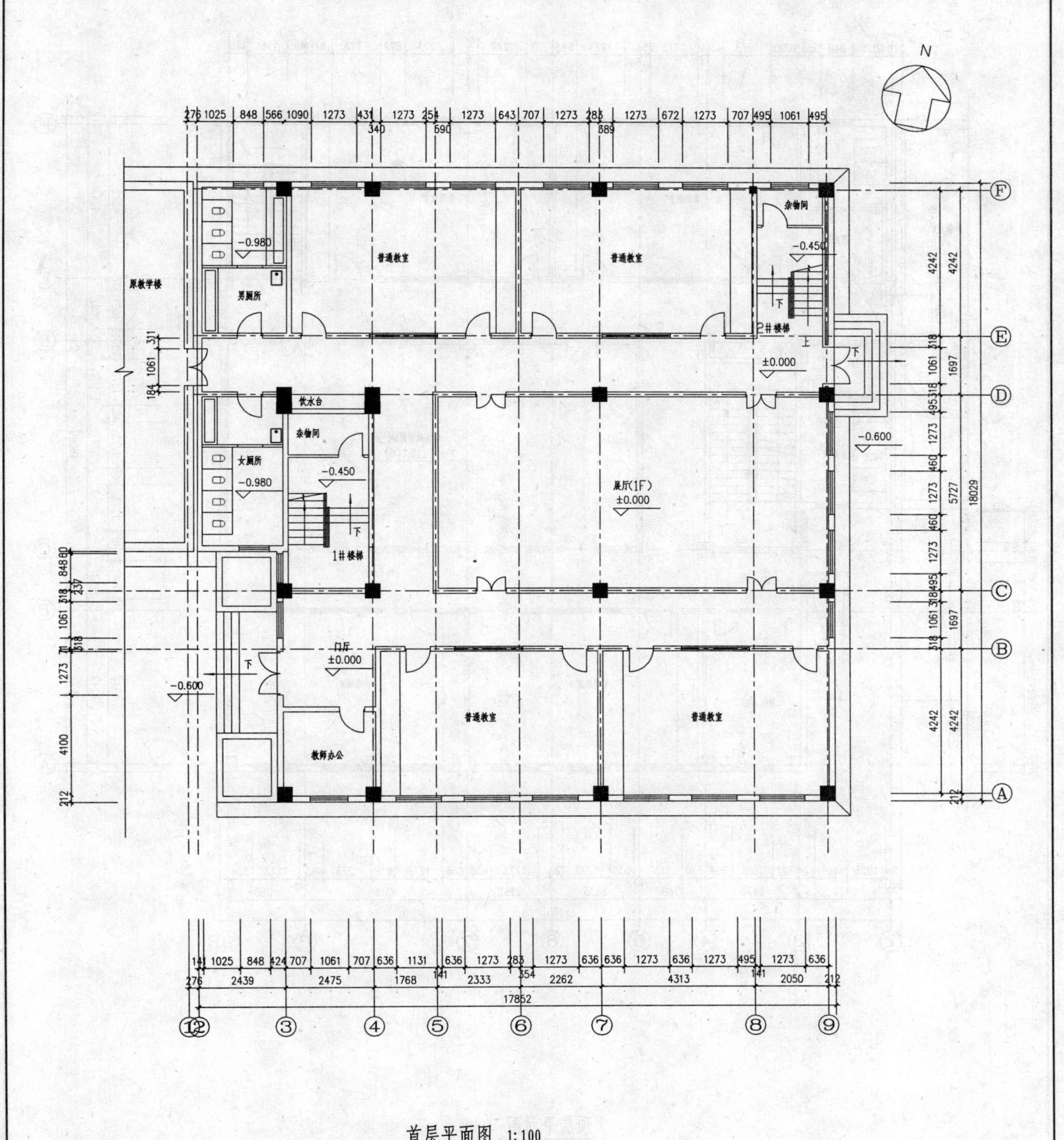

首层平面图　1:100

说明：外墙为250厚的加气混凝土。
内墙为轻钢龙骨结构。
外窗为双层透明中空玻璃。

XXXX大学		工程名称	某学校教学综合楼工程		
课程设计		图 名	首层平面图		
班 级		学 号		日 期	
姓 名		指导老师		图 号	01

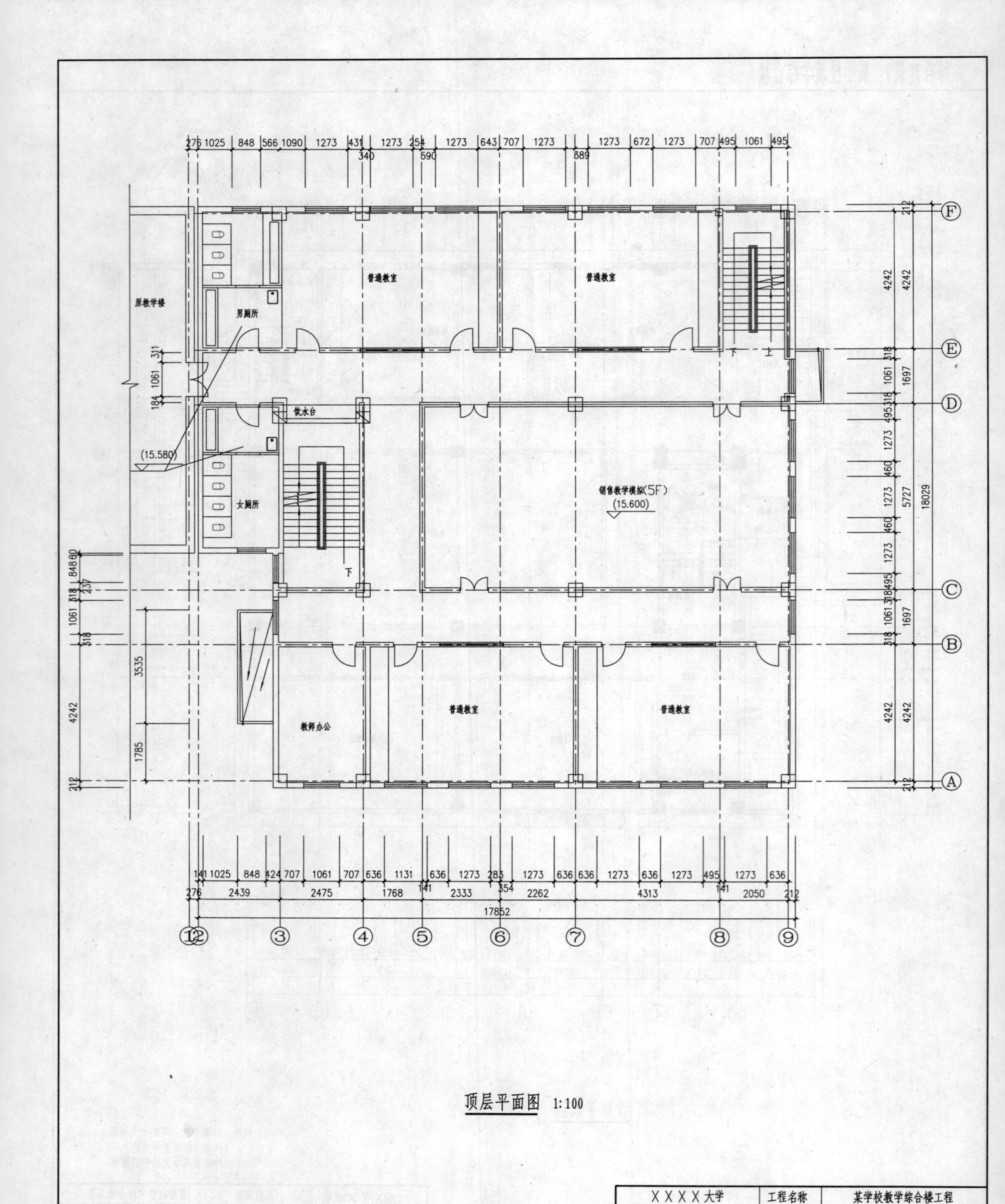
原教学楼
男厕所
普通教室
普通教室
饮水台
女厕所
销售教学模拟(5F)
(15.600)
(15.580)
教师办公
普通教室
普通教室
17852
顶层平面图 1:100
XXXX大学
课程设计
班 级
工程名称
某学校教学综合楼工程
图 名
首层平面图
学 号
日 期

说明:

1. ▭为配电箱留洞,均入墙,除特殊说明,洞底距地1400

配电箱留洞尺寸:

电箱1　650(W)×450(H)×160
电箱2　500(W)×300(H)×160
电箱3　550(W)×300(H)×160
电箱4　500(W)×400(H)×160　洞底距地 2200
电箱5　400(W)×600(H)×160　洞底距地 500
电箱6　250(W)×300(H)×160　洞底距地 500

2. ▬为消火栓留洞

消火栓留洞尺寸:650(W)X800(H)X200

洞底距地750mm,地下一层3个,首层3个,二层3个,三层3个.

首层平面图　1:100

XXXX大学	工程名称	某综合楼工程	
课程设计	图名	首层平面图	
班级	学号		日期
姓名	指导老师		图号 02

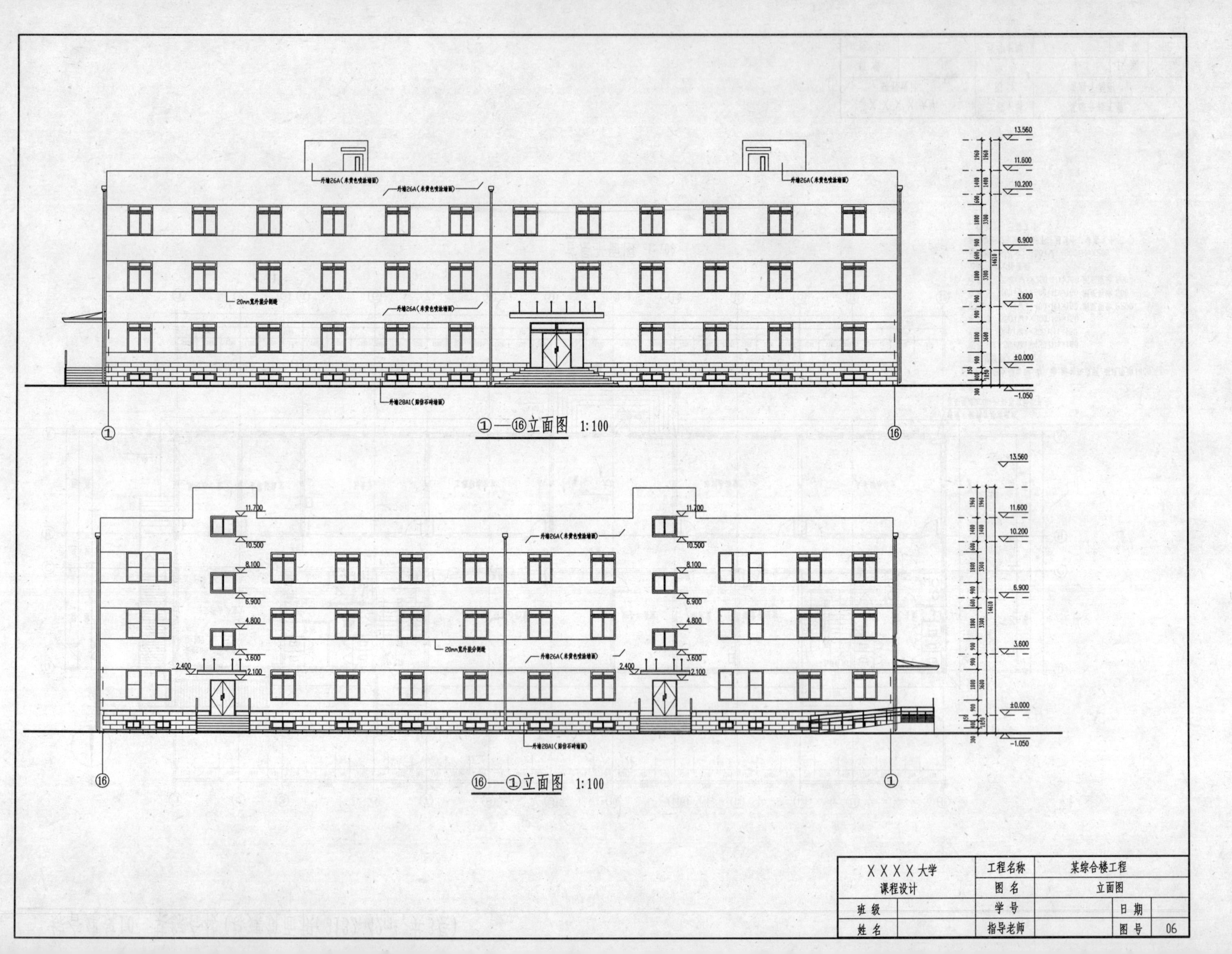
①—⑯立面图 1:100
⑯—①立面图 1:100
XXXX大学
课程设计
工程名称
某综合楼工程
图名
立面图
班级
学号
日期
姓名
指导老师
图号
06

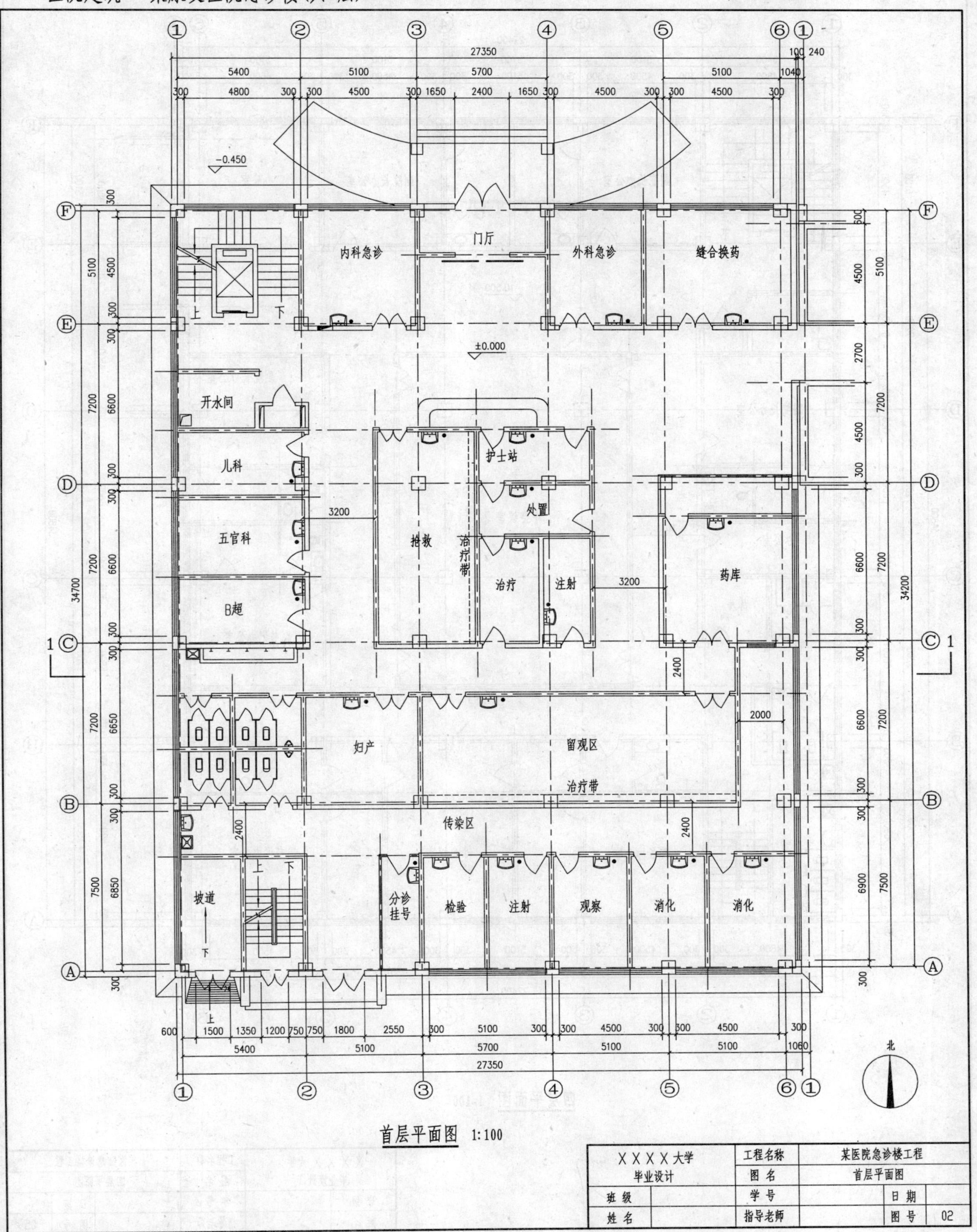
内科急诊
门厅
外科急诊
缝合换药
开水间
儿科
护士站
处置
五官科
抢救
治疗带
治疗
注射
药库
B超
妇产
留观区
治疗带
传染区
坡道
分诊挂号
检验
注射
观察
消化
消化
首层平面图 1:100
XXXX大学
毕业设计
工程名称
某医院急诊楼工程
图名
首层平面图
班级
学号
日期
姓名
指导老师
图号
02

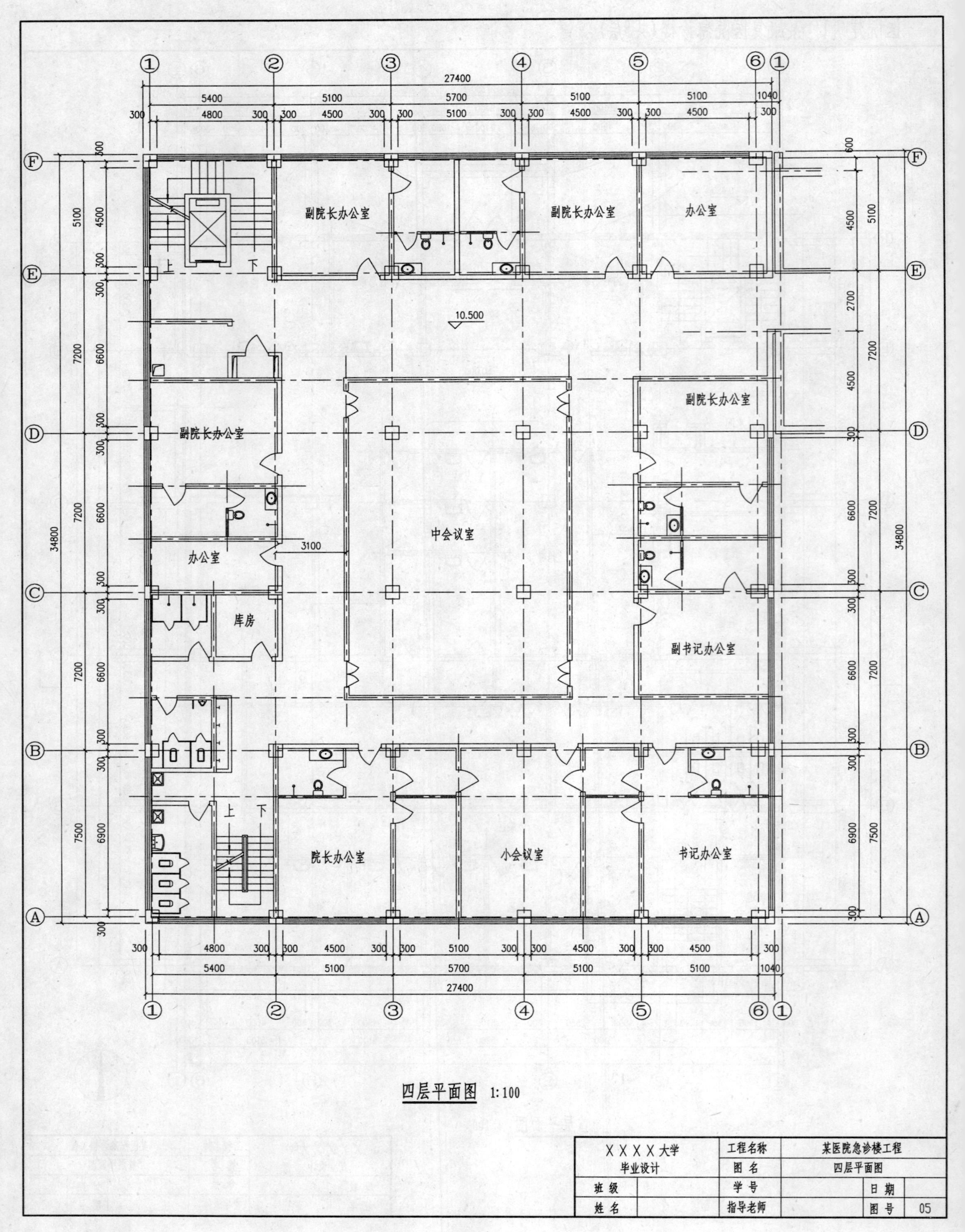

副院长办公室
副院长办公室
办公室
中会议室
副院长办公室
办公室
库房
副书记办公室
院长办公室
小会议室
书记办公室
10.500
上
下
27400
34800
四层平面图 1:100
XXXX大学
毕业设计
工程名称
某医院急诊楼工程
图名
四层平面图
班级
学号
日期
姓名
指导老师
图号
05

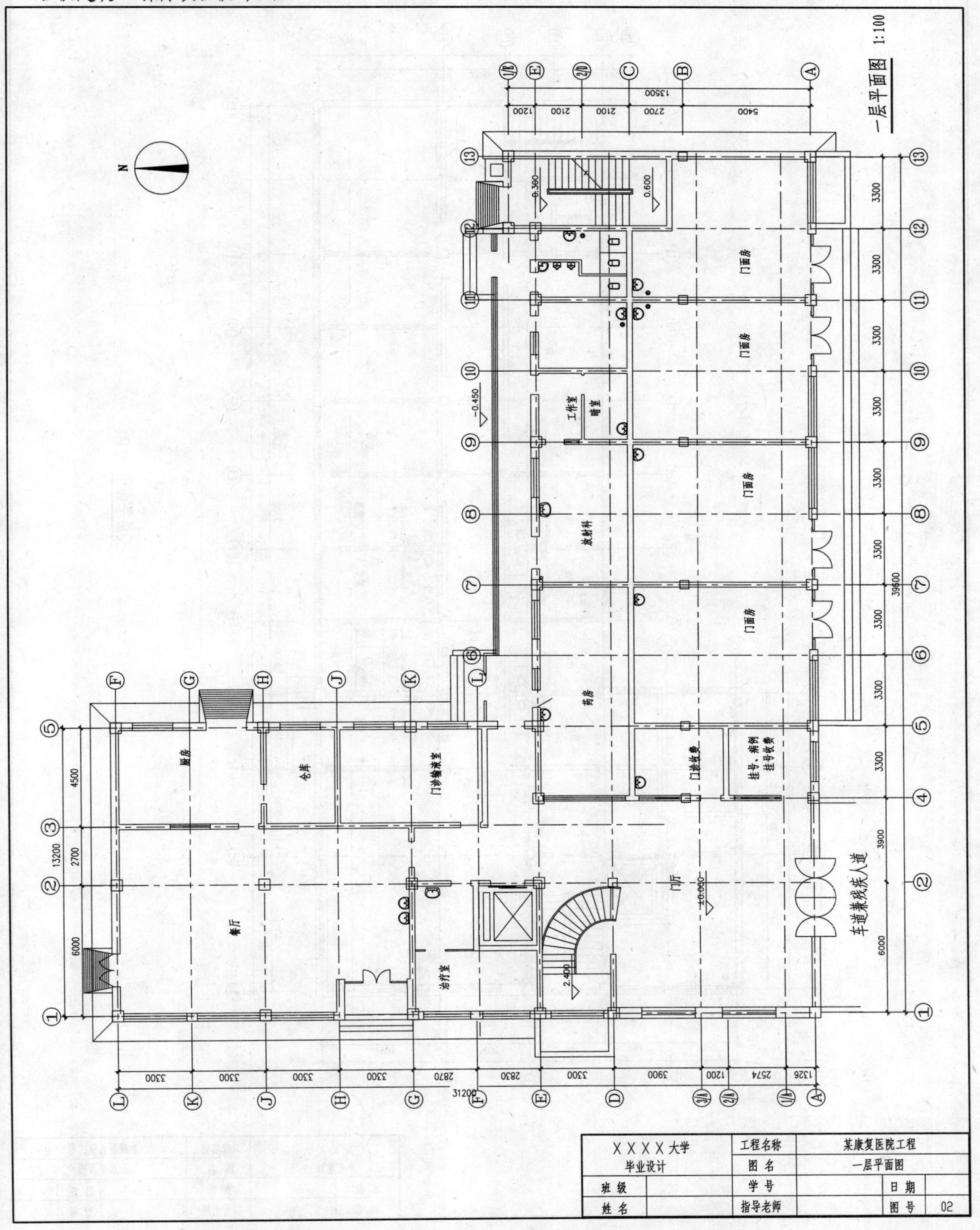

一层平面图 1:100
车道兼残疾人道
门厅
餐厅
厨房
仓库
门诊输液室
治疗室
药房
放射科
工作室
暗室
门面房
门诊收费
挂号，病例
挂号收费
XXXX大学
毕业设计
工程名称
某康复医院工程
图 名
一层平面图
班 级
学 号
日 期
姓 名
指导老师
图 号
02

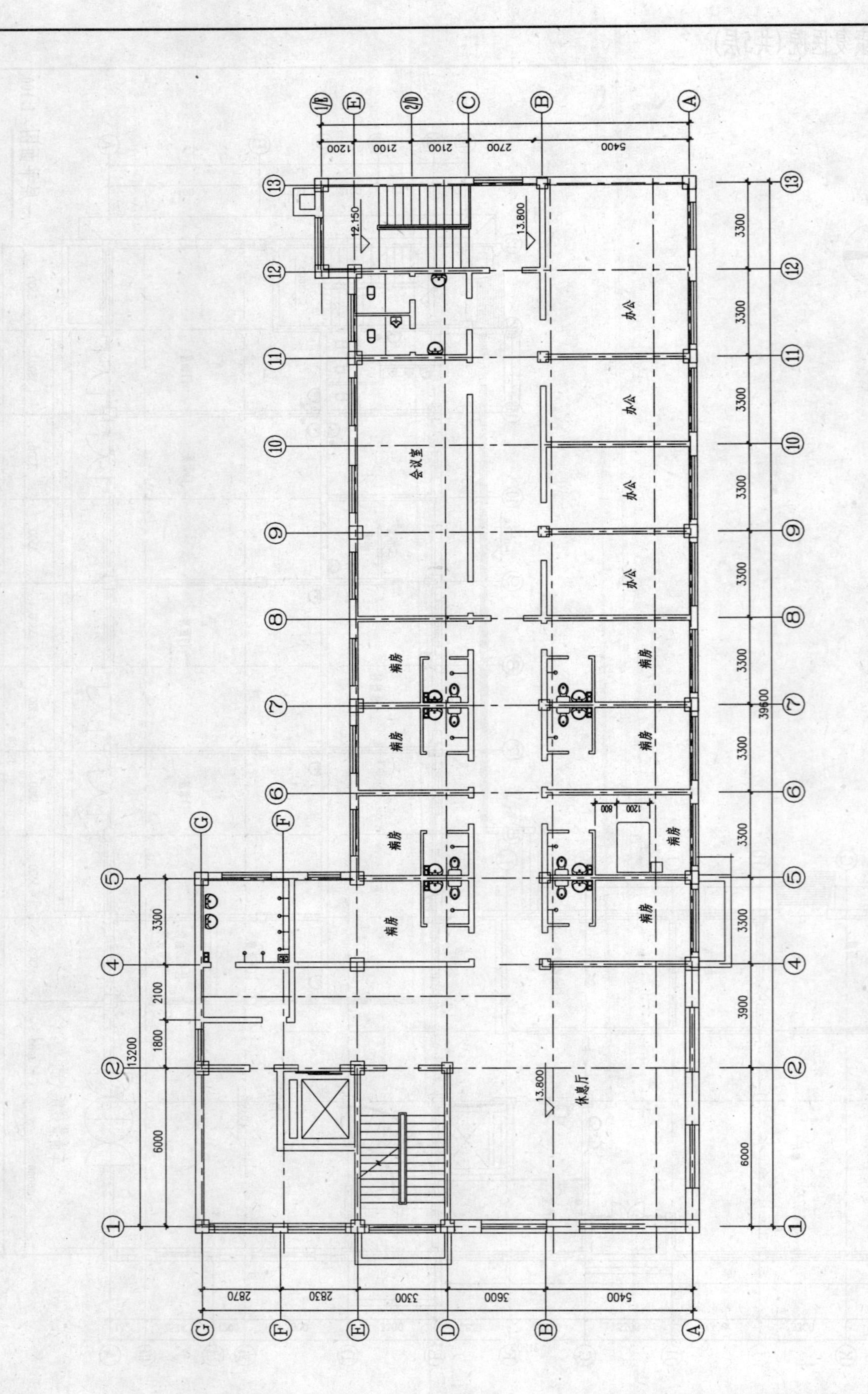

XXXX大学 毕业设计		工程名称	某康复医院工程		
		图 名	五层平面图		
班 级		学 号		日 期	
姓 名		指导老师		图 号	06

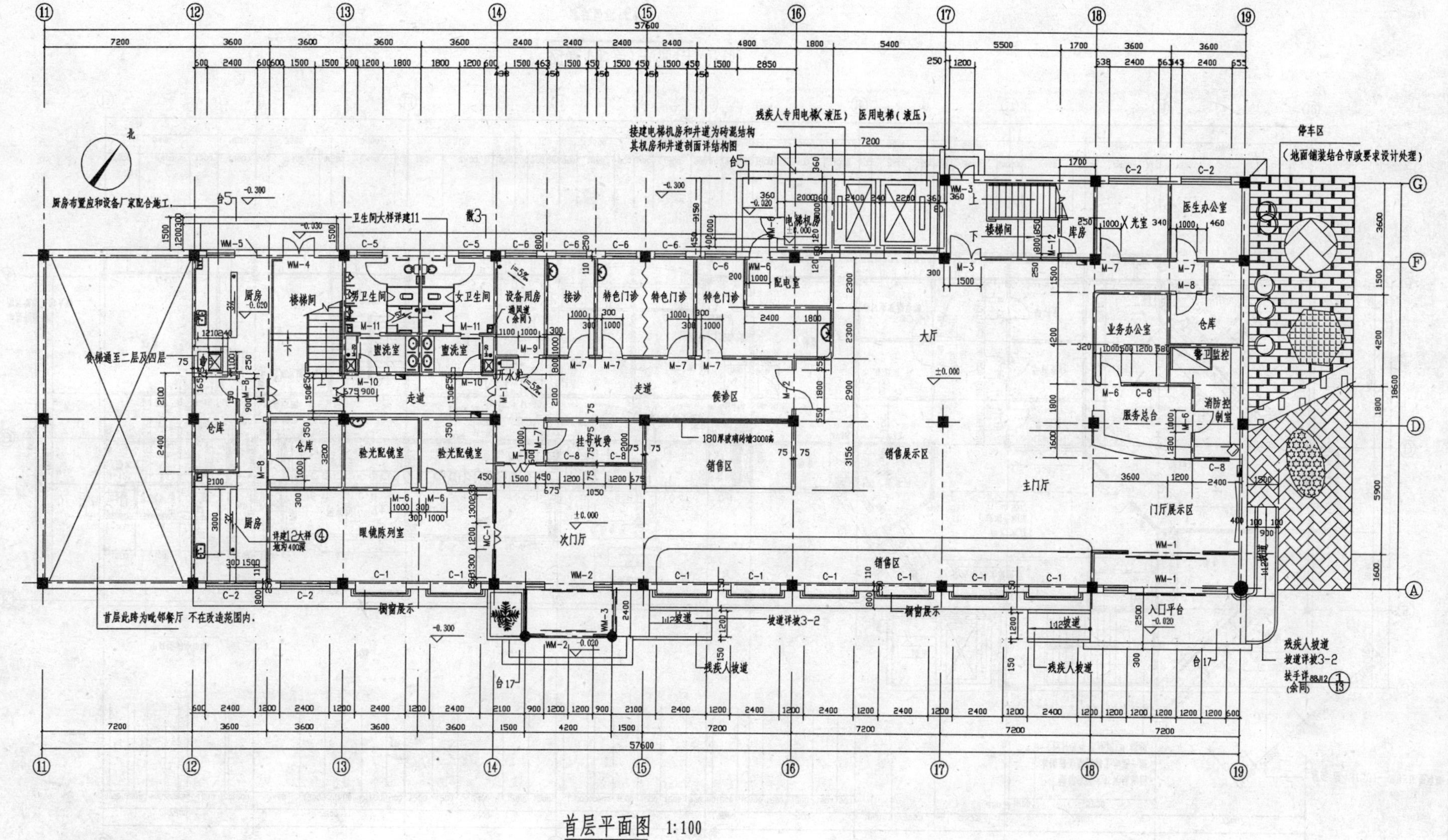

首层平面图 1:100

建筑面积:880m²

注:1.设备电专业留洞消火栓位置等配合其他专业施工。
2.所有内隔墙弧形转角处转角半径为200(其他层亦同此)。
3.本层原外围护墙为360砖墙。本设计门厅改造部分亦同此。

XXXX大学 毕业设计		工程名称	某残疾人康复中心	
		图名	首层平面图	
班级		学号		日期
姓名		指导老师		图号 01

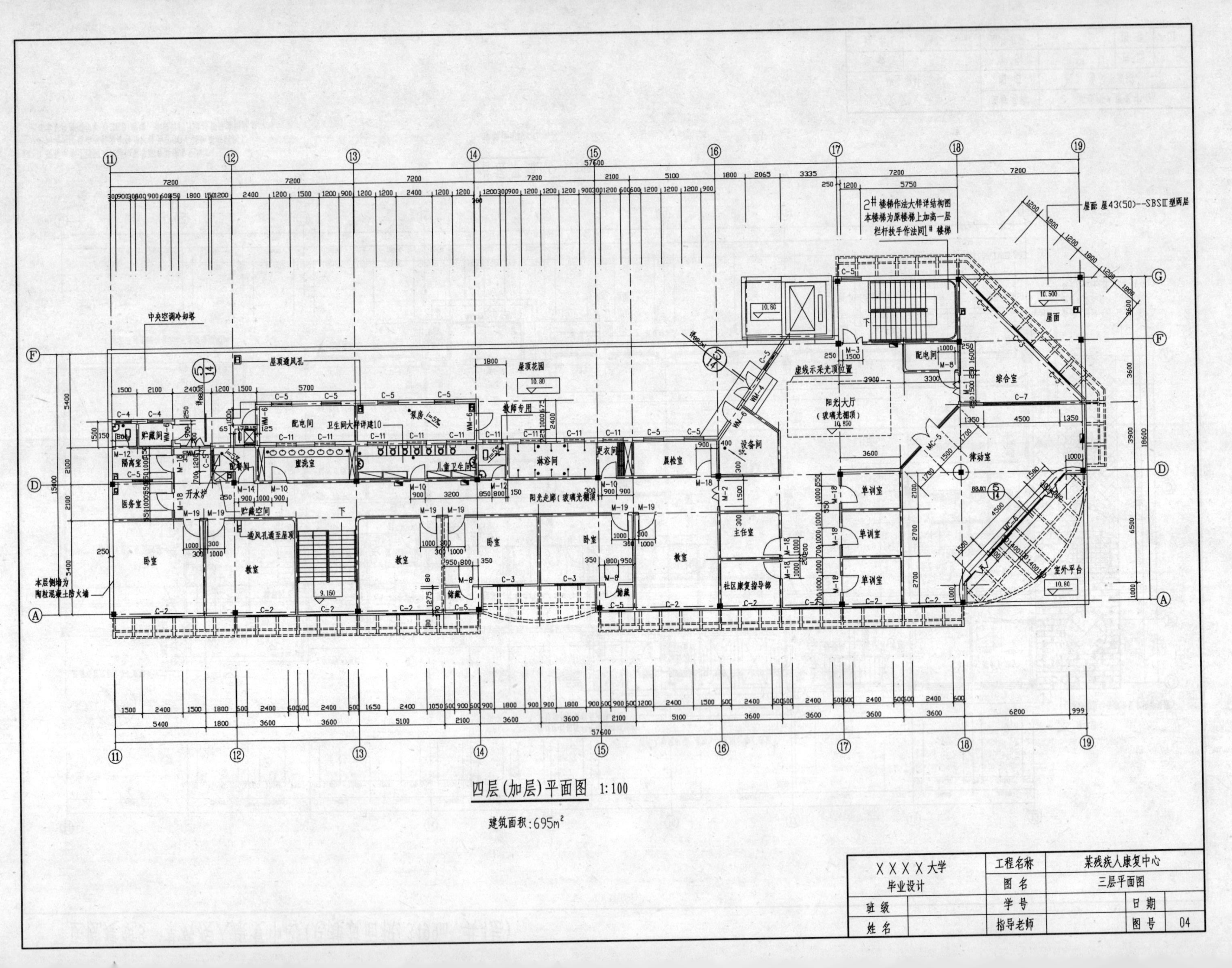
2# 楼梯作法大样详结构图
本楼梯为原楼梯上加高一层
栏杆扶手作法同1# 楼梯
屋面: 屋43(50)--SBSⅡ型两层
中央空调冷却塔
屋顶通风孔
屋顶花园
教师专用
配电间
卫生间大样详建10
盥洗室
儿童卫生间
淋浴间
更衣间
晨检室
设备间
虚线示采光顶位置
阳光大厅
(玻璃光棚顶)
综合室
律动室
屋面
室外平台
单训室
主任室
社区康复指导部
教室
卧室
储藏
阳光走廊(玻璃光棚顶)
通风孔通至屋顶
贮藏空间
开水炉
隔离室
医务室
贮藏间
本层侧墙为
陶粒混凝土防火墙
四层(加层)平面图 1:100
建筑面积:695m²
XXXX大学
毕业设计
班级
姓名
工程名称
某残疾人康复中心
图名
三层平面图
学号
日期
指导老师
图号
04

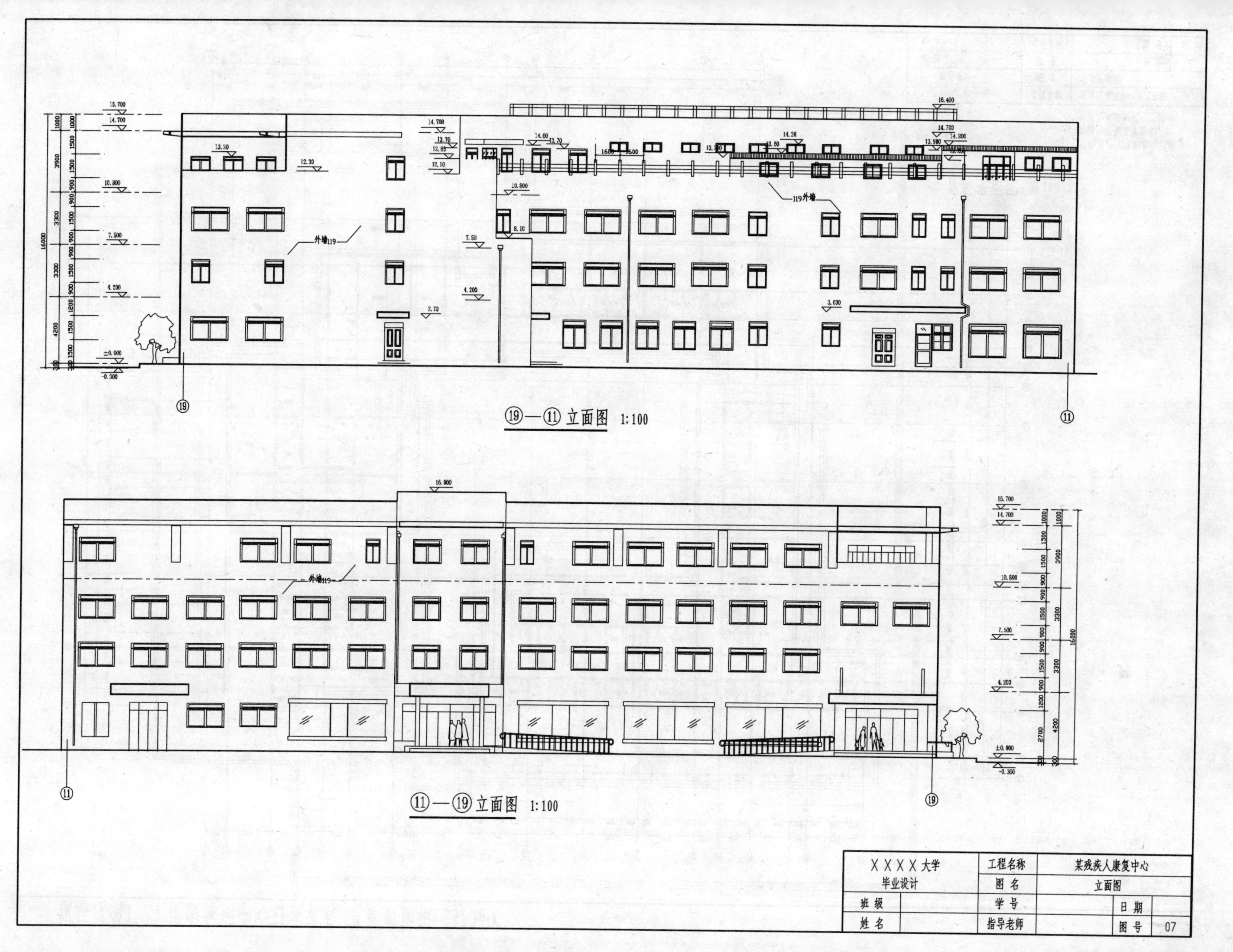

⑲—⑪立面图 1:100
⑪—⑲立面图 1:100
XXXX大学
毕业设计
工程名称
某残疾人康复中心
图名
立面图
班级
学号
日期
姓名
指导老师
图号
07

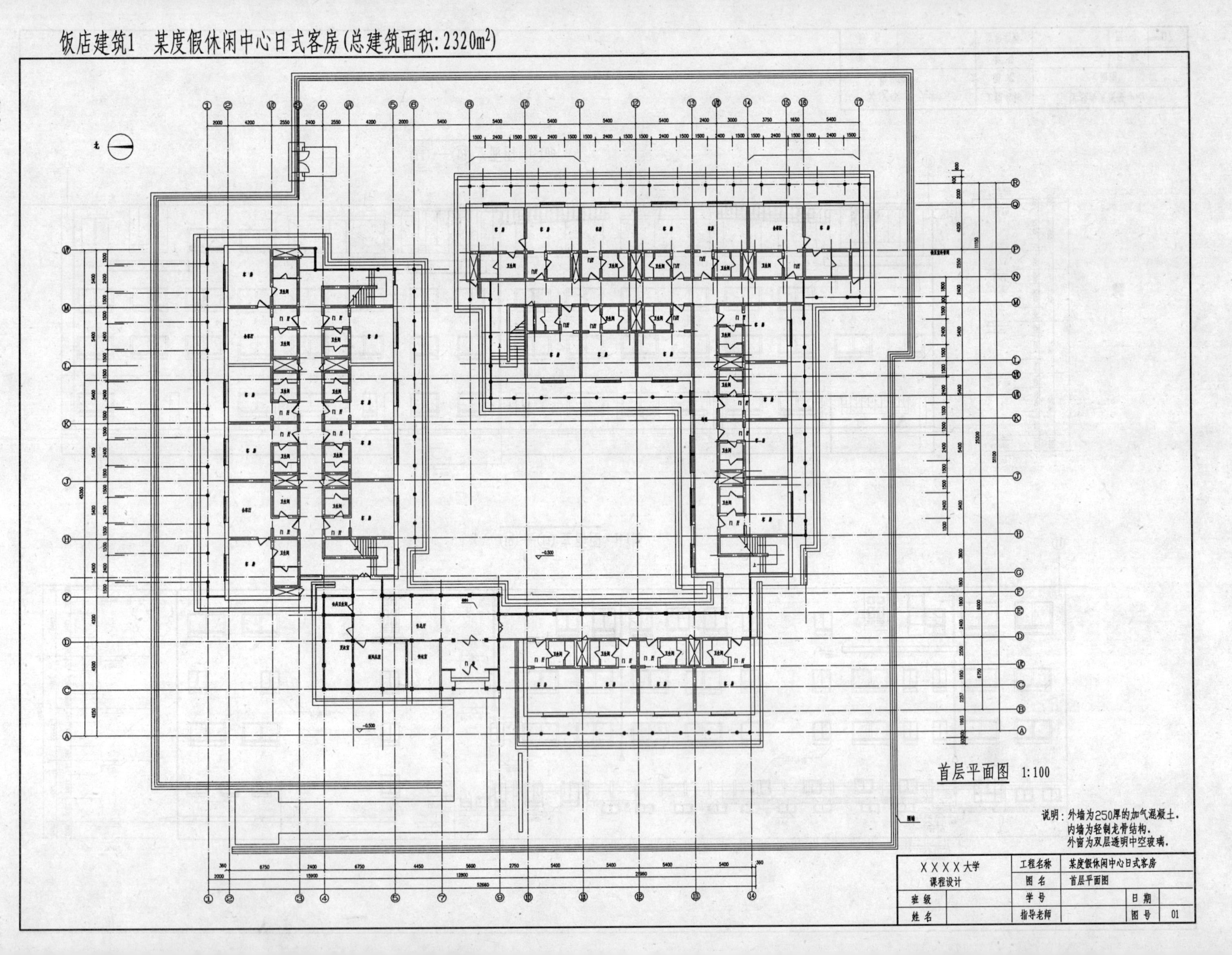
首层平面图　1:100
说明：外墙为250厚的加气混凝土.
内墙为轻钢龙骨结构.
外窗为双层透明中空玻璃.
XXXX大学
课程设计
班级
姓名
工程名称
某度假休闲中心日式客房
图名
首层平面图
学号
指导老师
日期
图号
01

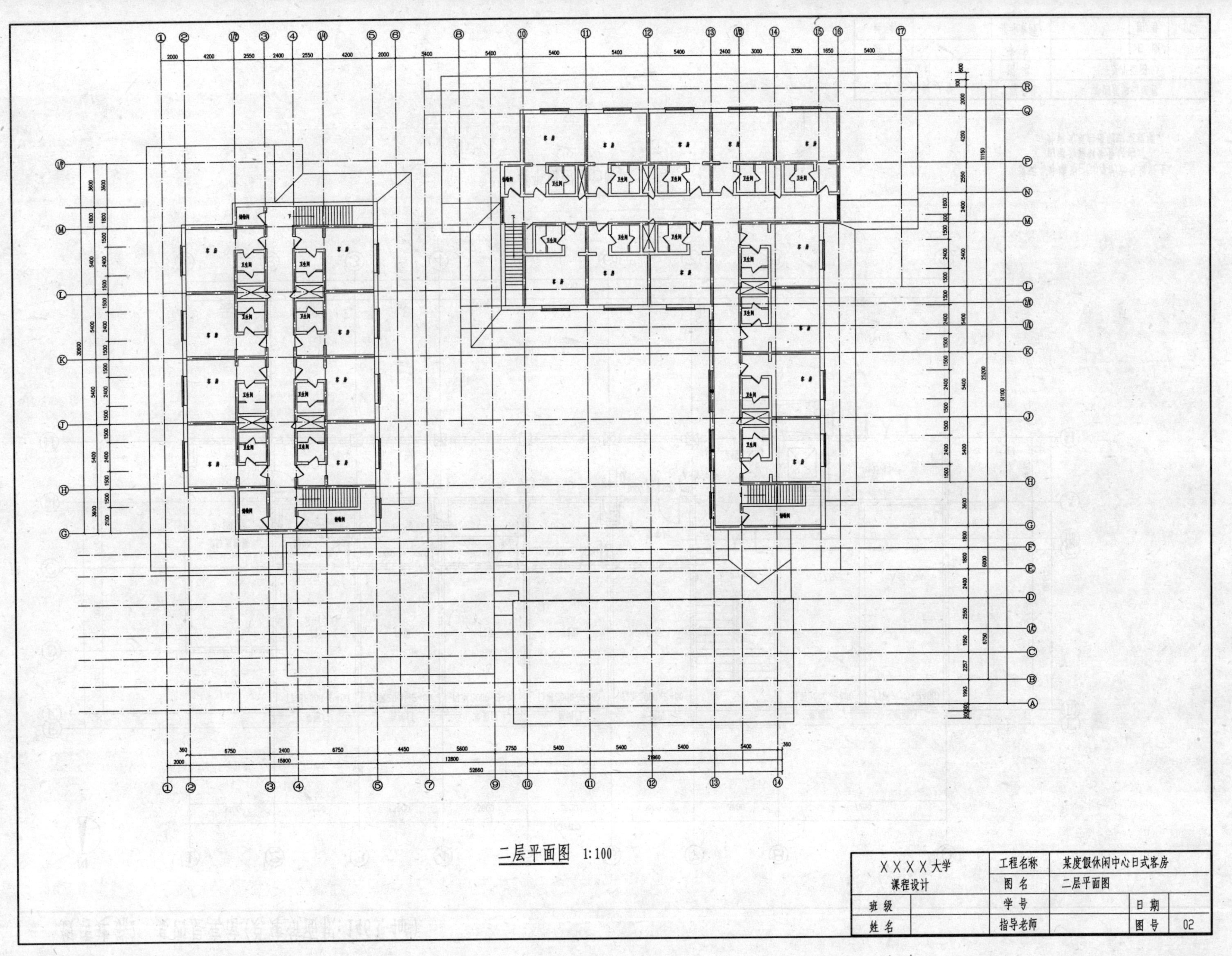
二层平面图 1:100
XXXX大学
课程设计
班级
姓名
工程名称
某度假休闲中心日式客房
图名
二层平面图
学号
日期
指导老师
图号
02

饭店建筑2　某四层宾馆(总建筑面积:1463.4m²)

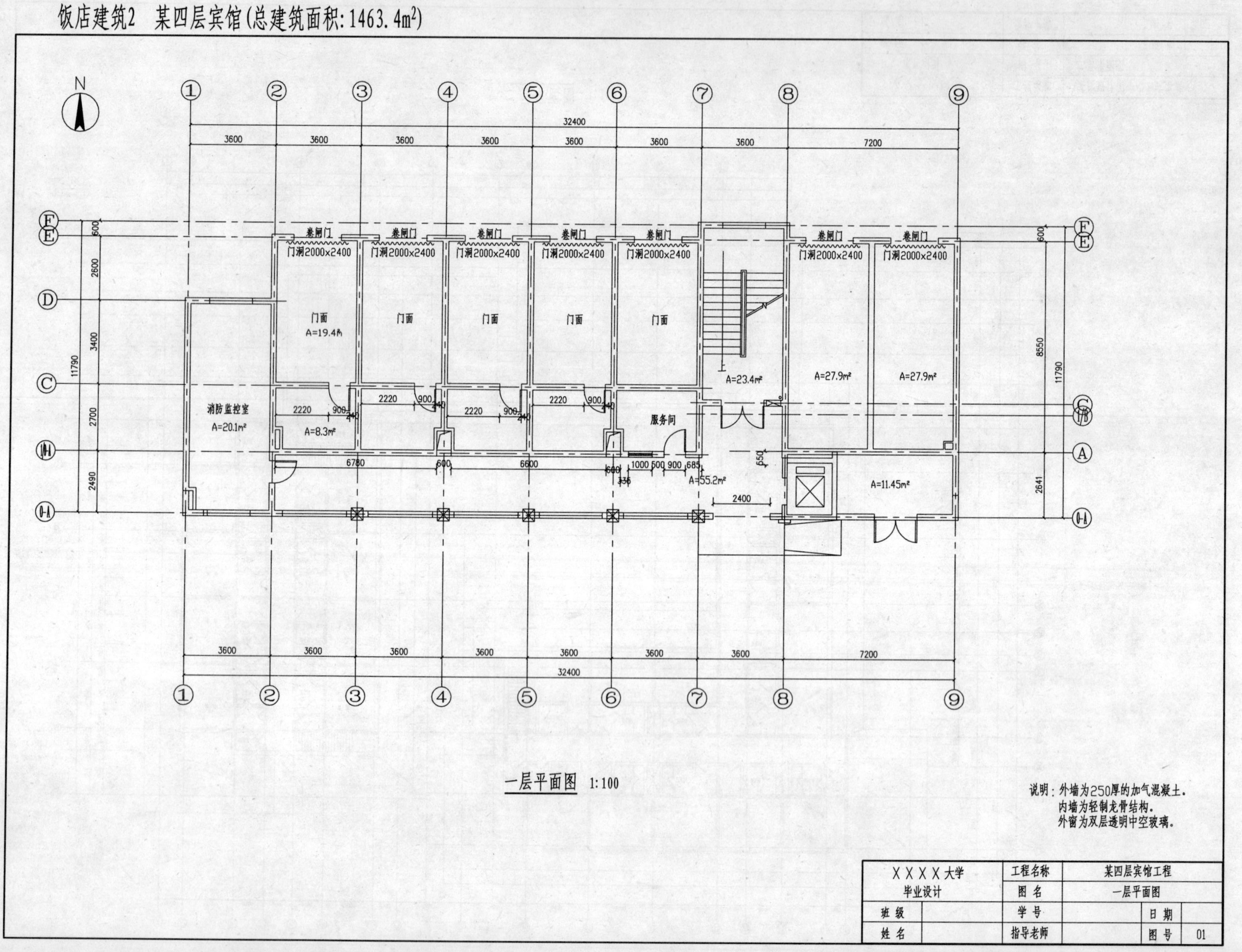

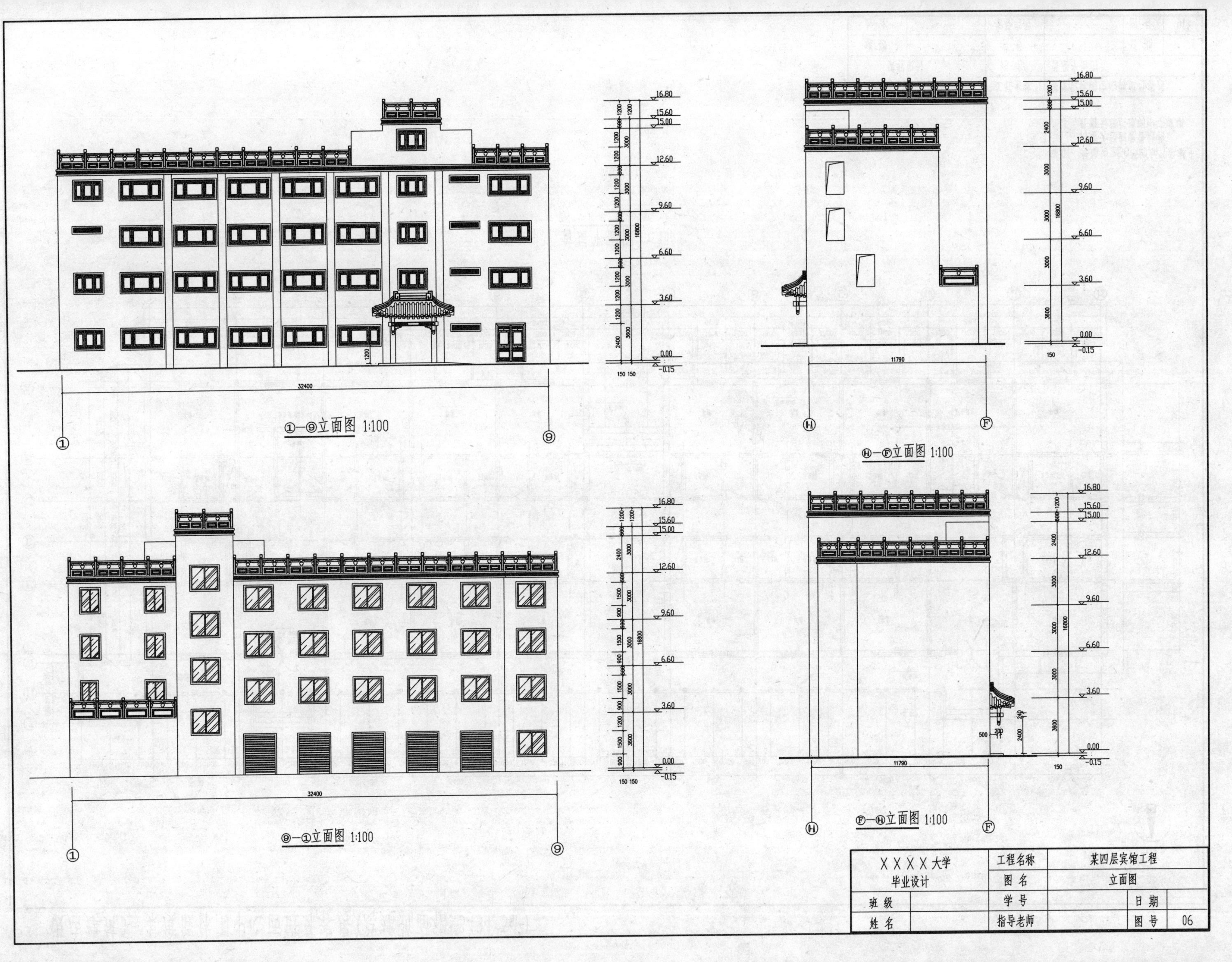
①—⑨立面图 1:100
Ⓗ—Ⓕ立面图 1:100
⑨—①立面图 1:100
Ⓕ—Ⓗ立面图 1:100
16.80
15.60
15.00
12.60
9.60
6.60
3.60
0.00
-0.15
32400
11790
16800
XXXX大学
毕业设计
班级
姓名
工程名称
某四层宾馆工程
图名
立面图
学号
指导老师
日期
图号
06

某度假休闲中心西班牙客房(总建筑面积: 3434.5m²)

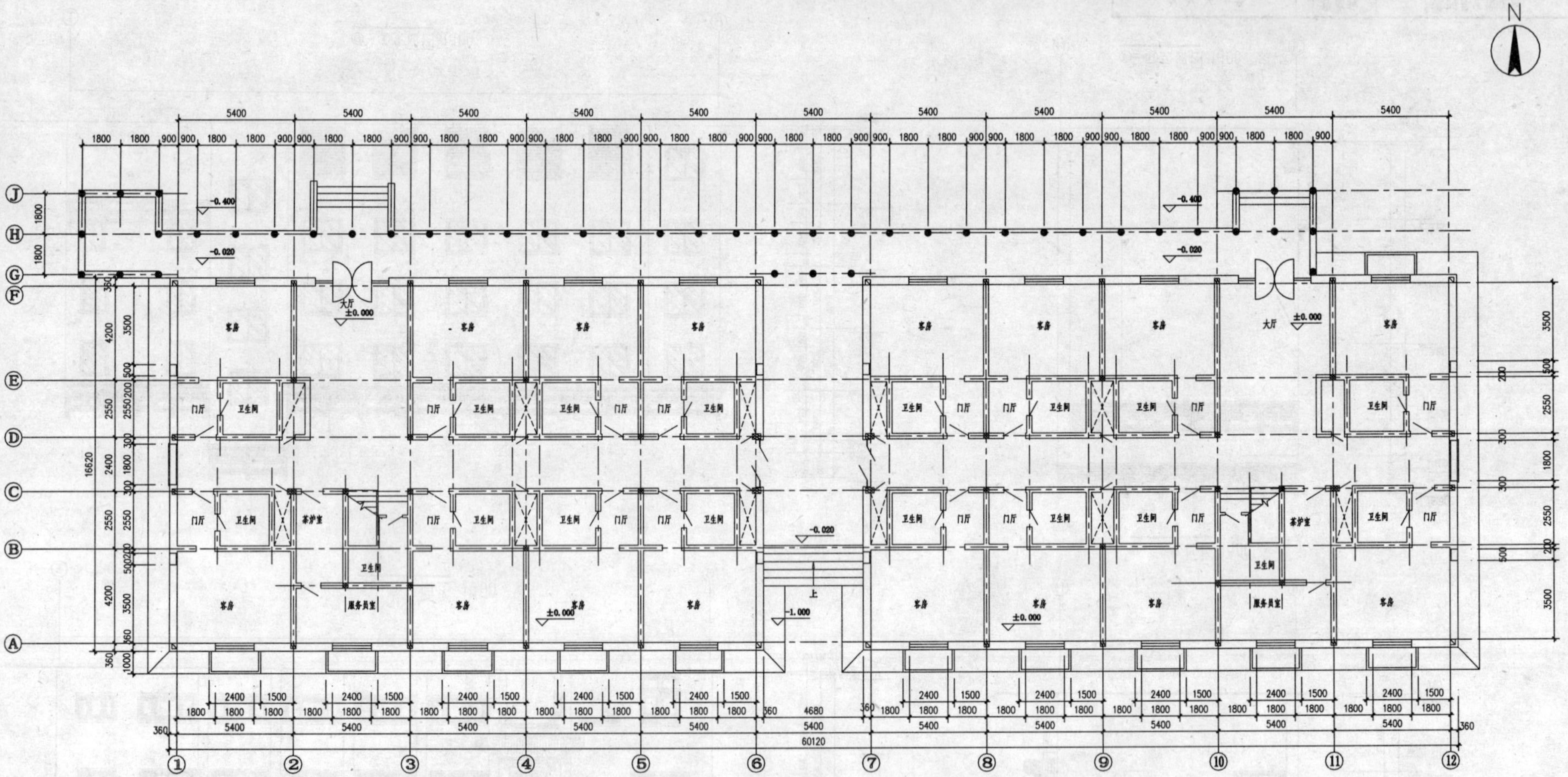

首层平面图 1:100

说明：外墙为250厚的加气混凝土。
内墙为轻钢龙骨结构。
外窗为双层透明中空玻璃。

XXXX大学 课程设计	工程名称	某度假休闲中心西班牙客房		
	图名	首层平面图		
班级	学号		日期	
姓名	指导老师		图号	01

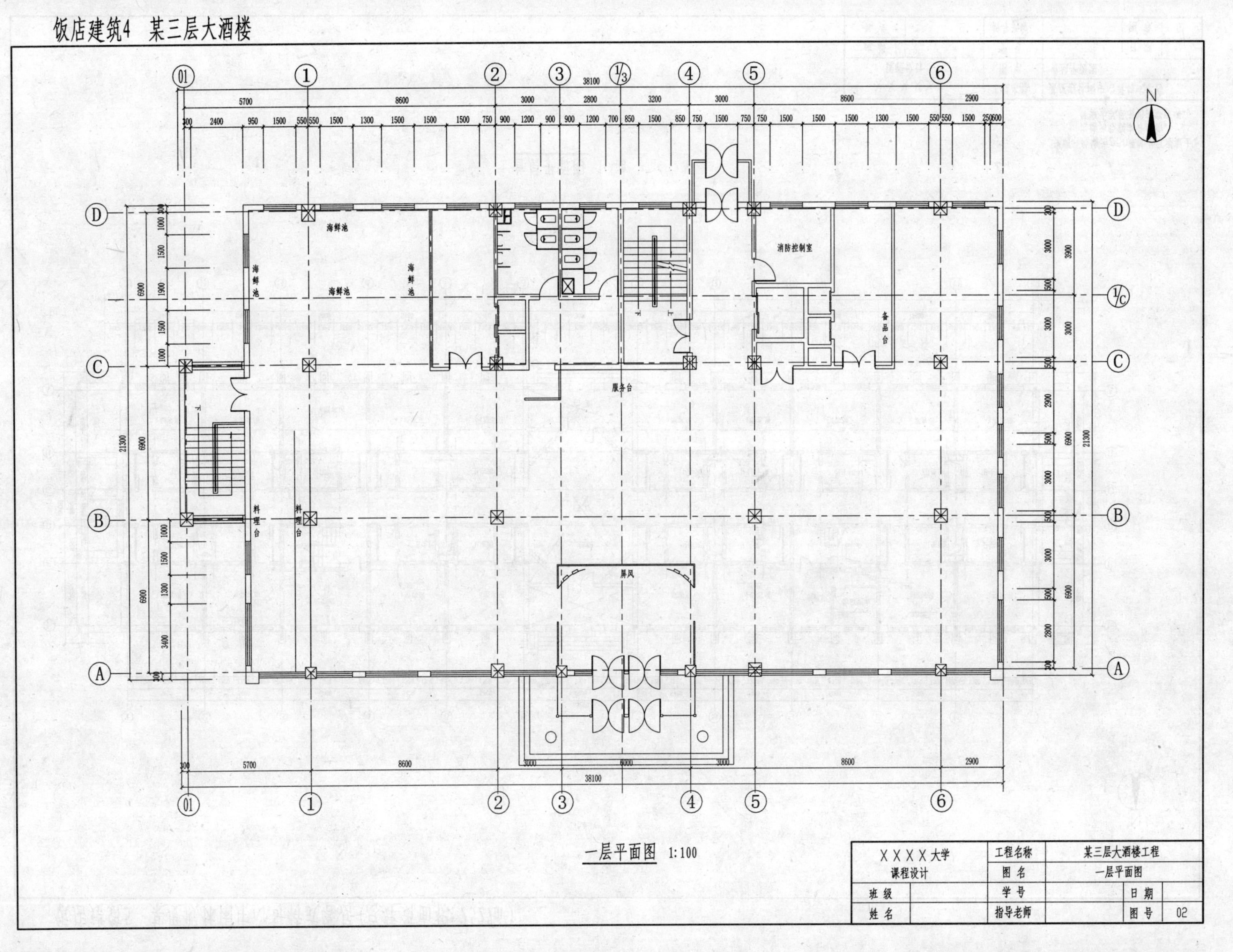
N
海鲜池
海鲜池
海鲜池
海鲜池
消防控制室
备品台
服务台
料理台
料理台
屏风
下
上
38100
21300
XXXX大学
课程设计
班级
姓名
工程名称
某三层大酒楼工程
图名
一层平面图
学号
指导老师
日期
图号
02

一层平面图 1:100

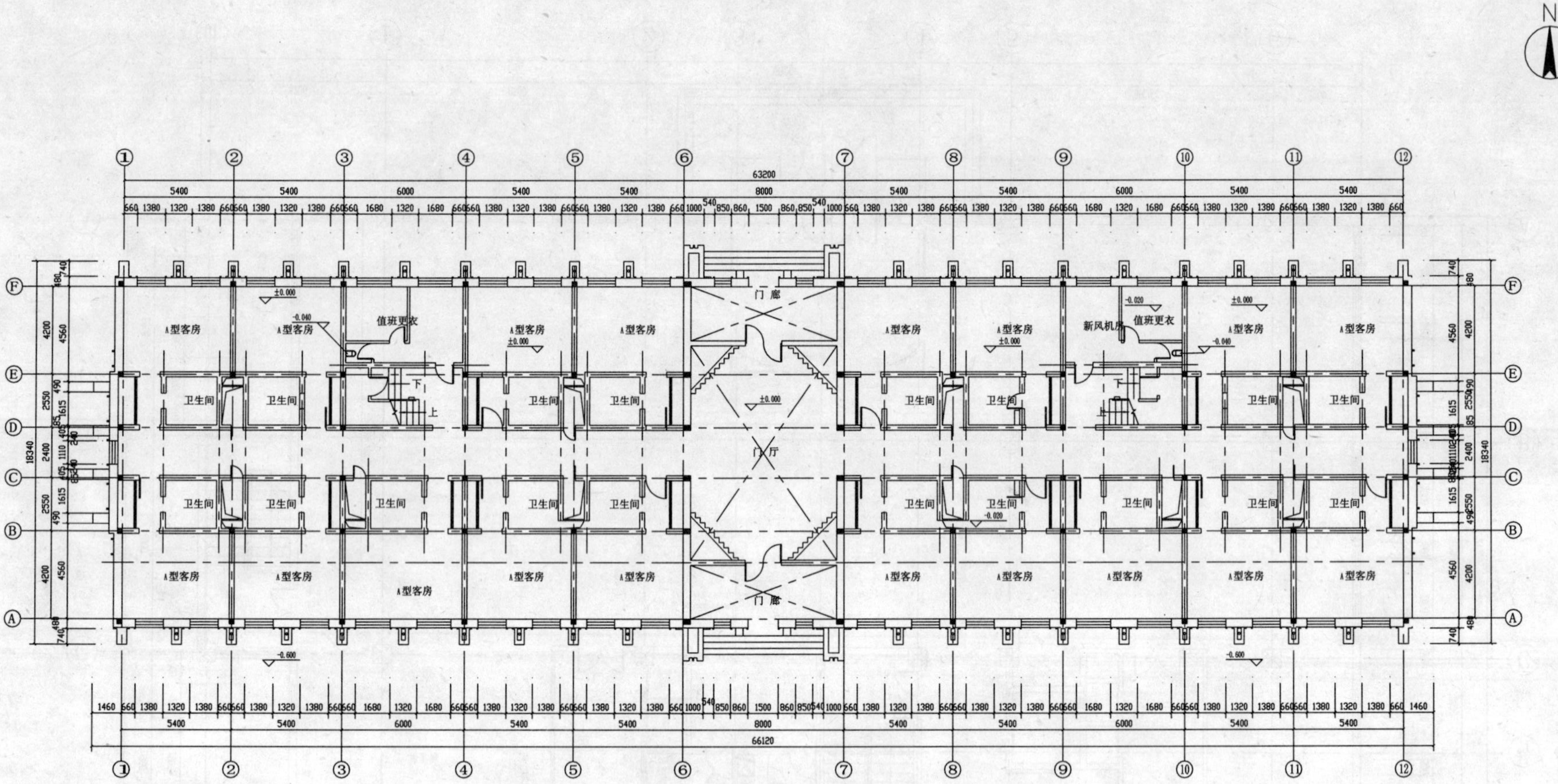

首层平面图　1:100

说明：外墙为250厚的加气混凝土。
内墙为轻制龙骨结构。
外窗为双层透明中空玻璃。

XXXX大学 课程设计		工程名称	某度假休闲中心哥特式客房		
		图 名	首层平面图		
班 级		学 号		日 期	
姓 名		指导老师		图 号	01

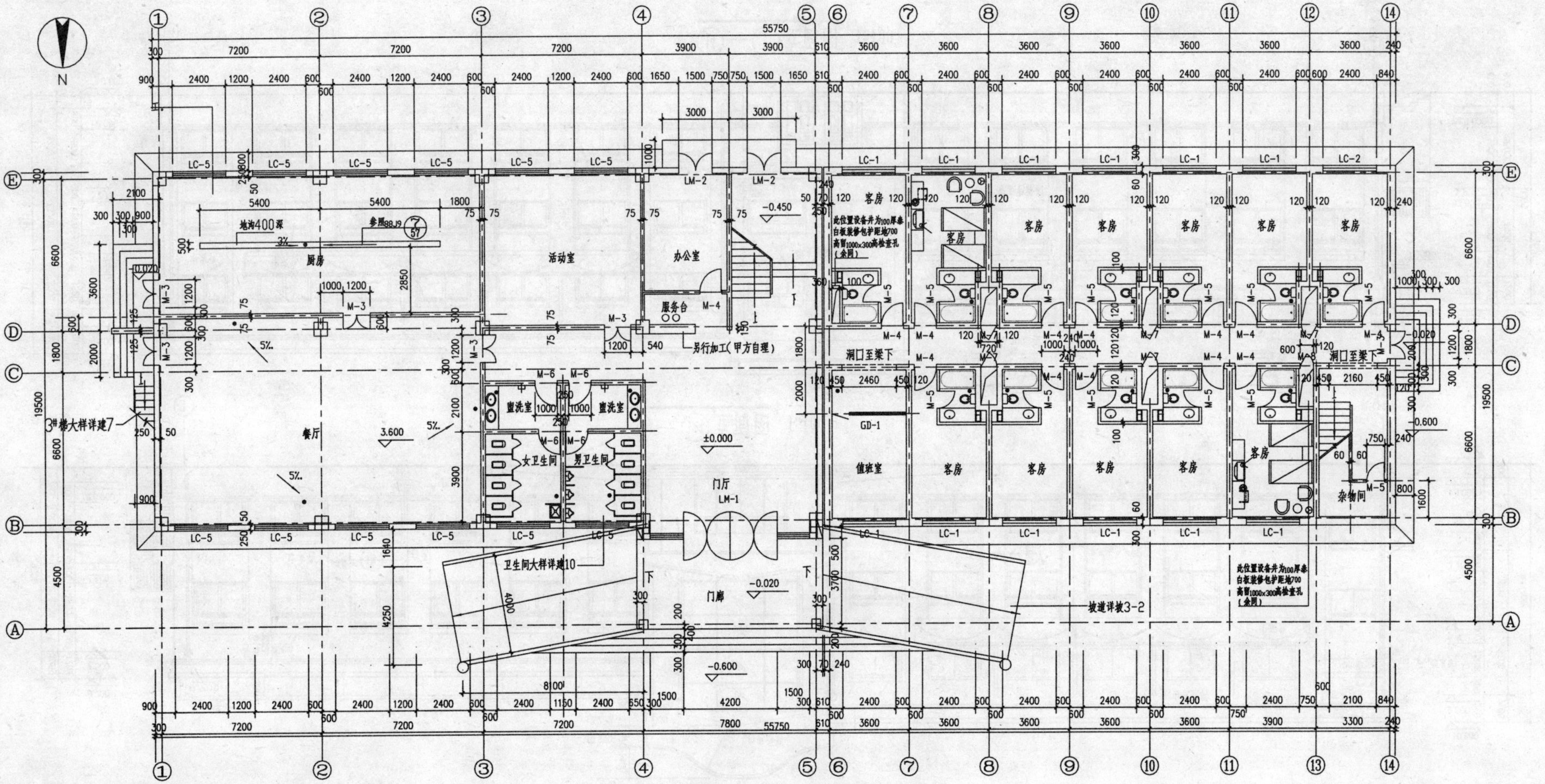

注：1. 砖混部分±0.000以上采用KP1型黏土多孔砖，框架部分±0.000以上采用陶粒混凝土空心砌块，尺寸以图注为准。±0.000以下采用黏土实心砖。
2. 设备电专业留洞消火栓位置配合其他专业进行。

首层平面图　1:100

建筑面积：1002m²

XXXX大学 课程设计		工程名称	某垂钓休闲中心工程	
		图　名	首层平面图	
班　级		学　号	日　期	
姓　名		指导老师	图　号	01

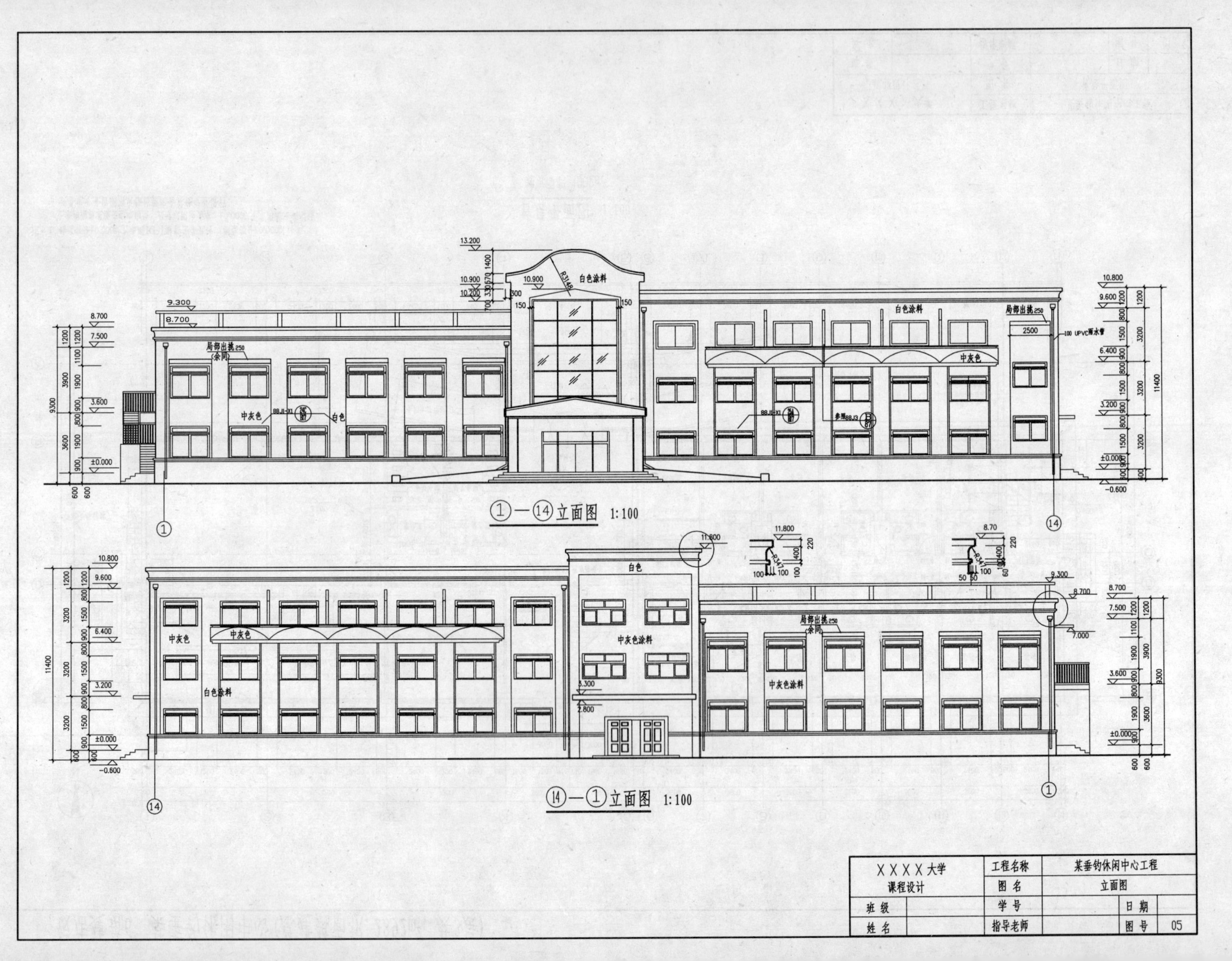

白色涂料
局部出挑250
(余同)
中灰色
白色
中灰色涂料
100 UPVC雨水管
参照88J3
88J1-X1
①—⑭立面图 1:100
⑭—①立面图 1:100
XXXX大学
课程设计
班级
姓名
工程名称
某垂钓休闲中心工程
图名
立面图
学号
日期
指导老师
图号
05

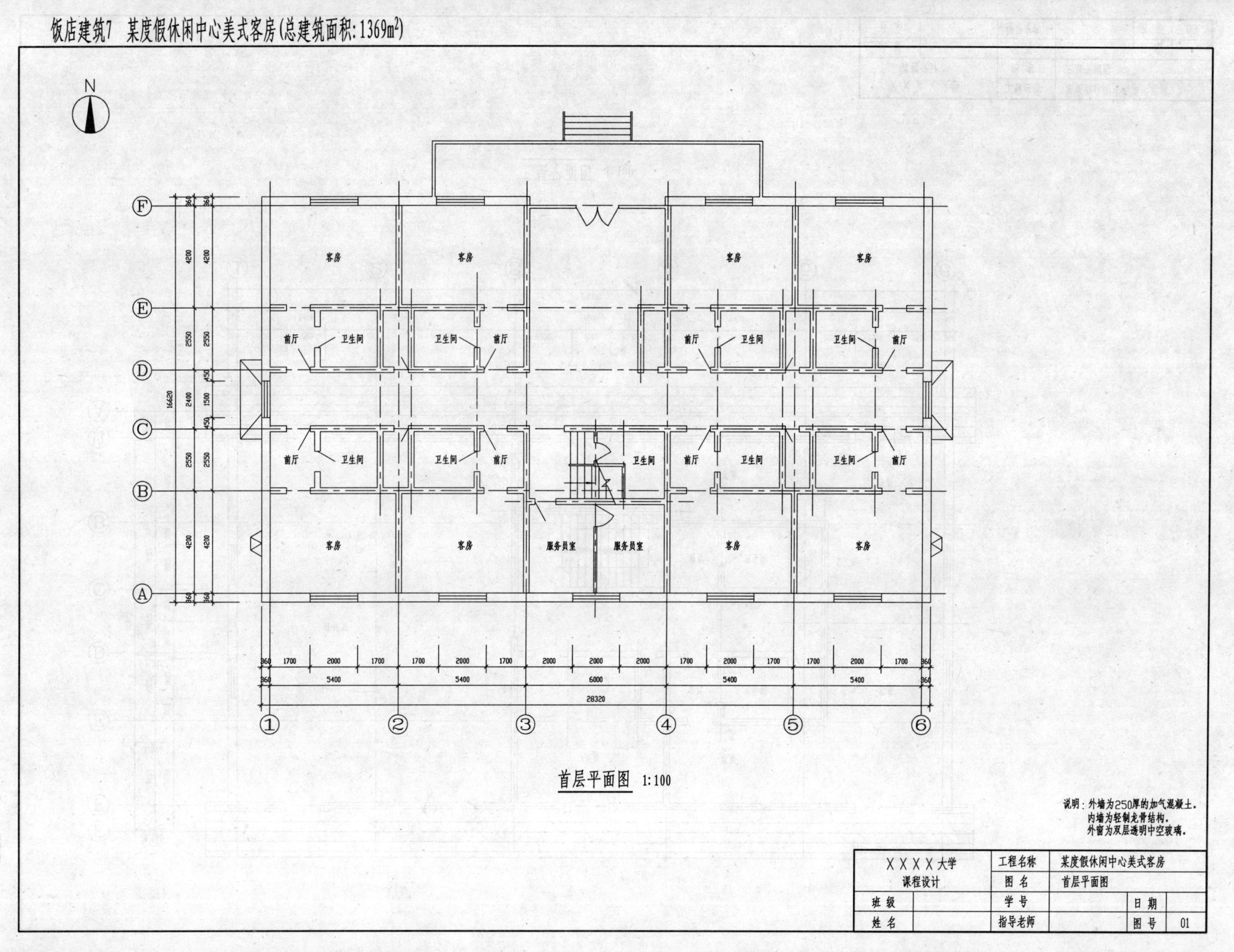
N
客房
前厅
卫生间
服务员室
F
E
D
C
B
A
①
②
③
④
⑤
⑥
360
4200
2550
450
1500
2400
16620
1700
2000
5400
6000
28320
首层平面图 1:100
说明：外墙为250厚的加气混凝土。
内墙为轻钢龙骨结构。
外窗为双层透明中空玻璃。
XXXX大学
课程设计
班级
姓名
工程名称
某度假休闲中心美式客房
图名
首层平面图
学号
指导老师
日期
图号
01

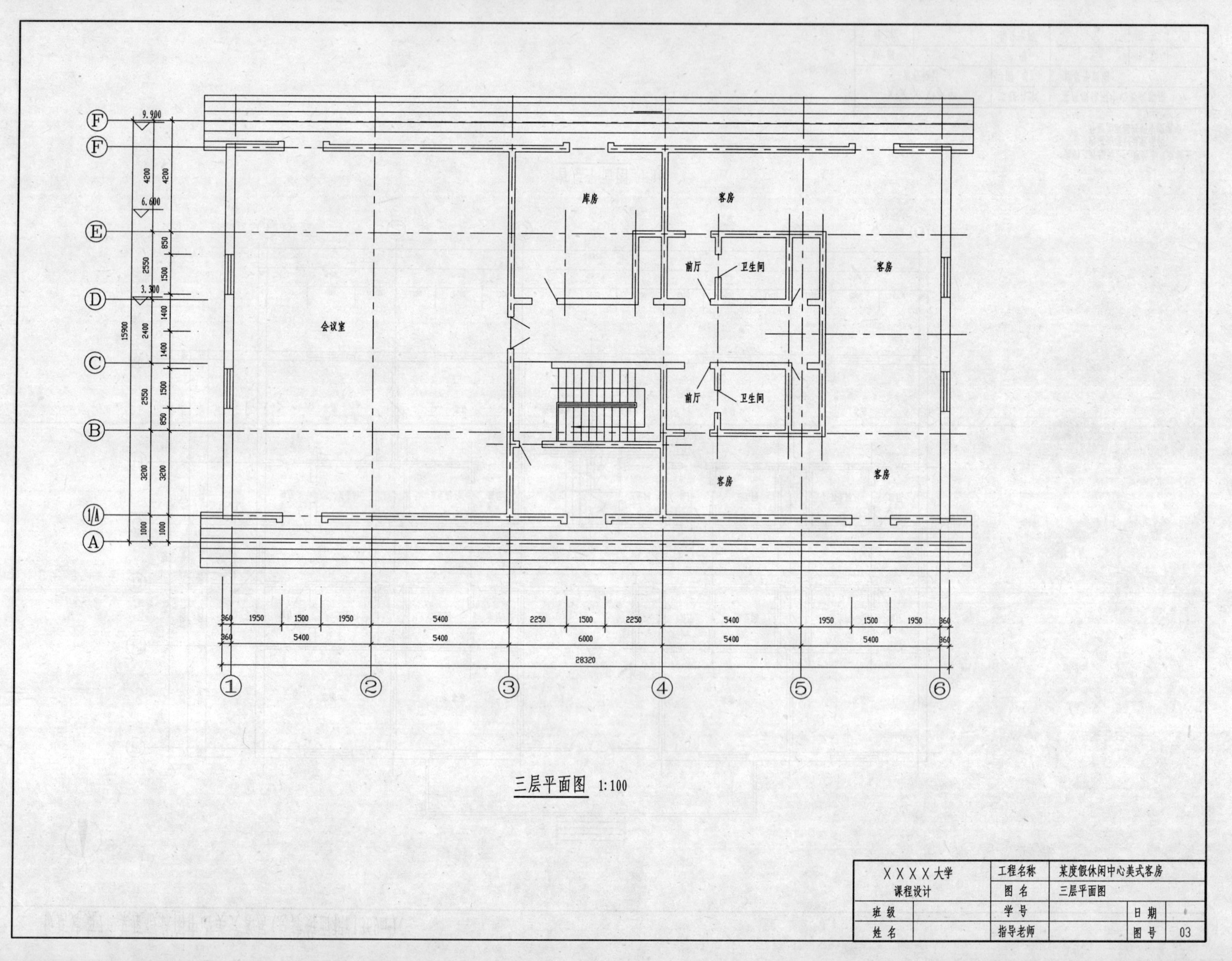

库房
客房
前厅
卫生间
会议室
三层平面图 1:100
XXXX大学
课程设计
班级
姓名
工程名称
某度假休闲中心美式客房
图名
三层平面图
学号
指导老师
日期
图号
03

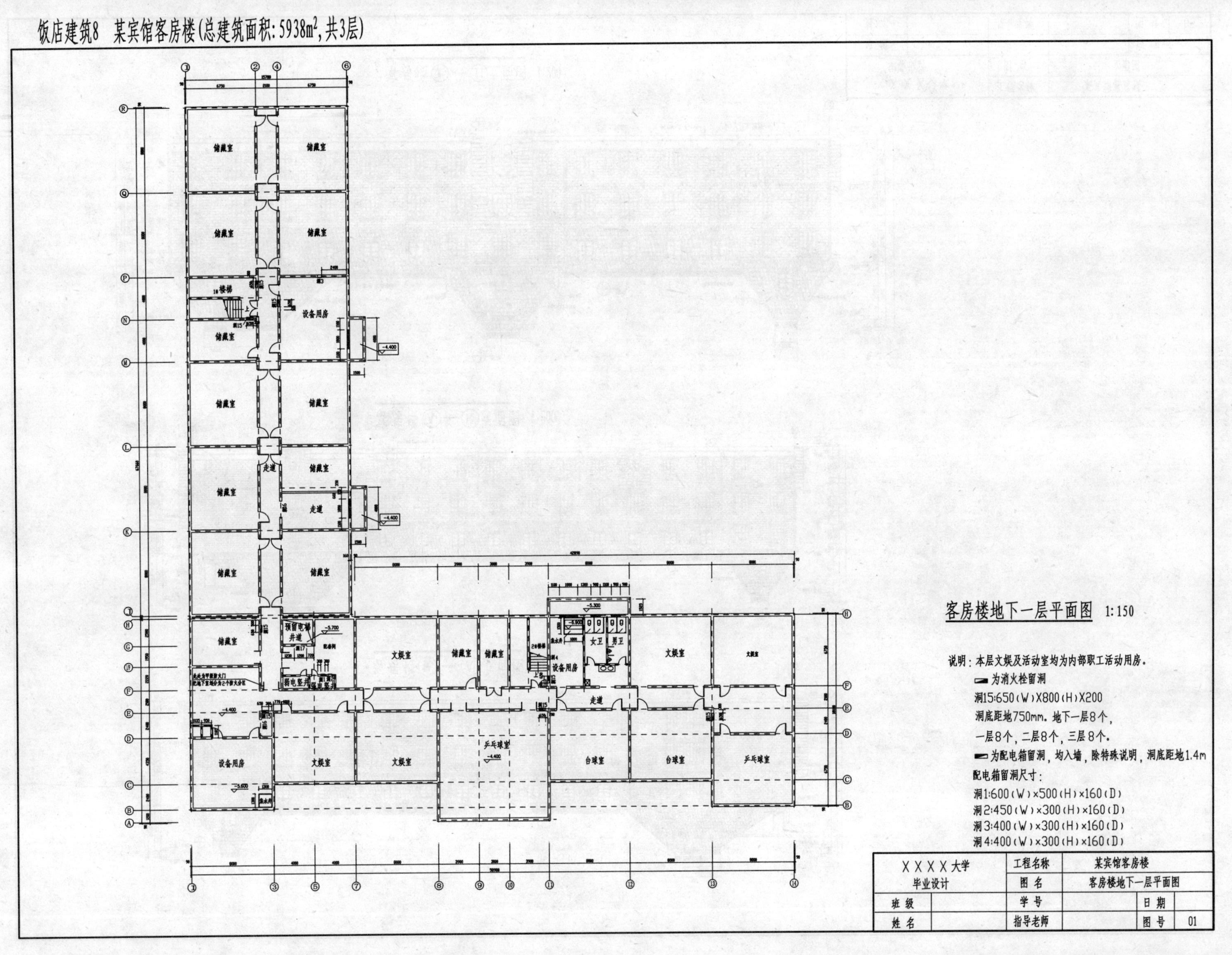
储藏室
设备用房
楼梯
走道
预留电梯井道
文娱室
女卫
男卫
乒乓球室
台球室
客房楼地下一层平面图　1:150
说明：本层文娱及活动室均为内部职工活动用房。
为消火栓留洞
洞15:650(W)X800(H)X200
洞底距地750mm。地下一层8个，
一层8个，二层8个，三层8个。
为配电箱留洞，均入墙，除特殊说明，洞底距地1.4m
配电箱留洞尺寸：
洞1:600(W)×500(H)×160(D)
洞2:450(W)×300(H)×160(D)
洞3:400(W)×300(H)×160(D)
洞4:400(W)×300(H)×160(D)
XXXX大学
毕业设计
班级
姓名
工程名称
某宾馆客房楼
图名
客房楼地下一层平面图
学号
日期
指导老师
图号
01

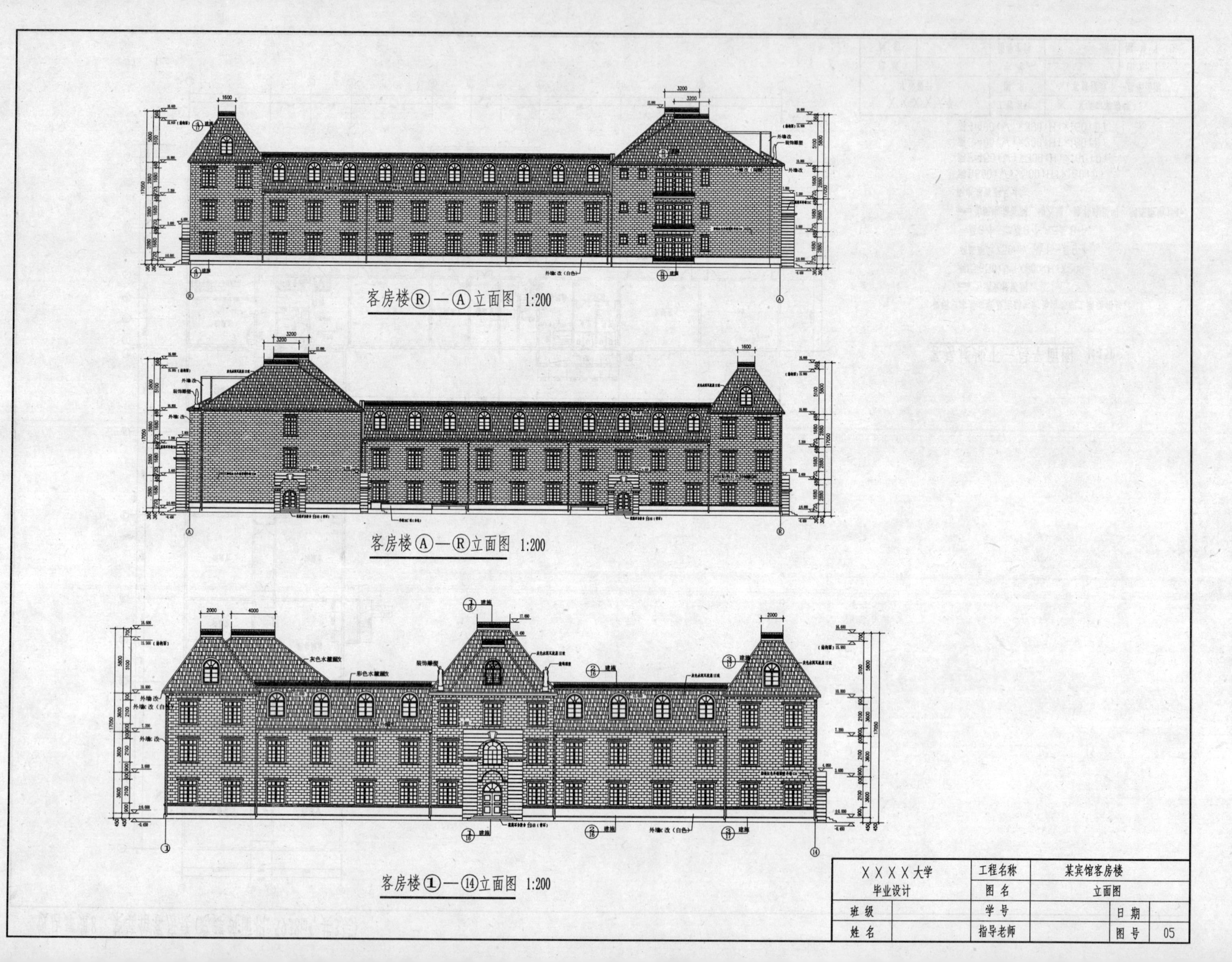

客房楼Ⓡ—Ⓐ立面图 1:200
客房楼Ⓐ—Ⓡ立面图 1:200
客房楼①—⑭立面图 1:200
XXXX大学
毕业设计
班级
姓名
工程名称
某宾馆客房楼
图名
立面图
学号
指导老师
日期
图号
05

住宅建筑1 某十一层住宅建筑(总建筑面积:4154.4m²)

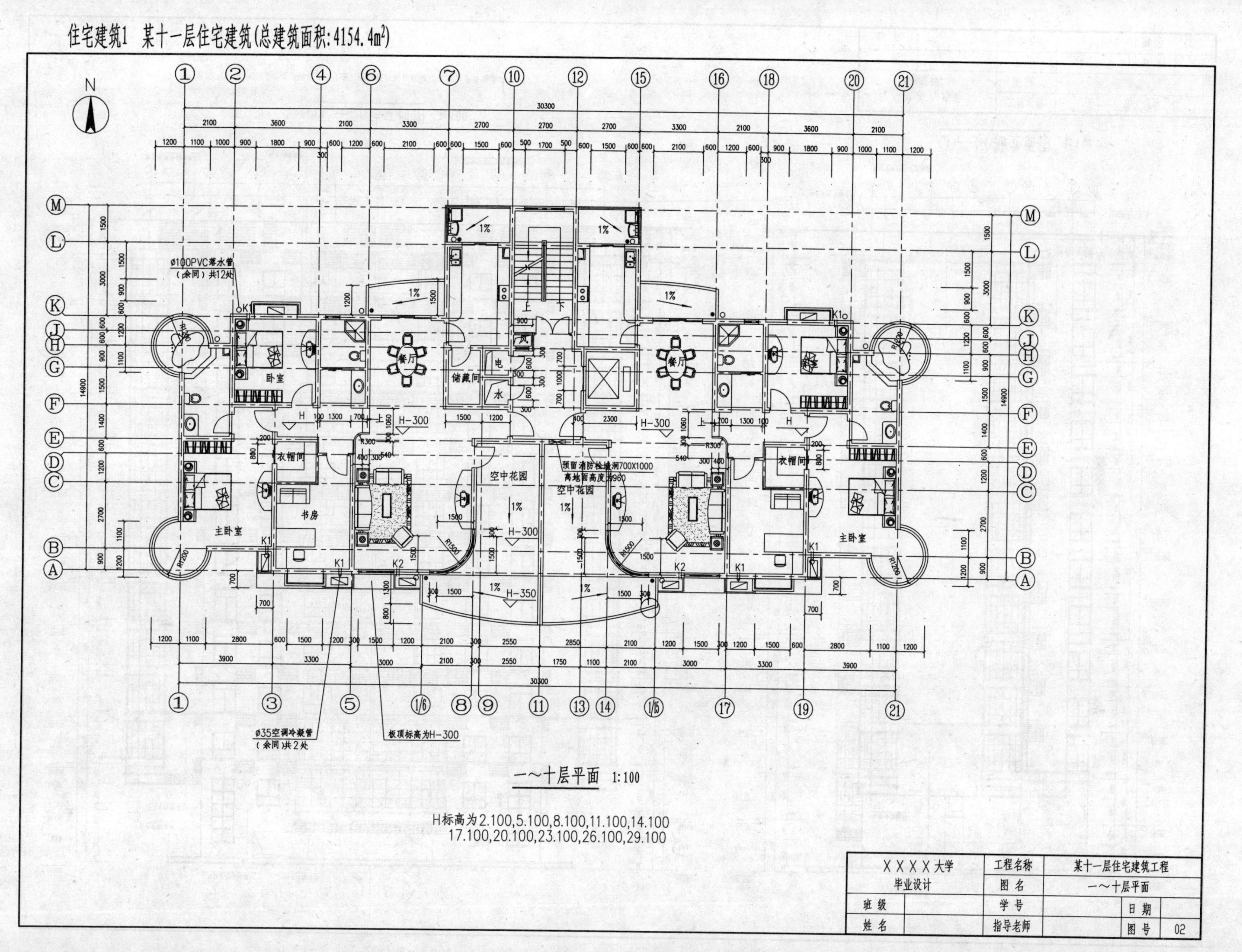

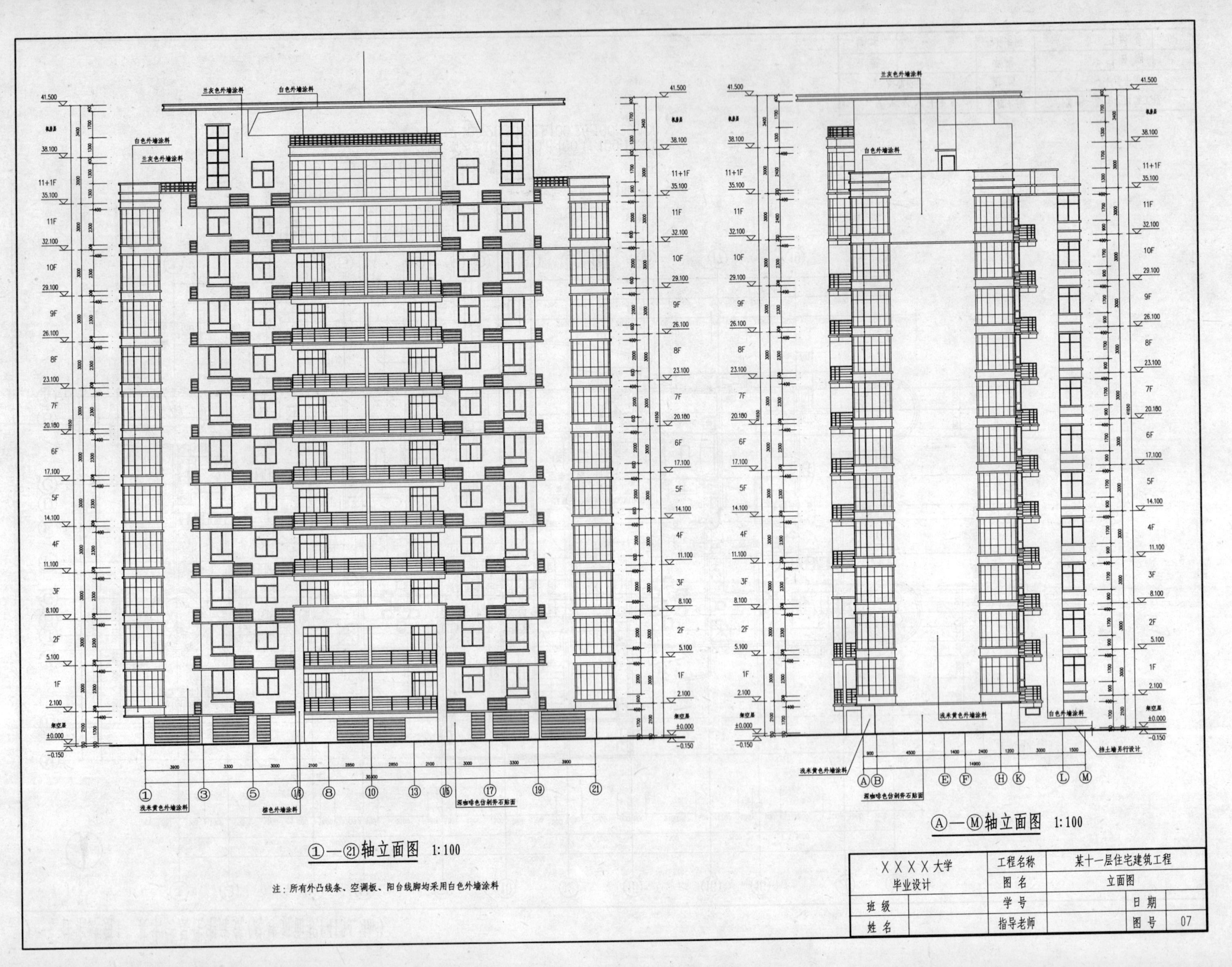
兰灰色外墙涂料
白色外墙涂料
洗米黄色外墙涂料
棕色外墙涂料
深咖啡色仿剁斧石贴面
排土墙另行设计
①—㉑轴立面图 1:100
注：所有外凸线条、空调板、阳台线脚均采用白色外墙涂料
Ⓐ—Ⓜ轴立面图 1:100
XXXX大学
毕业设计
工程名称
某十一层住宅建筑工程
图名
立面图
班级
学号
日期
姓名
指导老师
图号
07

住宅建筑2　某二十二层住宅建筑(总建筑面积：44346.7m²)

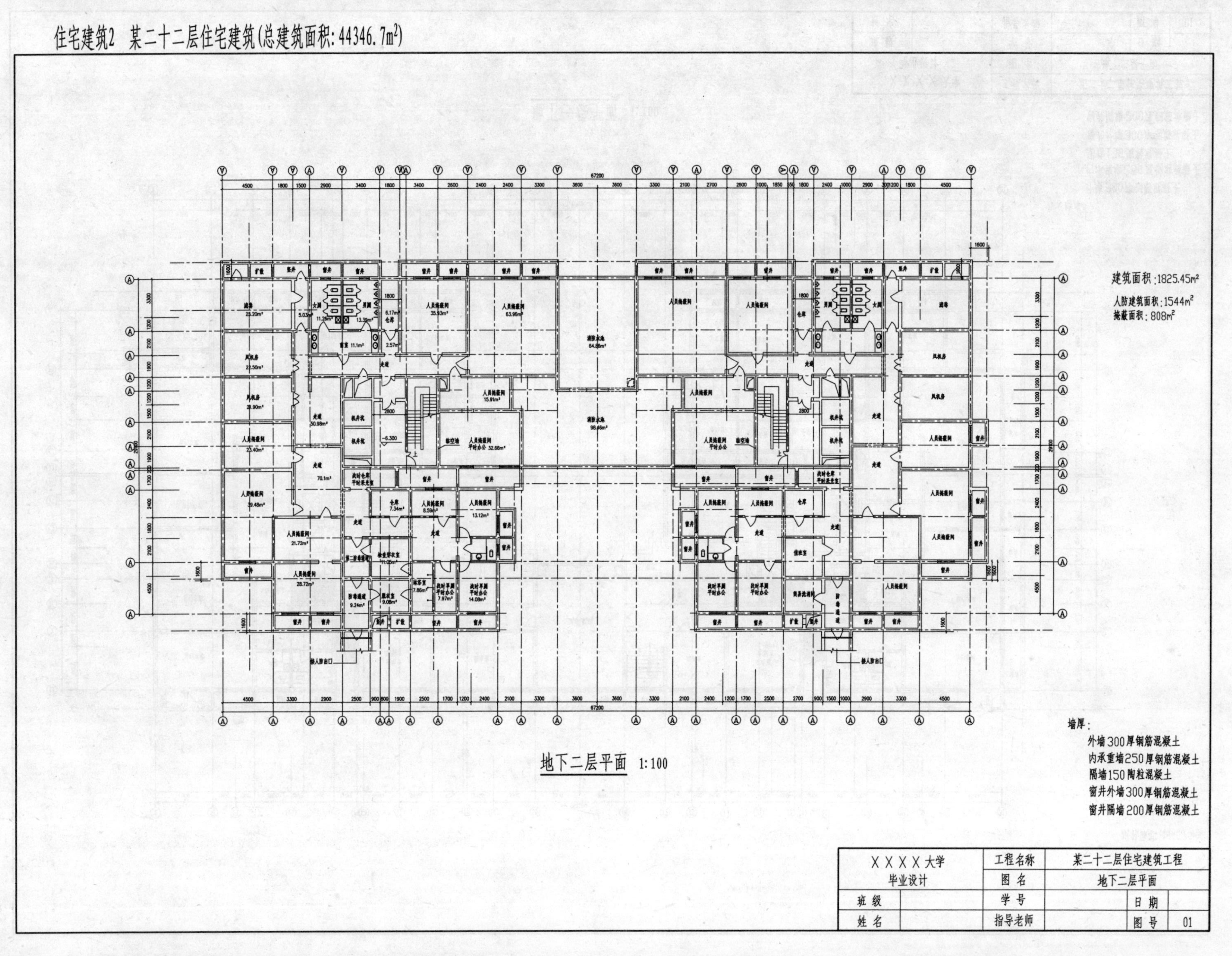

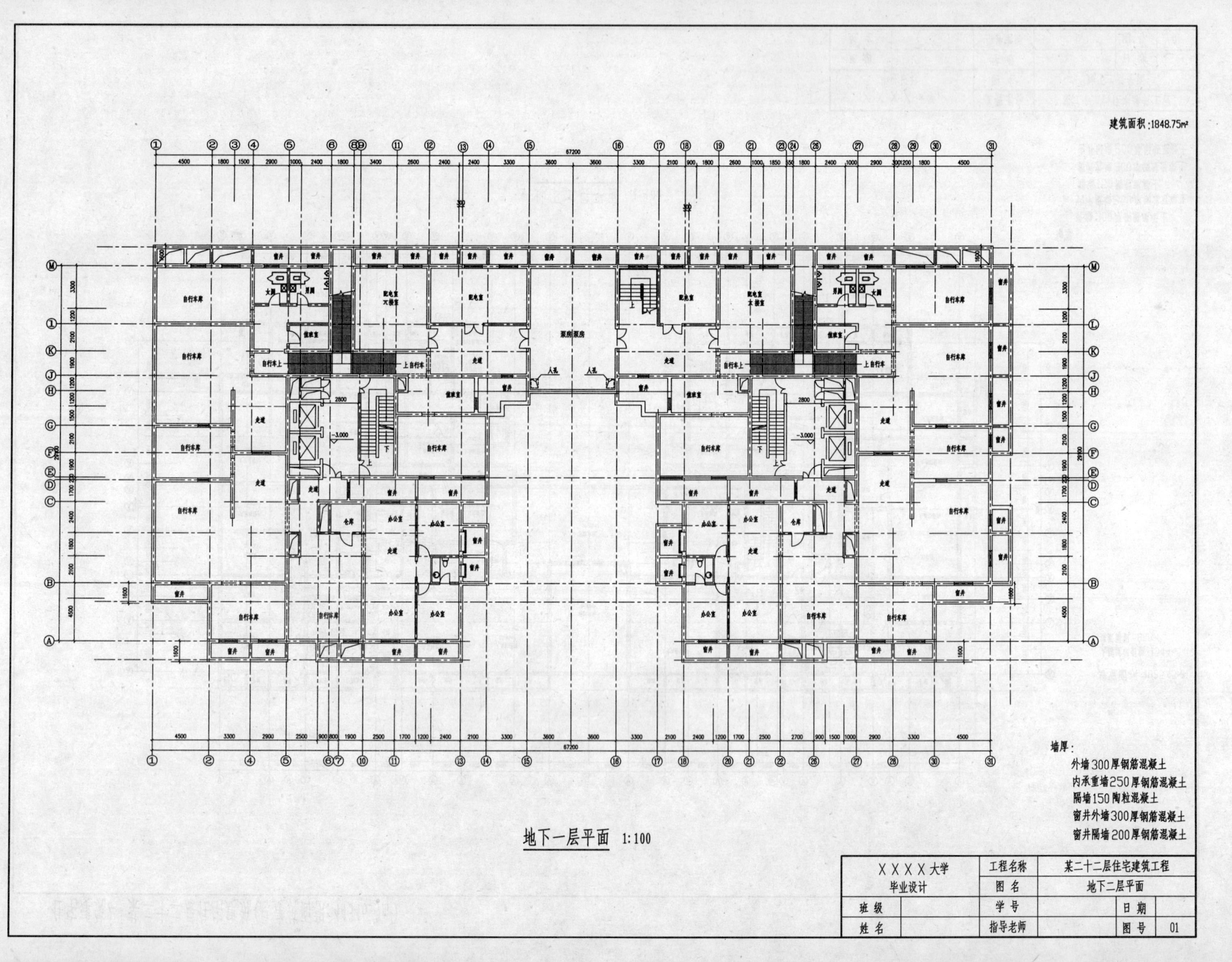

地下一层平面 1:100

XXXX大学 毕业设计		工程名称	某二十二层住宅建筑工程	
		图 名	地下二层平面	
班 级		学 号	日 期	
姓 名		指导老师	图 号	01

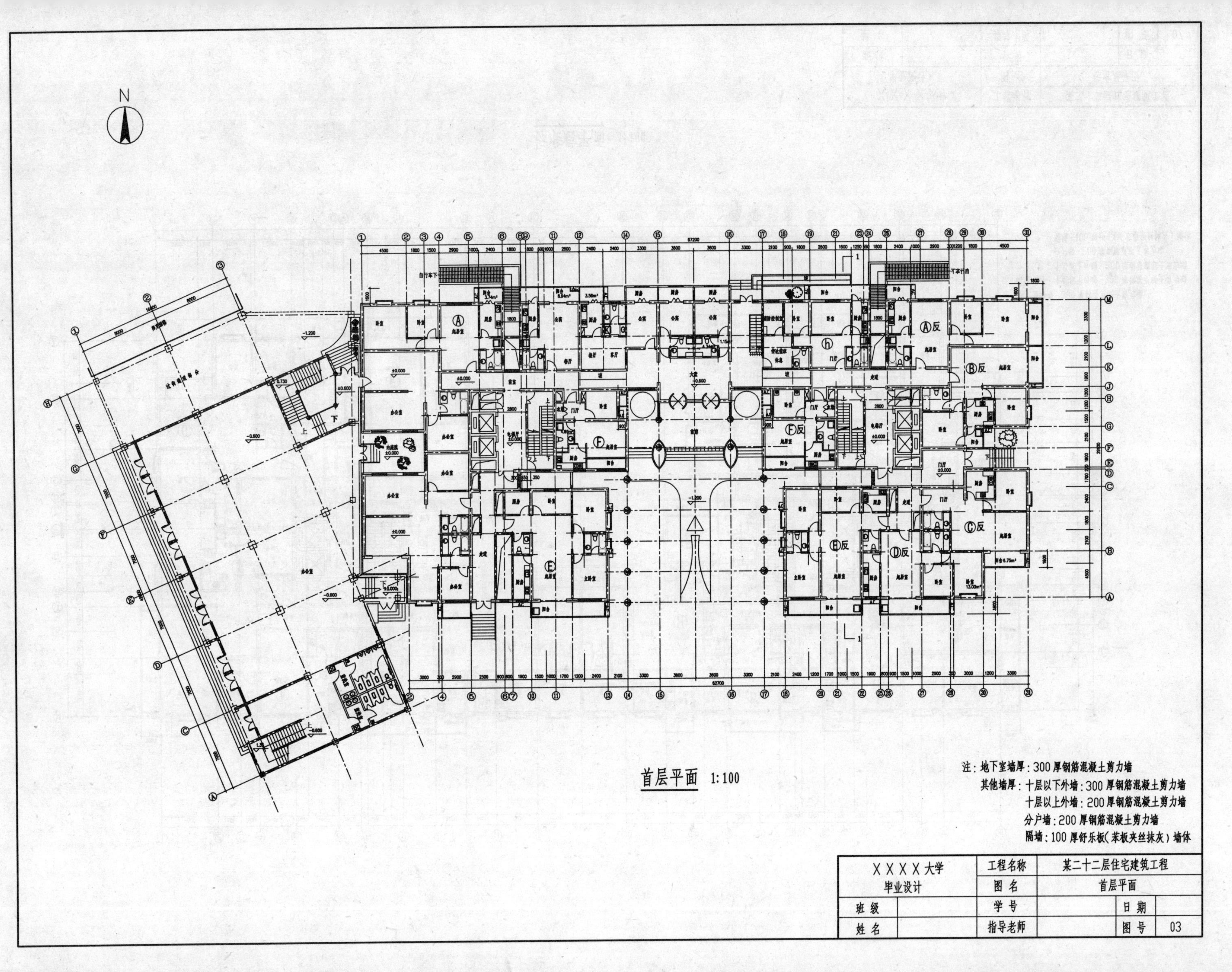
N
首层平面 1:100
注：地下室墙厚：300厚钢筋混凝土剪力墙
其他墙厚：十层以下外墙：300厚钢筋混凝土剪力墙
十层以上外墙：200厚钢筋混凝土剪力墙
分户墙：200厚钢筋混凝土剪力墙
隔墙：100厚舒乐板（苯板夹丝抹灰）墙体
XXXX大学
毕业设计
工程名称
某二十二层住宅建筑工程
图名
首层平面
班级
学号
日期
姓名
指导老师
图号
03

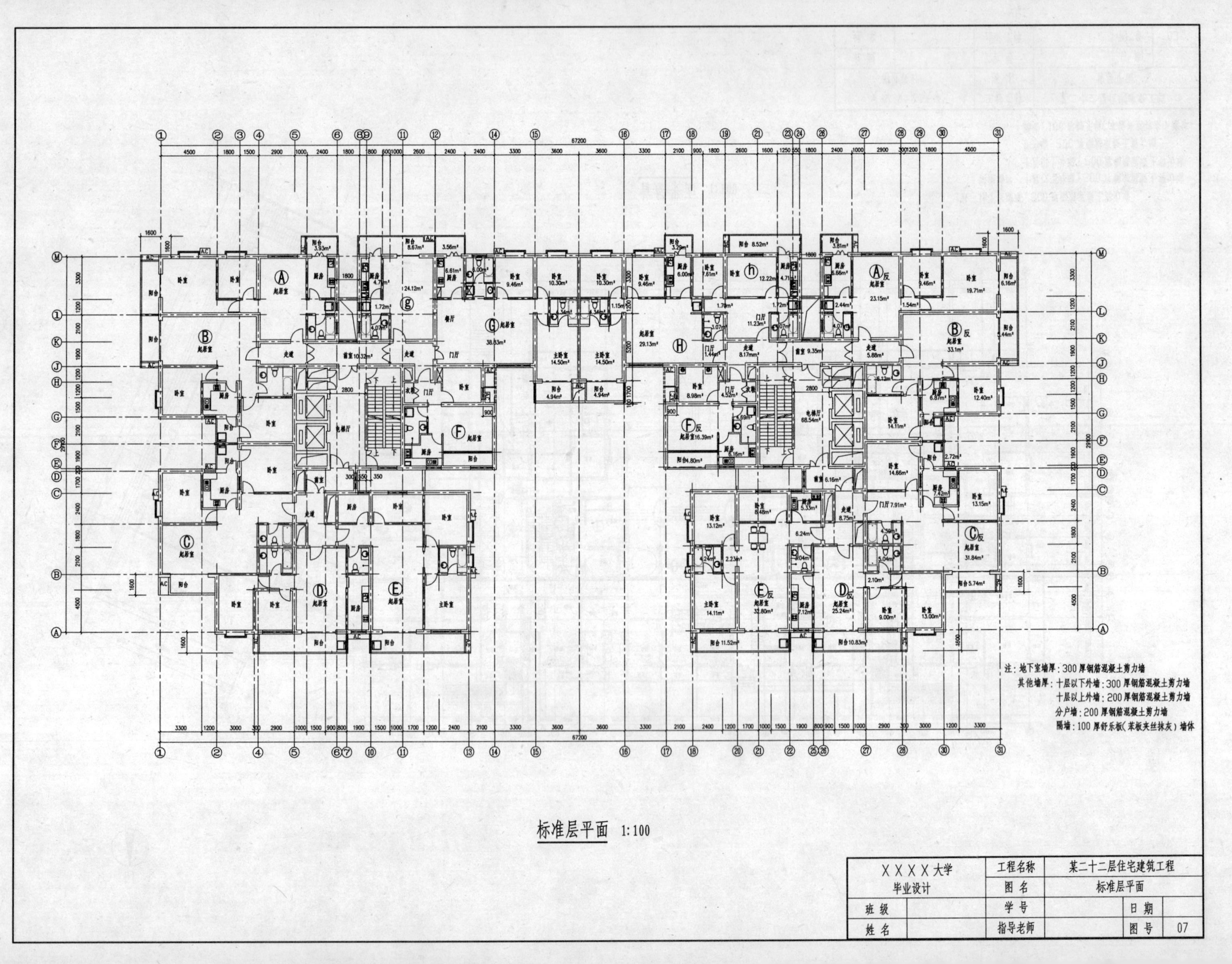
注：地下室墙厚：300厚钢筋混凝土剪力墙
其他墙厚：十层以下外墙：300厚钢筋混凝土剪力墙
十层以上外墙：200厚钢筋混凝土剪力墙
分户墙：200厚钢筋混凝土剪力墙
隔墙：100厚舒乐板（苯板夹丝抹灰）墙体
标准层平面 1:100
XXXX大学
毕业设计
班级
姓名
工程名称
某二十二层住宅建筑工程
图名
标准层平面
学号
指导老师
日期
图号
07

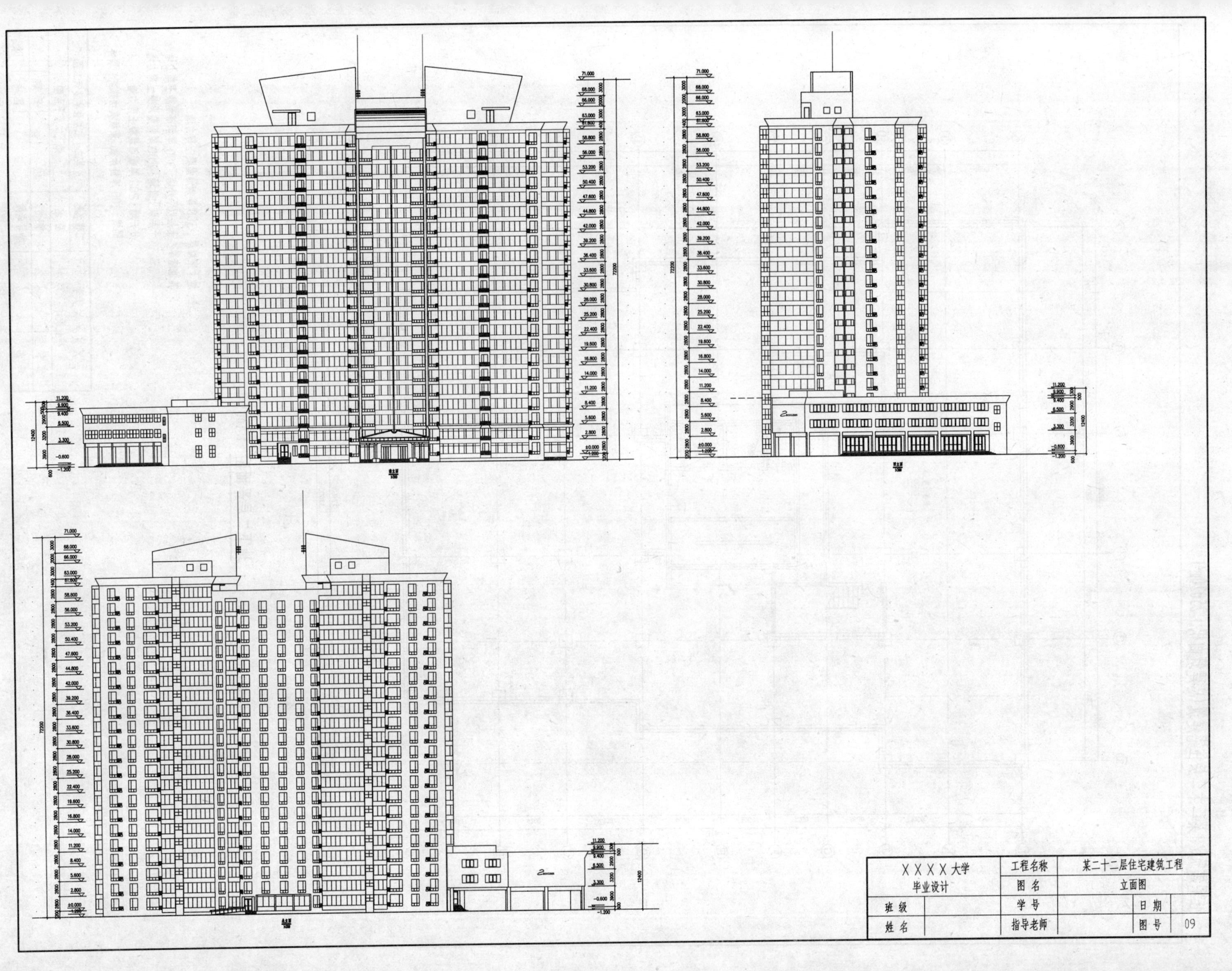

XXXX大学
毕业设计
班级
姓名
工程名称
某二十二层住宅建筑工程
图名
立面图
学号
日期
指导老师
图号
09

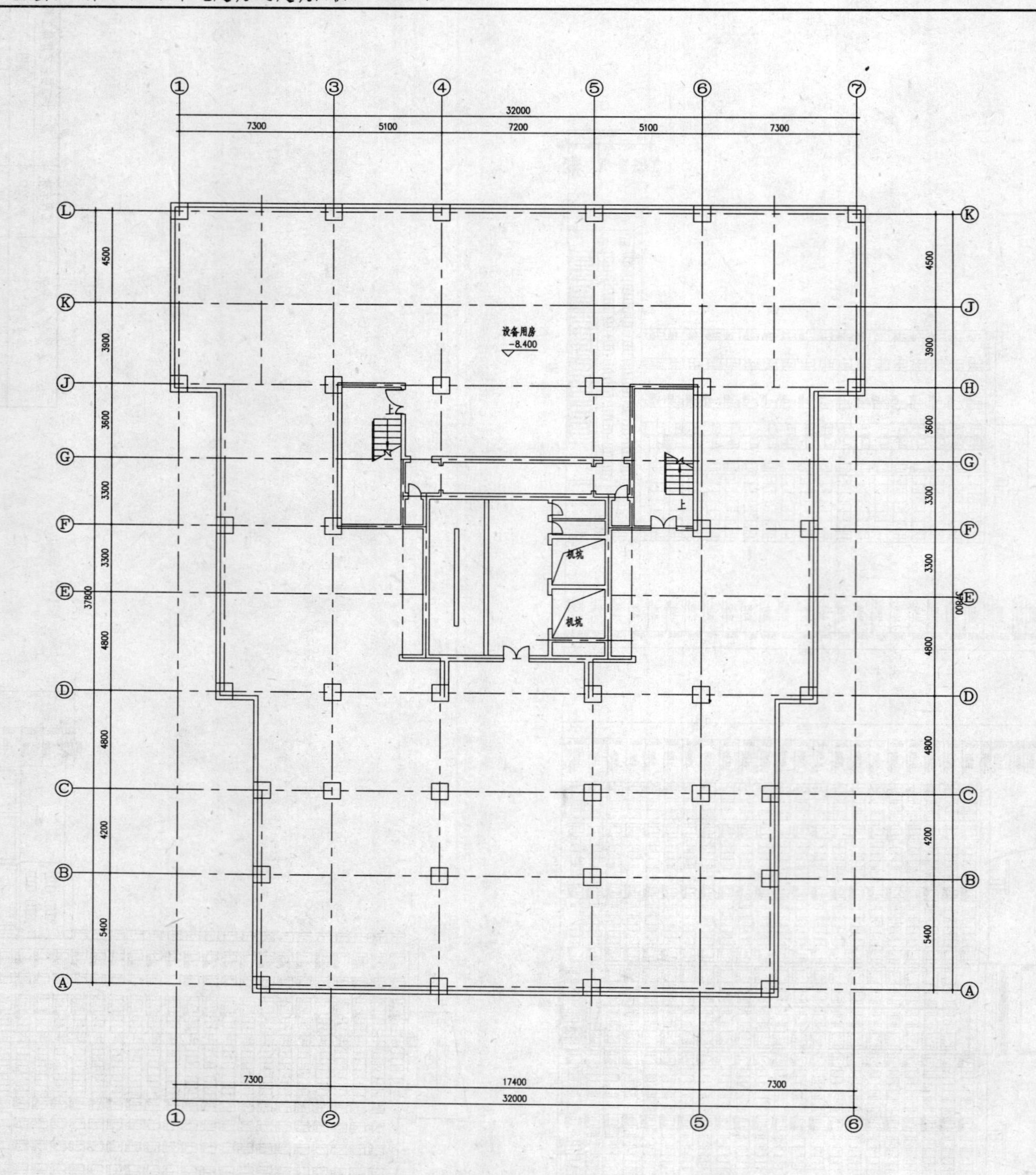

地下二层平面图 1:100

注：地下室墙厚：300厚钢筋混凝土剪力墙
其他墙厚：十层以下外墙：300厚钢筋混凝土剪力墙
十层以上外墙：200厚钢筋混凝土剪力墙
分户墙：200厚钢筋混凝土剪力墙
隔墙：100厚舒乐板（苯板夹丝抹灰）墙体

XXXX大学 毕业设计		工程名称	某二十二层住宅建筑工程	
		图 名	地下二层平面图	
班 级		学 号		日 期
姓 名		指导老师		图 号 01

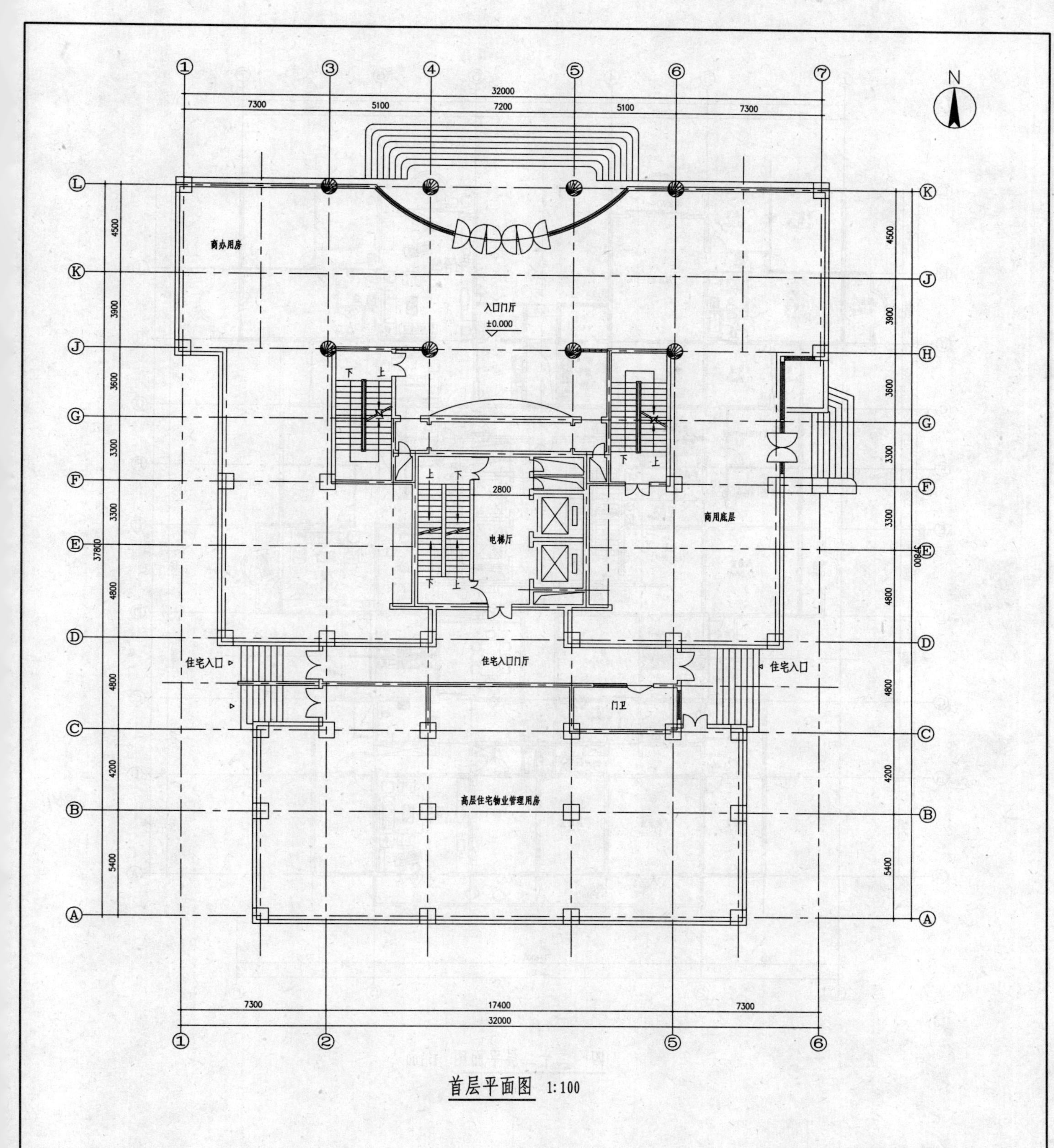

首层平面图 1:100

注：地下室墙厚：300厚钢筋混凝土剪力墙
其他墙厚：十层以下外墙：300厚钢筋混凝土剪力墙
十层以上外墙：200厚钢筋混凝土剪力墙
分户墙：200厚钢筋混凝土剪力墙
隔墙：100厚舒乐板（苯板夹丝抹灰）墙体

XXXX大学 毕业设计		工程名称	某二十二层住宅建筑工程	
		图名	首层平面图	
班级		学号		日期
姓名		指导老师		图号 03

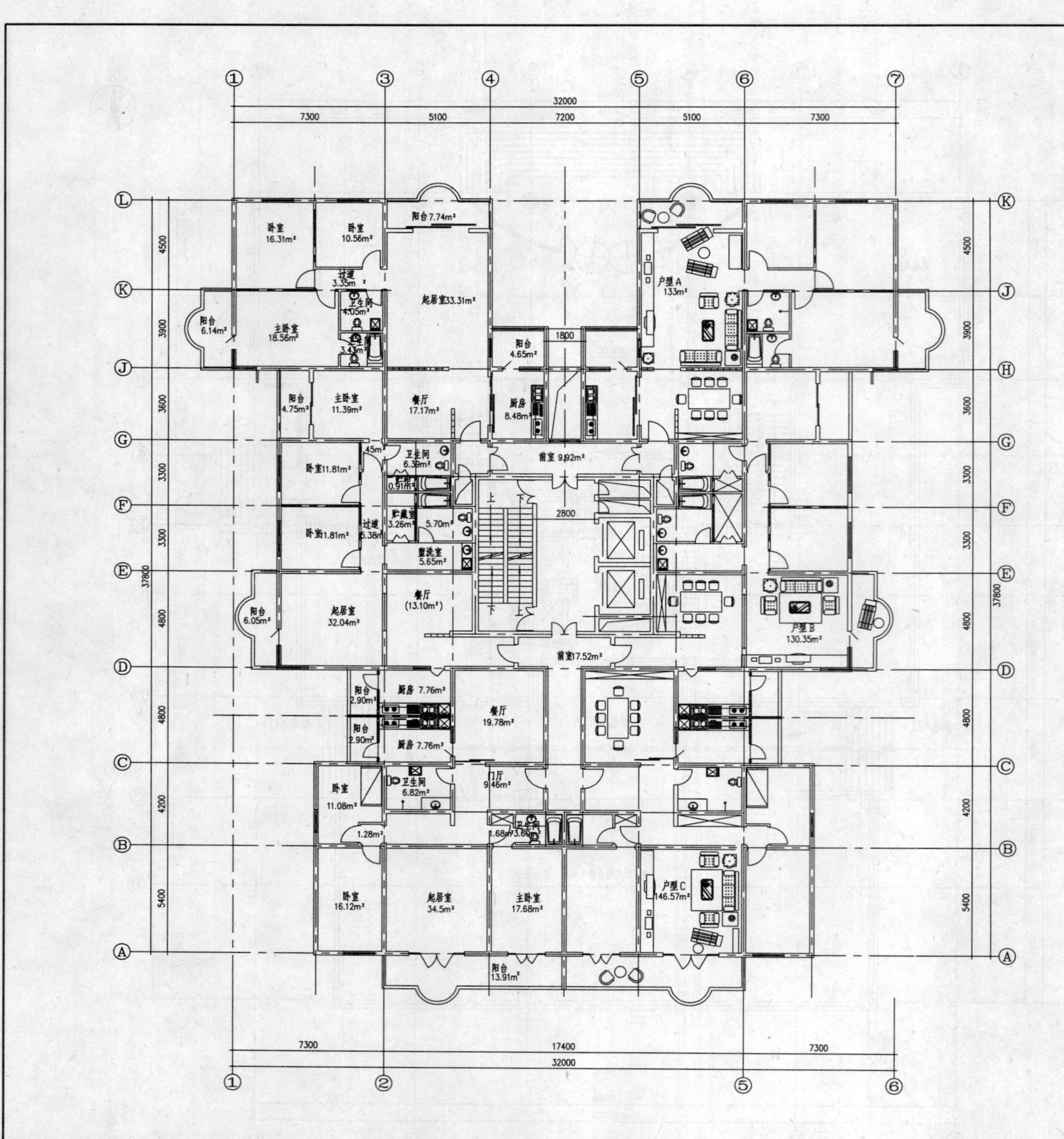

四～二十二层平面图 1:100

注：地下室墙厚：300厚钢筋混凝土剪力墙
其他墙厚：十层以下外墙：300厚钢筋混凝土剪力墙
十层以上外墙：200厚钢筋混凝土剪力墙
分户墙：200厚钢筋混凝土剪力墙
隔墙：100厚舒乐板（苯板夹丝抹灰）墙体

XXXX大学 毕业设计		工程名称	某二十二层住宅建筑工程	
		图名	四～二十二层平面图	
班级		学号		日期
姓名		指导老师		图号 06

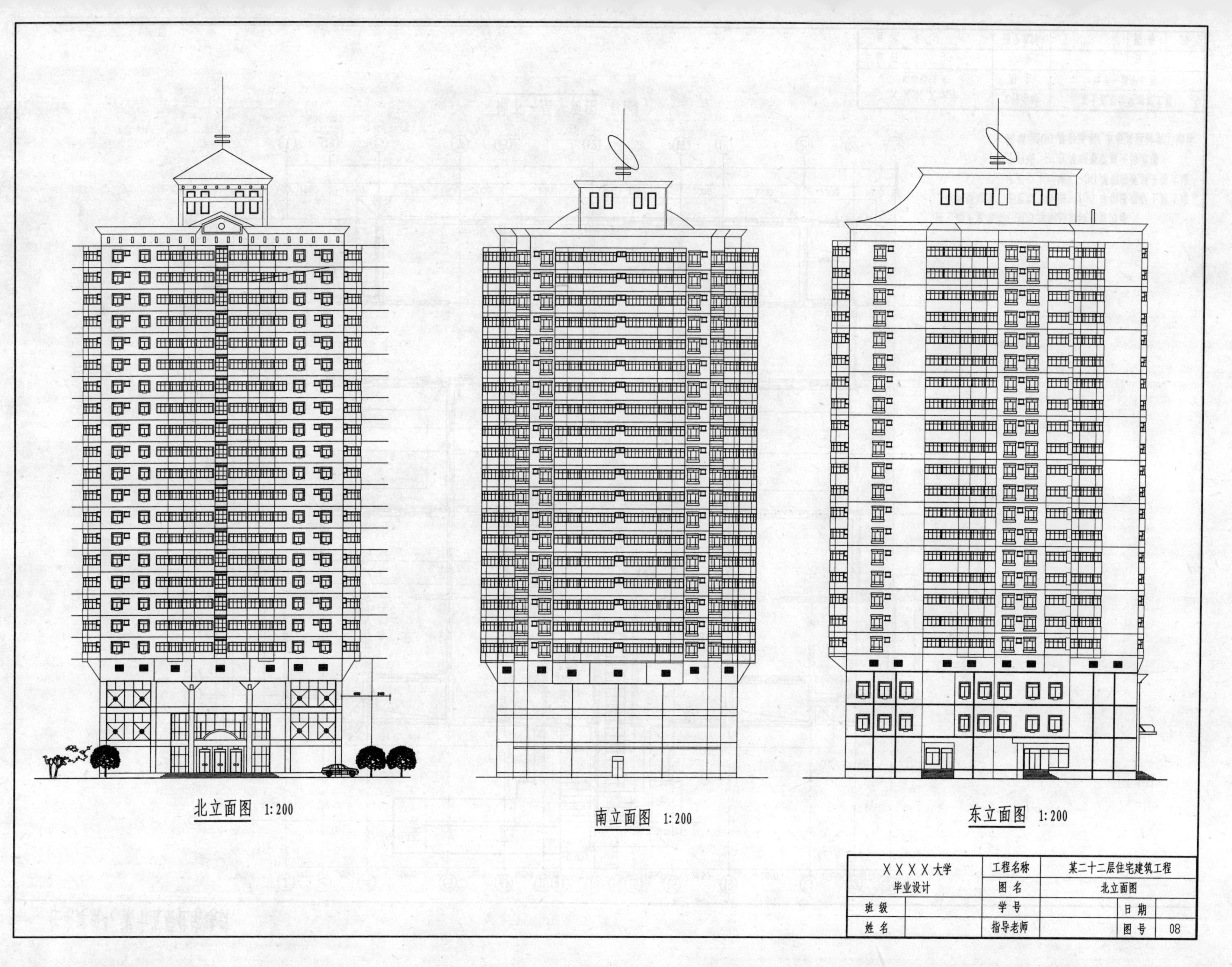
北立面图 1:200
南立面图 1:200
东立面图 1:200
XXXX大学
毕业设计
工程名称
某二十二层住宅建筑工程
图名
北立面图
班级
学号
日期
姓名
指导老师
图号
08

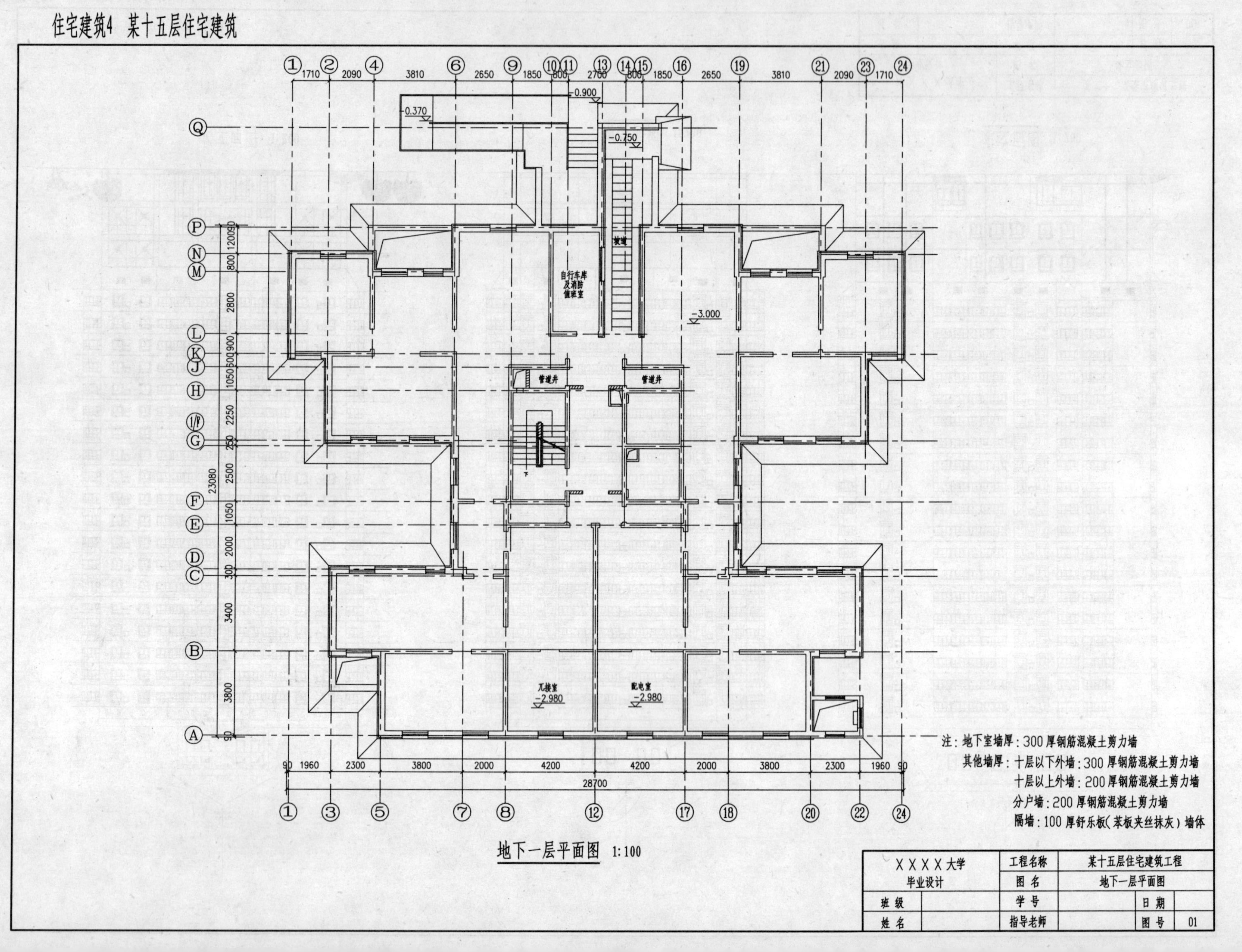

地下一层平面图 1:100

XXXX大学 毕业设计		工程名称	某十五层住宅建筑工程	
		图 名	地下一层平面图	
班 级		学 号	日 期	
姓 名		指导老师	图 号	01

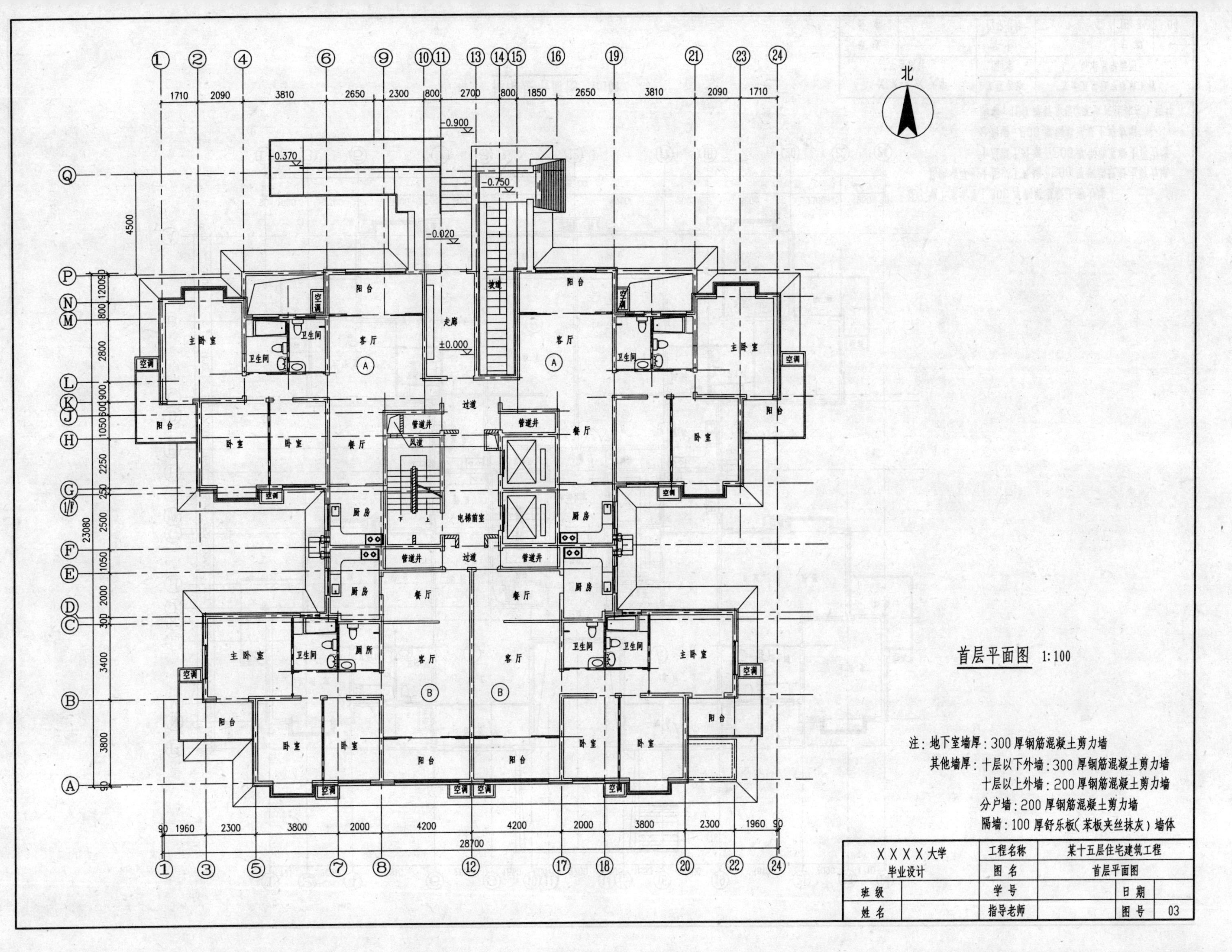
北
首层平面图 1:100
注：地下室墙厚：300厚钢筋混凝土剪力墙
其他墙厚：十层以下外墙：300厚钢筋混凝土剪力墙
十层以上外墙：200厚钢筋混凝土剪力墙
分户墙：200厚钢筋混凝土剪力墙
隔墙：100厚舒乐板（苯板夹丝抹灰）墙体
XXXX大学
毕业设计
班级
姓名
工程名称
某十五层住宅建筑工程
图名
首层平面图
学号
日期
指导老师
图号
03

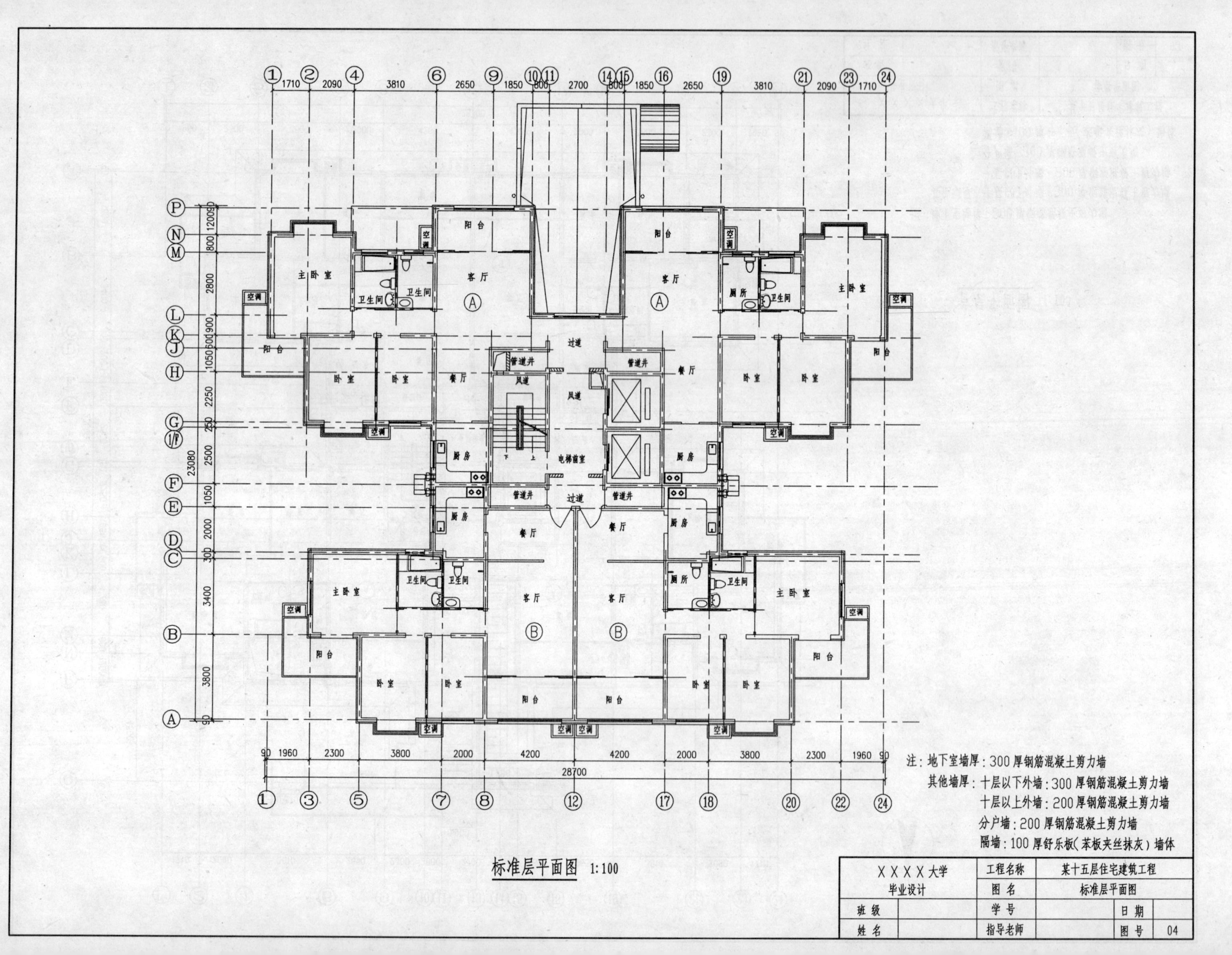
标准层平面图 1:100
注：地下室墙厚：300厚钢筋混凝土剪力墙
其他墙厚：十层以下外墙：300厚钢筋混凝土剪力墙
十层以上外墙：200厚钢筋混凝土剪力墙
分户墙：200厚钢筋混凝土剪力墙
隔墙：100厚舒乐板（苯板夹丝抹灰）墙体
XXXX大学
毕业设计
工程名称
某十五层住宅建筑工程
图名
标准层平面图
班级
学号
日期
姓名
指导老师
图号
04

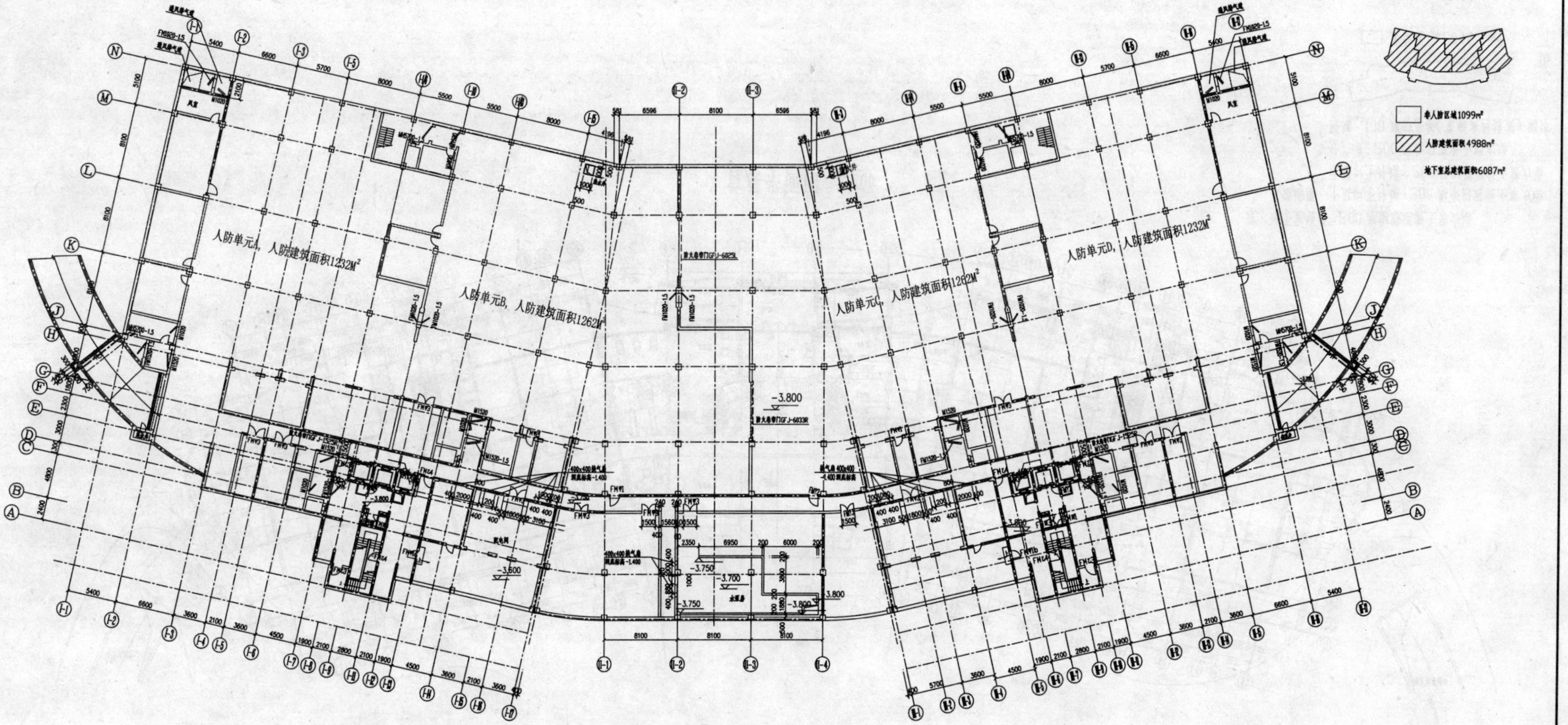

人防单元A，人防建筑面积1232M²

人防单元B，人防建筑面积1262M²

人防单元C，人防建筑面积1262M²

人防单元D，人防建筑面积1232M²

非人防区域1099m²

人防建筑面积4988m²

地下室总建筑面积6087m²

地下室平面图　1:200

注：地下室墙厚：300厚钢筋混凝土剪力墙

其他墙厚：十层以下外墙：300厚钢筋混凝土剪力墙

十层以上外墙：200厚钢筋混凝土剪力墙

分户墙：200厚钢筋混凝土剪力墙

隔墙：100厚舒乐板(苯板夹丝抹灰)墙体

XXXX大学 毕业设计		工程名称	某二十一层住宅建筑工程	
		图名	地下室平面图	
班级		学号	日期	
姓名		指导老师	图号	01

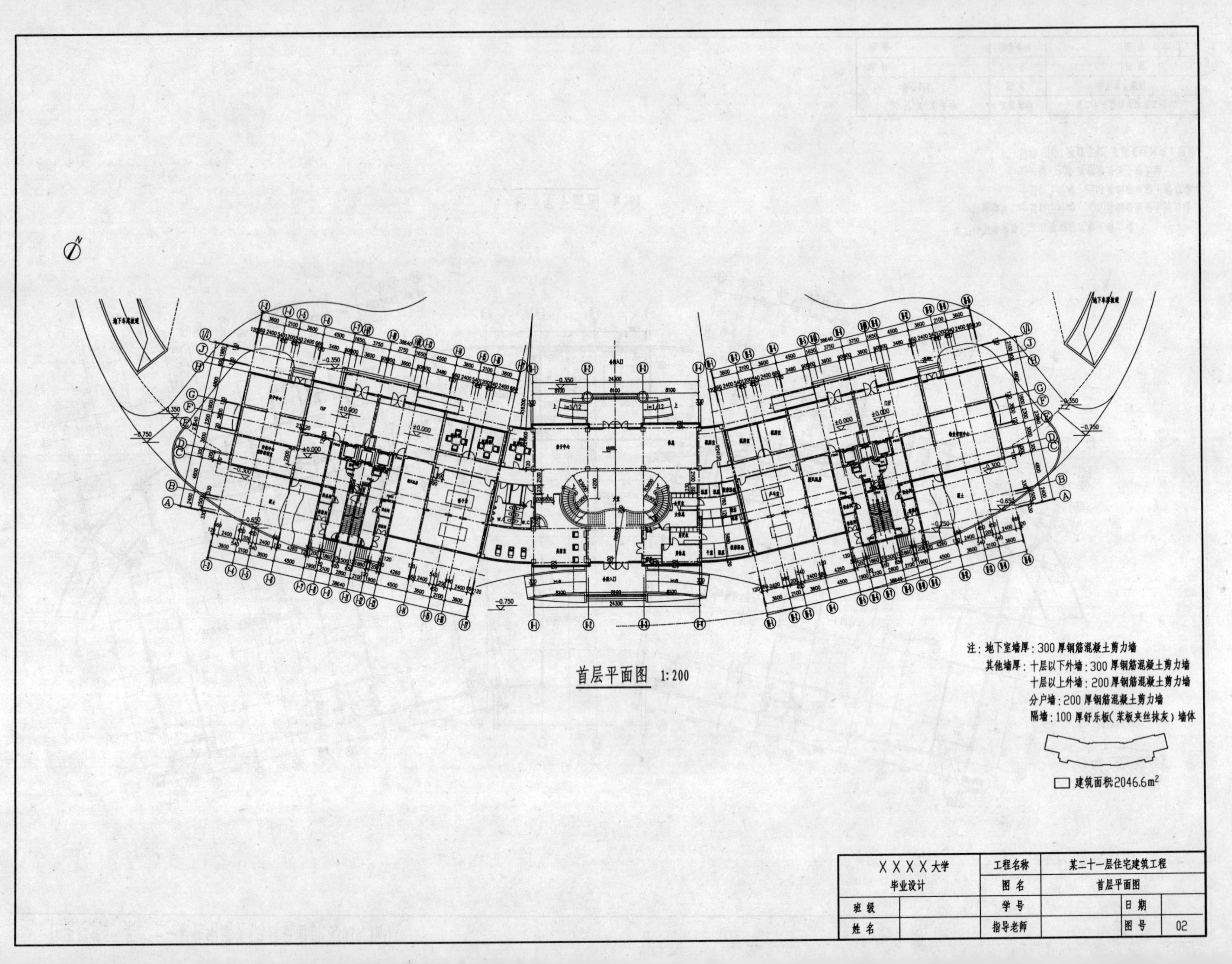
地下车库坡道
首层平面图 1:200
注：地下室墙厚：300厚钢筋混凝土剪力墙
其他墙厚：十层以下外墙：300厚钢筋混凝土剪力墙
十层以上外墙：200厚钢筋混凝土剪力墙
分户墙：200厚钢筋混凝土剪力墙
隔墙：100厚舒乐板（苯板夹丝抹灰）墙体
建筑面积2046.6m²
XXXX大学
毕业设计
工程名称
某二十一层住宅建筑工程
图名
首层平面图
班级
学号
日期
姓名
指导老师
图号
02

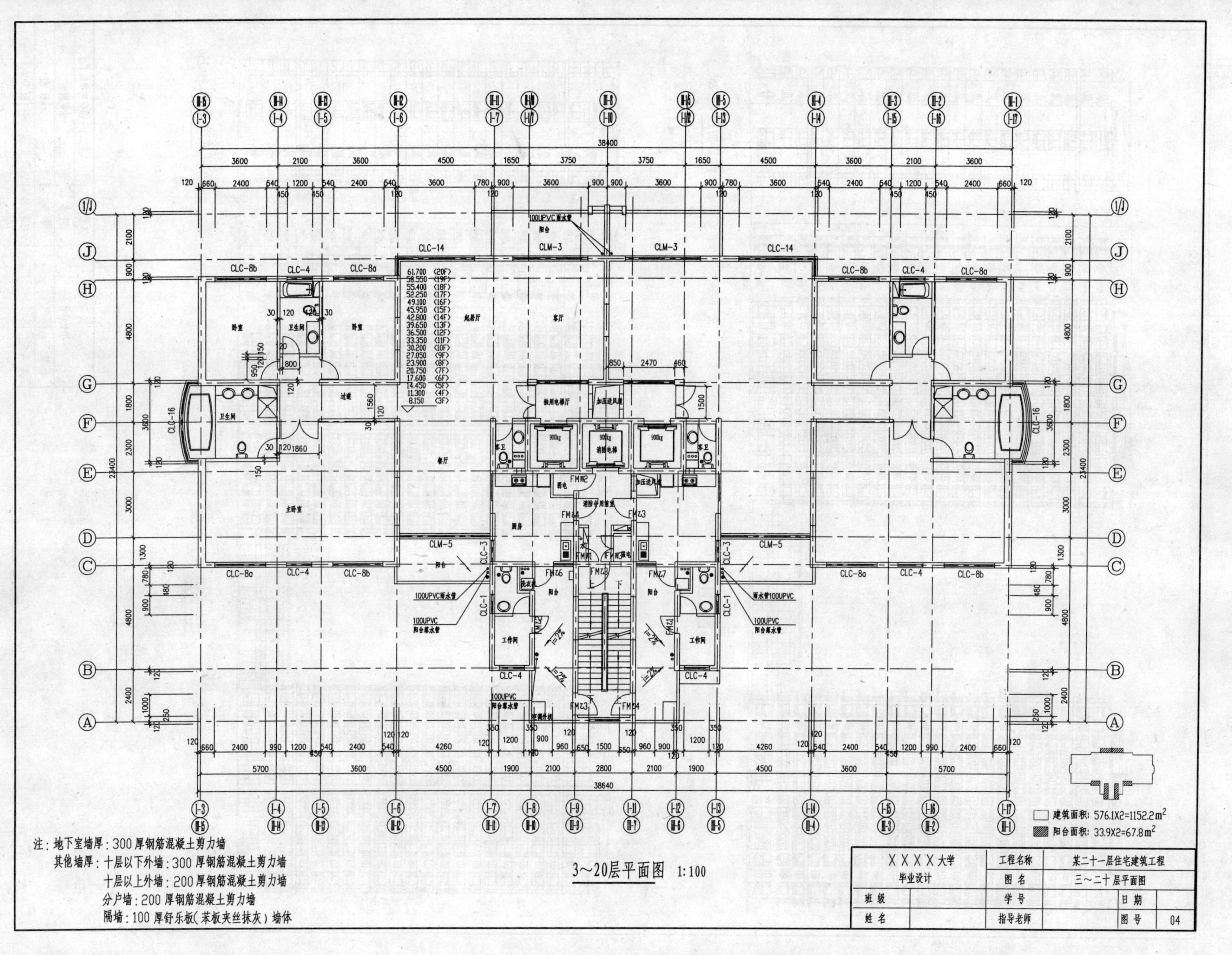

3~20层平面图 1:100
注：地下室墙厚：300厚钢筋混凝土剪力墙
其他墙厚：十层以下外墙：300厚钢筋混凝土剪力墙
十层以上外墙：200厚钢筋混凝土剪力墙
分户墙：200厚钢筋混凝土剪力墙
隔墙：100厚钎乐板（苯板夹丝抹灰）墙体
建筑面积：576.1X2=1152.2m2
阳台面积：33.9X2=67.8m2
XXXX大学
毕业设计
工程名称
某二十一层住宅建筑工程
图名
三～二十层平面图
班级
学号
日期
姓名
指导老师
图号
04

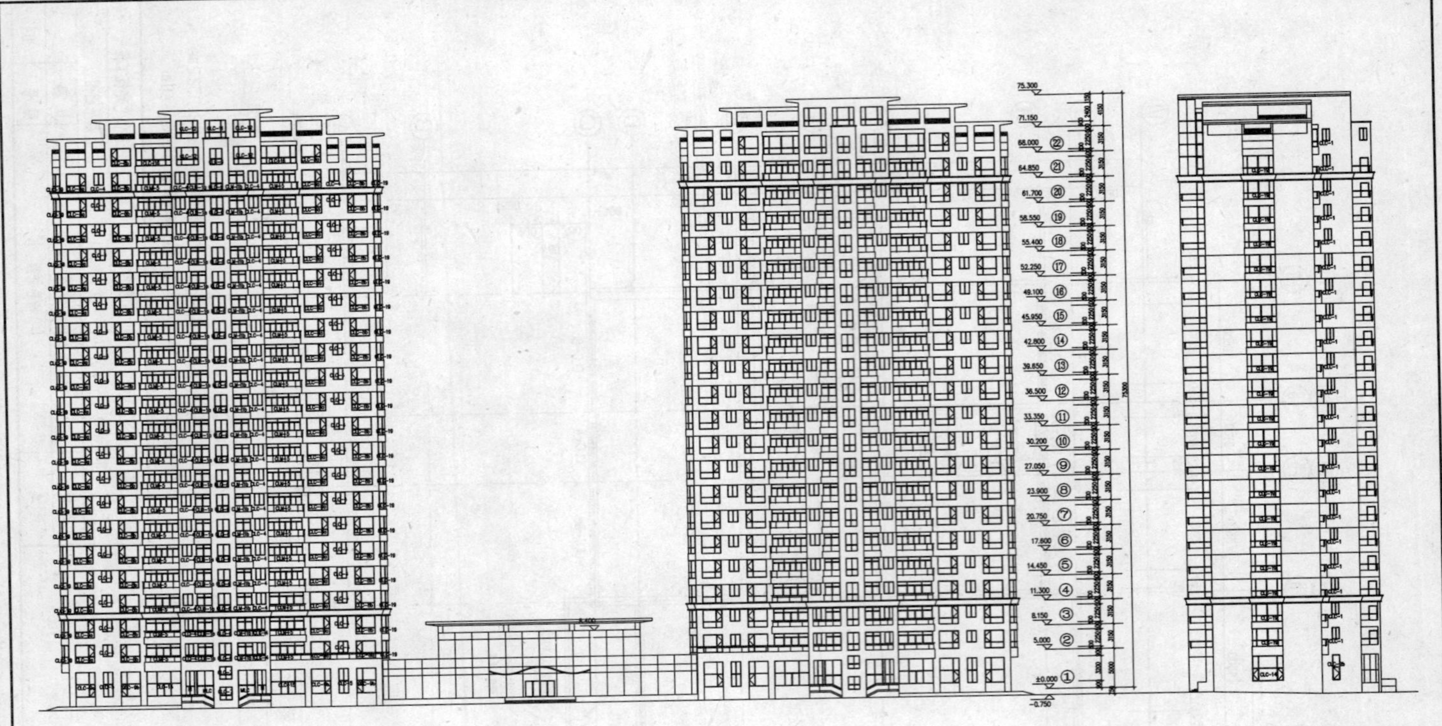

南立面图 1:250

西立面图 1:250

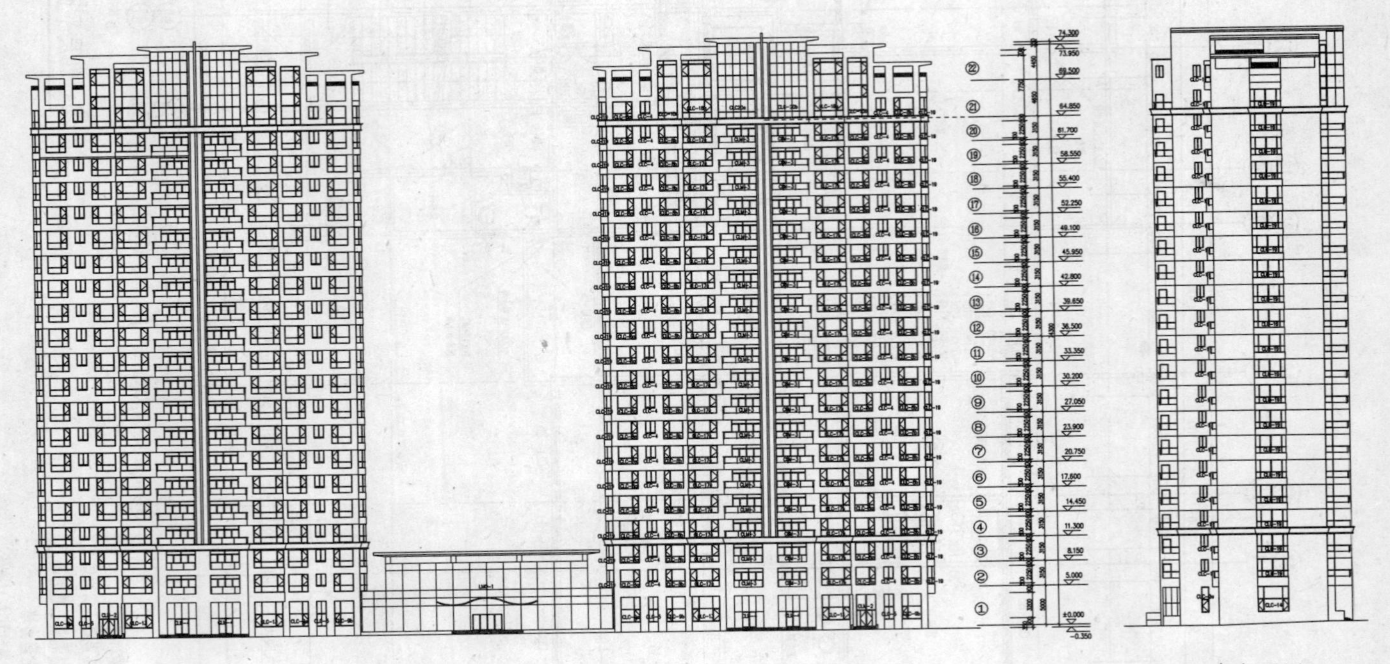

北立面图 1:250

东立面图 1:250

XXXX大学 毕业设计		工程名称	某二十一层住宅建筑工程		
		图名	立面图		
班级		学号		日期	
姓名		指导老师		图号	07

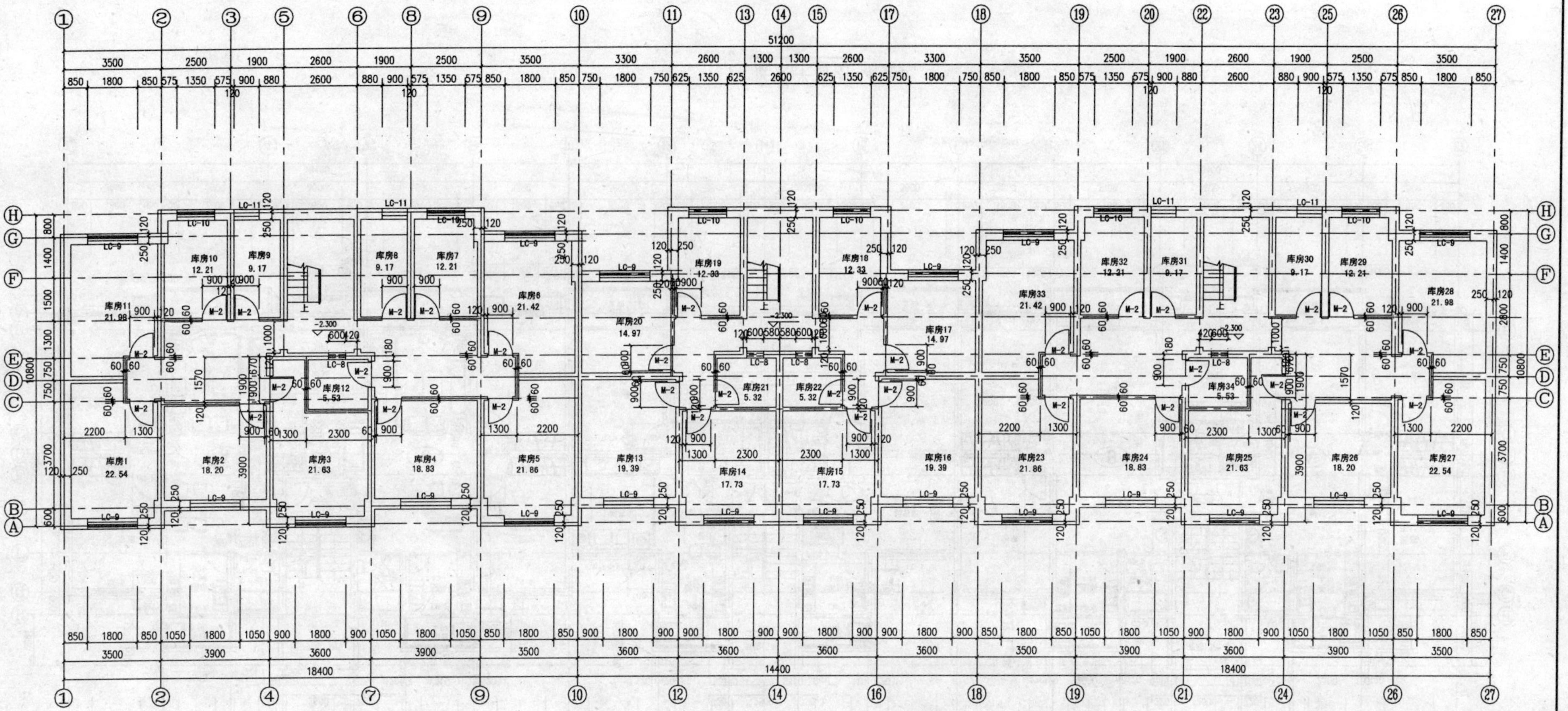

半地下室平面图　1:100

说明：室内标注为分摊后建筑面积（单位㎡）

XXXX大学 毕业设计		工程名称	某六层高级住宅建筑工程	
		图名	半地下室平面图	
班级		学号	日期	
姓名		指导老师	图号	01

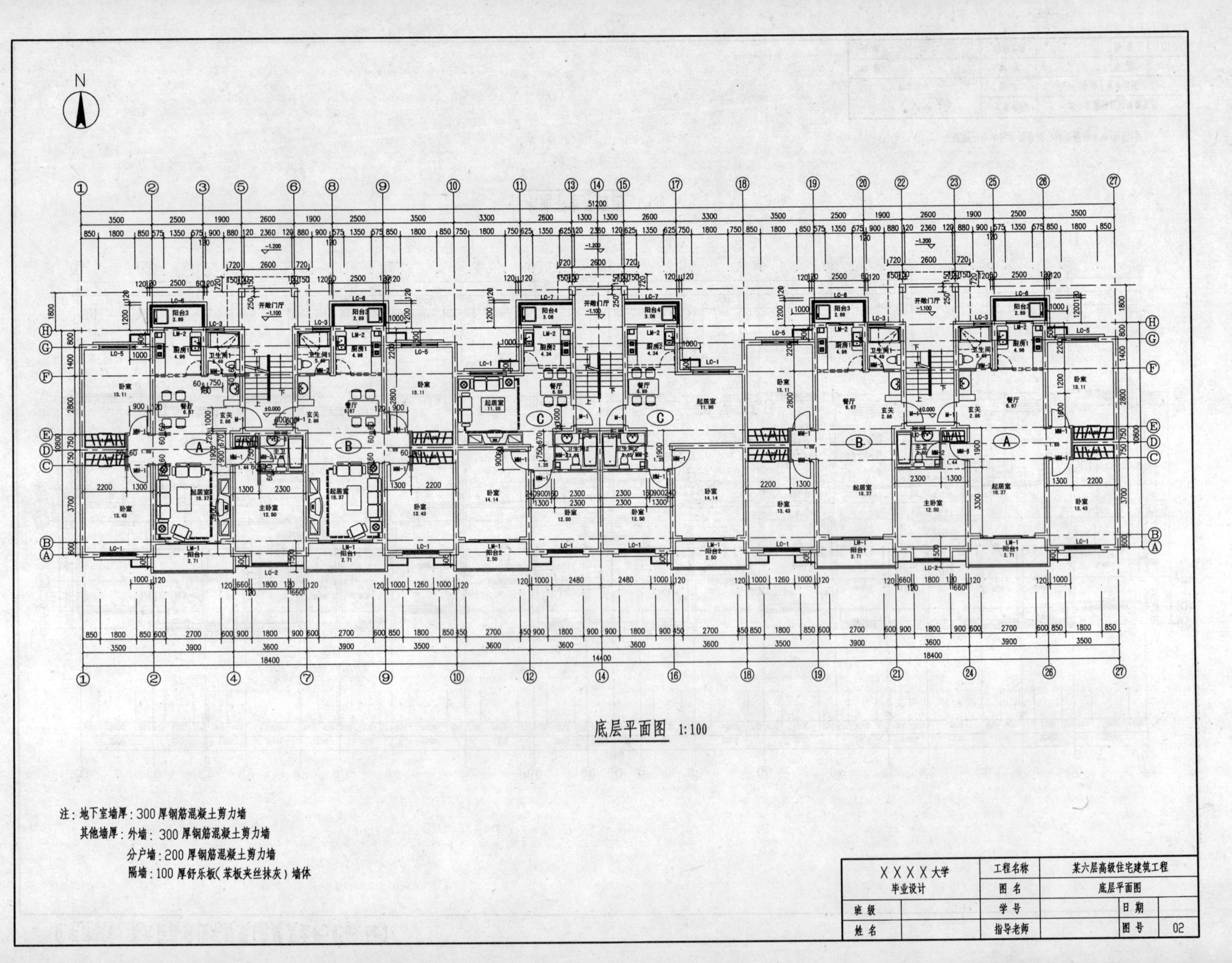

N
卧室
餐厅
玄关
起居室
主卧室
厨房1
厨房2
卫生间1
卫生间2
阳台1
阳台2
阳台3
阳台4
开敞门厅
底层平面图 1:100
注：地下室墙厚：300厚钢筋混凝土剪力墙
其他墙厚：外墙：300厚钢筋混凝土剪力墙
分户墙：200厚钢筋混凝土剪力墙
隔墙：100厚舒乐板（苯板夹丝抹灰）墙体
XXXX大学
毕业设计
班级
姓名
工程名称
某六层高级住宅建筑工程
图名
底层平面图
学号
指导老师
日期
图号
02

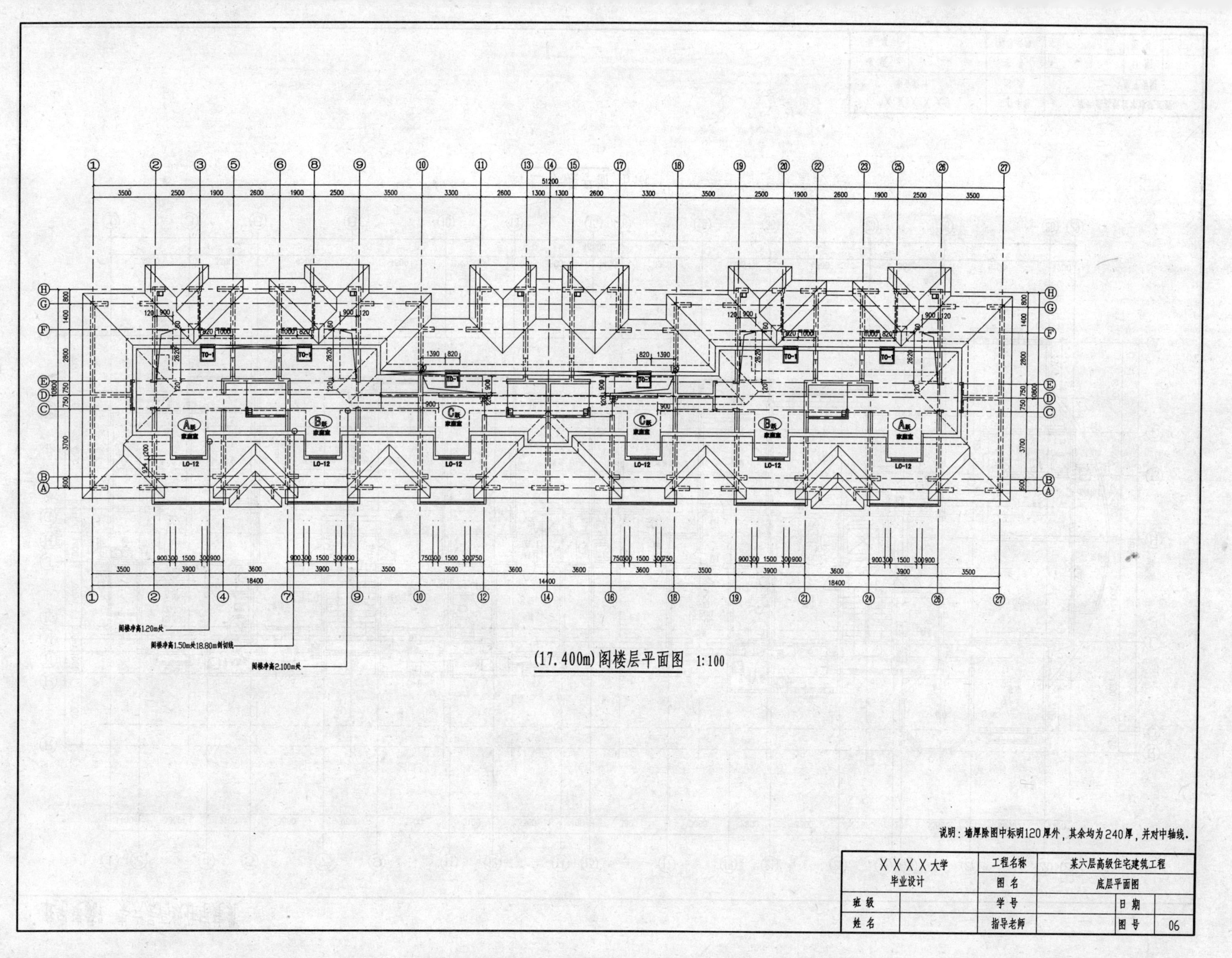
阁楼净高1.20m处
阁楼净高1.50m处18.80m剖切线
阁楼净高2.100m处
(17.400m)阁楼层平面图 1:100
说明：墙厚除图中标明120厚外，其余均为240厚，并对中轴线。
XXXX大学
毕业设计
班级
姓名
工程名称
某六层高级住宅建筑工程
图名
底层平面图
学号
指导老师
日期
图号
06

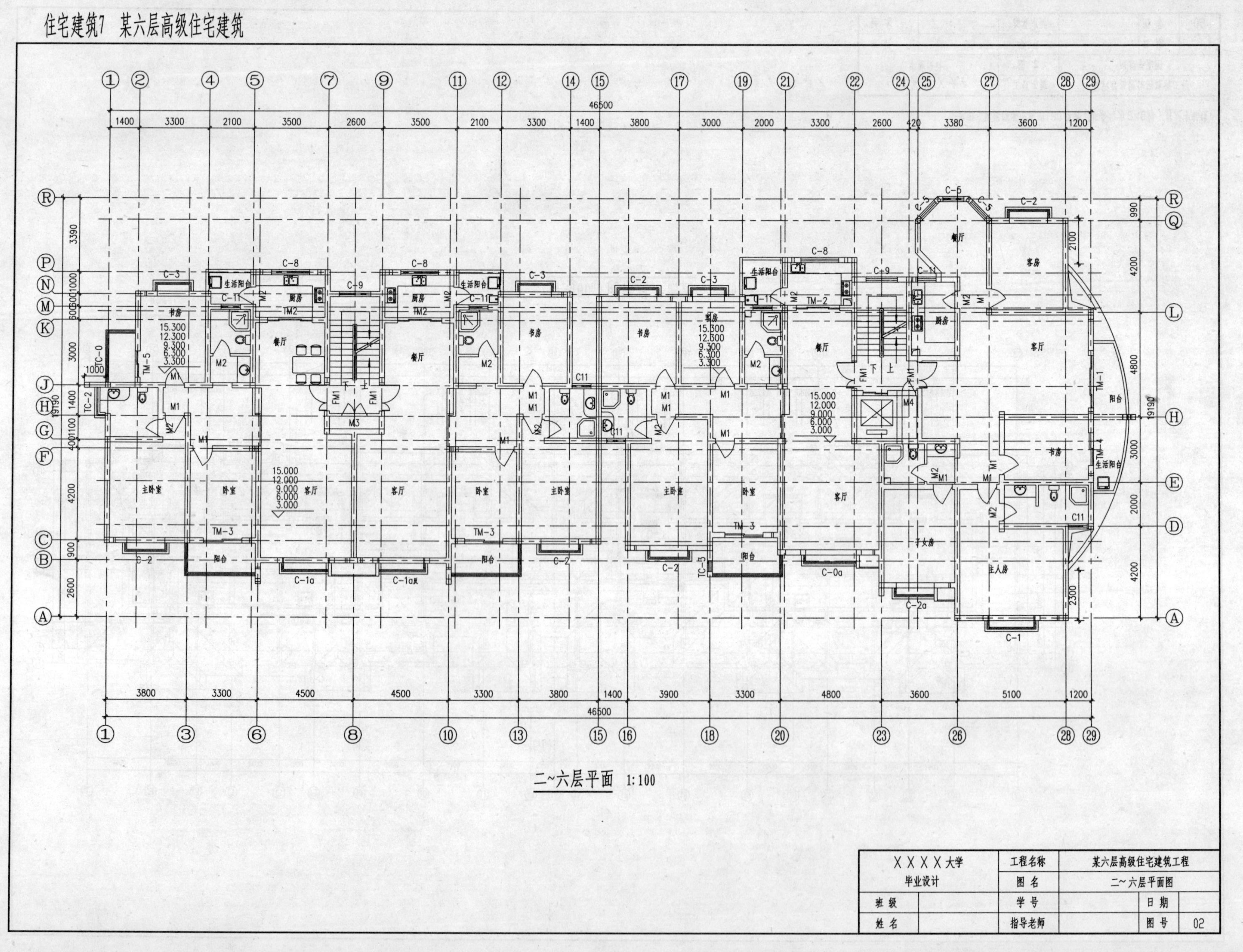

二~六层平面　1:100

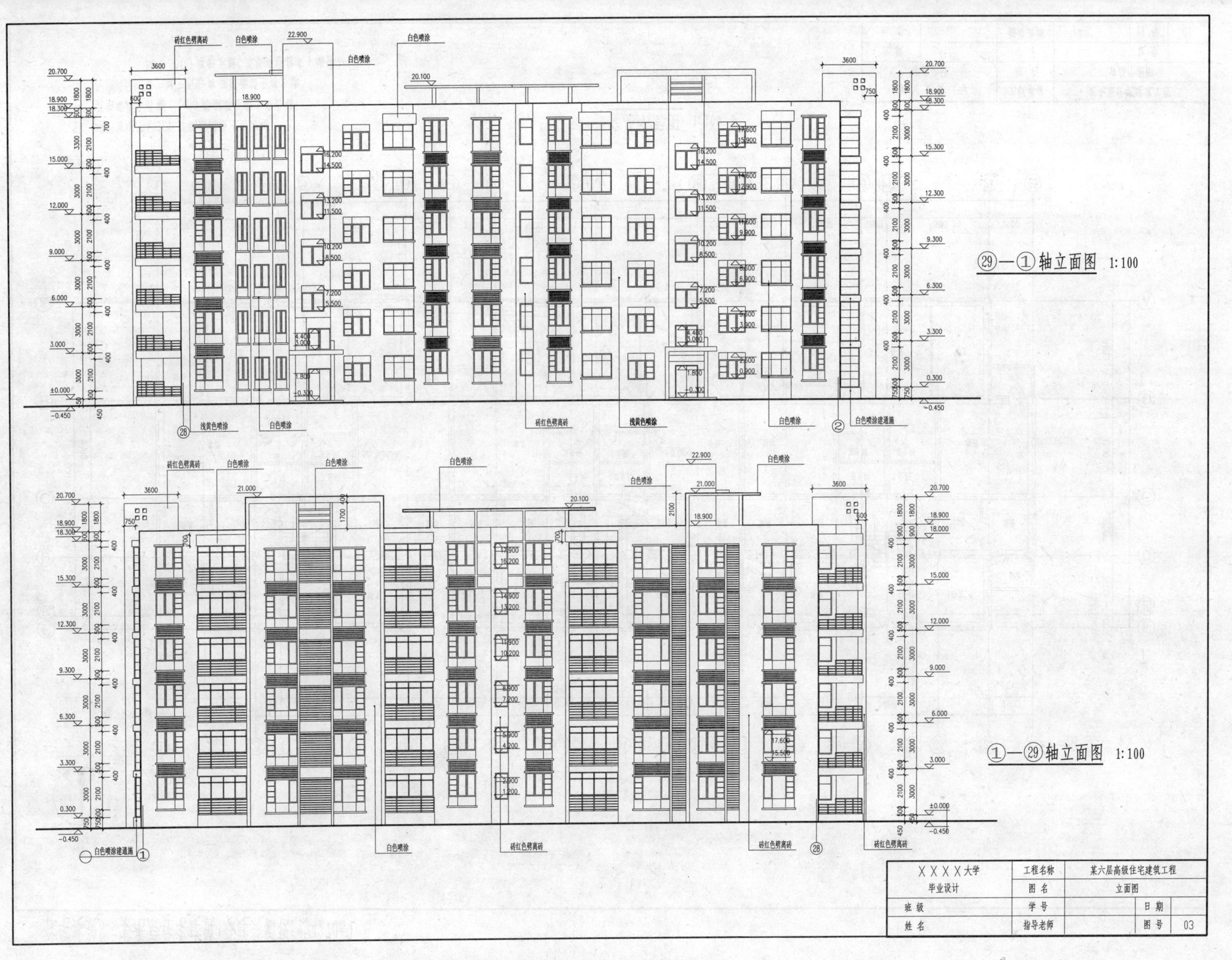

砖红色劈离砖
白色喷涂
浅黄色喷涂
白色喷涂建通施
㉙—①轴立面图 1:100
①—㉙轴立面图 1:100
XXXX大学
毕业设计
班级
姓名
工程名称
某六层高级住宅建筑工程
图名
立面图
学号
日期
指导老师
图号
03

住宅建筑8　某七层住宅建筑(总建筑面积:约4270m²)

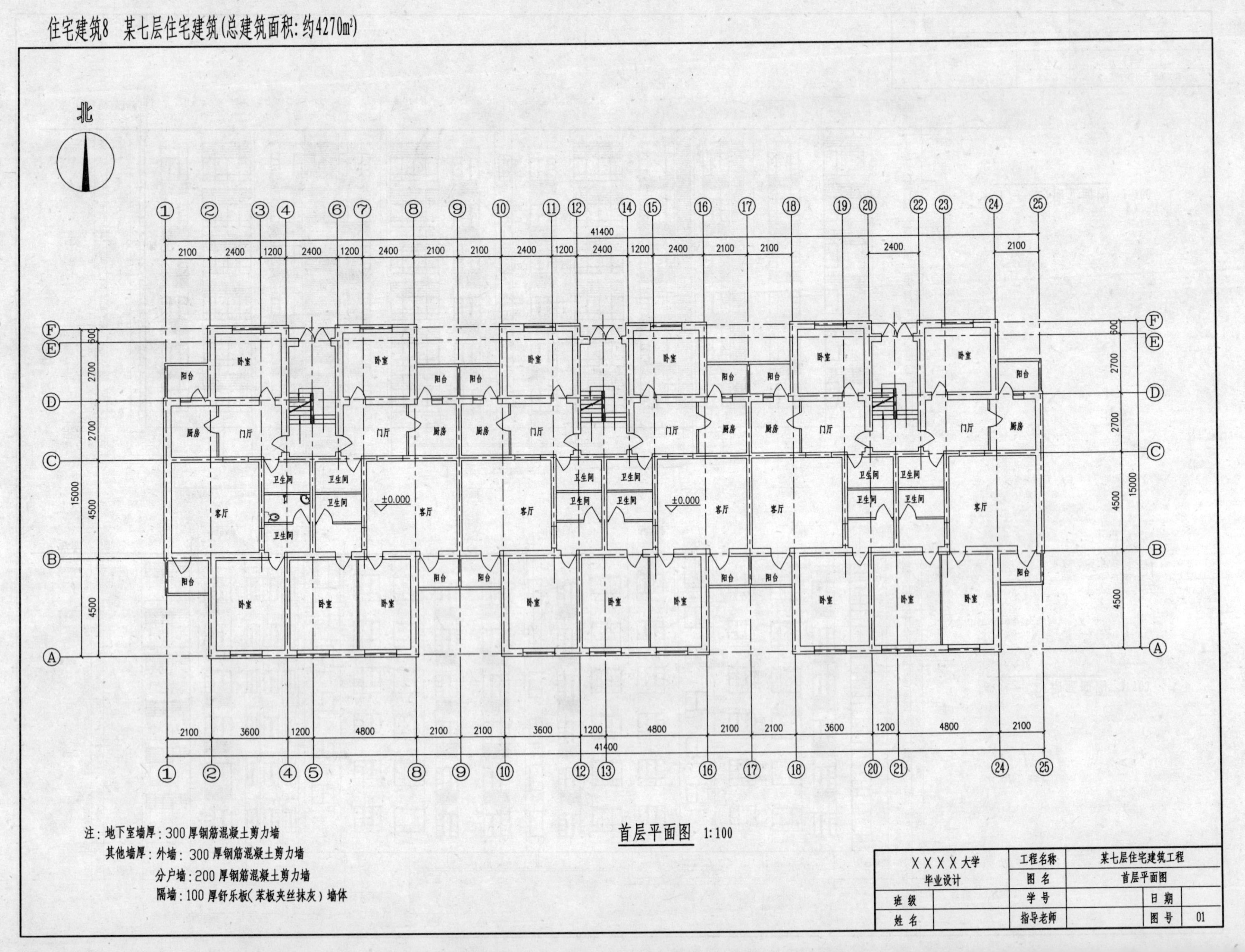

首层平面图　1:100

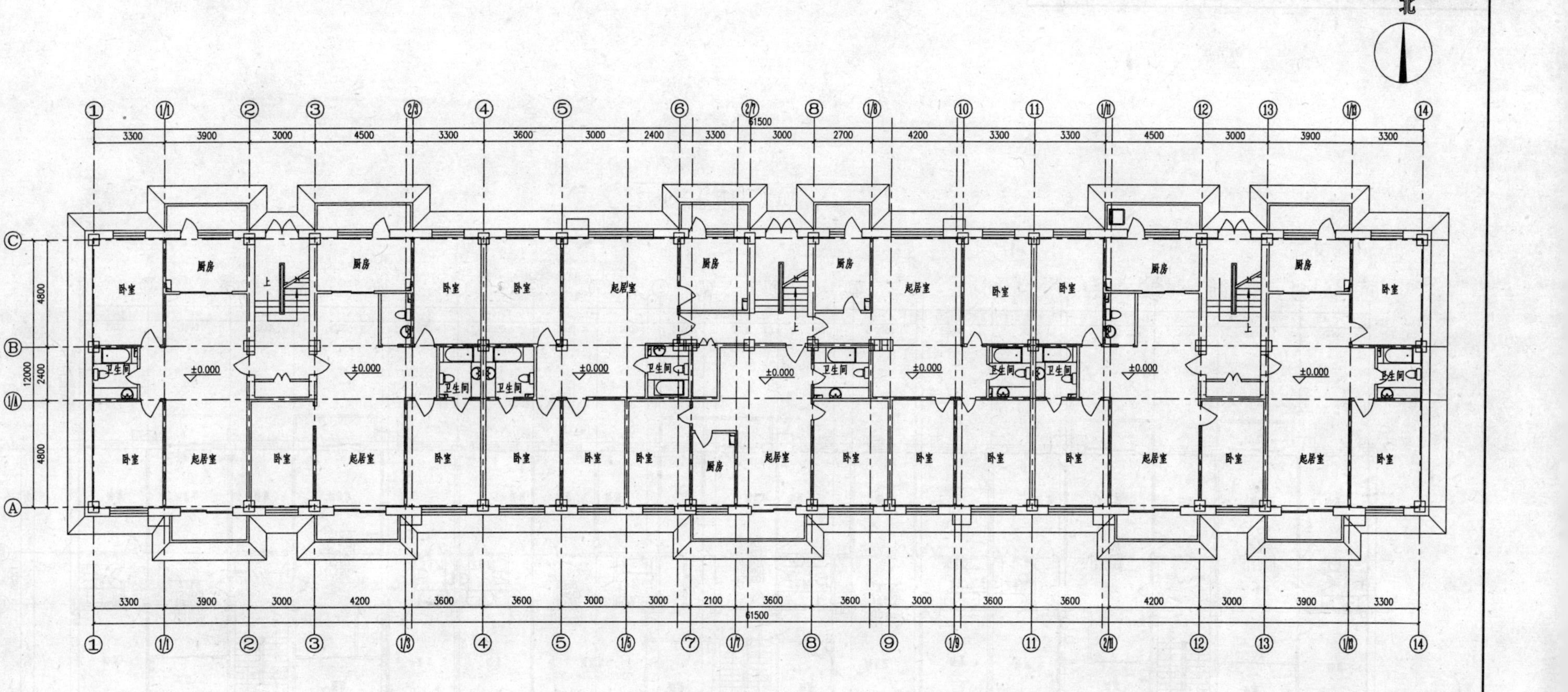

住宅建筑9 某六层住宅建筑(总建筑面积：4428m^2)

首层平面图 1:100

注：地下室墙厚：300厚钢筋混凝土剪力墙
其他墙厚：外墙：300厚钢筋混凝土剪力墙
分户墙：200厚钢筋混凝土剪力墙
隔墙：100厚舒乐板(苯板夹丝抹灰)墙体

XXXX大学		工程名称	某六层住宅建筑工程	
课程设计		图 名	首层平面图	
班 级		学 号		日 期
姓 名		指导老师		图 号 01

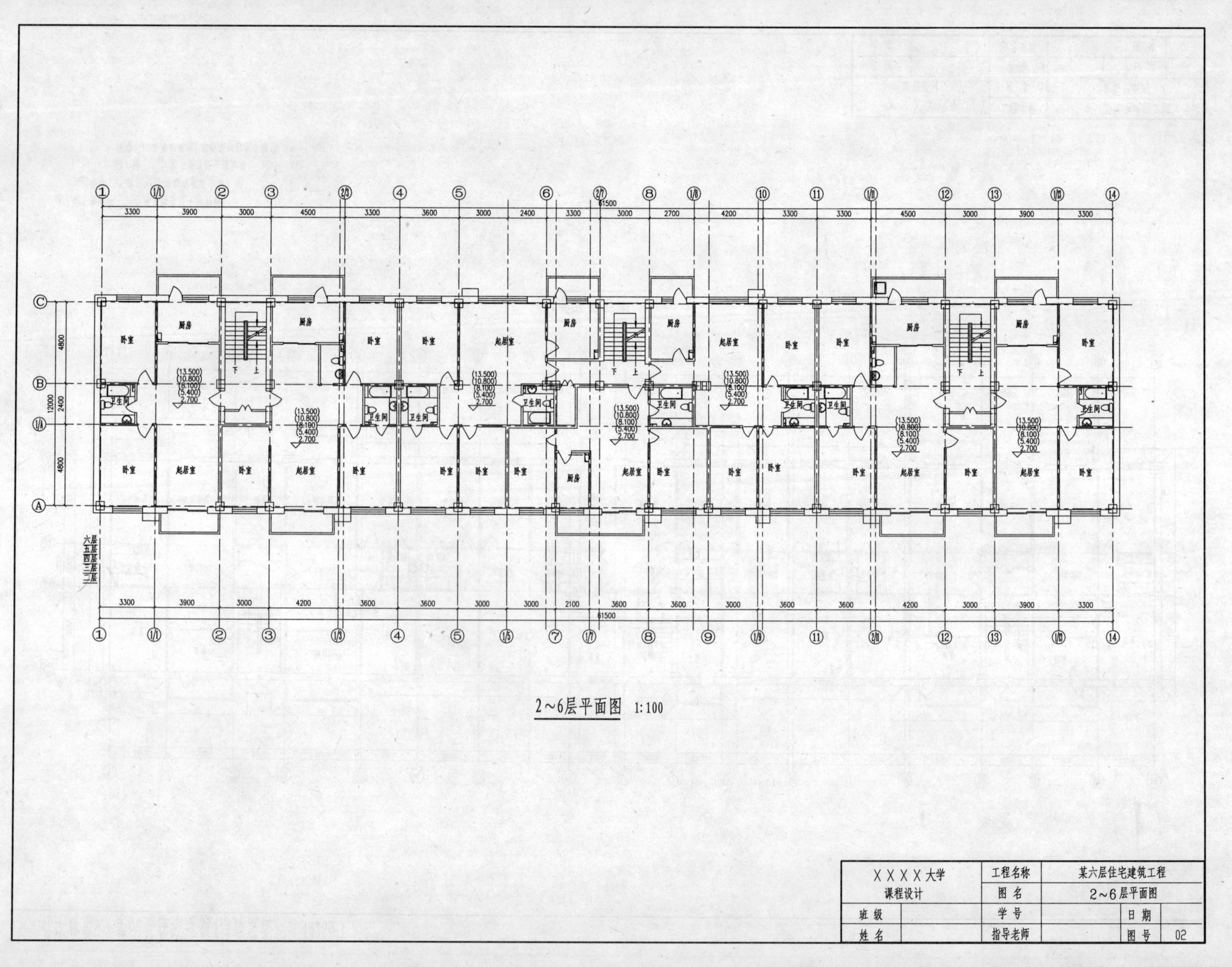

2~6层平面图 1:100

XXXX大学 课程设计	工程名称	某六层住宅建筑工程	
	图 名	2~6层平面图	
班 级	学 号	日 期	
姓 名	指导老师	图 号	02

住宅建筑10　某六层底商住宅建筑(首层为商铺，五层以上为复式住宅)

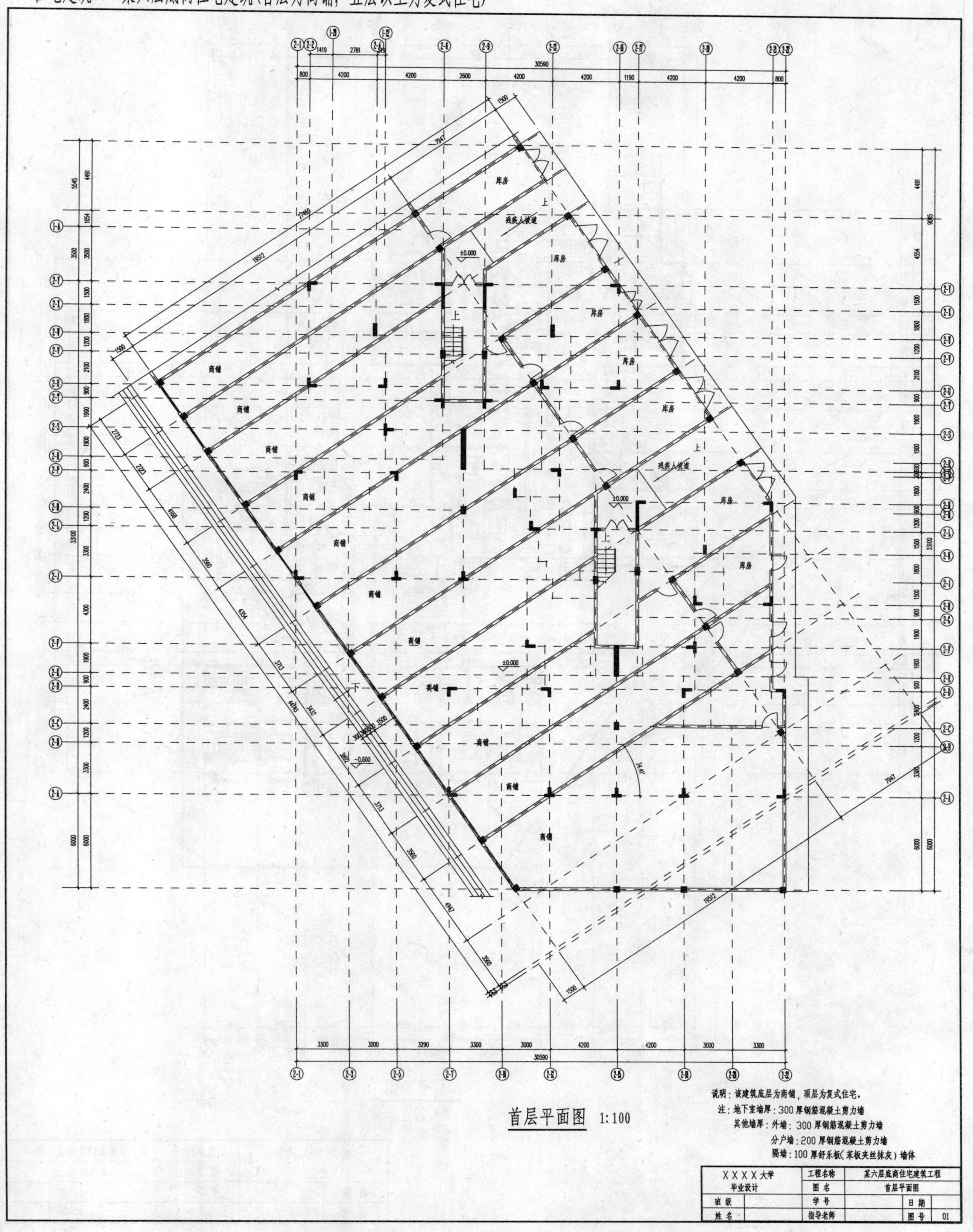

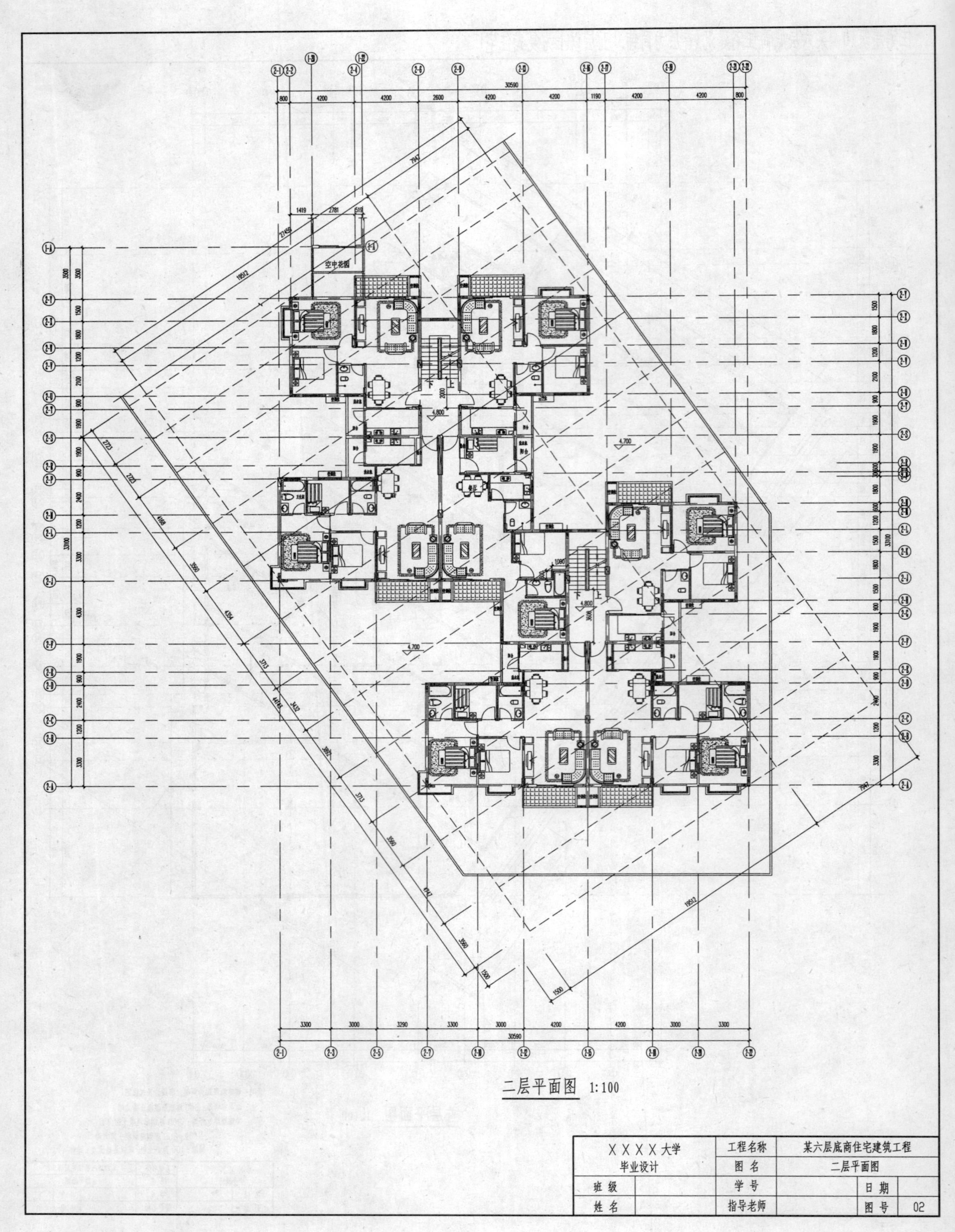

二层平面图 1:100
XXXX大学
毕业设计
工程名称
某六层底商住宅建筑工程
图 名
二层平面图
班 级
学 号
日 期
姓 名
指导老师
图 号
02

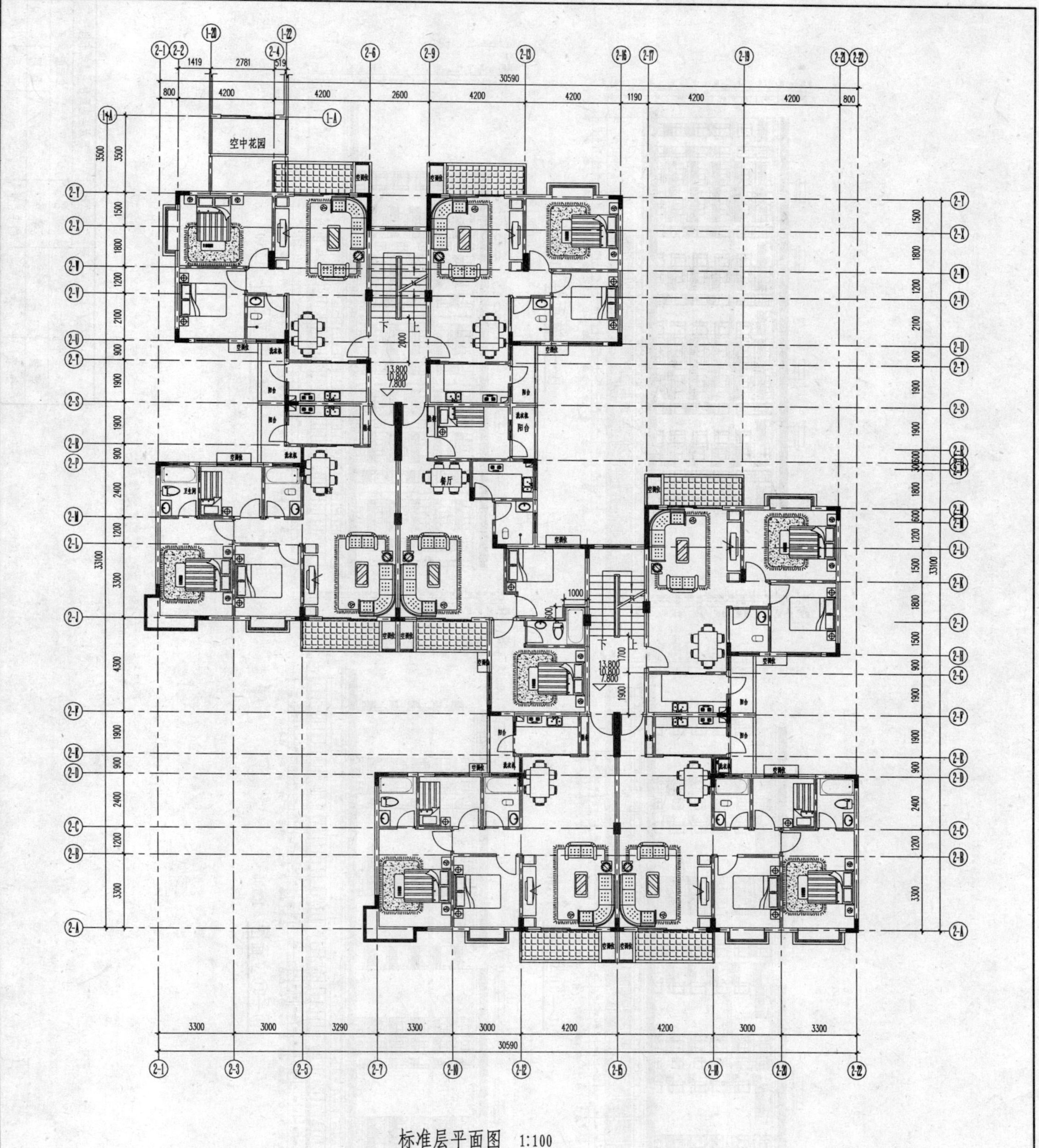

标准层平面图　1:100

ＸＸＸＸ大学 毕业设计		工程名称	某六层底商住宅建筑工程		
		图　名	标准层平面图		
班　级		学　号		日　期	
姓　名		指导老师		图　号	03

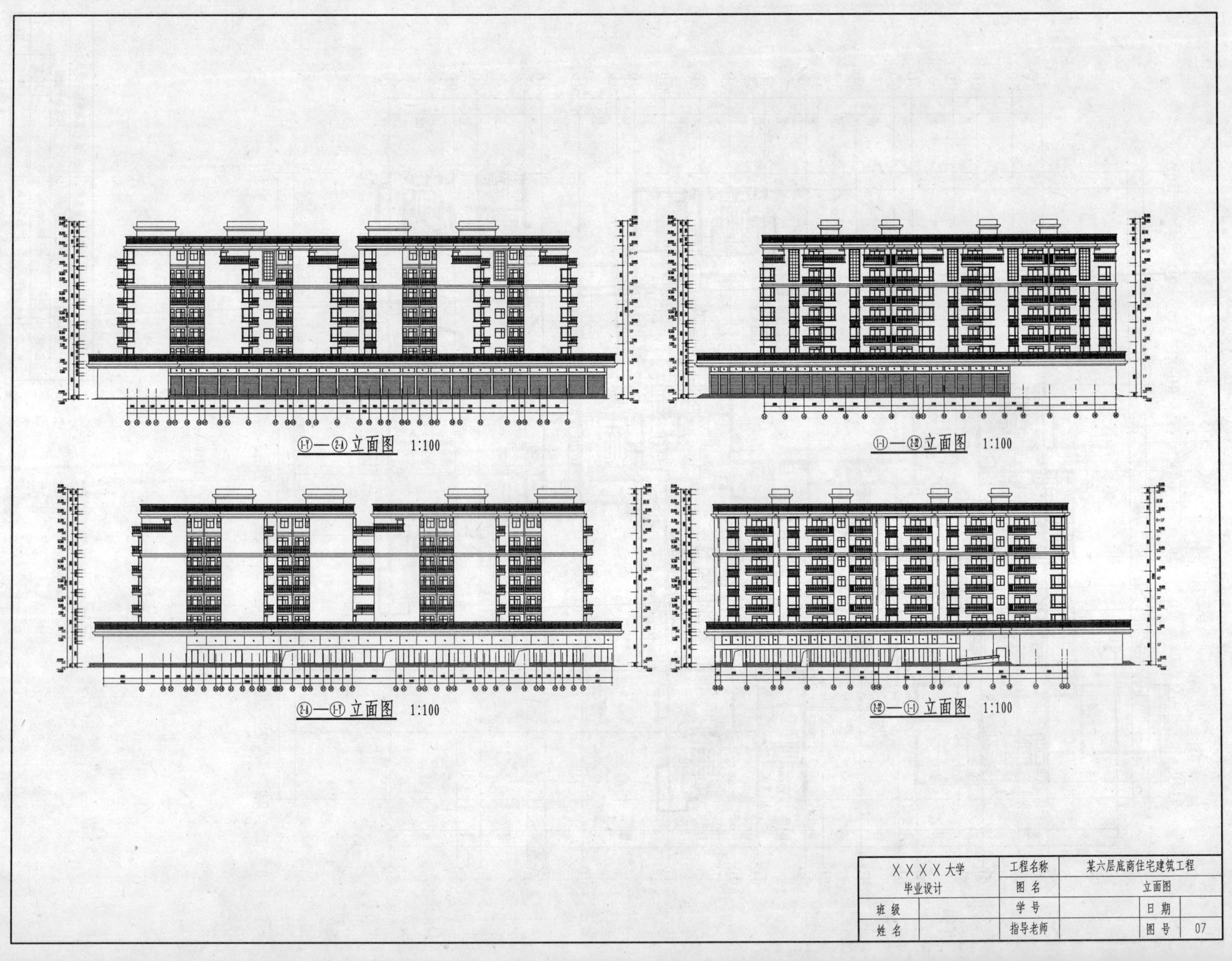
1-Y—2-A 立面图 1:100
1-1—2-22 立面图 1:100
2-A—1-Y 立面图 1:100
2-22—1-1 立面图 1:100
XXXX大学
毕业设计
班级
姓名
工程名称
某六层底商住宅建筑工程
图名
立面图
学号
日期
指导老师
图号
07

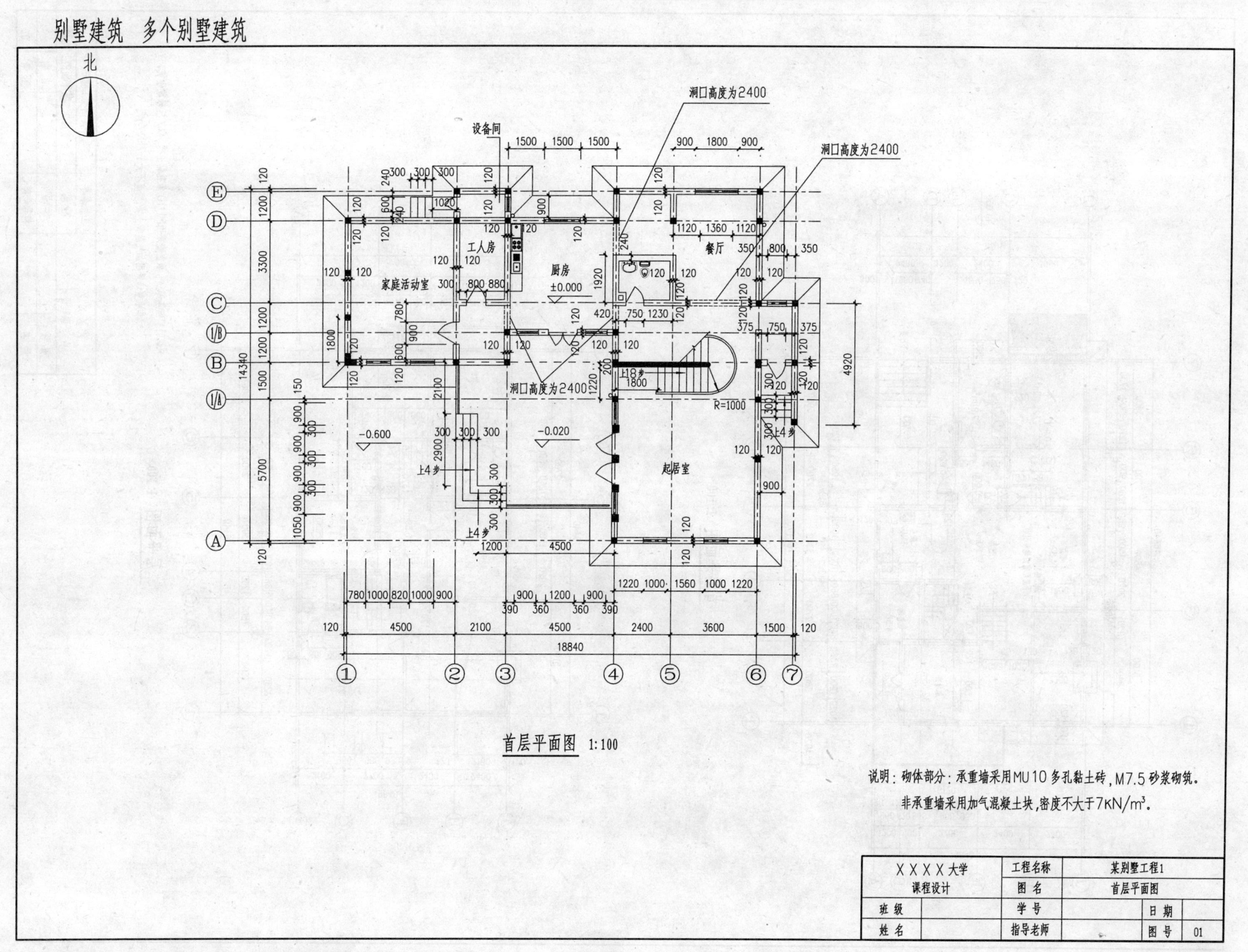
北
设备间
洞口高度为2400
洞口高度为2400
洞口高度为2400
工人房
厨房
±0.000
家庭活动室
餐厅
起居室
-0.600
-0.020
上4步
上4步
上4步
上18步
R=1000
18840
14340
说明：砌体部分：承重墙采用MU10多孔黏土砖，M7.5砂浆砌筑。
非承重墙采用加气混凝土块，密度不大于7KN/m³。
XXXX大学
课程设计
工程名称
某别墅工程1
图名
首层平面图
班级
学号
日期
姓名
指导老师
图号
01

首层平面图　1:100

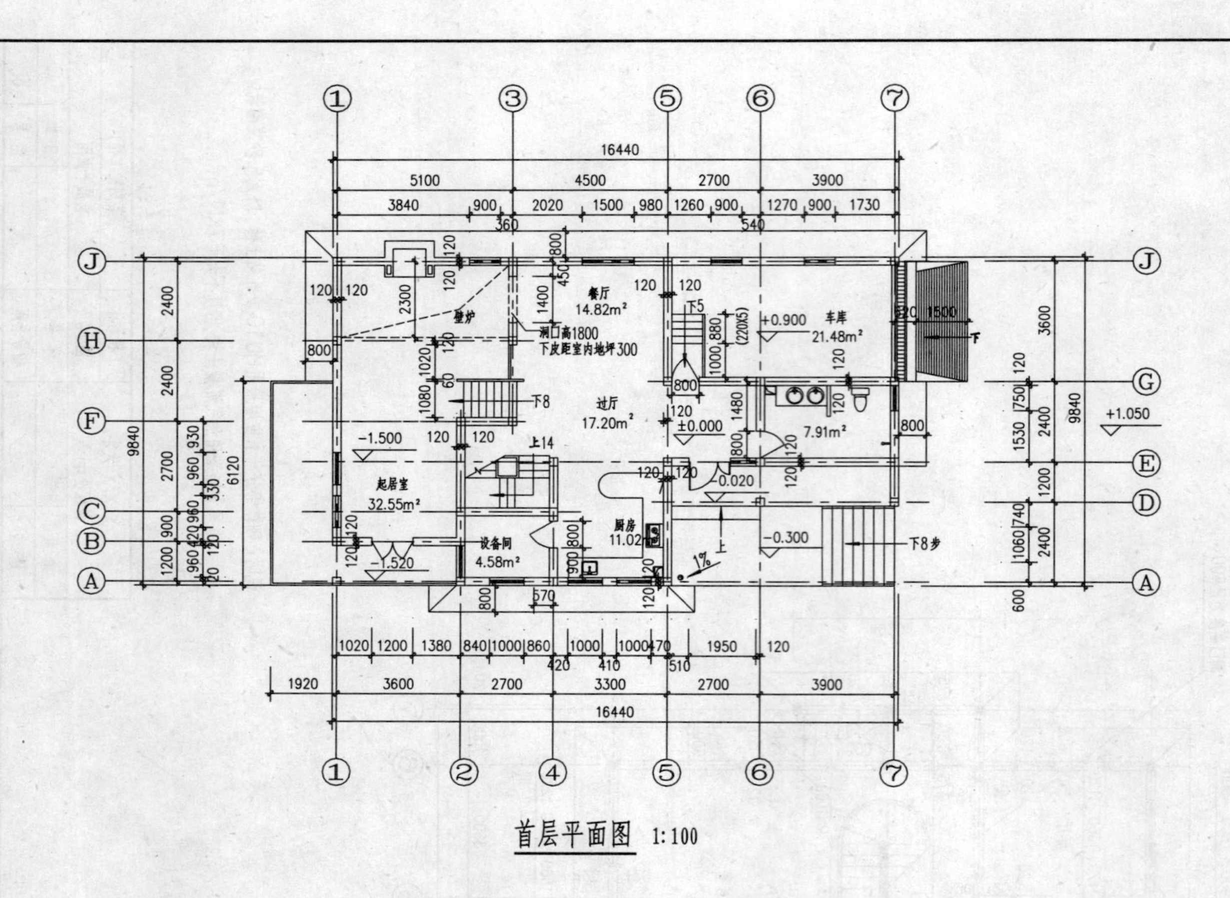

首层平面图 1:100

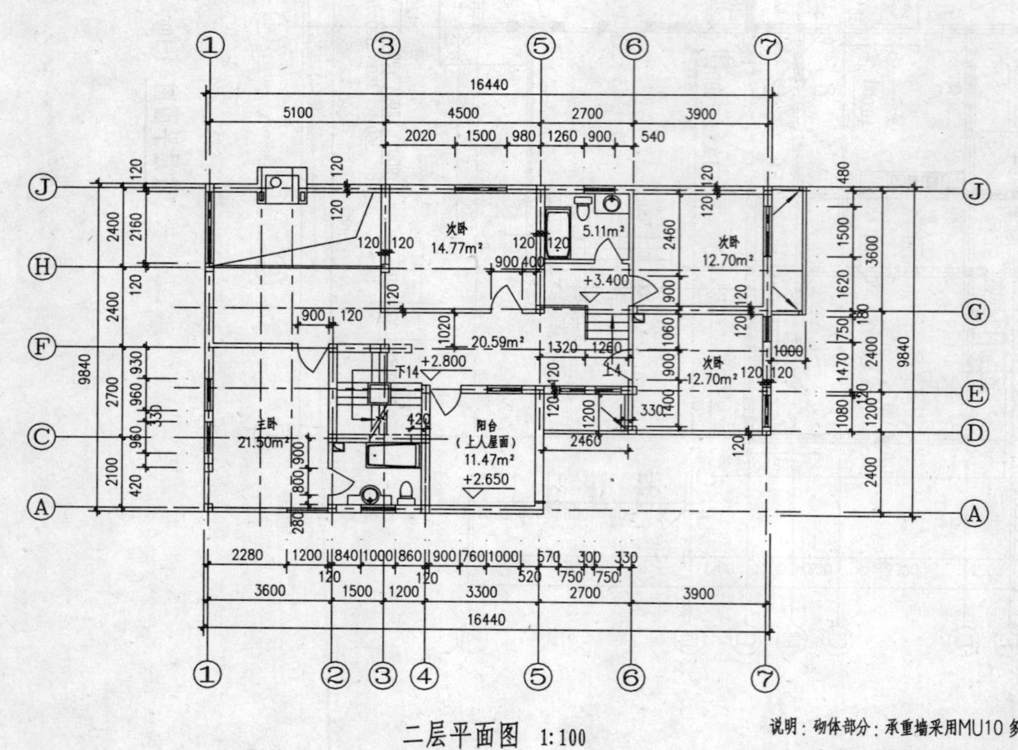

二层平面图 1:100

说明：砌体部分：承重墙采用MU10多孔黏土砖，M7.5砂浆砌筑。
非承重墙采用加气混凝土块，密度不大于7kN/m³。

XXXX大学 课程设计		工程名称	某别墅工程2		
		图名	首层、二层平面图		
班级		学号		日期	
姓名		指导老师		图号	01

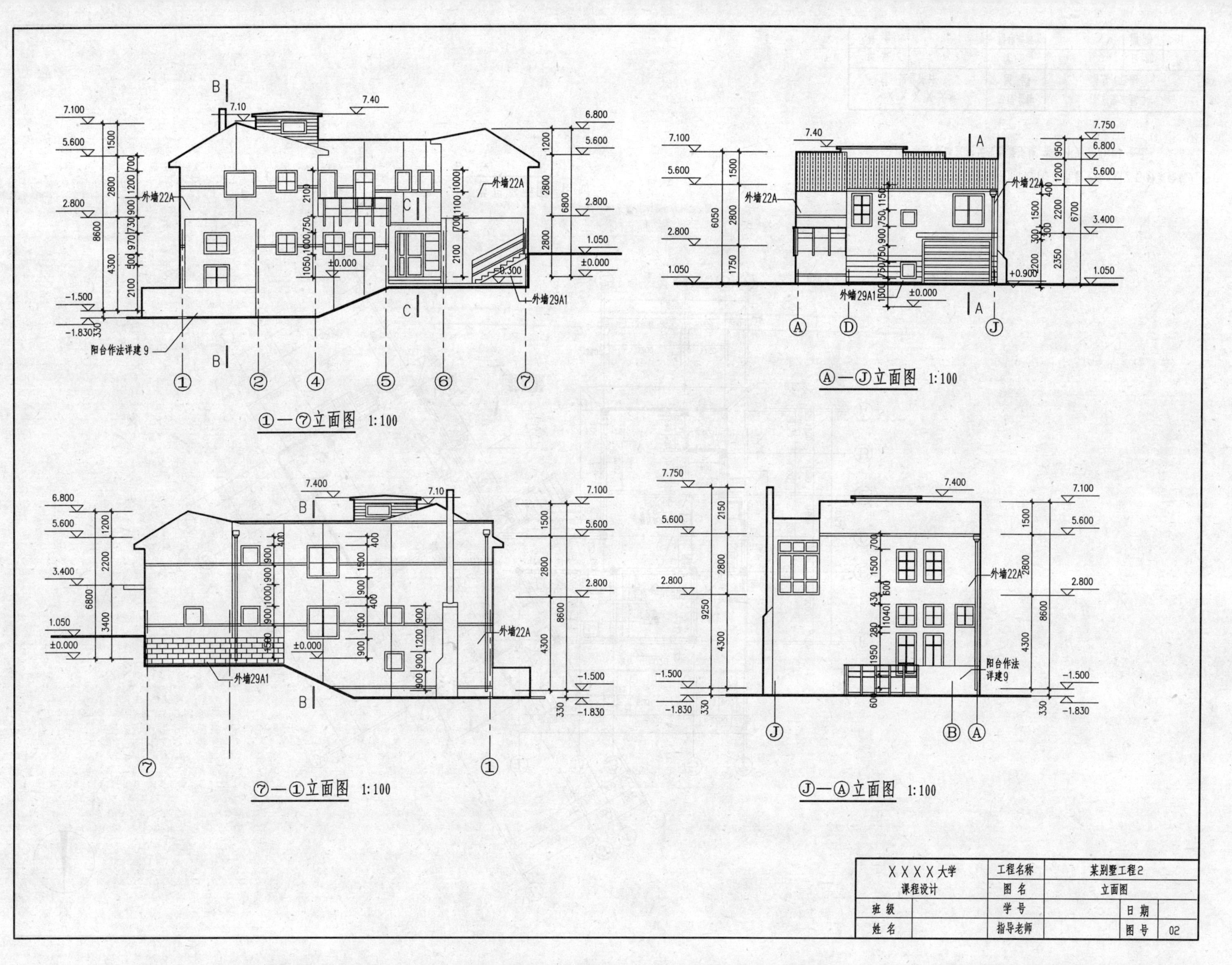
①—⑦立面图 1:100
Ⓐ—Ⓙ立面图 1:100
⑦—①立面图 1:100
Ⓙ—Ⓐ立面图 1:100
外墙22A
外墙29A1
阳台作法详建9
XXXX大学
课程设计
工程名称
某别墅工程2
图名
立面图
班级
学号
日期
姓名
指导老师
图号
02

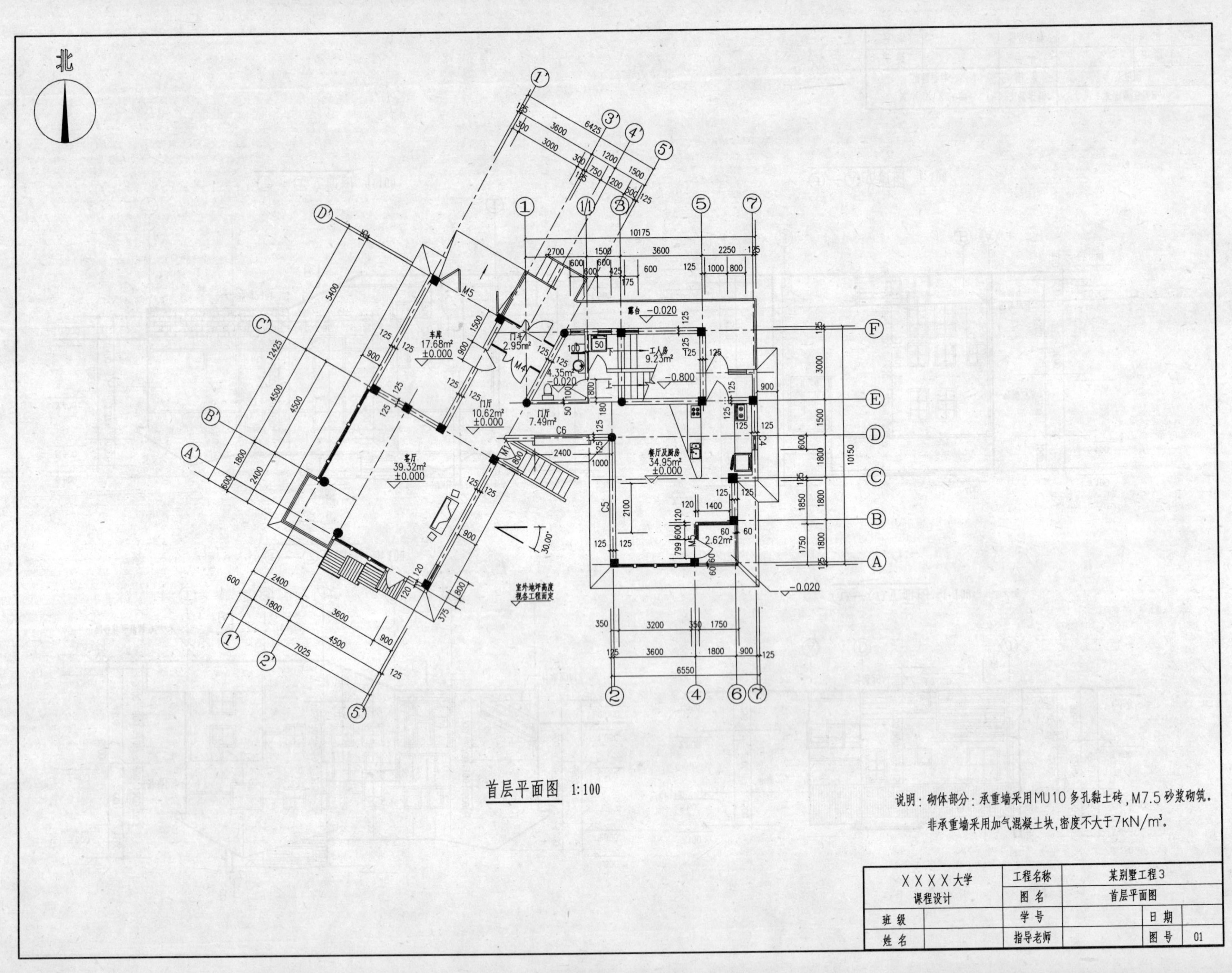
北
车库
17.68m²
±0.000
门斗
2.95m²
4.35m²
−0.020
工人房
9.23m²
−0.800
门厅
10.62m²
±0.000
门厅
7.49m²
客厅
39.32m²
±0.000
餐厅及厨房
34.95m²
±0.000
2.62m²
露台 −0.020
−0.020
室外地坪高度
视各工程而定
首层平面图 1:100
说明：砌体部分：承重墙采用MU10多孔黏土砖，M7.5砂浆砌筑。
非承重墙采用加气混凝土块，密度不大于7KN/m³。
XXXX大学
课程设计
工程名称
某别墅工程3
图名
首层平面图
班级
学号
日期
姓名
指导老师
图号
01

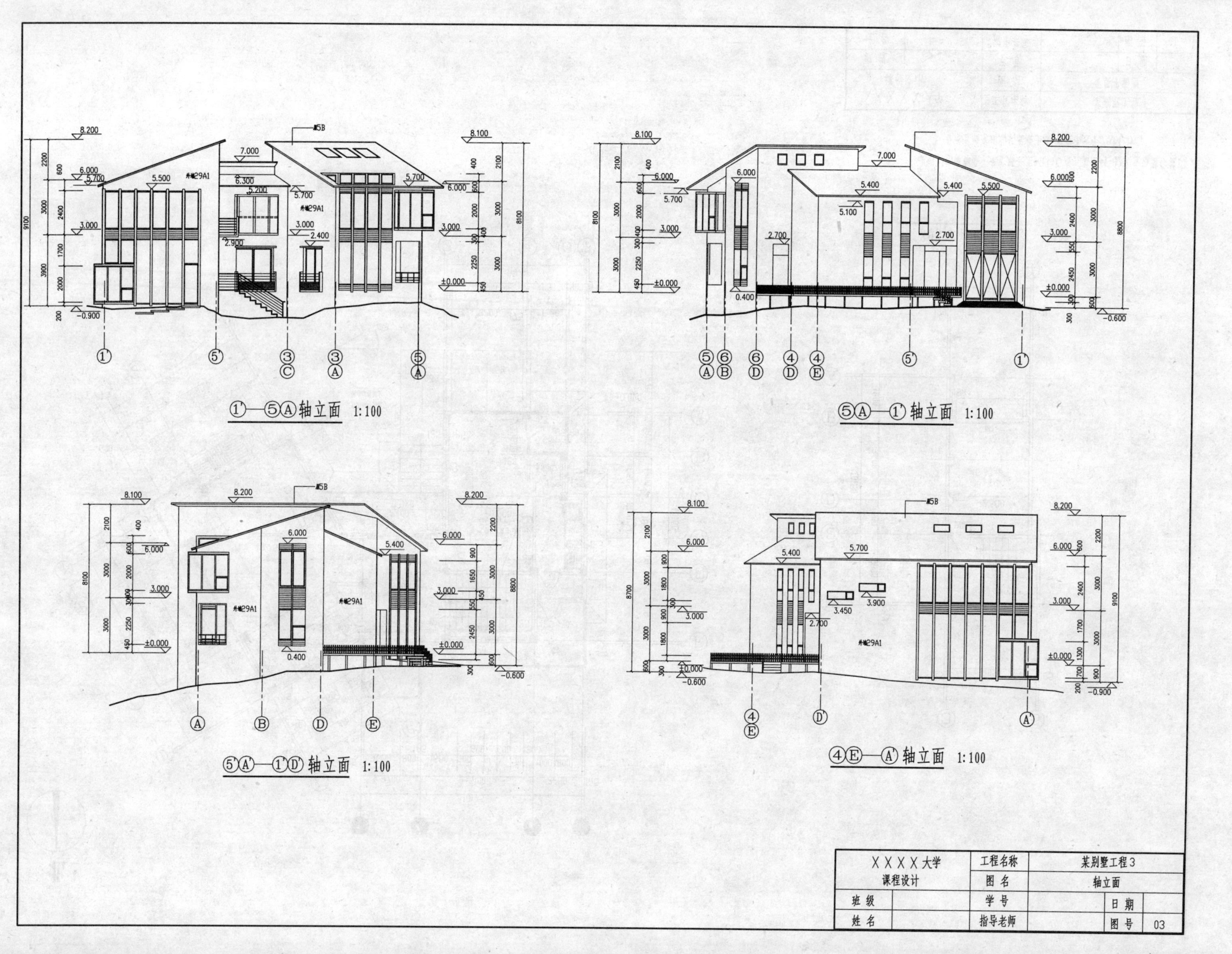
1'—5A 轴立面 1:100
5A—1' 轴立面 1:100
5'A'—1'D' 轴立面 1:100
4E—A' 轴立面 1:100
XXXX大学
课程设计
班级
姓名
工程名称
某别墅工程3
图名
轴立面
学号
指导老师
日期
图号
03

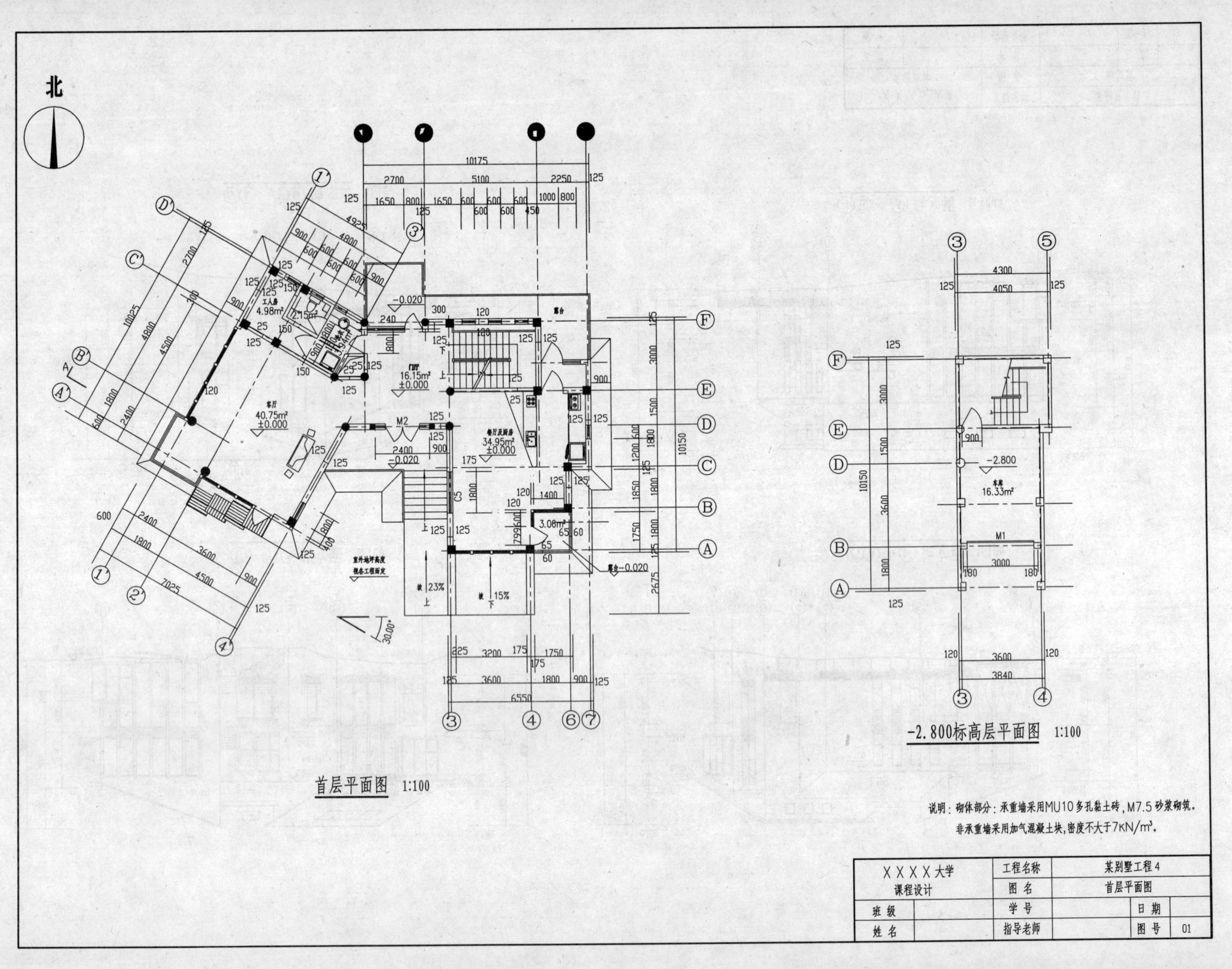

说明：砌体部分：承重墙采用MU10多孔黏土砖，M7.5砂浆砌筑。

非承重墙采用加气混凝土块，密度不大于7KN/m³。

XXXX大学 课程设计		工程名称	某别墅工程4		
		图 名	首层平面图		
班 级		学 号		日 期	
姓 名		指导老师		图 号	01

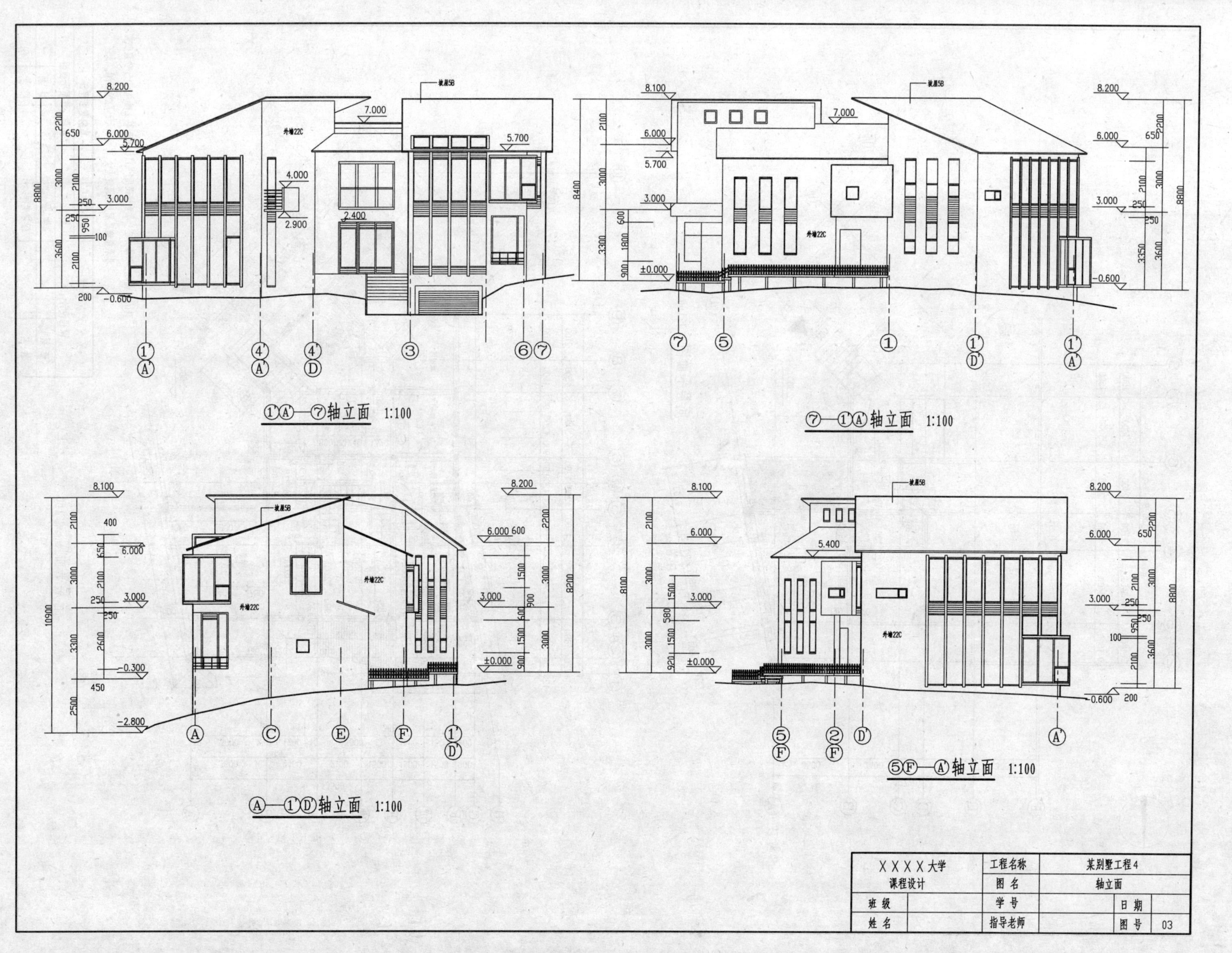

1'A'—7 轴立面 1:100
7—1'A' 轴立面 1:100
A—1'D' 轴立面 1:100
5F—A' 轴立面 1:100
XXXX大学
课程设计
班级
姓名
工程名称
图名
学号
指导老师
某别墅工程4
轴立面
日期
图号
03

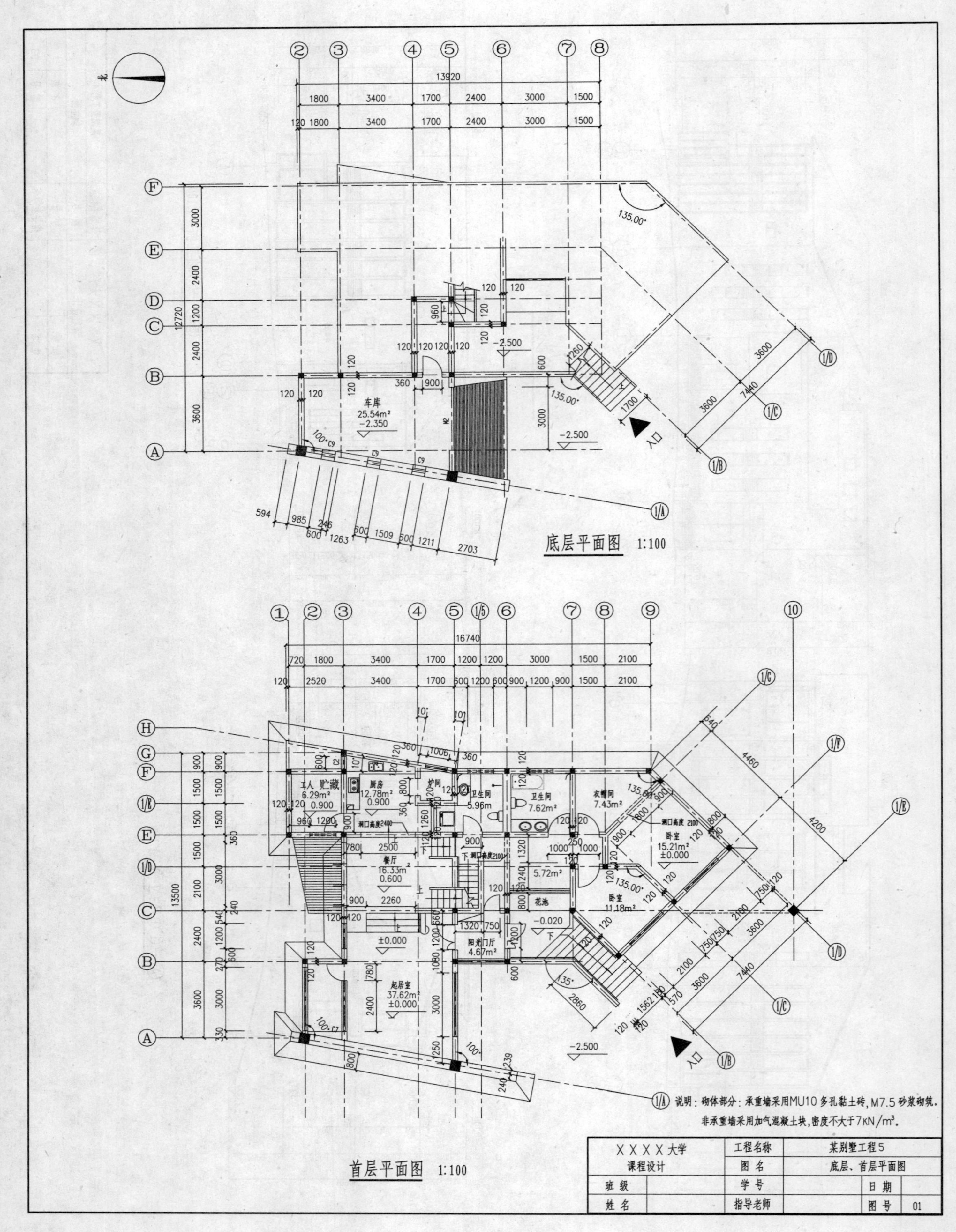

底层平面图 1:100
首层平面图 1:100
说明：砌体部分：承重墙采用MU10多孔黏土砖，M7.5砂浆砌筑。
非承重墙采用加气混凝土块，密度不大于7kN/m³。
XXXX大学
课程设计
工程名称
某别墅工程5
图名
底层、首层平面图
班级
学号
日期
姓名
指导老师
图号
01

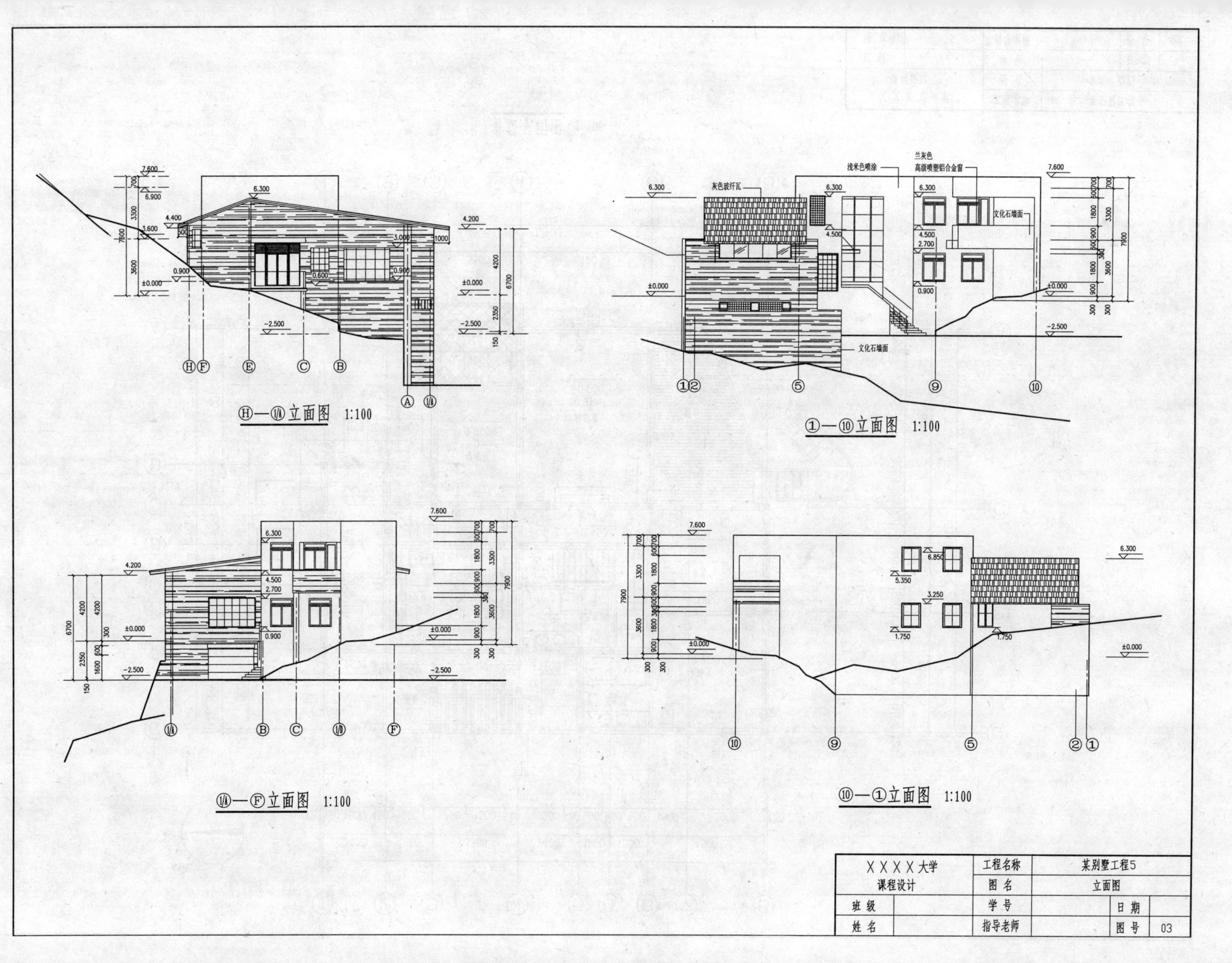

Ⓗ—⑴/Ⓐ立面图 1:100
①—⑩立面图 1:100
⑴/Ⓐ—Ⓕ立面图 1:100
⑩—①立面图 1:100
灰色玻纤瓦
浅米色喷涂
兰灰色
高级喷塑铝合金窗
文化石墙面
X X X X大学
课程设计
班级
姓名
工程名称
某别墅工程5
图名
立面图
学号
指导老师
日期
图号
03

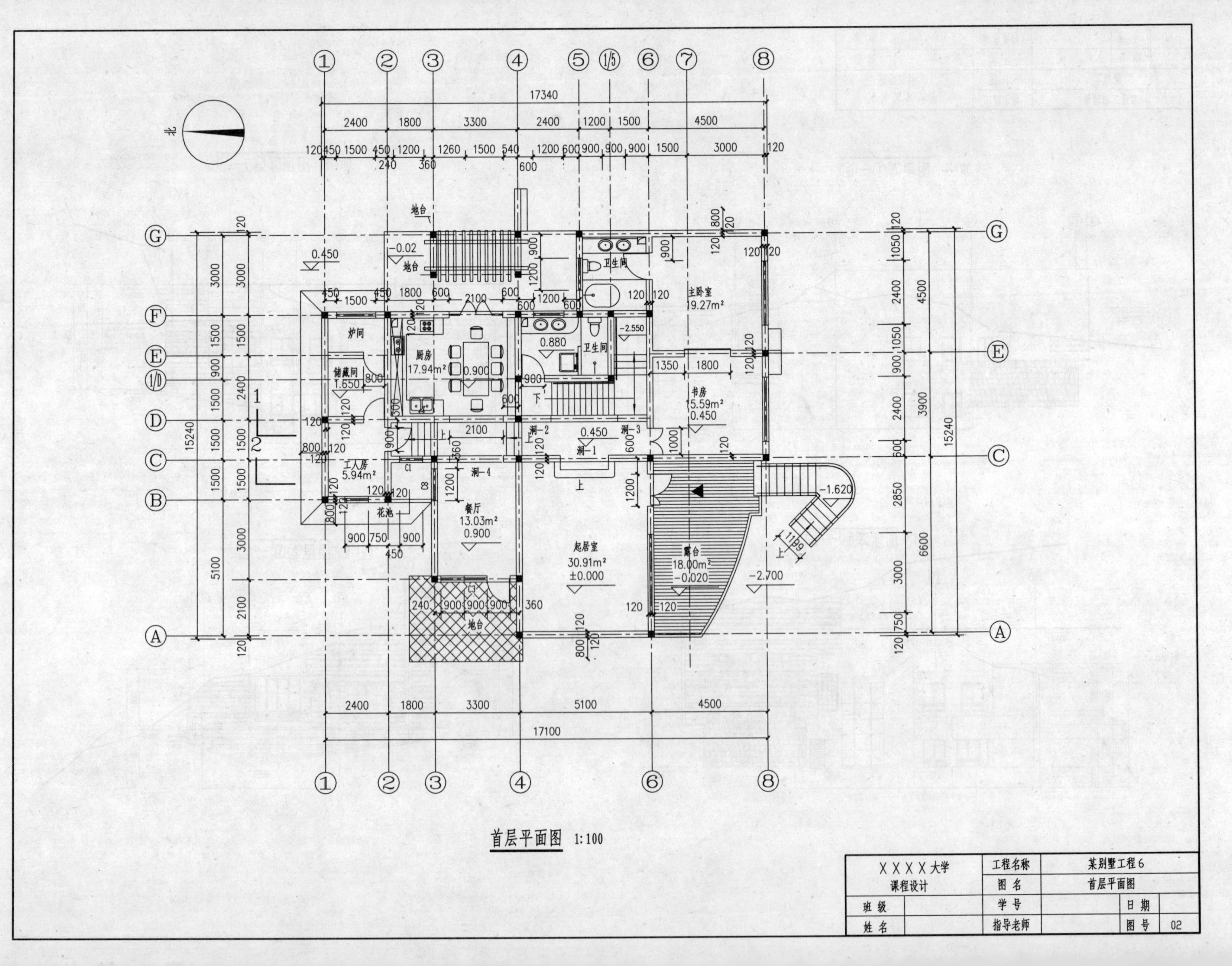

北
主卧室
19.27m²
卫生间
书房
15.59m²
0.450
厨房
17.94m²
炉间
储藏间
1.650
工人房
5.94m²
花池
餐厅
13.03m²
0.900
起居室
30.91m²
±0.000
露台
18.00m²
-0.020
地台
洞-1
洞-2
洞-3
洞-4
-2.550
-1.620
-2.700
0.880
-0.02
0.450
17340
15240
17100
XXXX大学
课程设计
工程名称
某别墅工程6
图名
首层平面图
班级
学号
日期
姓名
指导老师
图号
02

首层平面图 1:100

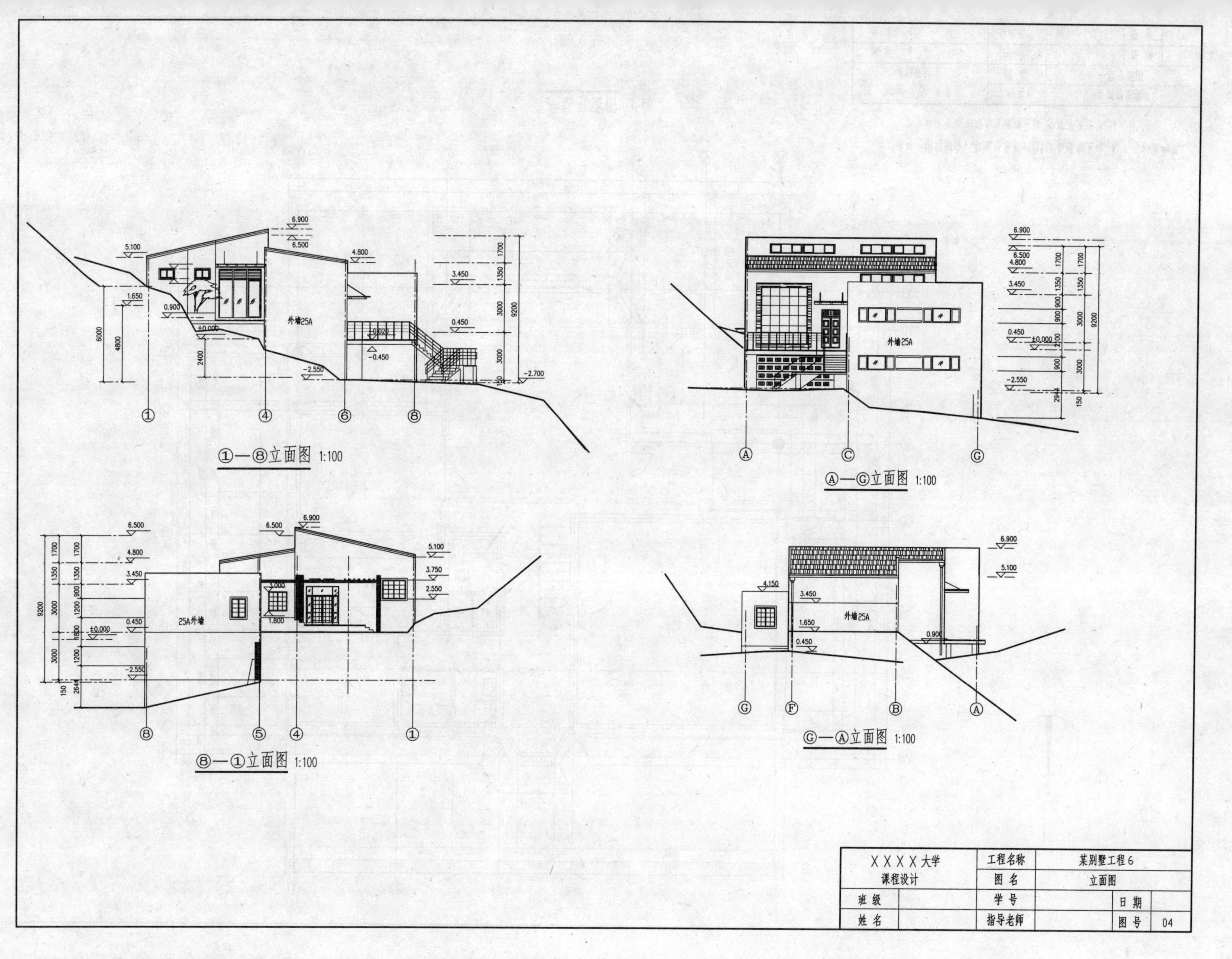
①—⑧立面图 1:100
Ⓐ—Ⓖ立面图 1:100
⑧—①立面图 1:100
Ⓖ—Ⓐ立面图 1:100
外墙25A
25A外墙
X X X X 大学
课程设计
工程名称
某别墅工程 6
图 名
立面图
班 级
学 号
日 期
姓 名
指导老师
图 号
04

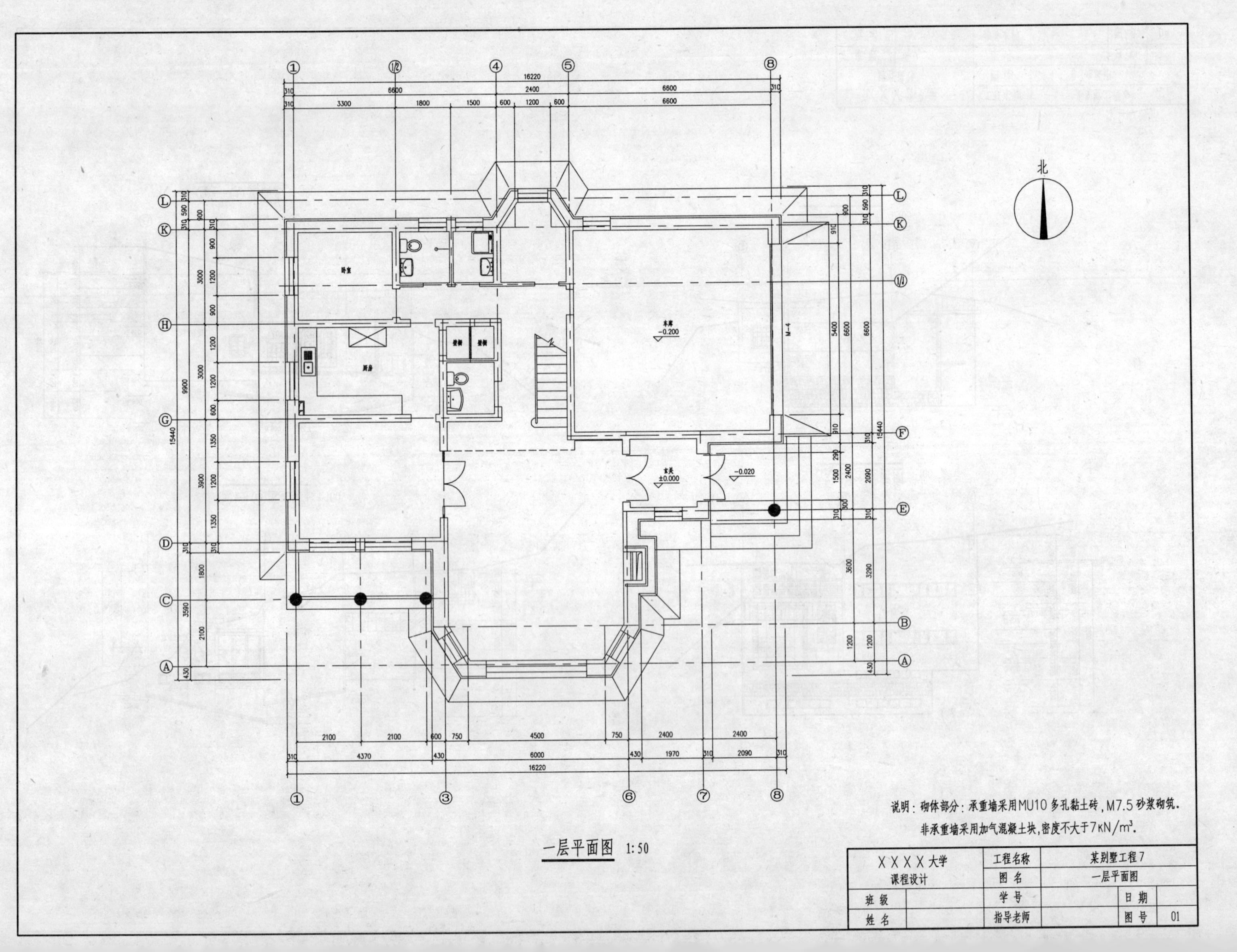
北
卧室
厨房
客厅
−0.200
玄关
±0.000
−0.020
M−4
说明：砌体部分：承重墙采用MU10多孔黏土砖，M7.5砂浆砌筑。
非承重墙采用加气混凝土块，密度不大于7kN/m³。
XXXX大学
课程设计
班级
姓名
工程名称
某别墅工程7
图名
一层平面图
学号
日期
指导老师
图号
01

一层平面图 1:50

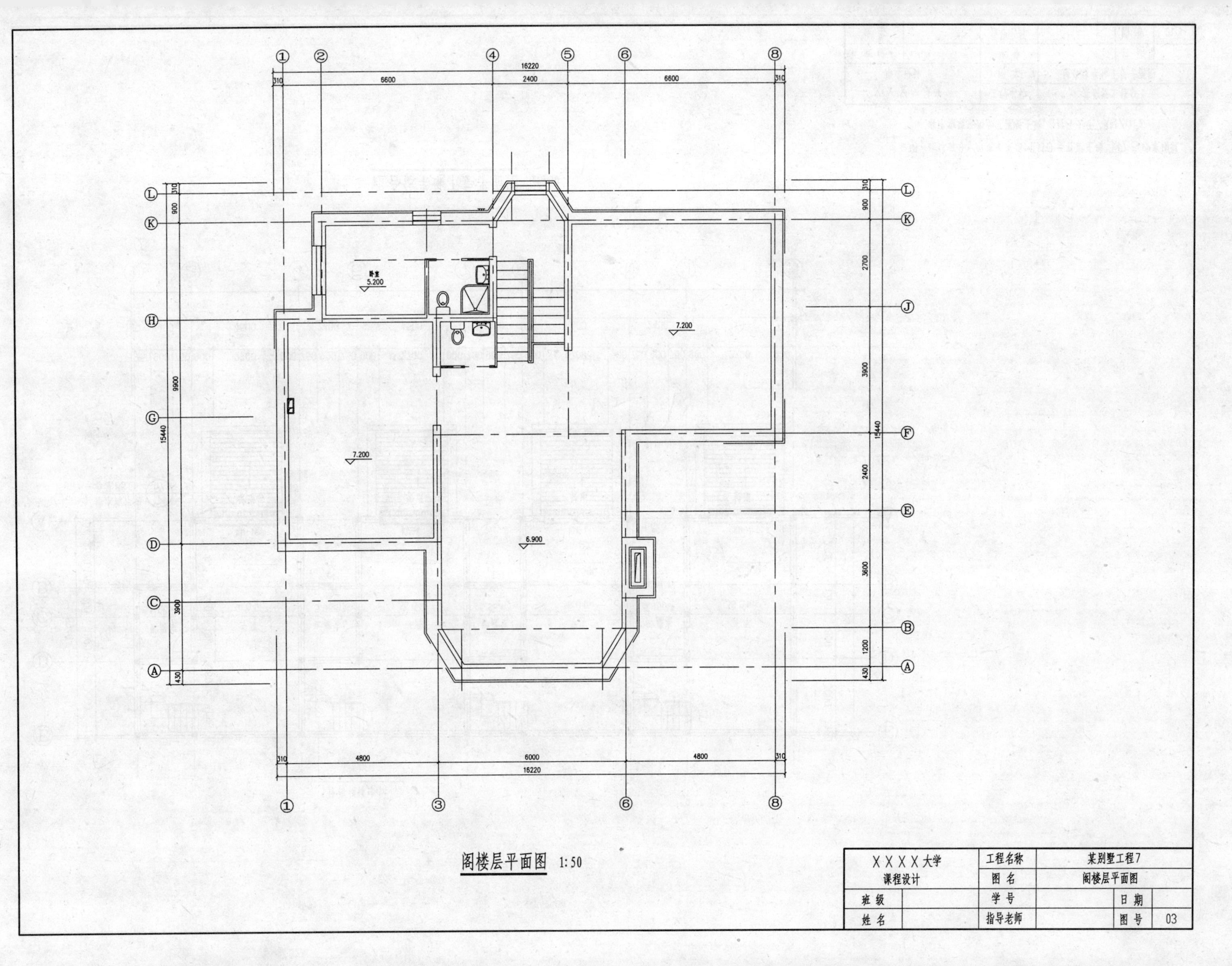
16220
6600
2400
6600
310
15440
900
2700
3900
2400
3600
1200
430
9900
卧室
5.200
7.200
7.200
6.900
4800
6000
4800
XXXX大学
课程设计
工程名称
某别墅工程7
图名
阁楼层平面图
班级
学号
日期
姓名
指导老师
图号
03

阁楼层平面图 1:50

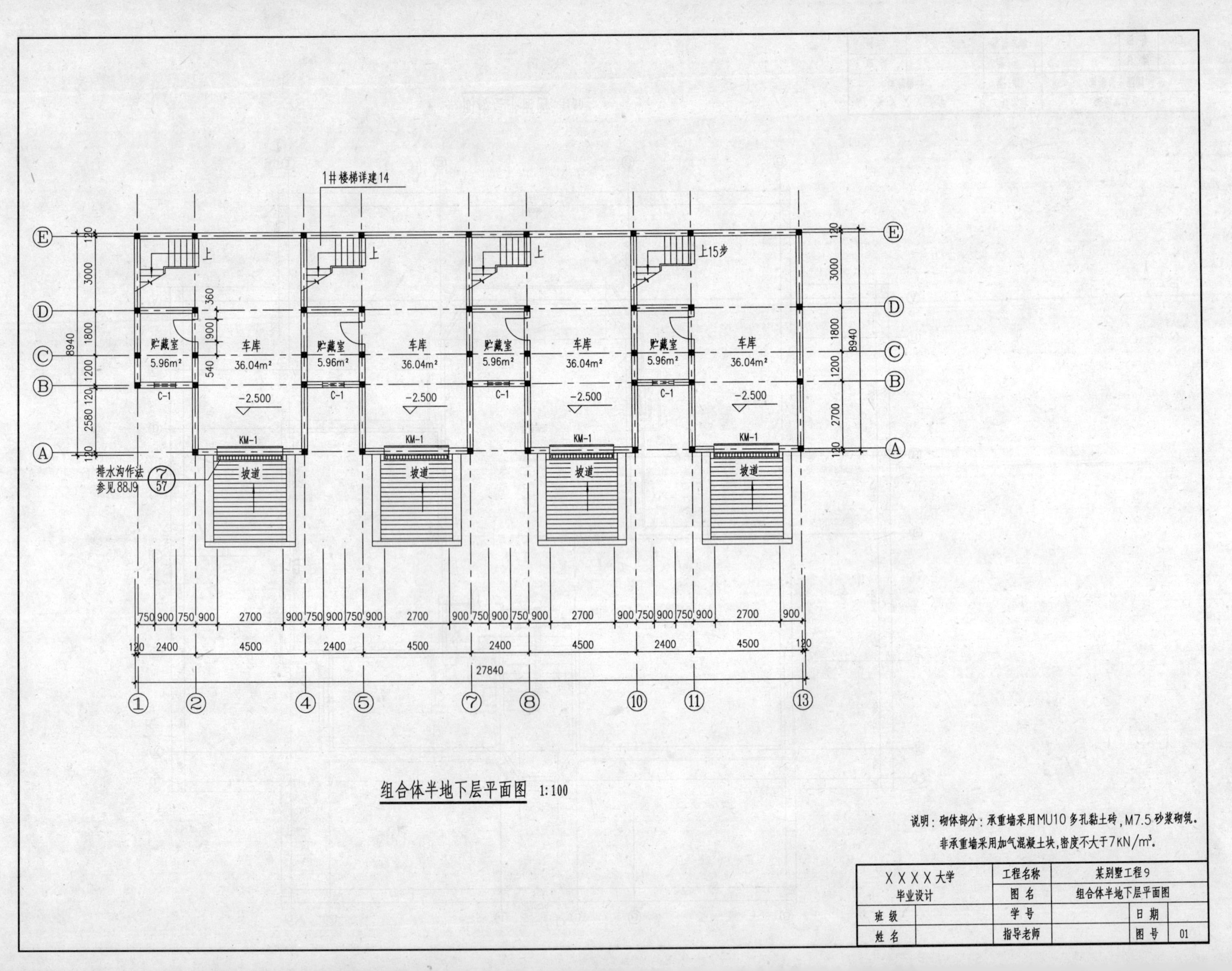

组合体半地下层平面图 1:100

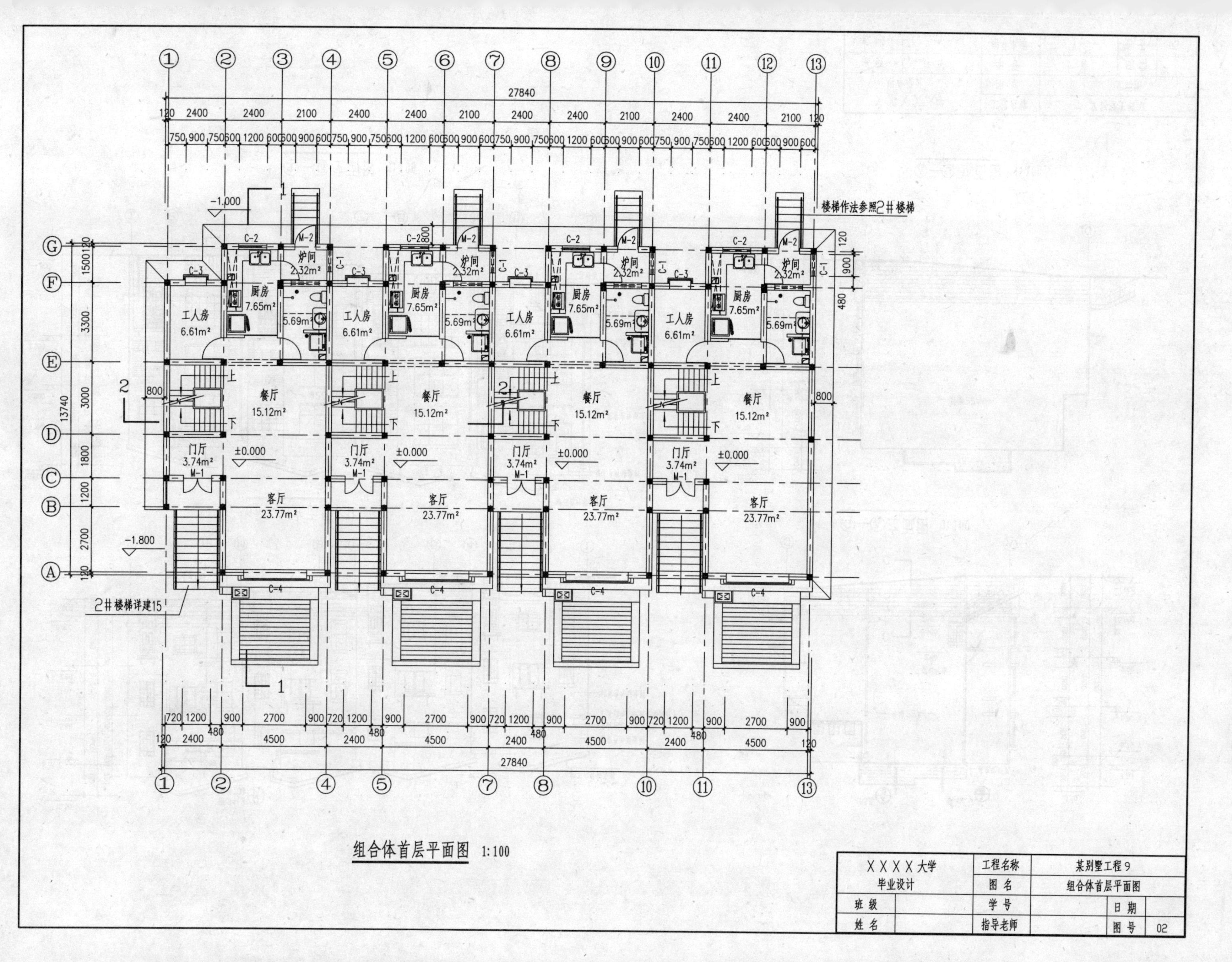

组合体首层平面图 1:100

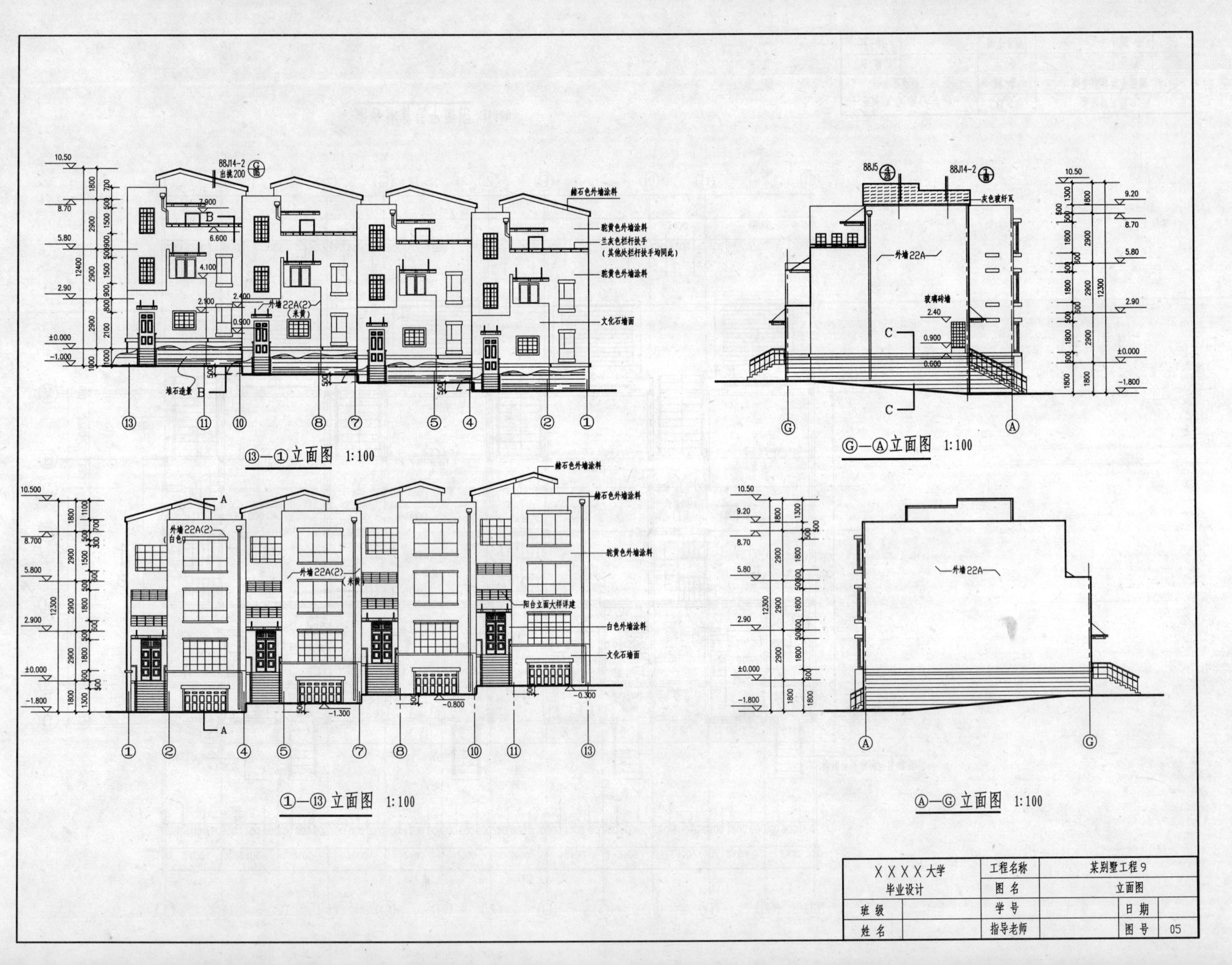
88J14-2
出挑200
赭石色外墙涂料
驼黄色外墙涂料
兰灰色栏杆扶手
(其他处栏杆扶手均同此)
驼黄色外墙涂料
外墙22A(2)
(米黄)
文化石墙面
堆石造景
⑬—① 立面图 1:100
88J5
88J14-2
灰色玻纤瓦
外墙22A
玻璃砖墙
Ⓖ—Ⓐ 立面图 1:100
赭石色外墙涂料
外墙22A(2)
(白色)
外墙22A(2)
(米黄)
驼黄色外墙涂料
阳台立面大样详建
白色外墙涂料
文化石墙面
①—⑬ 立面图 1:100
外墙22A
Ⓐ—Ⓖ 立面图 1:100
XXXX大学
毕业设计
工程名称
某别墅工程9
图名
立面图
班级
学号
日期
姓名
指导老师
图号
05

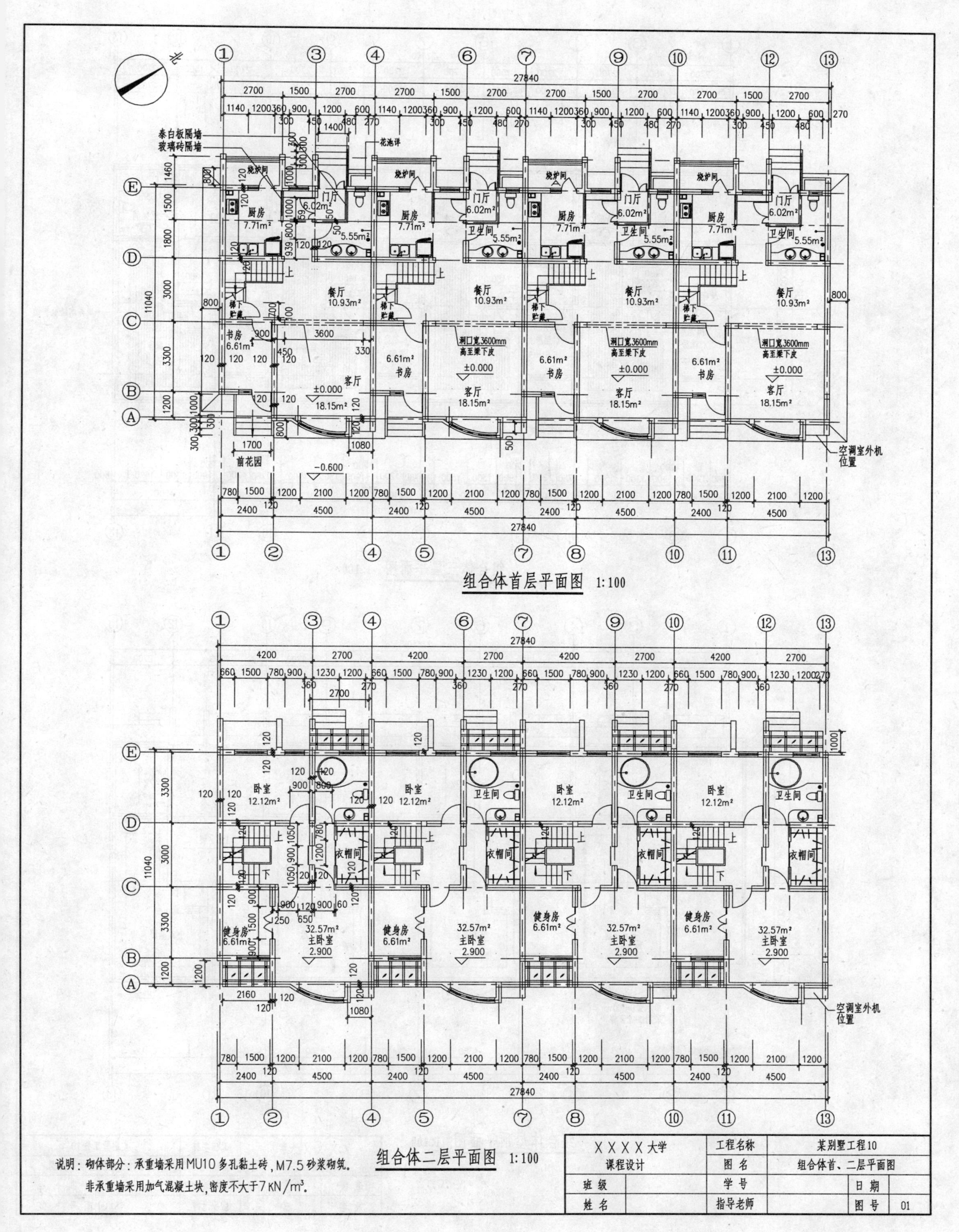
北
泰白板隔墙
玻璃砖隔墙
花池详
烧炉间
门厅 6.02m²
厨房 7.71m²
卫生间 5.55m²
餐厅 10.93m²
梯下贮藏
书房 6.61m²
洞口宽3600mm 高至梁下皮
±0.000
客厅 18.15m²
首花园
−0.600
空调室外机位置
卧室 12.12m²
衣帽间
健身房 6.61m²
主卧室 32.57m²
2.900
27840
11040
组合体首层平面图 1:100
组合体二层平面图 1:100
说明：砌体部分：承重墙采用MU10多孔黏土砖，M7.5砂浆砌筑。
非承重墙采用加气混凝土块，密度不大于7KN/m³。
XXXX大学
课程设计
工程名称
某别墅工程10
图名
组合体首、二层平面图
班级
学号
日期
姓名
指导老师
图号
01

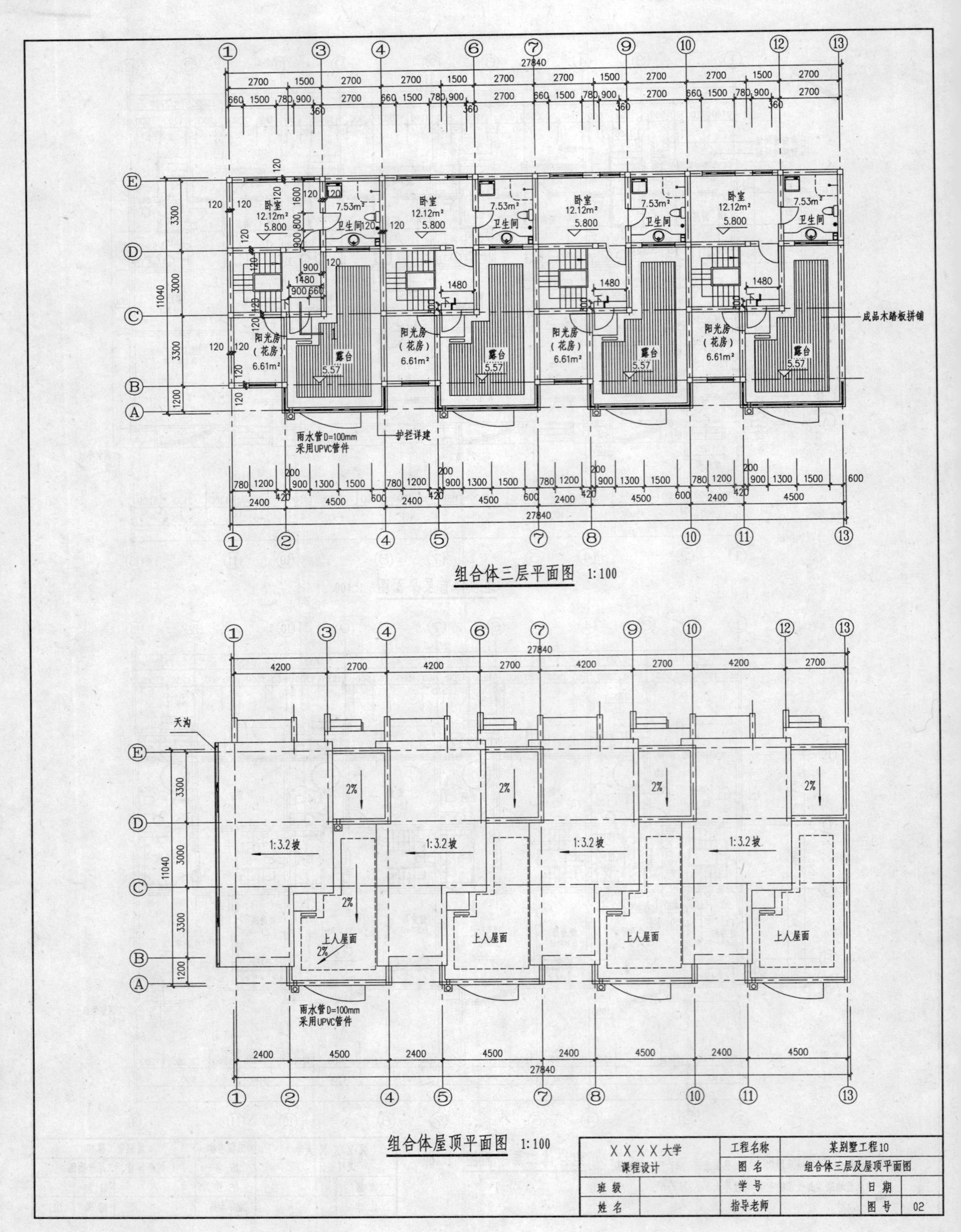
组合体三层平面图 1:100
卧室
12.12m²
7.53m²
卫生间
阳光房
（花房）
6.61m²
露台
成品木踏板拼铺
雨水管D=100mm
采用UPVC管件
护栏详建
组合体屋顶平面图 1:100
天沟
1:3.2坡
2%
上人屋面
XXXX大学
课程设计
工程名称
某别墅工程10
图名
组合体三层及屋顶平面图
班级
学号
日期
姓名
指导老师
图号
02

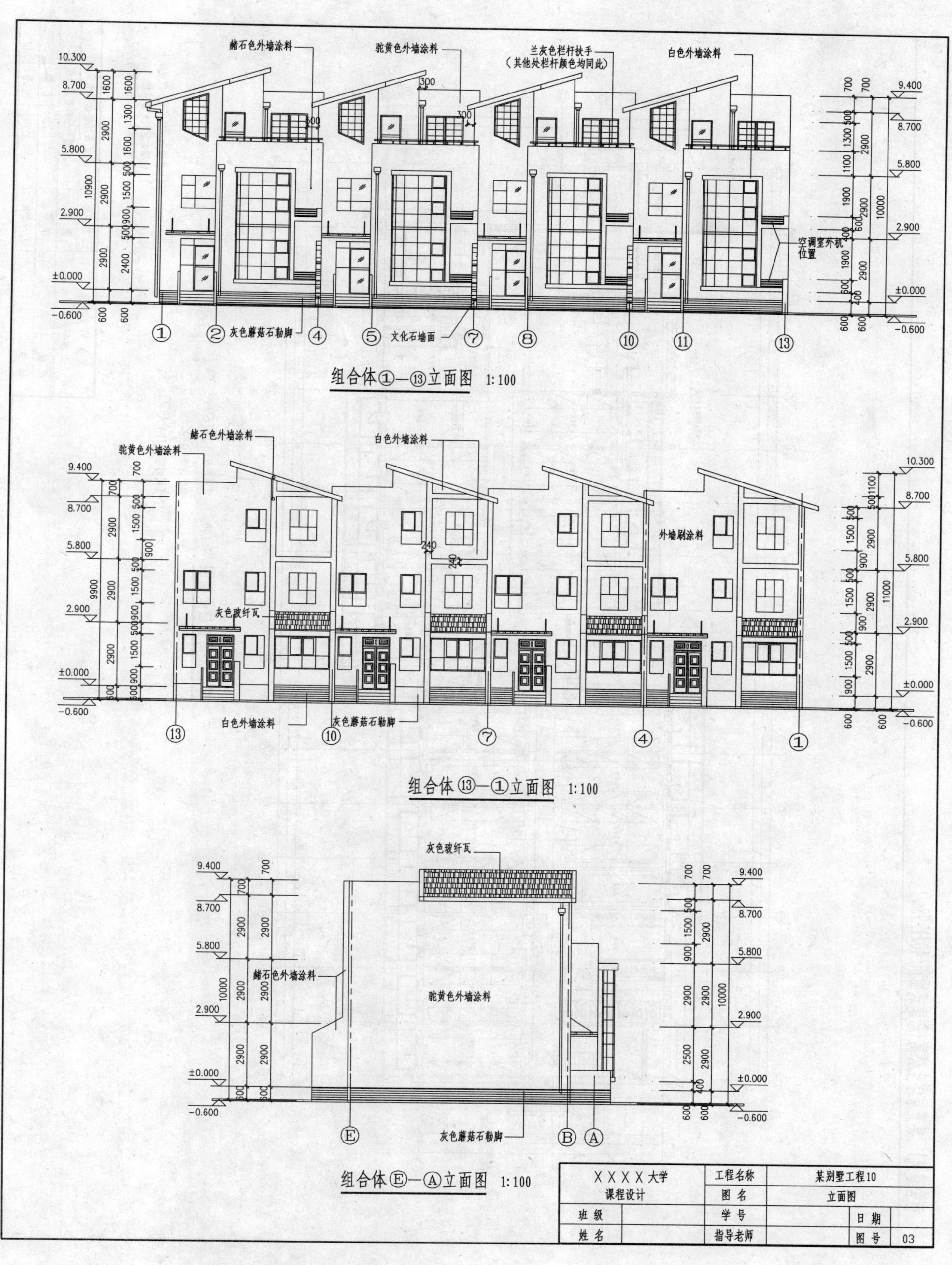

组合体①—⑬立面图 1:100

组合体⑬—①立面图 1:100

组合体Ⓔ—Ⓐ立面图 1:100

宿舍建筑1 某五层学生公寓(总建筑面积:4021.98m²)

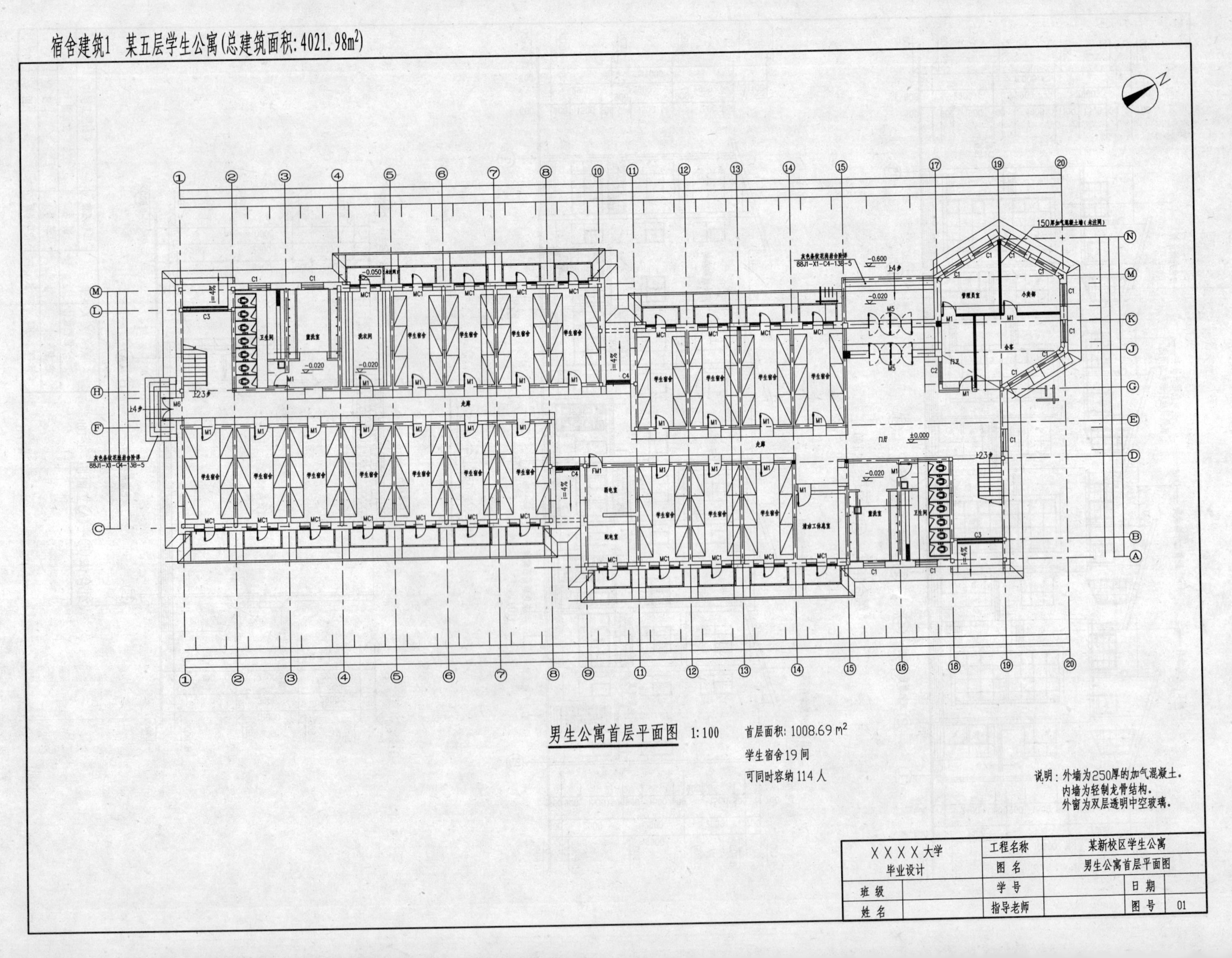

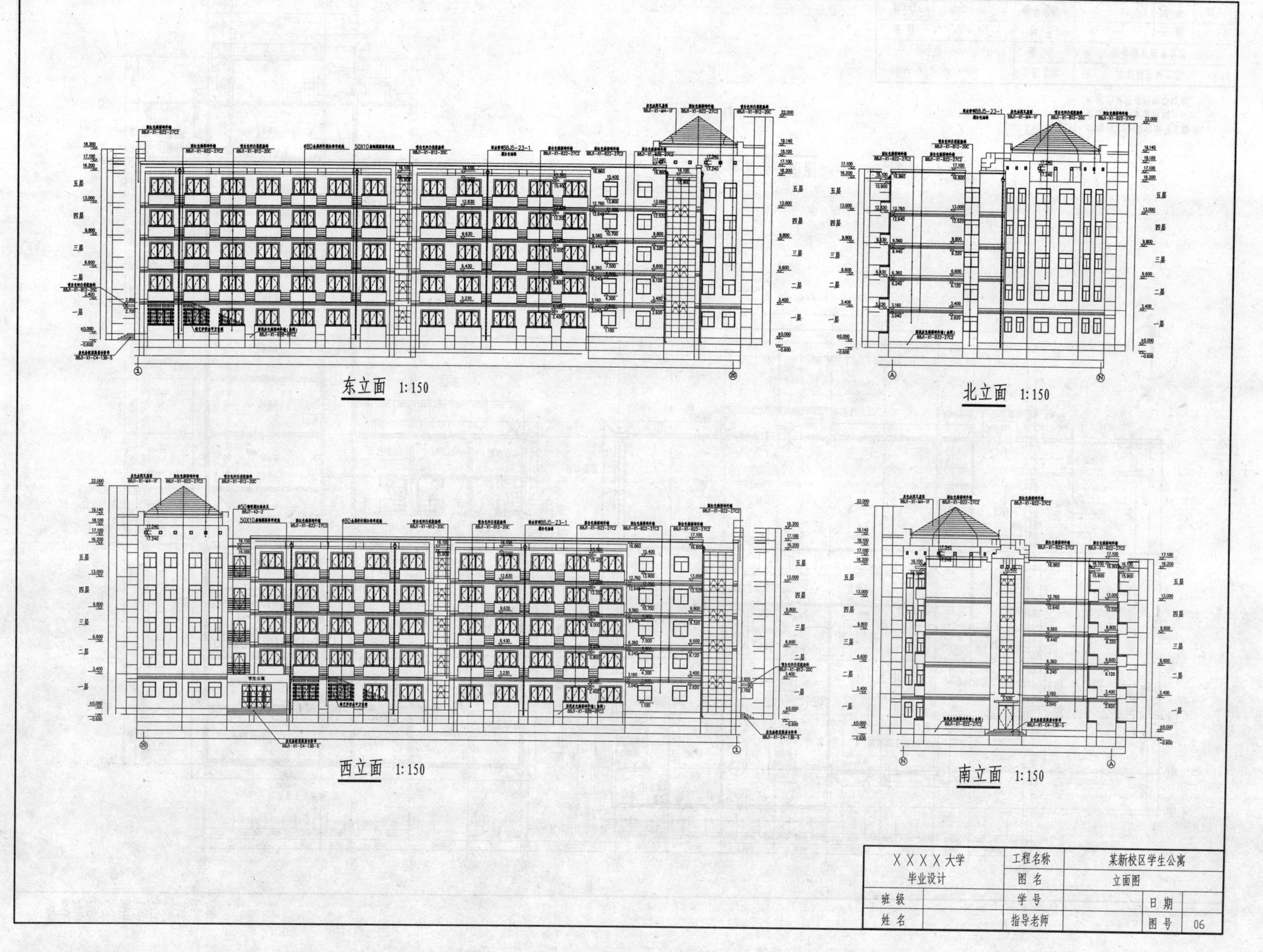
东立面 1:150
北立面 1:150
西立面 1:150
南立面 1:150
XXXX大学
毕业设计
工程名称
某新校区学生公寓
图 名
立面图
班 级
学 号
日 期
姓 名
指导老师
图 号
06

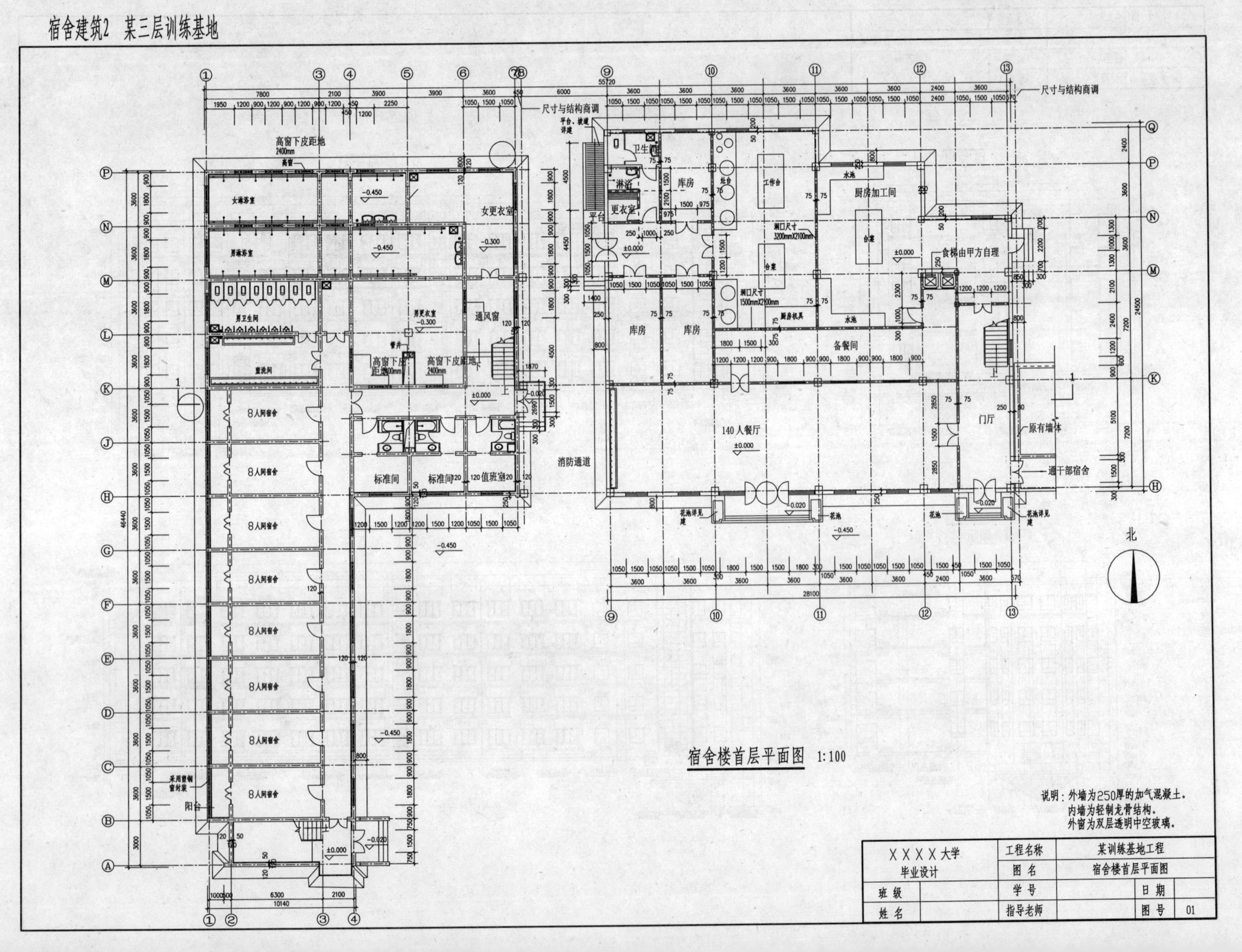
尺寸与结构商调
高窗下皮距地 2400mm
女淋浴室
男淋浴室
男卫生间
盥洗间
女更衣室
男更衣室
通风窗
高窗下皮距地 2400mm
8人间宿舍
标准间
值班室
阳台
采用塑钢窗封装
卫生间
淋浴
更衣室
平台
库房
灶台
工作台
洞口尺寸 3200mm×2100mm
洞口尺寸 1500mm×2100mm
台案
厨房加工间
水池
食梯由甲方自理
厨房机具
备餐间
140人餐厅
消防通道
门厅
原有墙体
通干部宿舍
花池详见建
花池
北
宿舍楼首层平面图　1:100
说明：外墙为250厚的加气混凝土。
内墙为轻制龙骨结构。
外窗为双层透明中空玻璃。
XXXX大学
毕业设计
班级
姓名
工程名称
某训练基地工程
图名
宿舍楼首层平面图
学号
指导老师
日期
图号
01

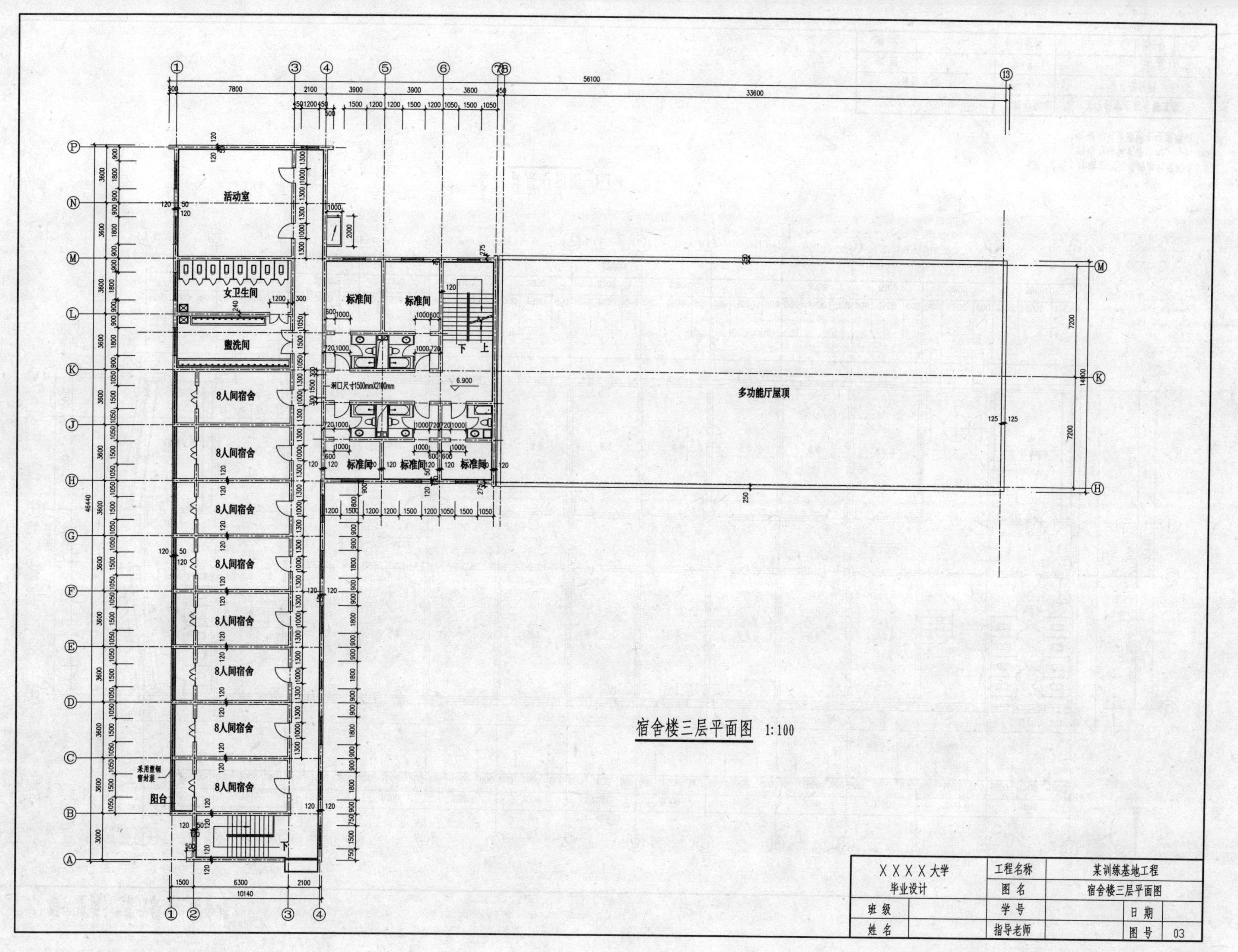

活动室
女卫生间
盥洗间
8人间宿舍
标准间
阳台
采用塑钢窗封装
洞口尺寸1500mm×2100mm
多功能厅屋顶
宿舍楼三层平面图 1:100
XXXX大学
毕业设计
工程名称
某训练基地工程
图名
宿舍楼三层平面图
班级
学号
日期
姓名
指导老师
图号
03

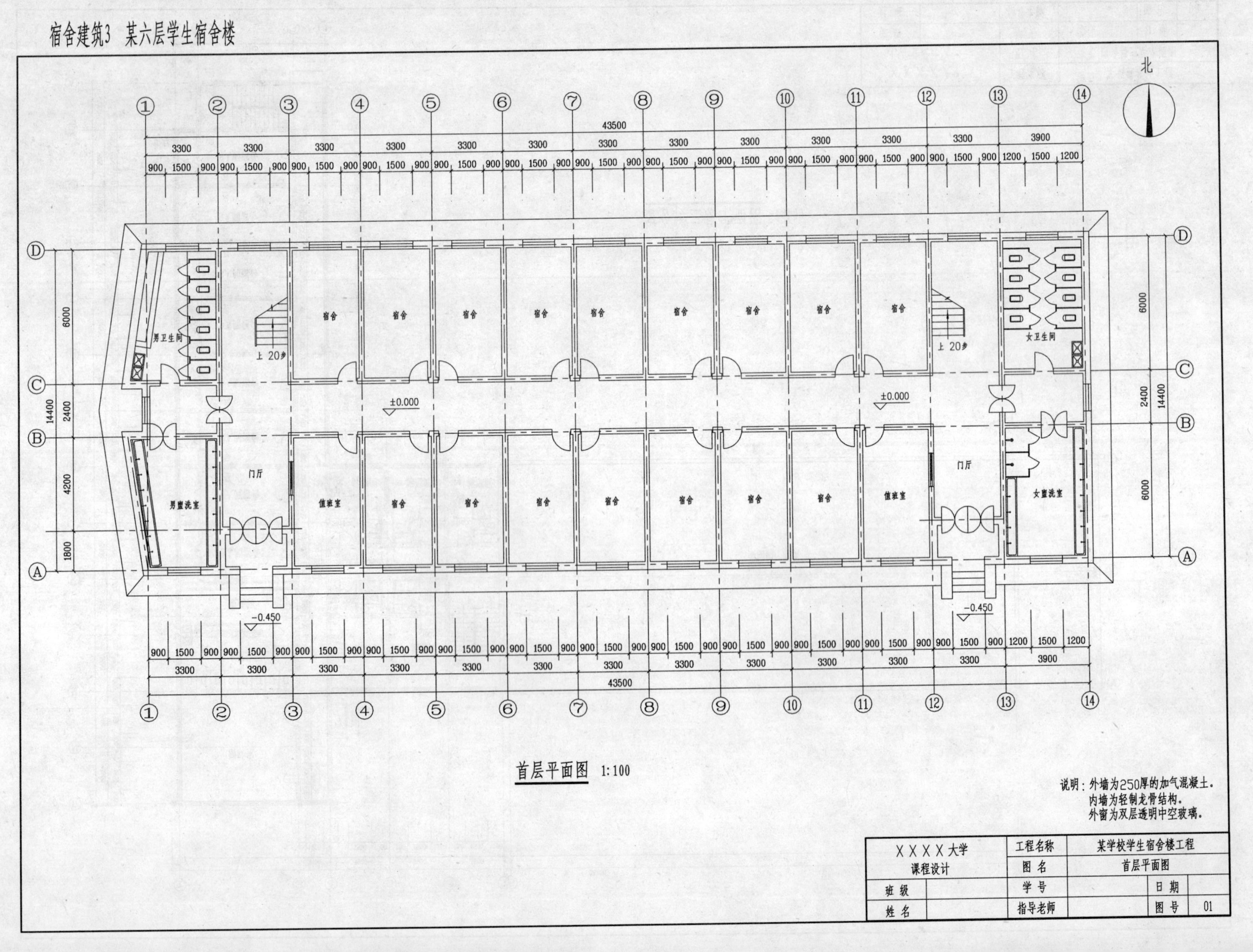
北
43500
3300
3900
900
1500
1200
6000
2400
14400
4200
1800
男卫生间
女卫生间
男盥洗室
女盥洗室
宿舍
值班室
门厅
上 20步
±0.000
−0.450
首层平面图 1:100
说明：外墙为250厚的加气混凝土。
内墙为轻制龙骨结构。
外窗为双层透明中空玻璃。
XXXX大学
课程设计
班级
姓名
工程名称
某学校学生宿舍楼工程
图名
首层平面图
学号
指导老师
日期
图号
01

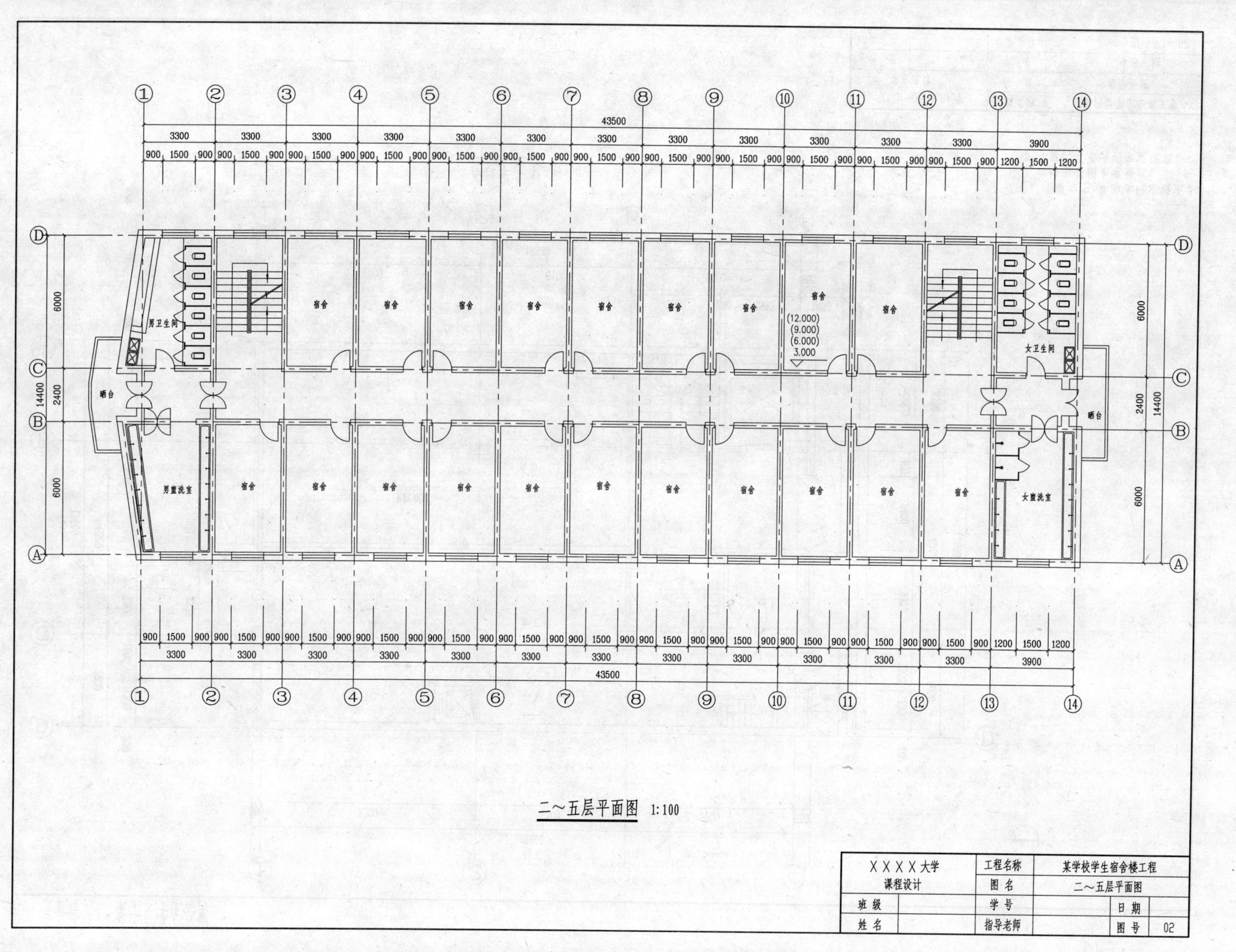

43500
3300
3900
900
1500
1200
6000
2400
14400
男卫生间
男盥洗室
晒台
宿舍
(12.000)
(9.000)
(6.000)
3.000
女卫生间
女盥洗室
二～五层平面图 1:100
XXXX大学
课程设计
工程名称
某学校学生宿舍楼工程
图名
二～五层平面图
班级
学号
日期
姓名
指导老师
图号
02

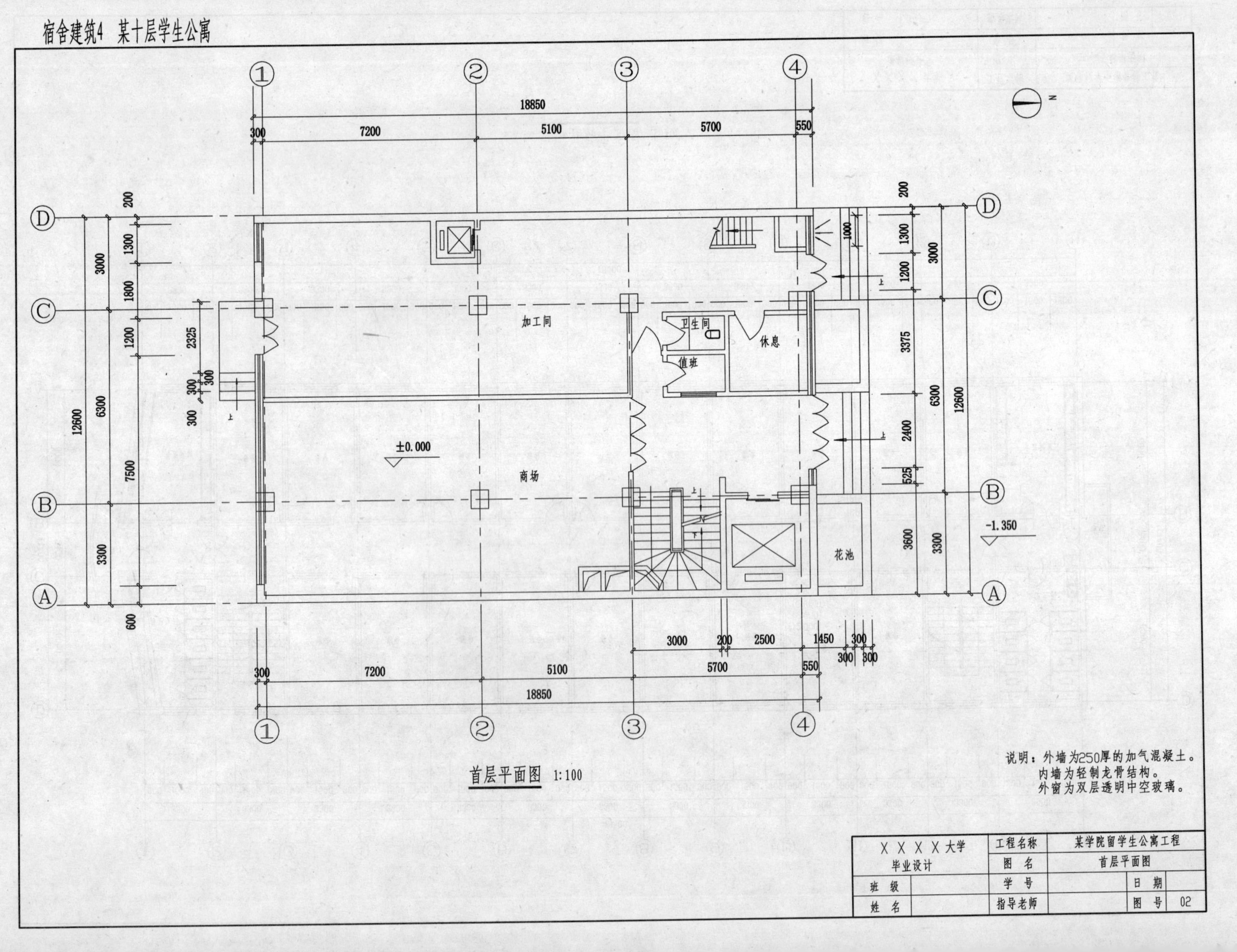

加工间
卫生间
值班
休息
商场
花池
±0.000
-1.350
18850
7200
5100
5700
12600
首层平面图 1:100
说明：外墙为250厚的加气混凝土。
内墙为轻制龙骨结构。
外窗为双层透明中空玻璃。
XXXX大学
毕业设计
班　级
姓　名
工程名称
某学院留学生公寓工程
图　名
首层平面图
学　号
指导老师
日　期
图　号
02

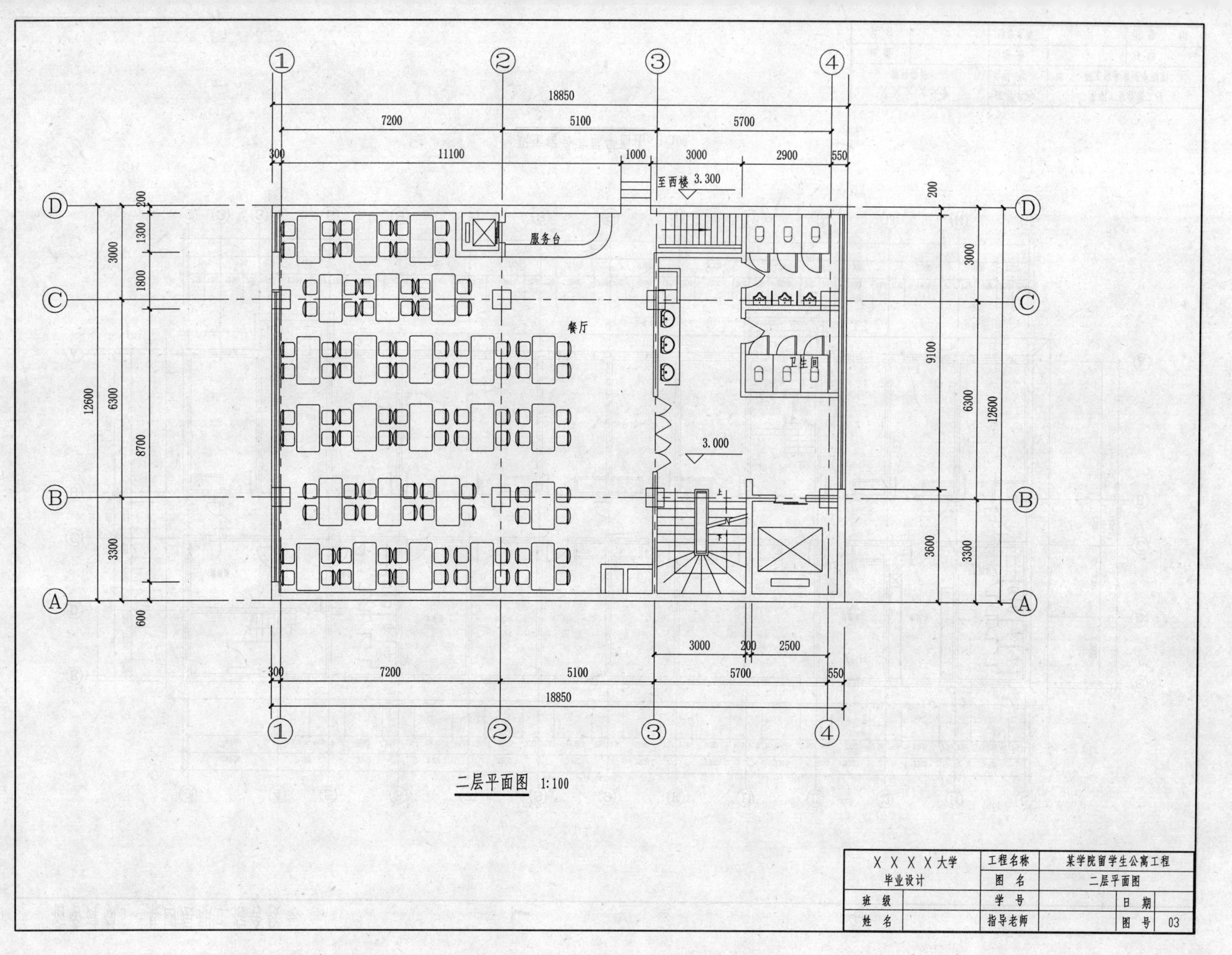
18850
7200
5100
5700
300
11100
1000
3000
2900
550
至西楼 3.300
服务台
餐厅
卫生间
3.000
12600
6300
3000
1300
1800
8700
3300
600
200
9100
3600
2500
X X X X大学
毕业设计
班 级
姓 名
工程名称
某学院留学生公寓工程
图 名
二层平面图
学 号
指导老师
日 期
图 号
03
二层平面图 1:100

宿舍建筑5　某四层职工宿舍楼

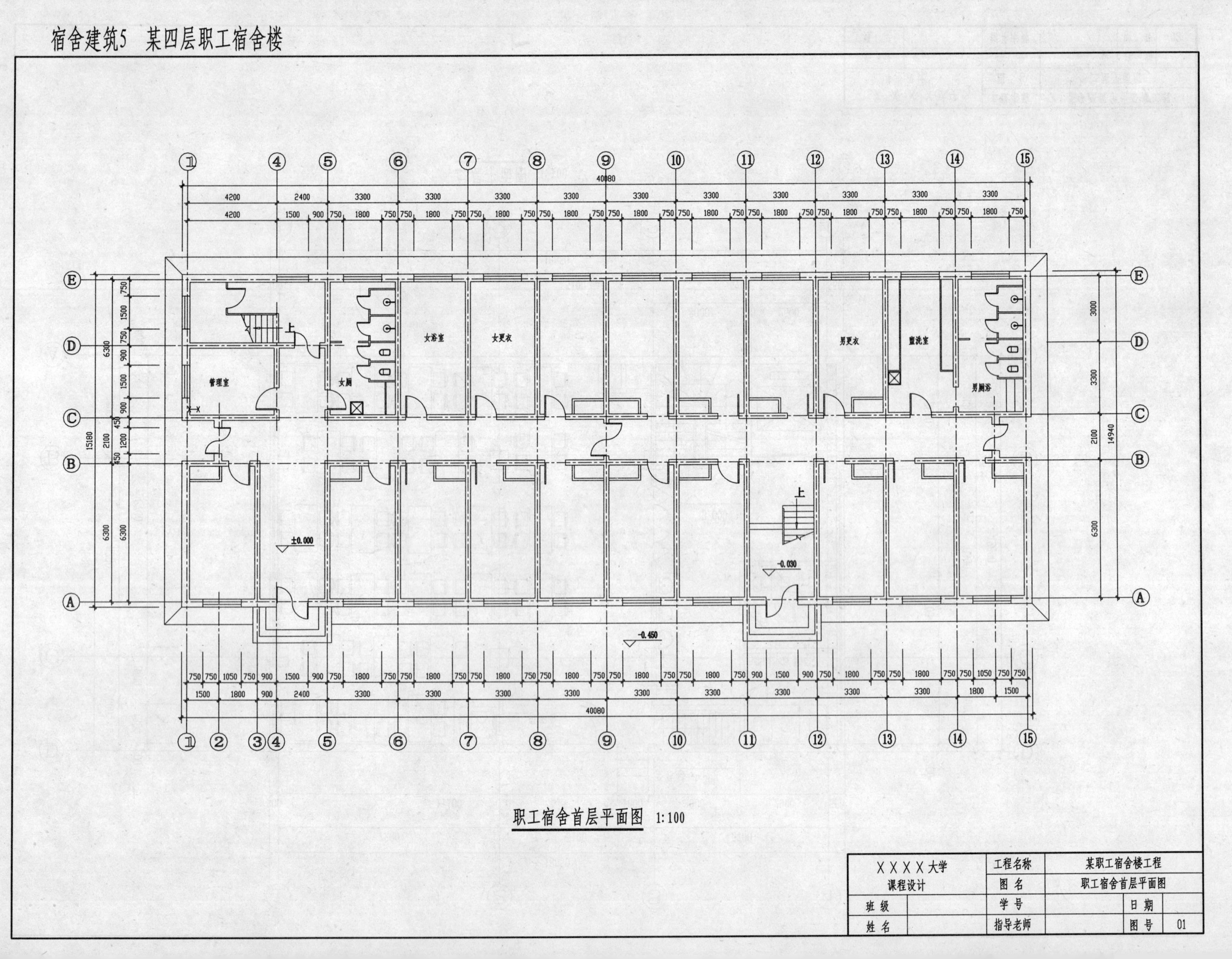

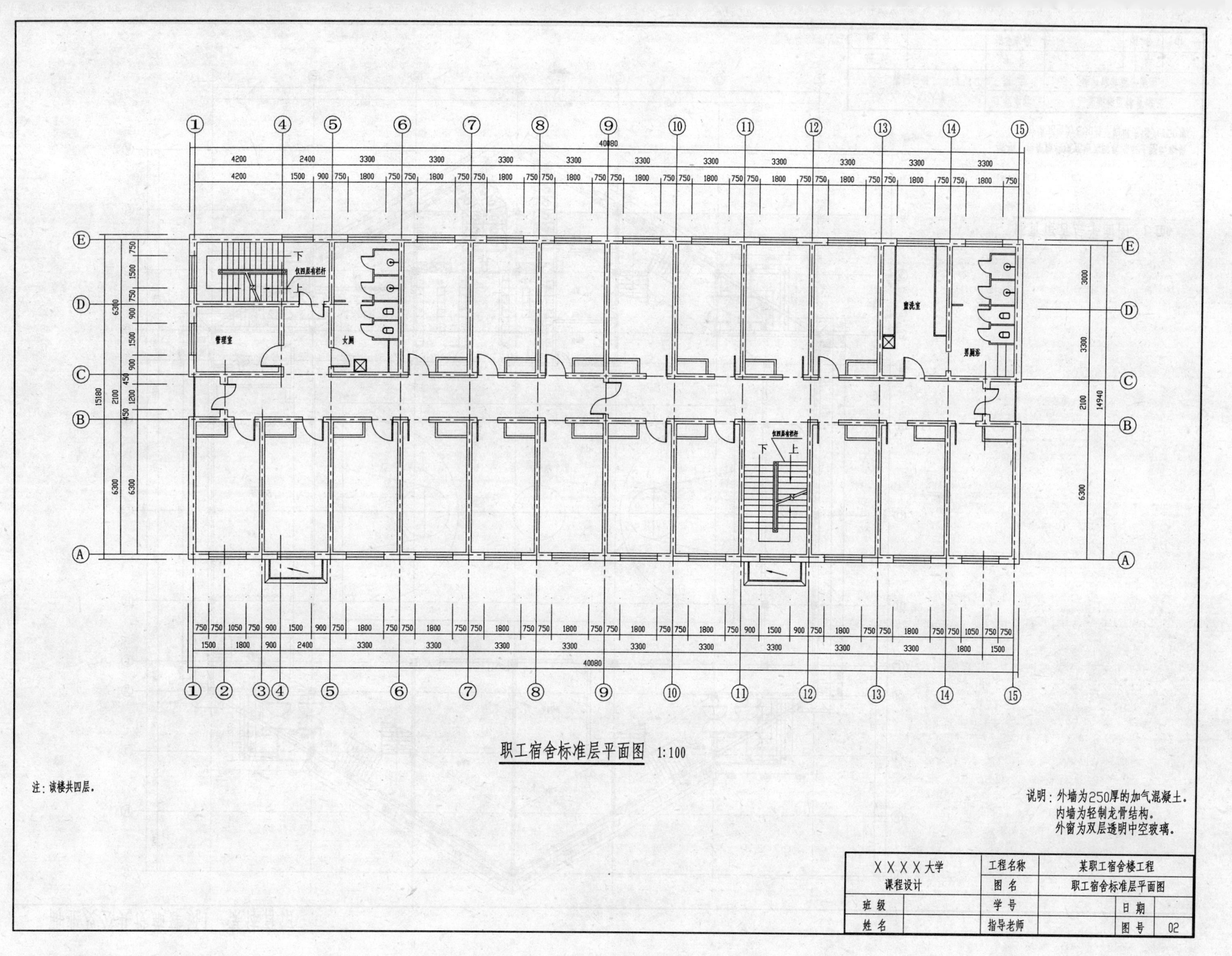

职工宿舍标准层平面图 1:100

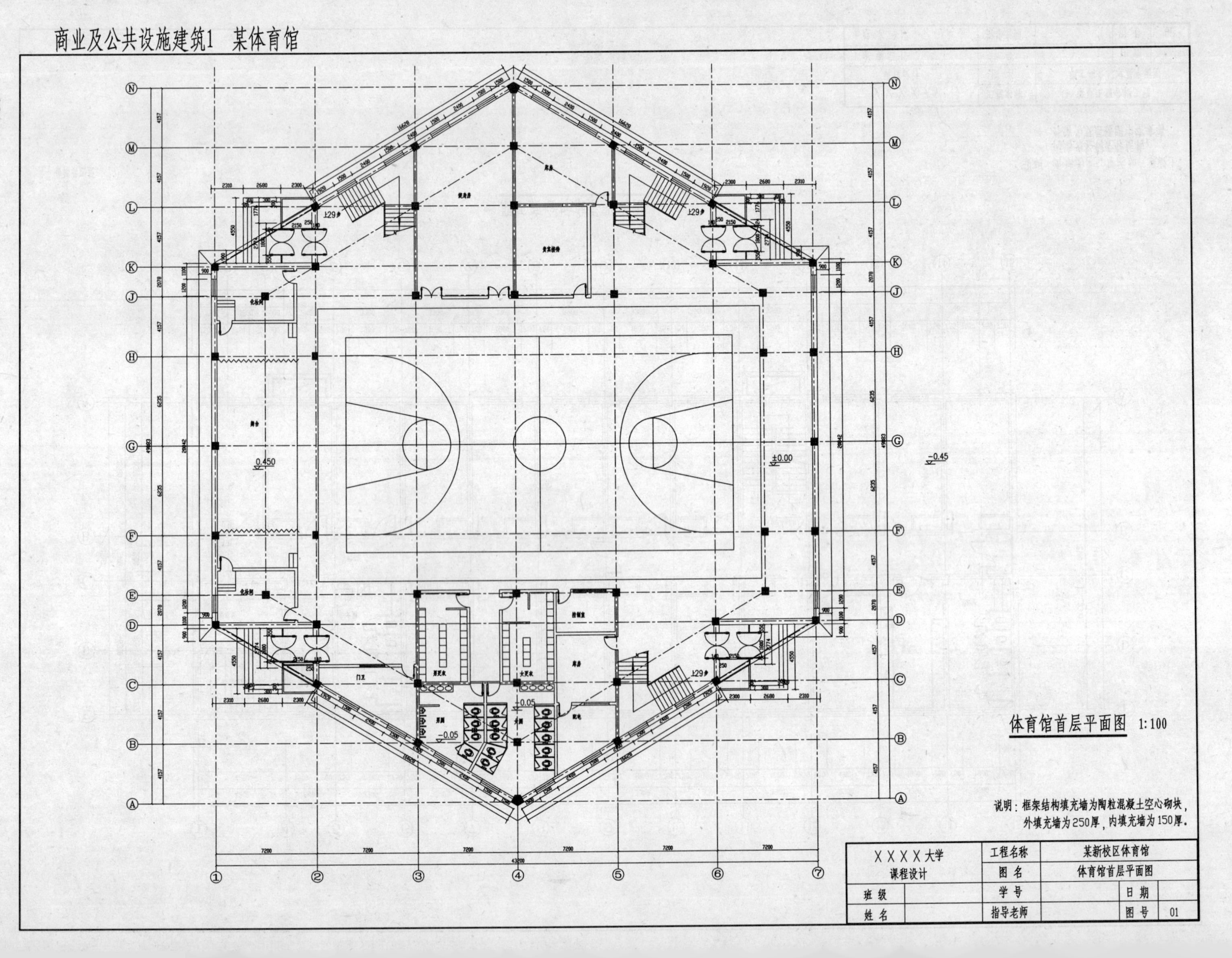
体育馆首层平面图 1:100
说明：框架结构填充墙为陶粒混凝土空心砌块，外填充墙为250厚，内填充墙为150厚。
XXXX大学
课程设计
班级
姓名
工程名称
某新校区体育馆
图名
体育馆首层平面图
学号
日期
指导老师
图号
01
±0.00
-0.45
0.450
-0.05
门卫
控制室
库房
健身房
贵宾接待
舞台
化妆间
男更衣
女更衣
男厕
女厕
配电
29步

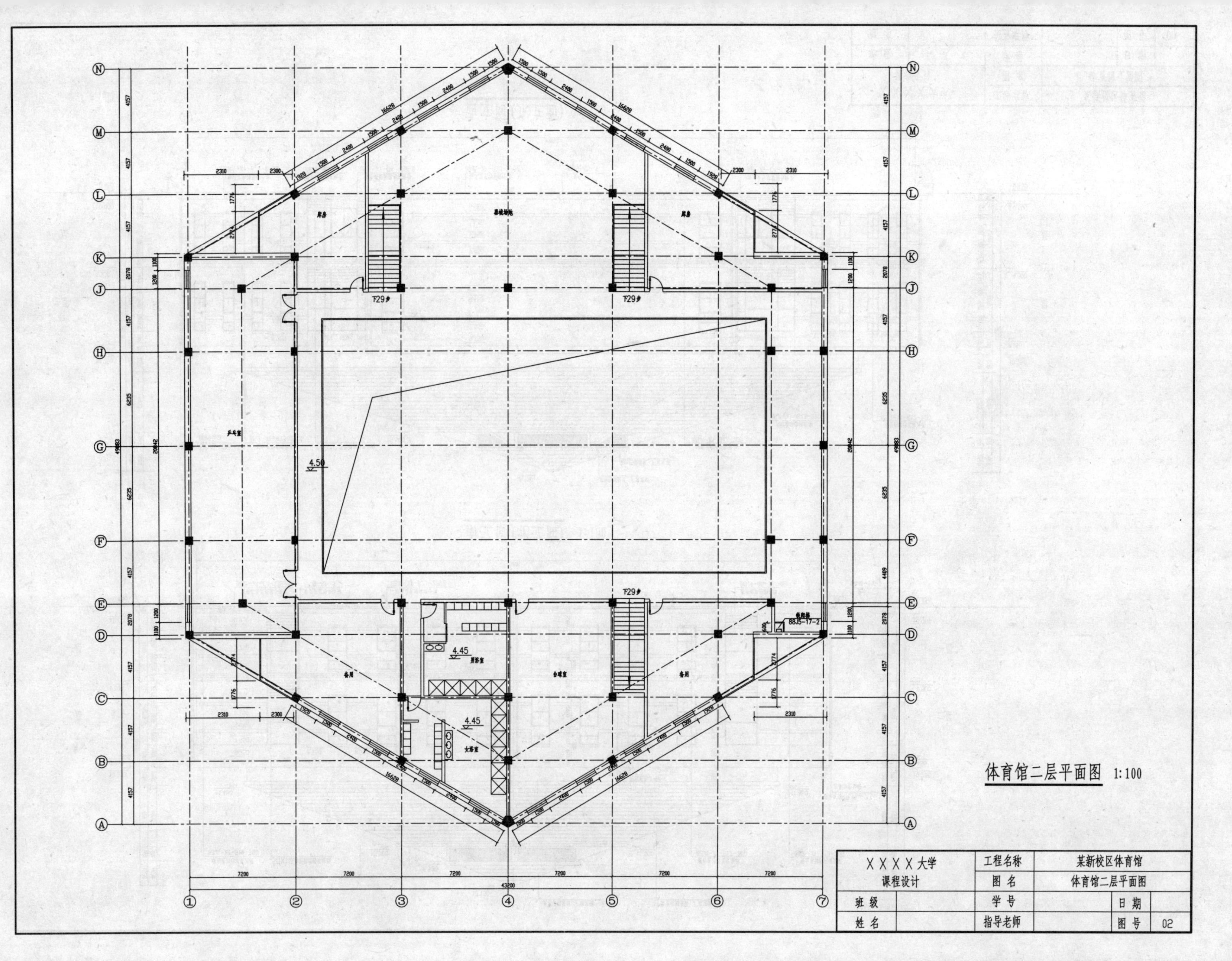
体育馆二层平面图 1:100
XXXX大学
课程设计
班级
姓名
工程名称
某新校区体育馆
图名
体育馆二层平面图
学号
日期
指导老师
图号
02

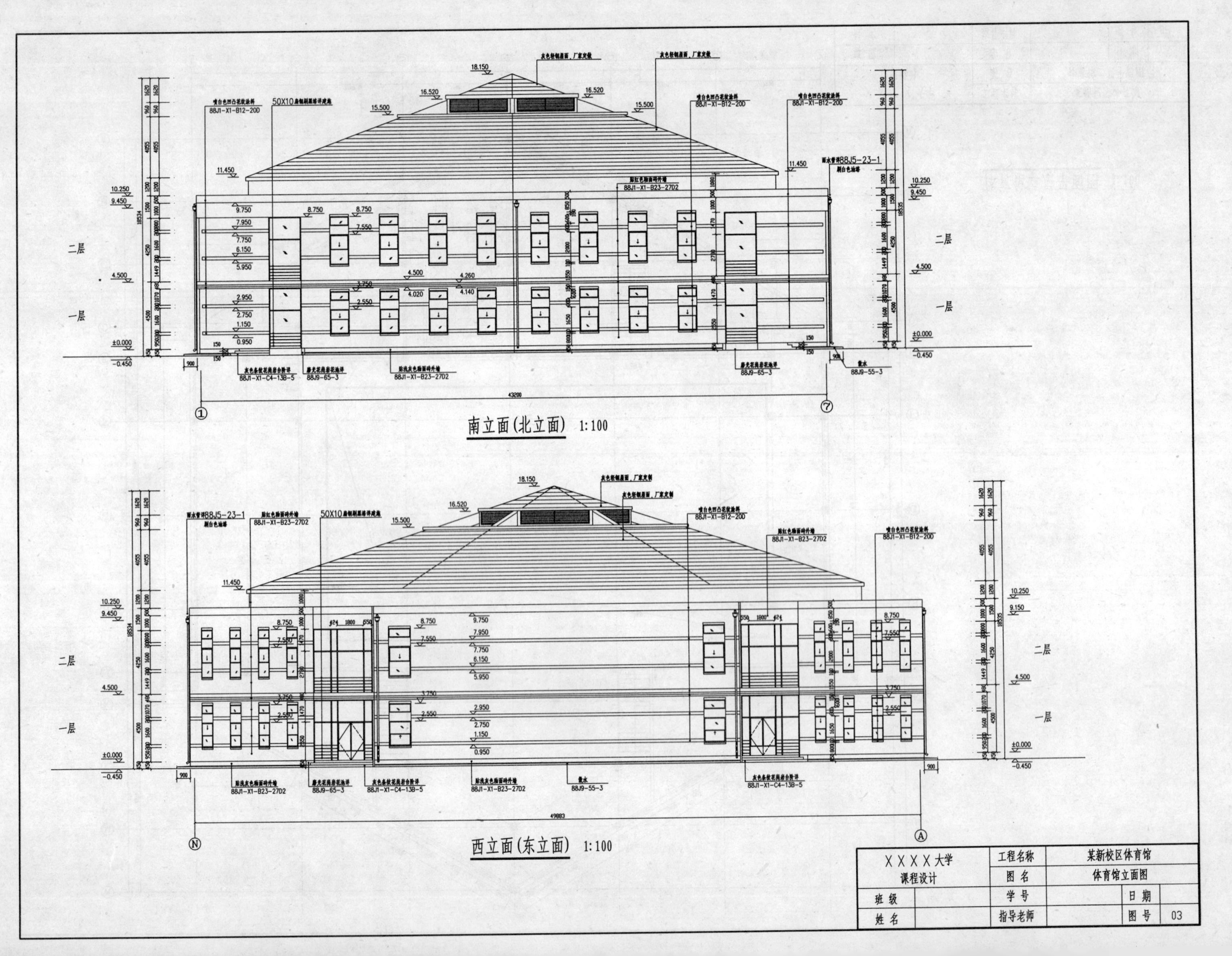
南立面(北立面) 1:100
西立面(东立面) 1:100
XXXX大学
课程设计
班级
姓名
工程名称
某新校区体育馆
图名
体育馆立面图
学号
日期
指导老师
图号
03

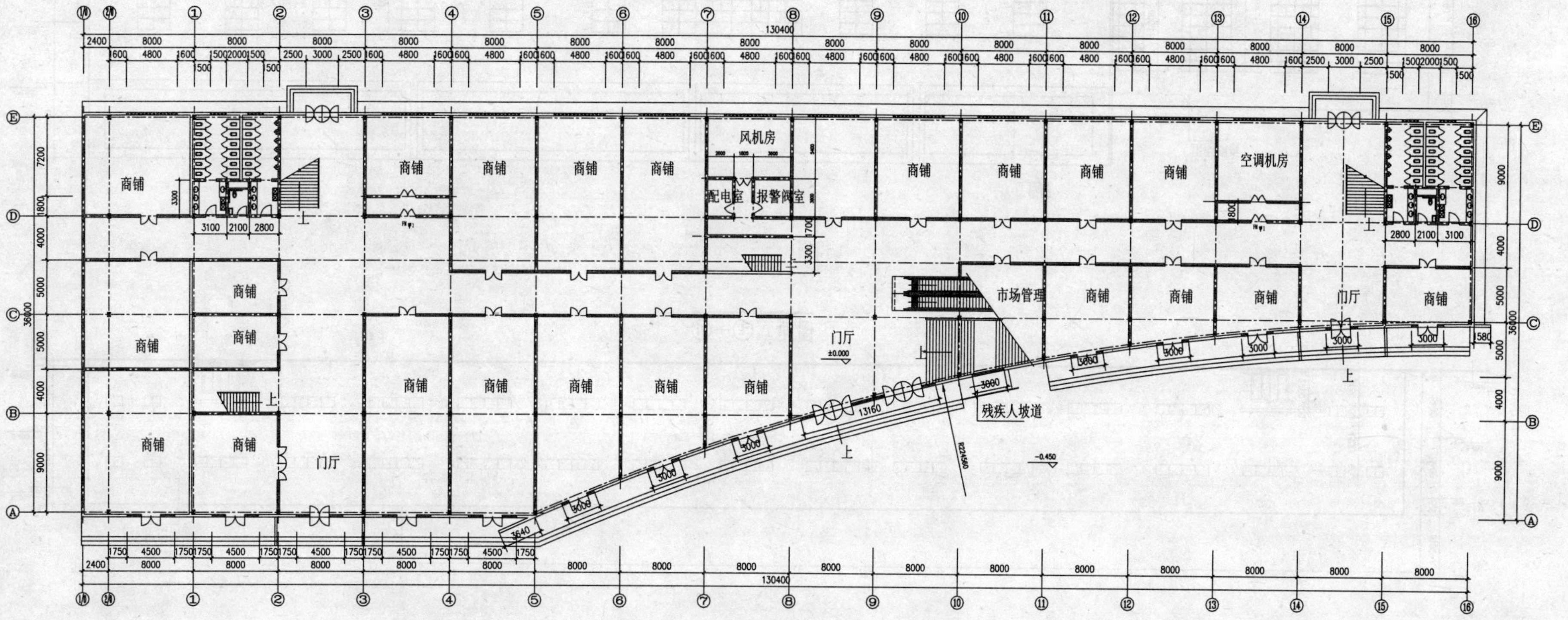

一层平面图　1:150

注：外墙：标高0.90m以下为砖砌，0.90m以上为压型钢板
内墙：内隔墙120mm厚FAC轻质板墙。

XXXX大学 毕业设计		工程名称	某购物中心工程	
		图 名	一层平面图	
班 级		学 号	日 期	
姓 名		指导老师	图 号	01

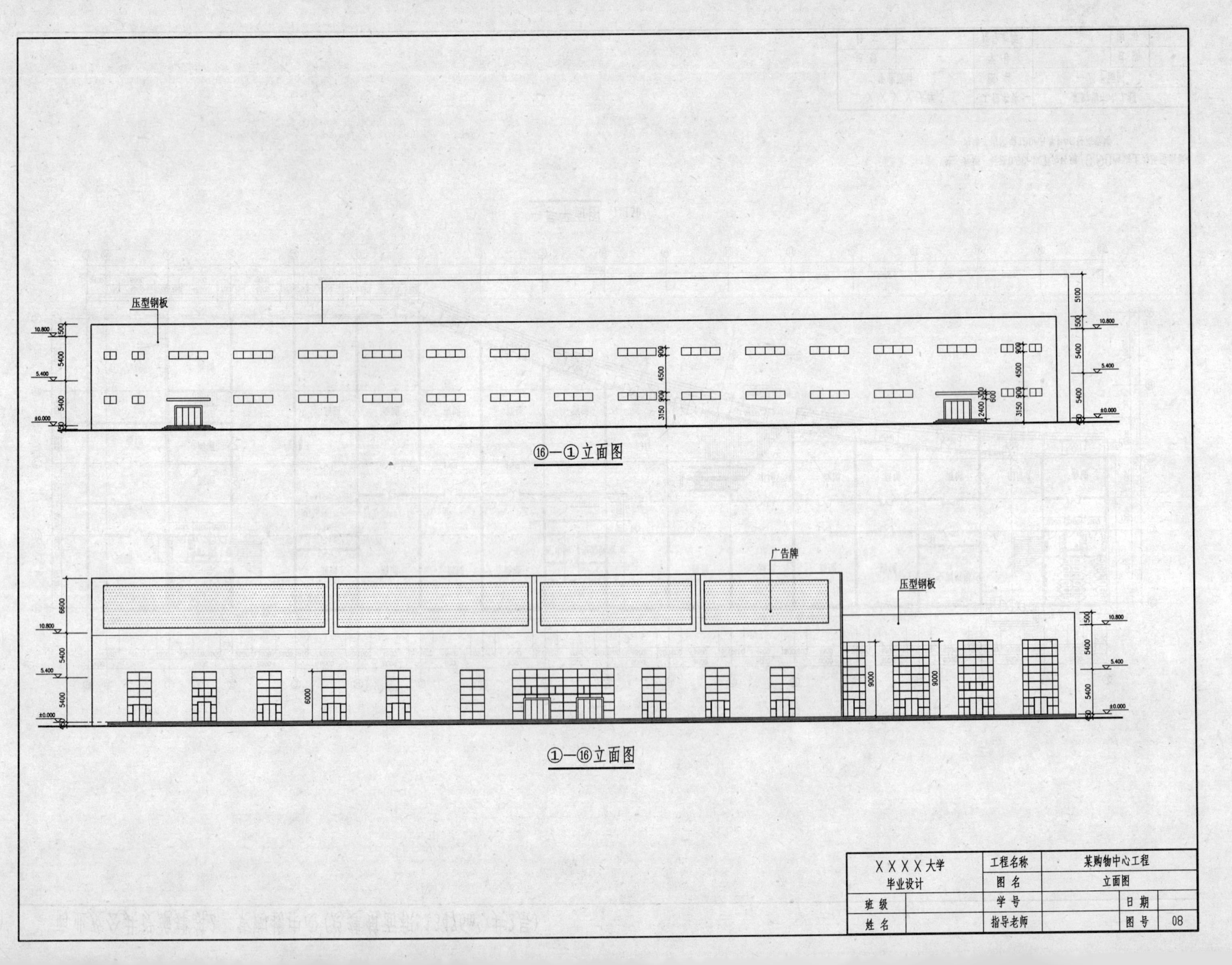
压型钢板
10.800
5.400
±0.000
⑯—①立面图
广告牌
压型钢板
①—⑯立面图
XXXX大学
毕业设计
工程名称
某购物中心工程
图名
立面图
班级
学号
日期
姓名
指导老师
图号
08

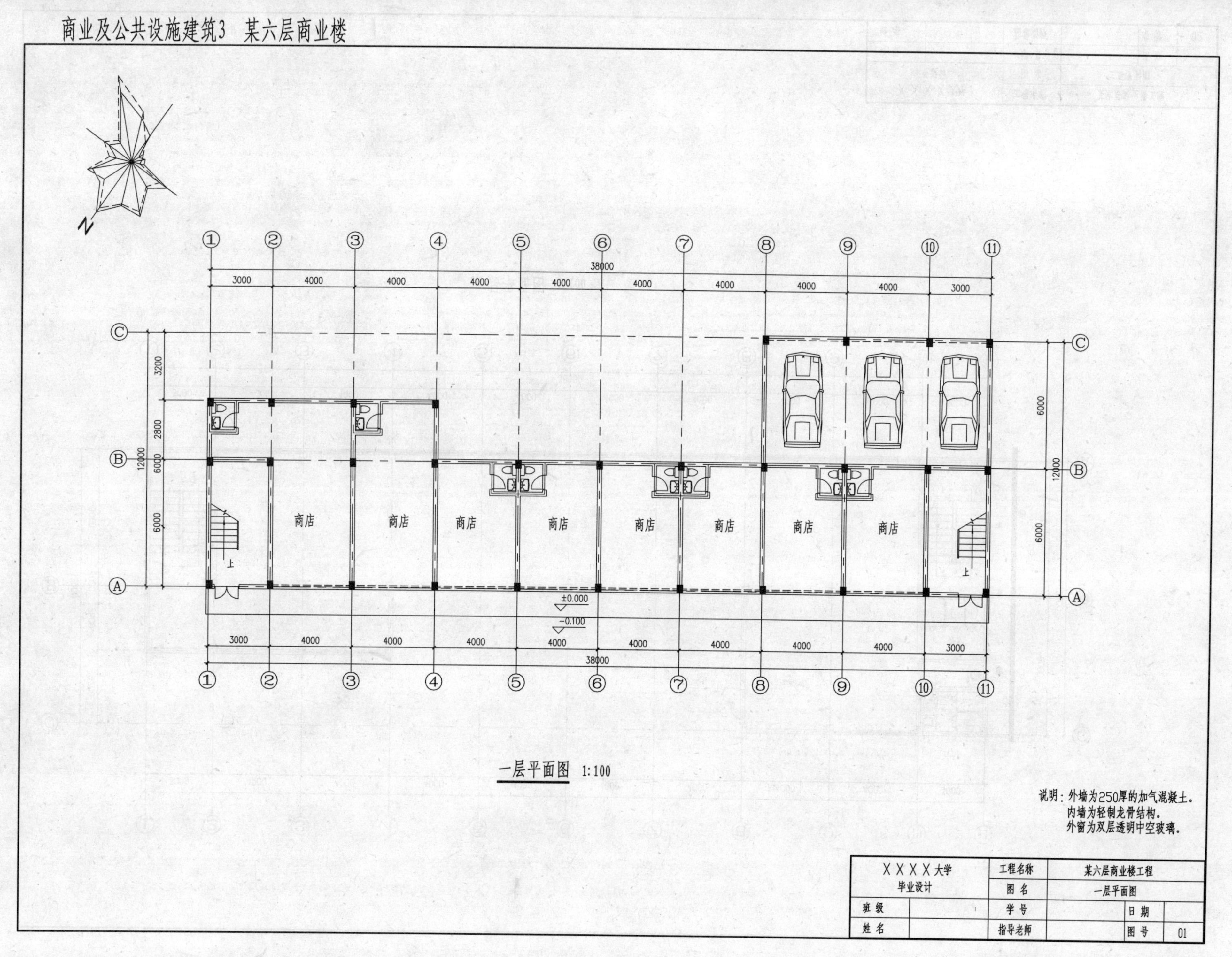

一层平面图 1:100

说明：外墙为250厚的加气混凝土。
内墙为轻制龙骨结构。
外窗为双层透明中空玻璃。

XXXX大学 毕业设计		工程名称	某六层商业楼工程		
		图 名	一层平面图		
班 级		学 号		日 期	
姓 名		指导老师		图 号	01

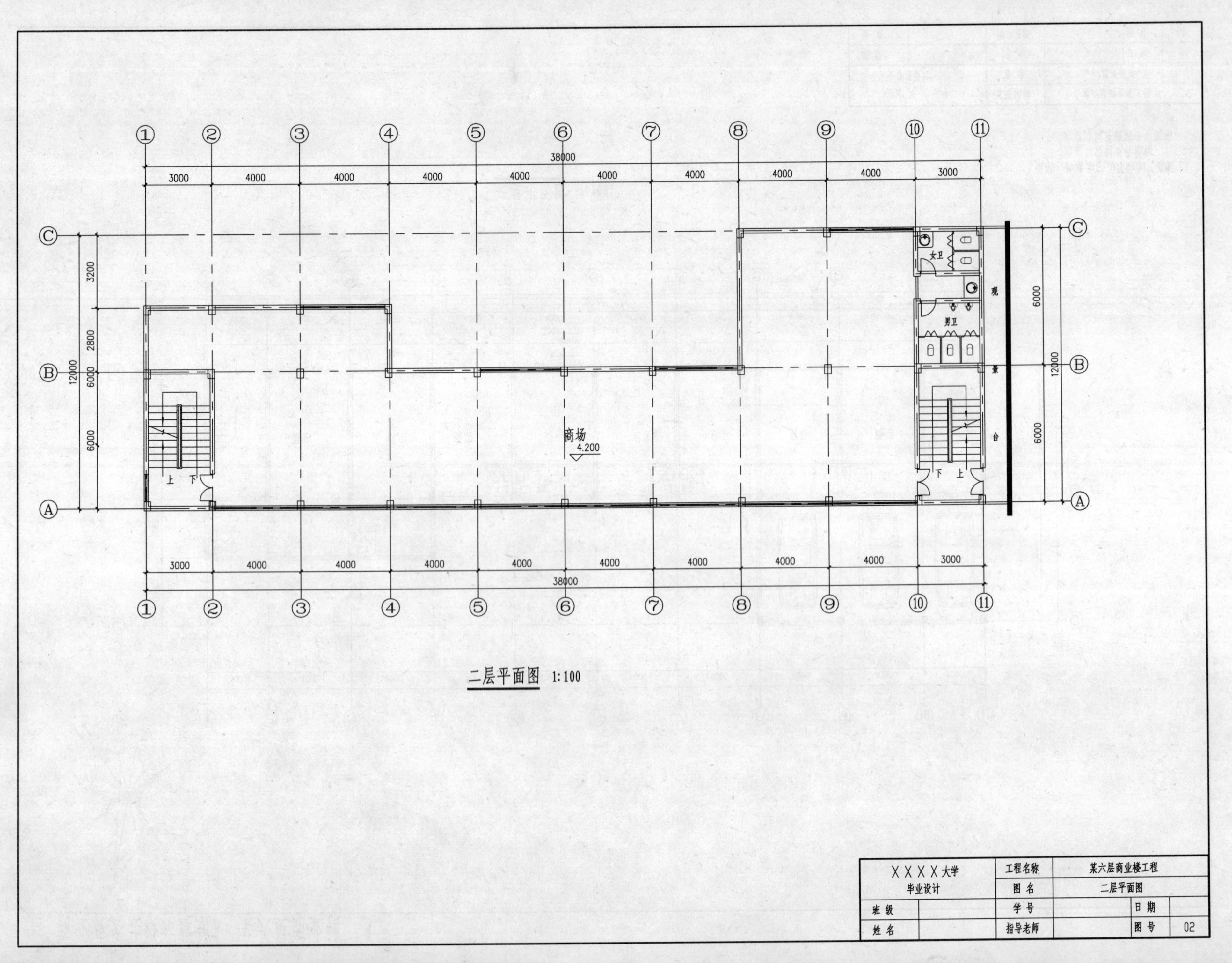
38000
3000
4000
12000
6000
3200
2800
女卫
男卫
观
景
台
上
下
商场
4.200
二层平面图 1:100
XXXX大学
毕业设计
班级
姓名
工程名称
某六层商业楼工程
图名
二层平面图
学号
日期
指导老师
图号
02

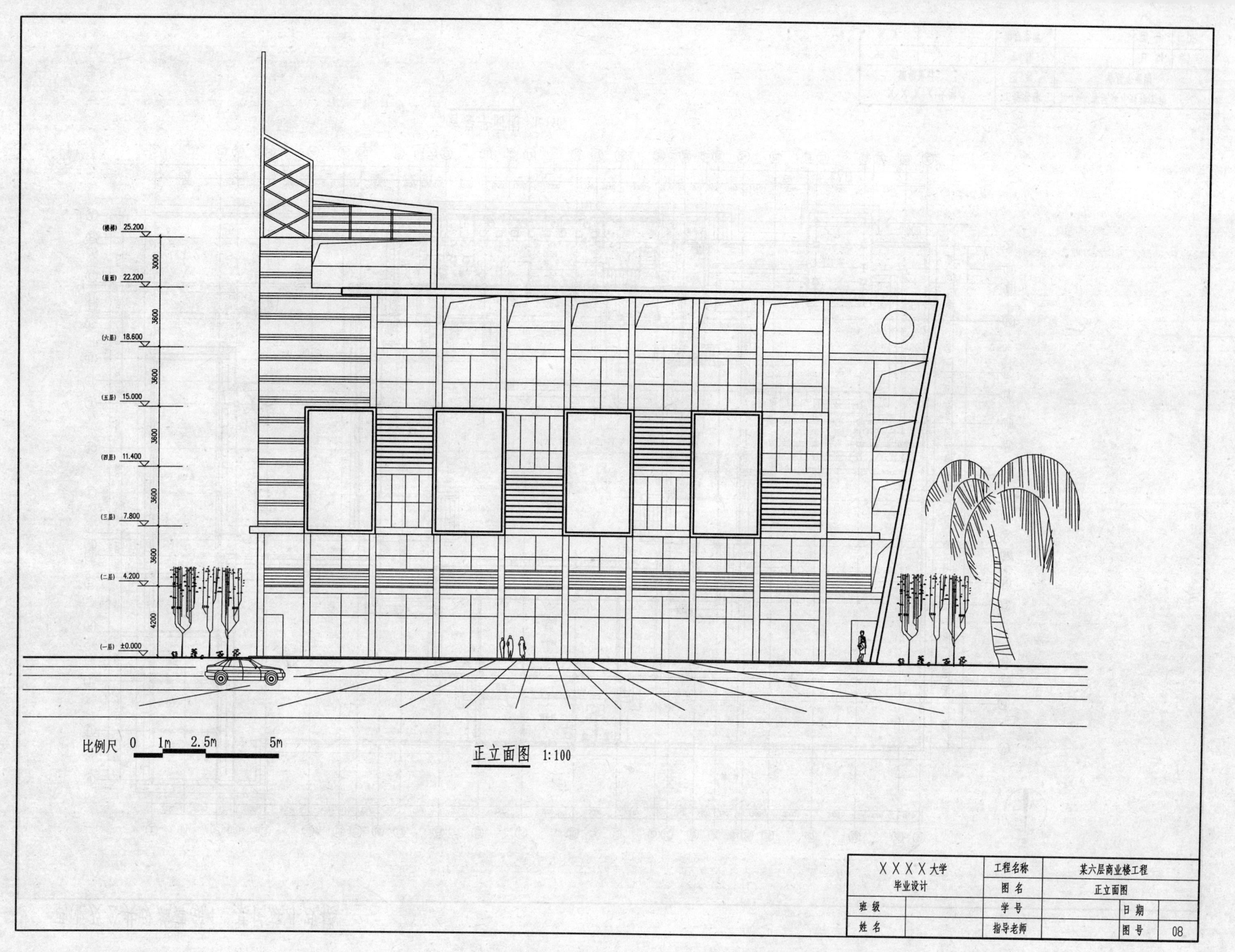

(楼梯) 25.200
(屋面) 22.200
(六层) 18.600
(五层) 15.000
(四层) 11.400
(三层) 7.800
(二层) 4.200
(一层) ±0.000
3000
3600
3600
3600
3600
3600
4200
比例尺 0 1m 2.5m 5m
正立面图 1:100
XXXX大学
毕业设计
班级
姓名
工程名称
某六层商业楼工程
图名
正立面图
学号
指导老师
日期
图号
08

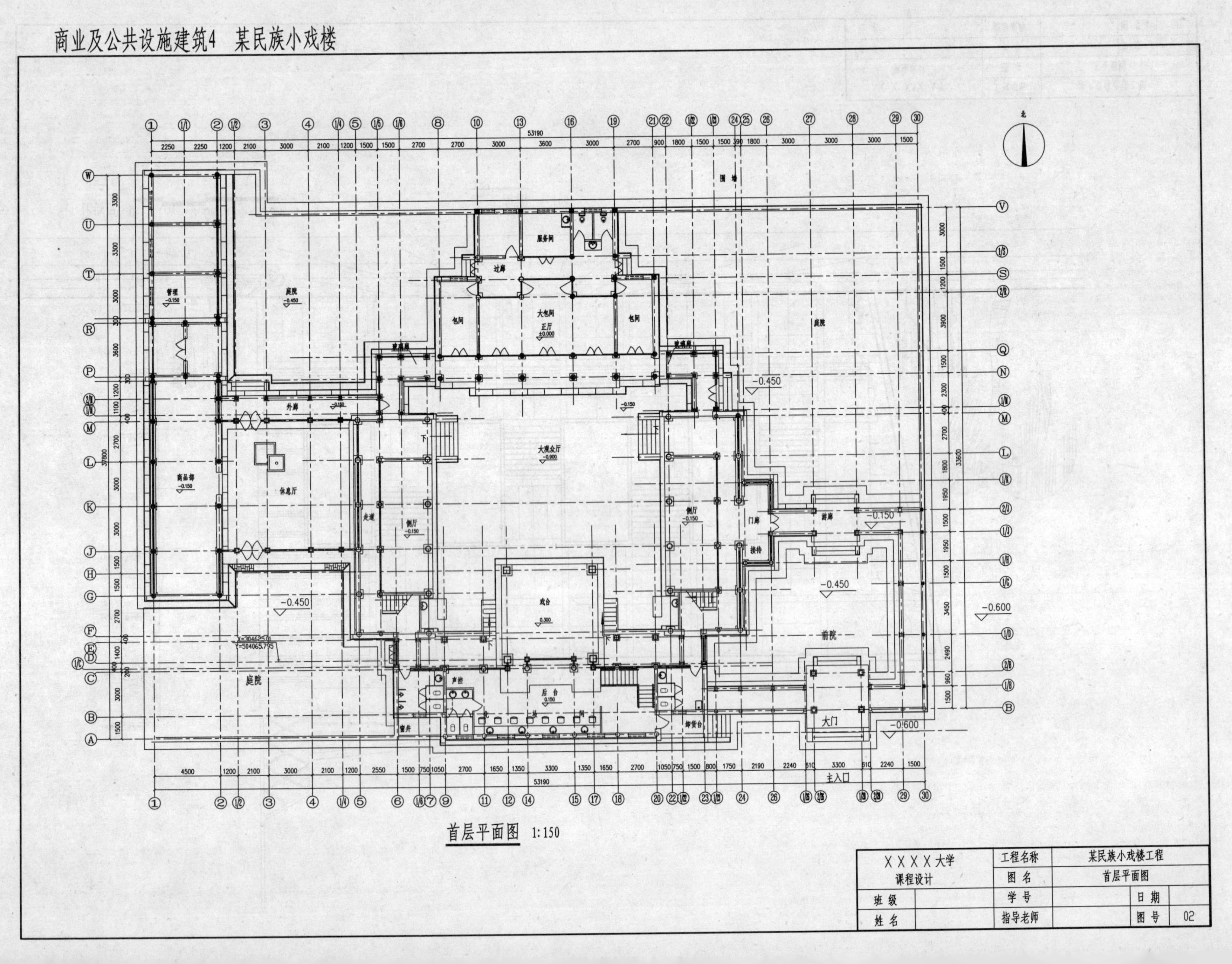

围墙
服务间
过廊
包间
大包间
正厅 ±0.000
庭院
管理 -0.150
商品部 -0.150
休息厅
外廊
走道
侧厅 -0.150
大观众厅 -0.900
戏台 0.300
后台 0.150
声控
窨井
卸货台
门廊
接待
游廊
前院
大门
主入口
-0.450
-0.600
-0.150
X=30462.501
Y=504065.795
53190
37800
33600
首层平面图 1:150
XXXX大学
课程设计
班级
姓名
工程名称
某民族小戏楼工程
图名
首层平面图
学号
日期
指导老师
图号
02

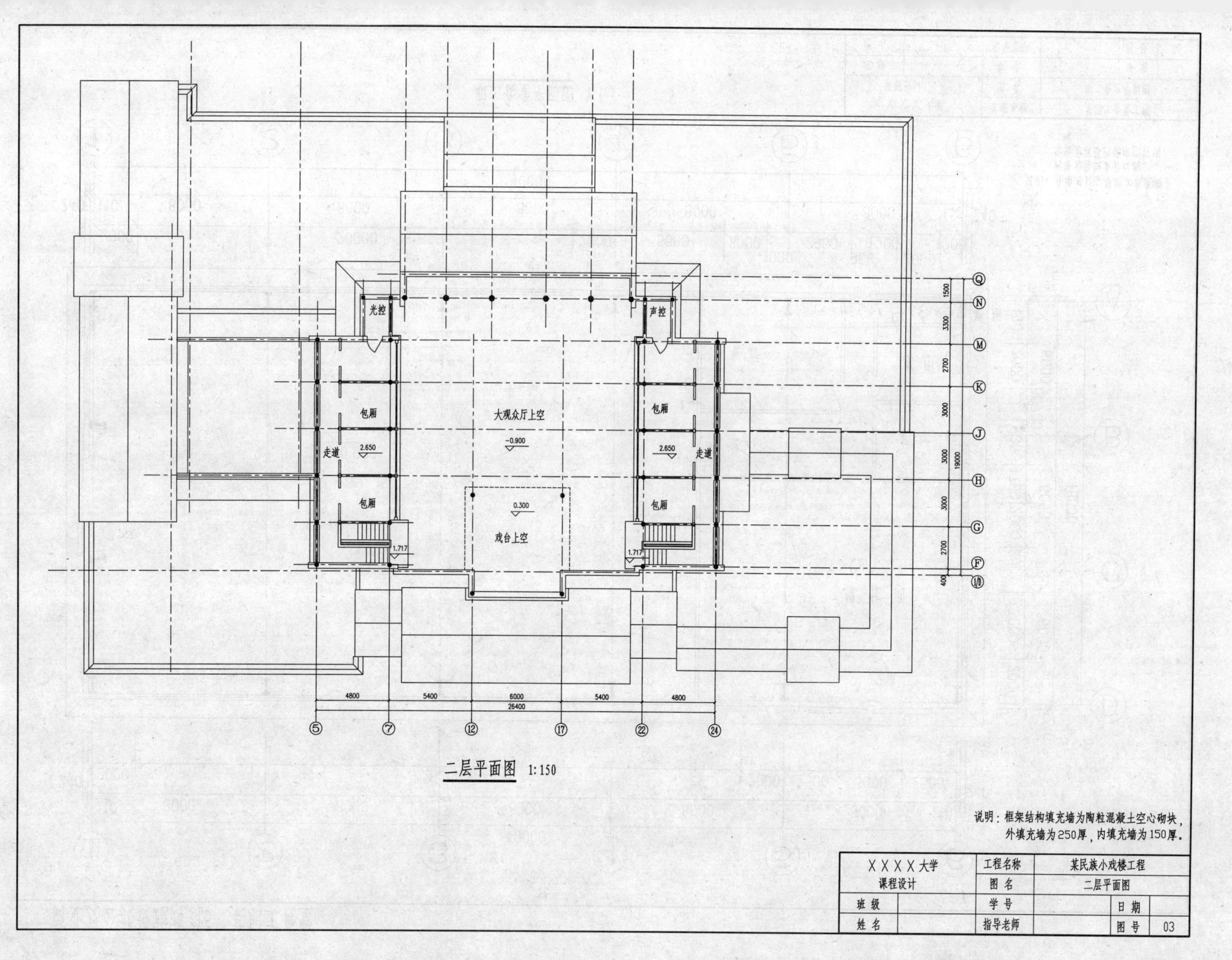

二层平面图 1:150

说明：框架结构填充墙为陶粒混凝土空心砌块，外填充墙为250厚，内填充墙为150厚。

XXXX大学 课程设计		工程名称	某民族小戏楼工程		
		图名	二层平面图		
班级		学号		日期	
姓名		指导老师		图号	03

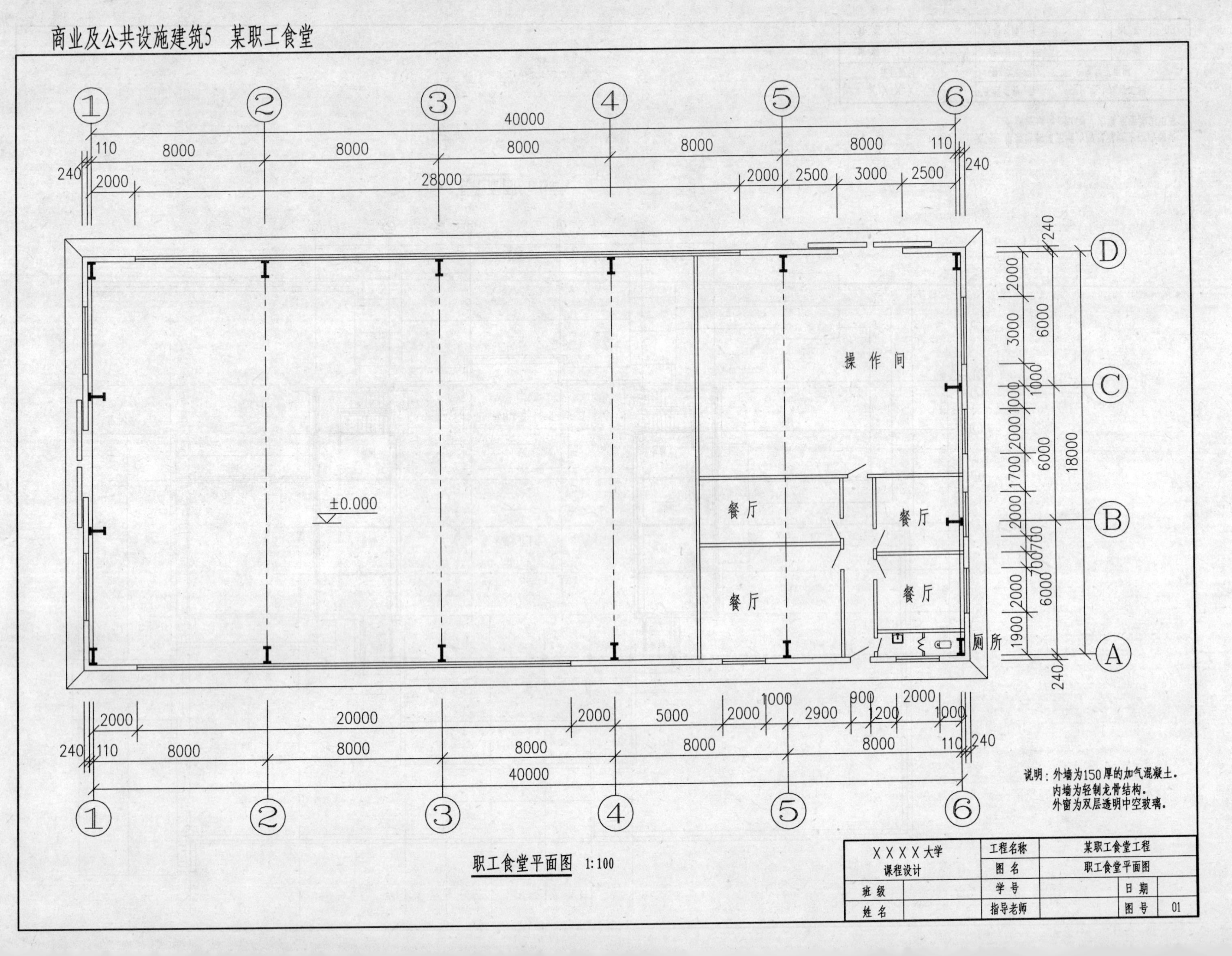

职工食堂平面图　1:100

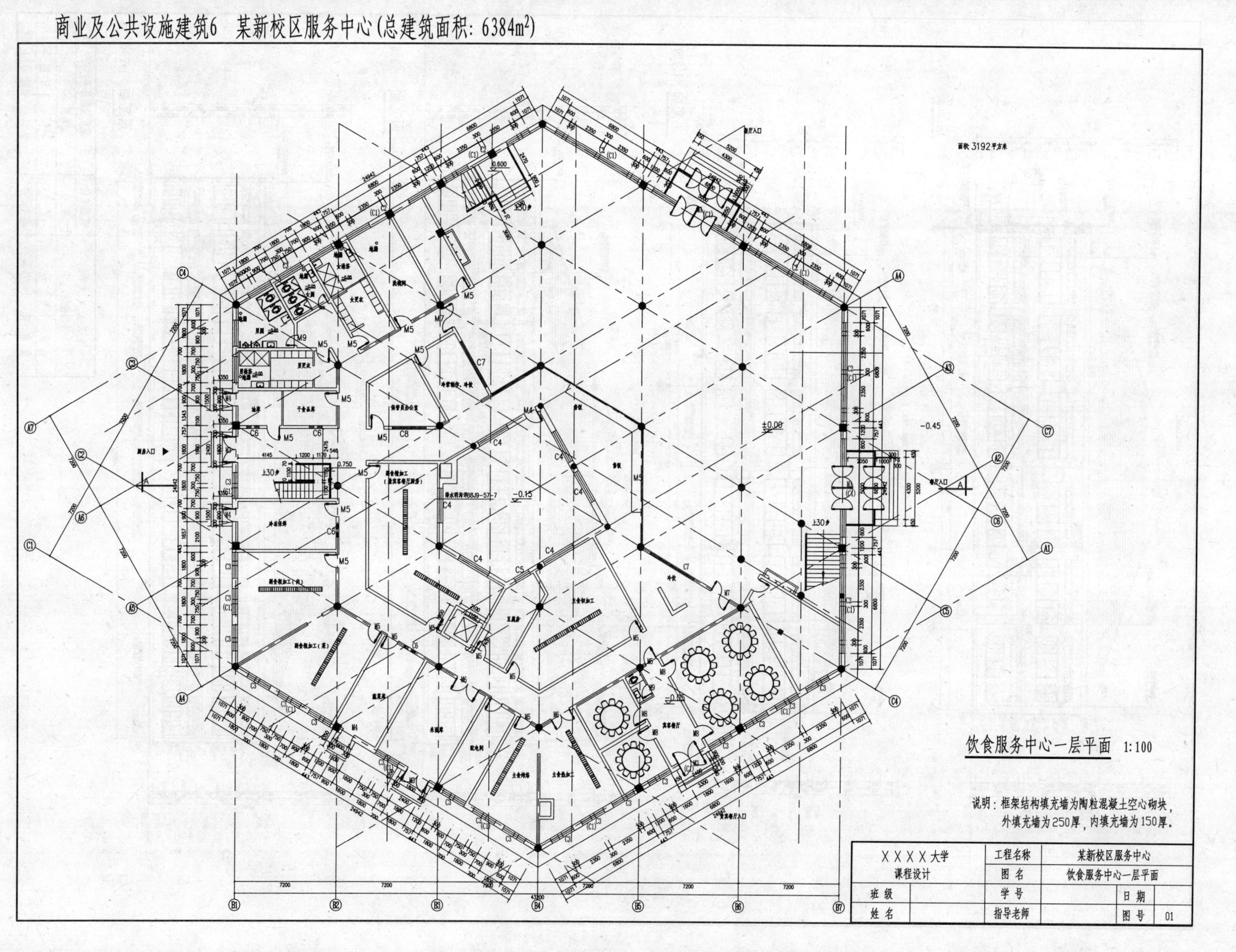

XXXX大学	工程名称	某新校区服务中心		
课程设计	图　名	饮食服务中心一层平面		
班　级	学　号		日　期	
姓　名	指导老师		图　号	01

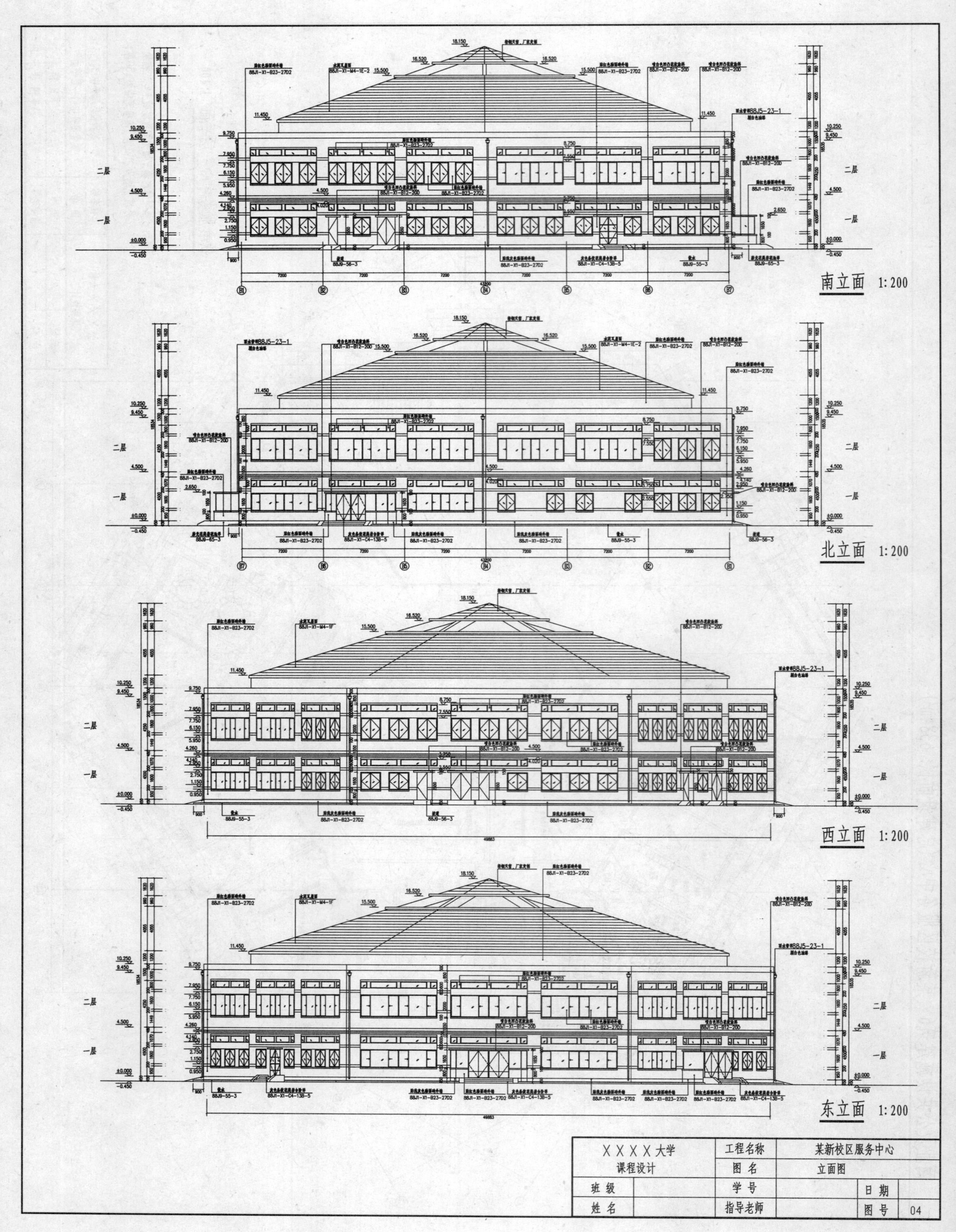

南立面 1:200
北立面 1:200
西立面 1:200
东立面 1:200
二层
一层
ＸＸＸＸ大学
课程设计
工程名称
某新校区服务中心
图 名
立面图
班 级
学 号
日 期
姓 名
指导老师
图 号
04

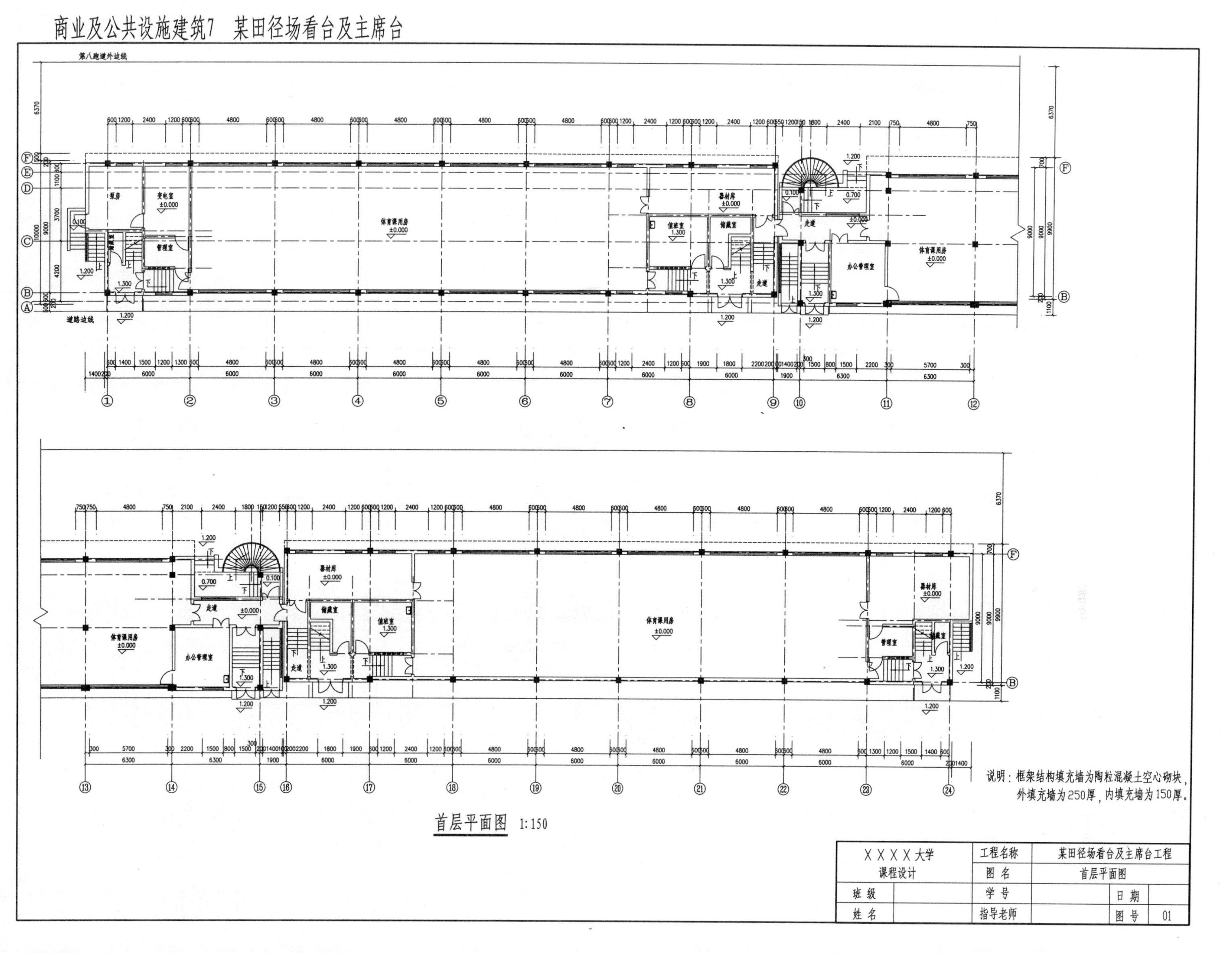
第八跑道外边线
道路边线
泵房
变电室
±0.000
管理室
体育课用房
器材库
值班室
1.300
储藏室
走道
办公管理室
0.700
0.100
1.200
说明：框架结构填充墙为陶粒混凝土空心砌块，
外填充墙为250厚，内填充墙为150厚。
首层平面图 1:150
XXXX大学
课程设计
工程名称
某田径场看台及主席台工程
图 名
首层平面图
班 级
学 号
日 期
姓 名
指导老师
图 号
01

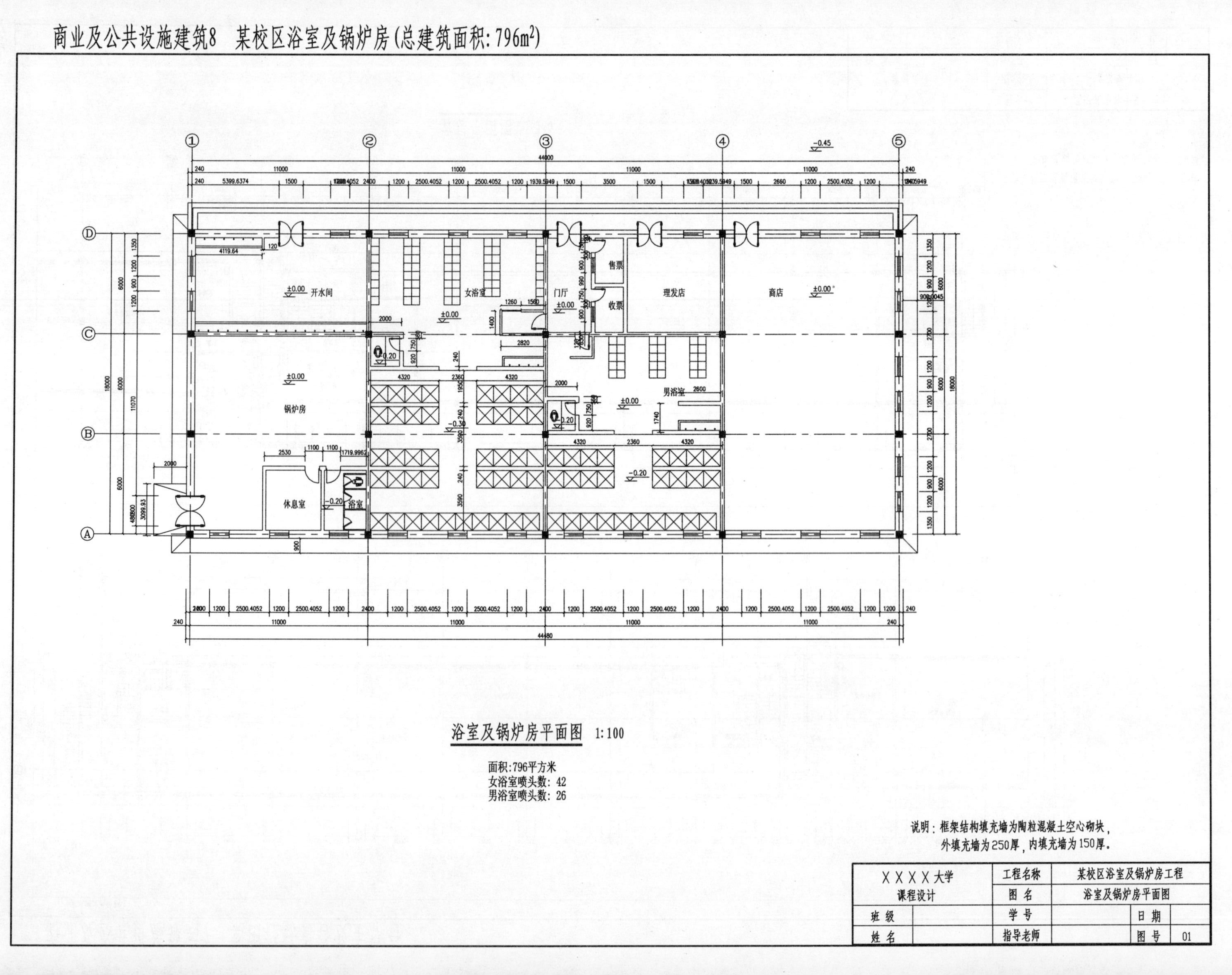
开水间
女浴室
门厅
售票
收票
理发店
商店
锅炉房
男浴室
休息室
浴室
浴室及锅炉房平面图 1:100
面积:796平方米
女浴室喷头数: 42
男浴室喷头数: 26
说明：框架结构填充墙为陶粒混凝土空心砌块，
外填充墙为250厚，内填充墙为150厚。
XXXX大学
课程设计
工程名称
某校区浴室及锅炉房工程
图 名
浴室及锅炉房平面图
班 级
学 号
日 期
姓 名
指导老师
图 号
01

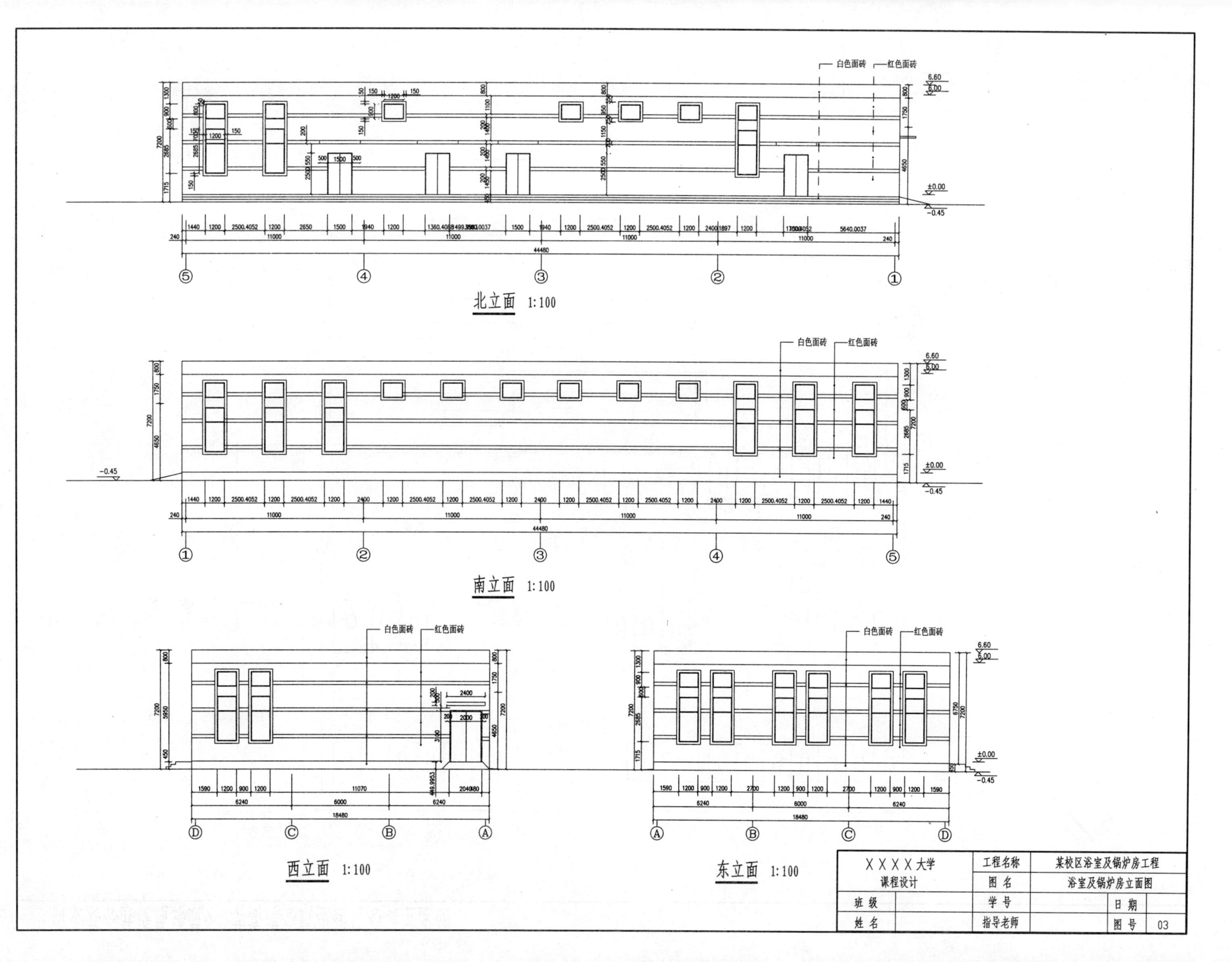

白色面砖
红色面砖
6.60
6.00
±0.00
-0.45
44480
11000
北立面 1:100
南立面 1:100
18480
6240
6000
西立面 1:100
东立面 1:100
XXXX大学
课程设计
工程名称
某校区浴室及锅炉房工程
图 名
浴室及锅炉房立面图
班 级
学 号
日 期
姓 名
指导老师
图 号
03

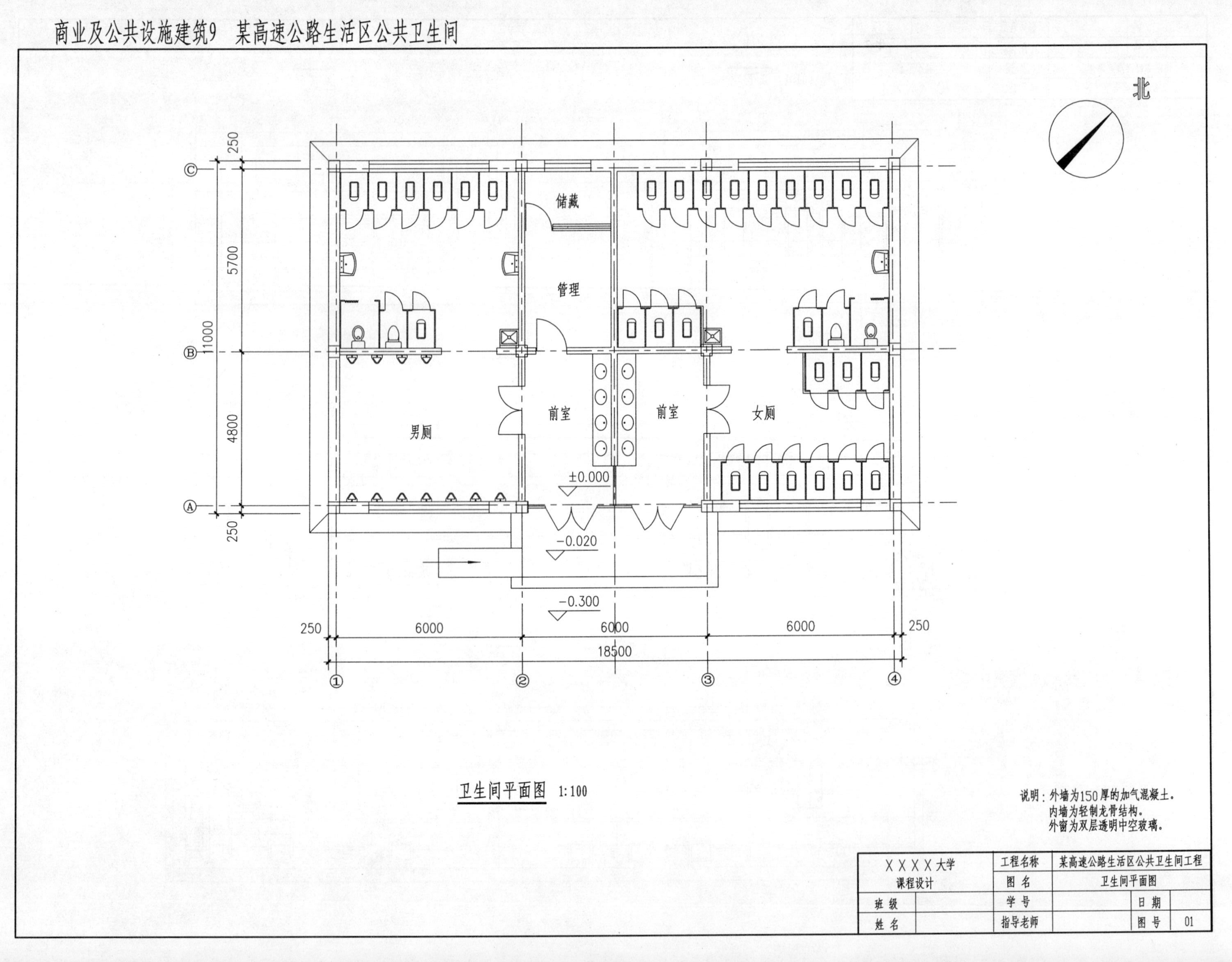

卫生间平面图 1:100

说明：外墙为150厚的加气混凝土。
内墙为轻制龙骨结构。
外窗为双层透明中空玻璃。

XXXX大学 课程设计		工程名称	某高速公路生活区公共卫生间工程	
		图 名	卫生间平面图	
班 级		学 号		日 期
姓 名		指导老师		图 号 01

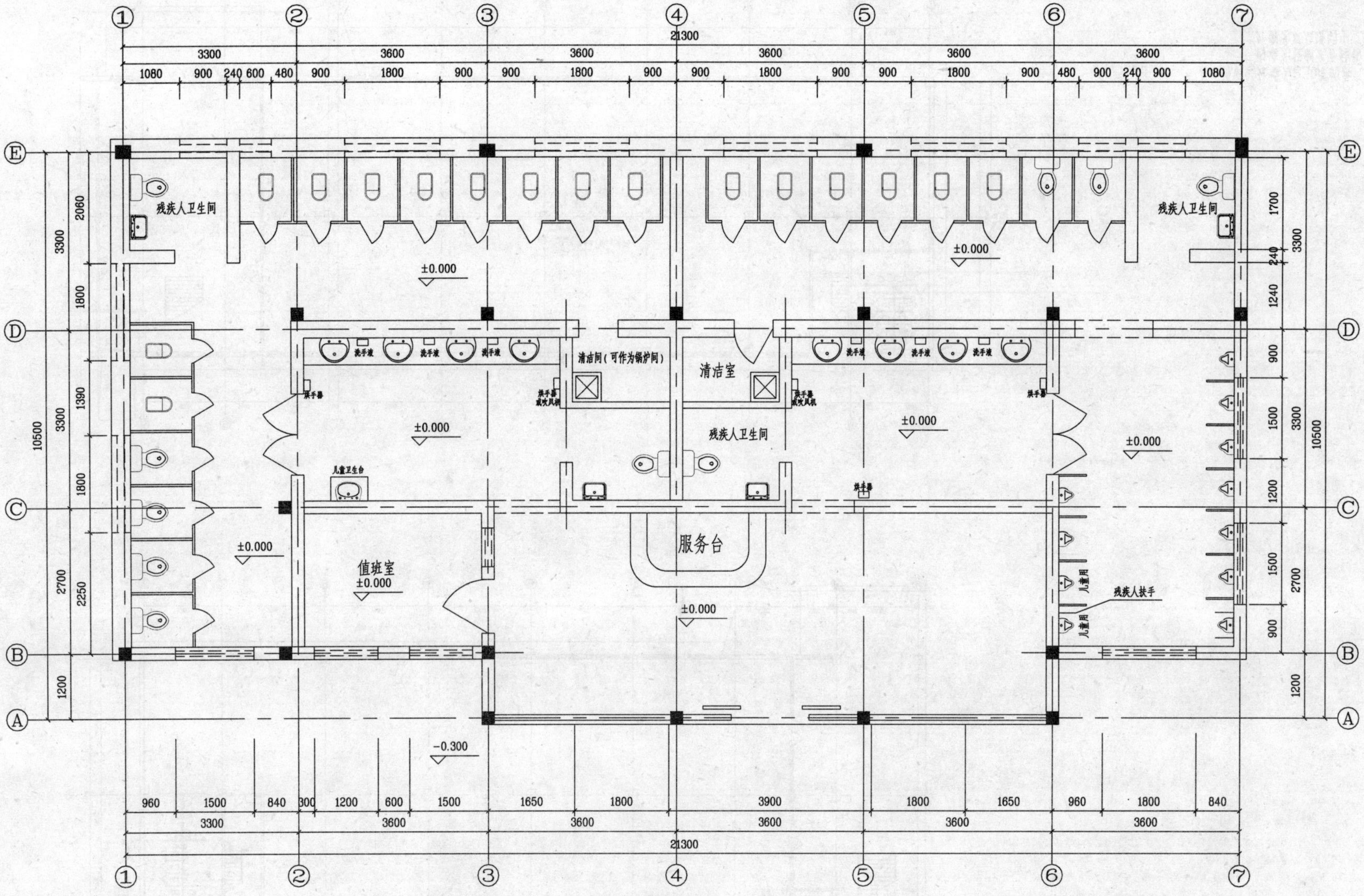

某公共厕所平面图　1:50

说明：外墙为150厚的加气混凝土。
内墙为轻钢龙骨结构。
外窗为双层透明中空玻璃。

X X X X 大学 课程设计		工程名称	某公共卫生间工程	
		图 名	某公共卫生间平面图	
班 级		学 号		日 期
姓 名		指导老师		图 号 01

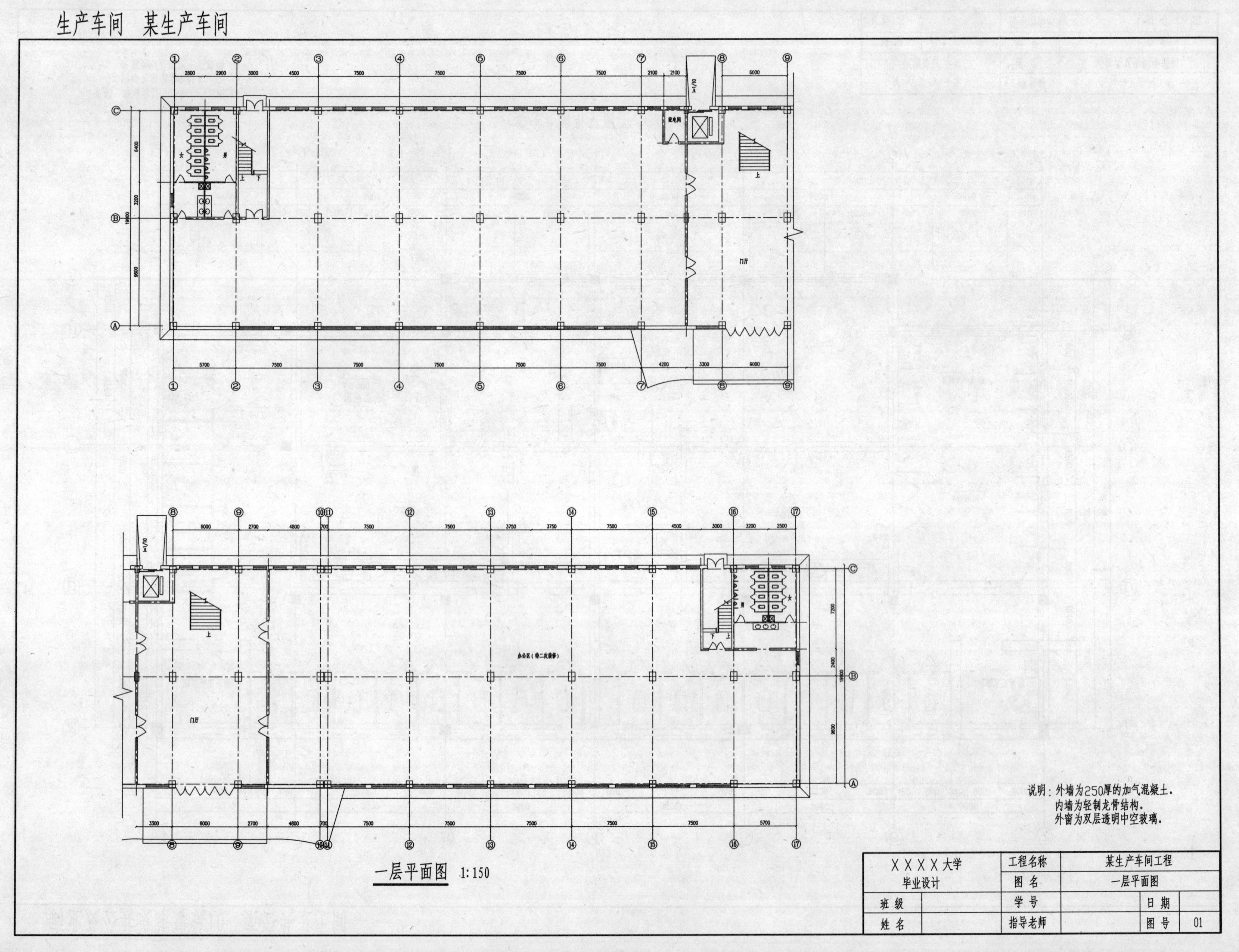
说明：外墙为250厚的加气混凝土。
内墙为轻钢龙骨结构。
外窗为双层透明中空玻璃。
门厅
配电间
办公区（第二次装修）
i=1/10
XXXX大学
毕业设计
工程名称
某生产车间工程
图 名
一层平面图
班 级
学 号
日 期
姓 名
指导老师
图 号
01

一层平面图 1:150

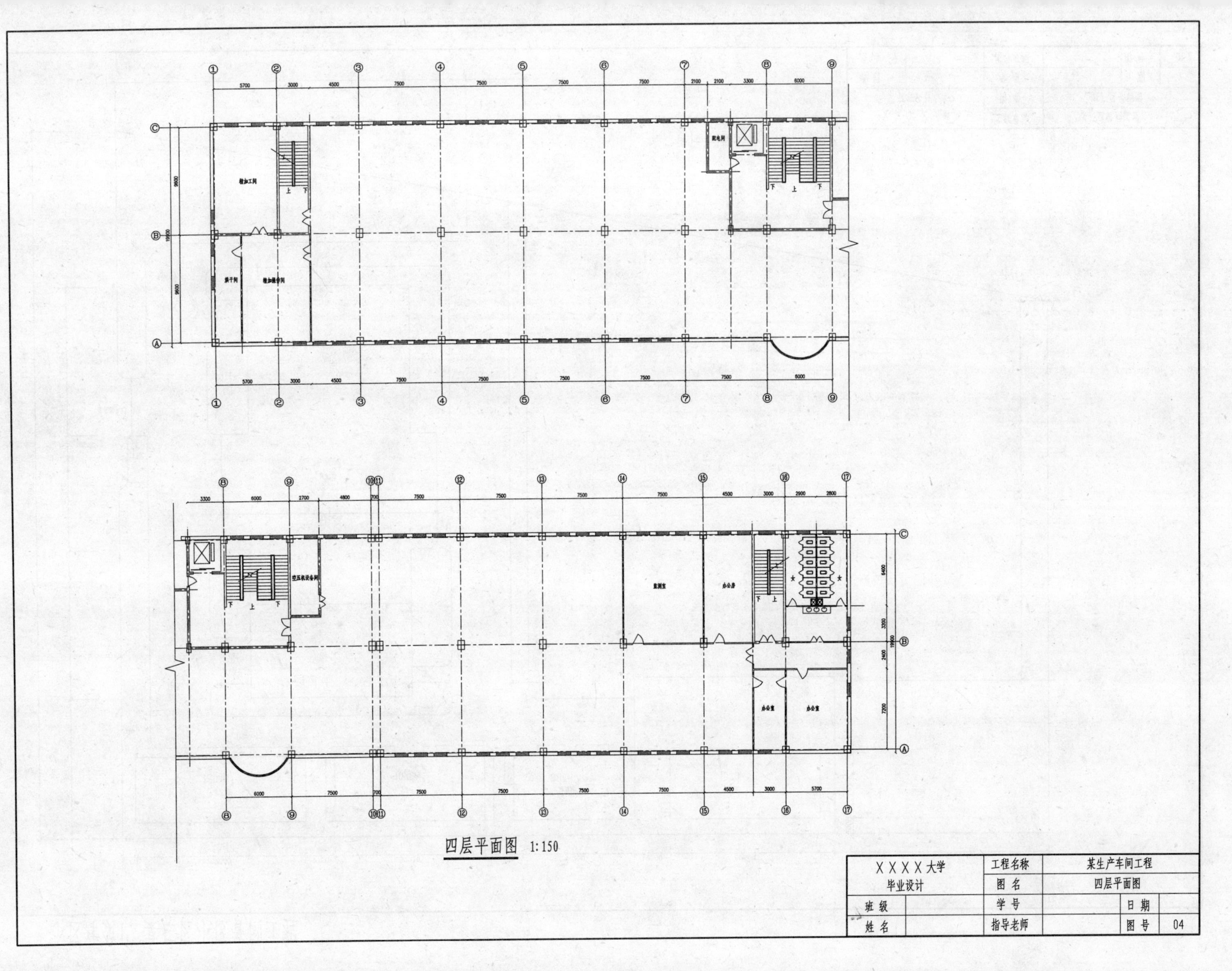

四层平面图 1:150

小区建筑1　某厂区小区管网工程

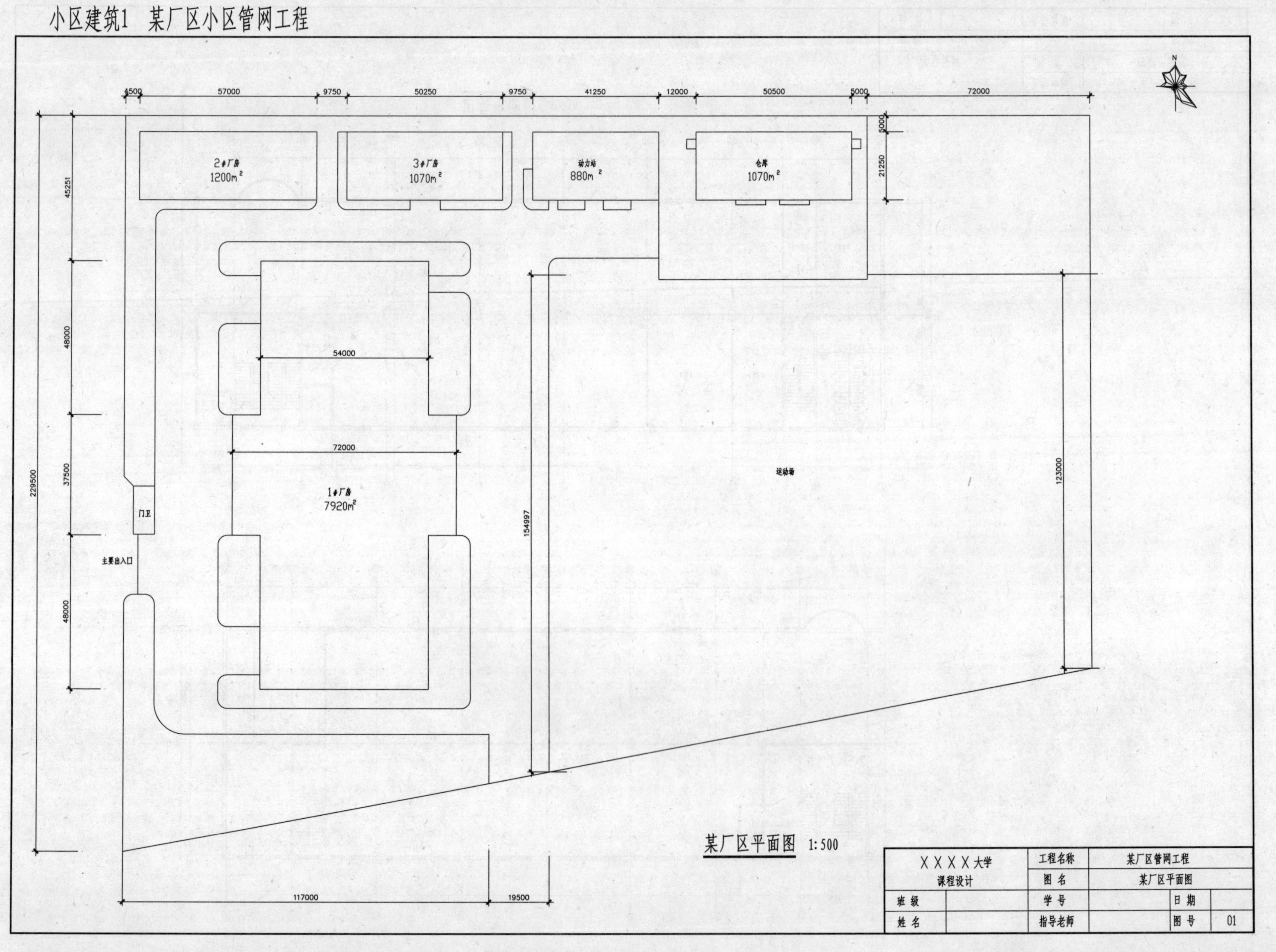

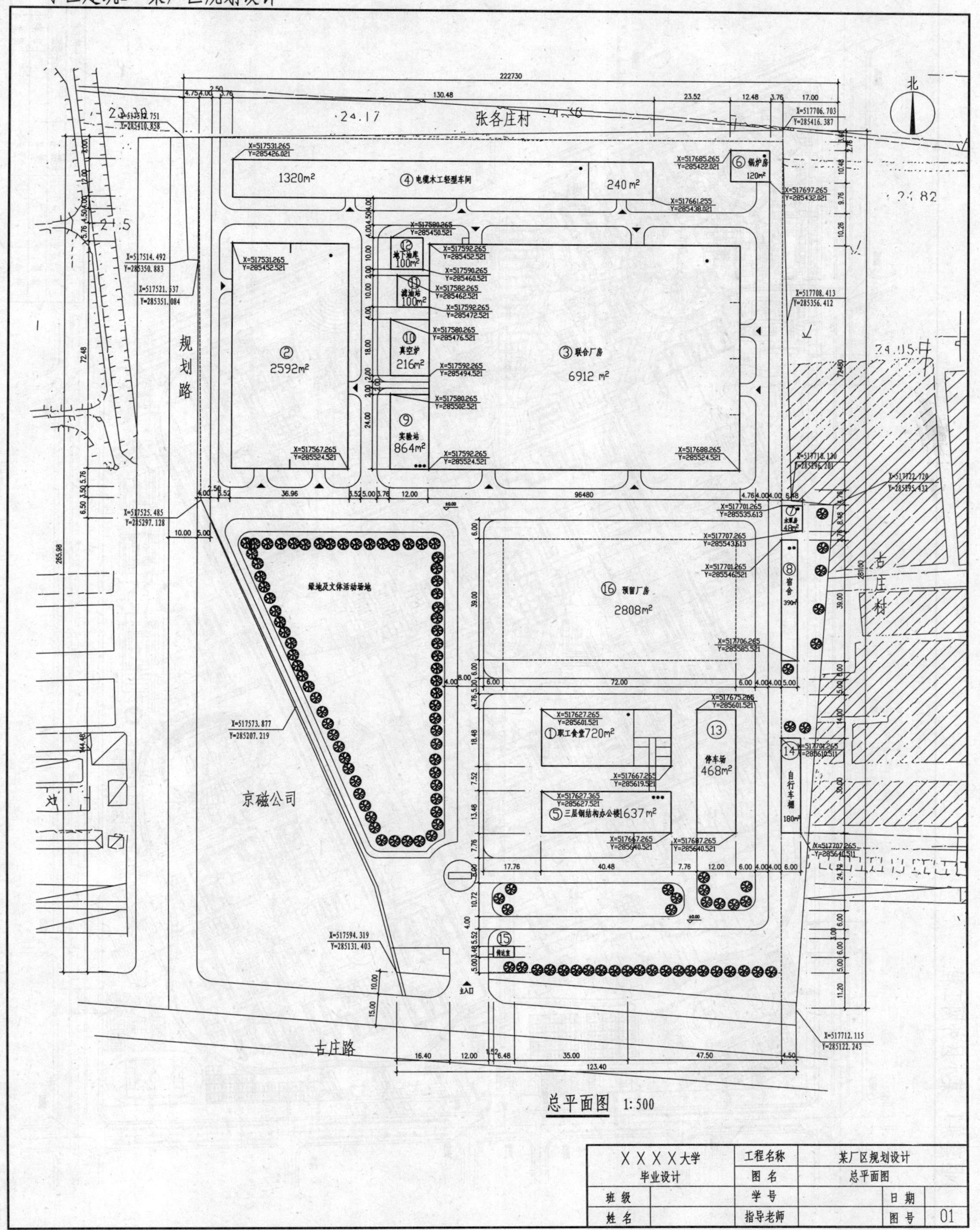
张各庄村
规划路
京磁公司
古庄路
古庄村
北
④电缆木工轻型车间
1320m²
240m²
⑥锅炉房 120m²
②
2592m²
⑫地下油库 100m²
⑪滤油站 100m²
⑩真空炉 216m²
⑨实验站 864m²
③联合厂房
6912m²
⑦水泵房 48m²
⑧宿舍 390m²
绿地及文体活动场地
⑯预留厂房
2808m²
①职工食堂720m²
⑤三层钢结构办公楼1637m²
⑬停车场 468m²
⑭自行车棚 180m²
⑮传达室
主入口
X X X X大学
毕业设计
工程名称
某厂区规划设计
图名
总平面图
班级
学号
日期
姓名
指导老师
图号
01

总平面图 1:500

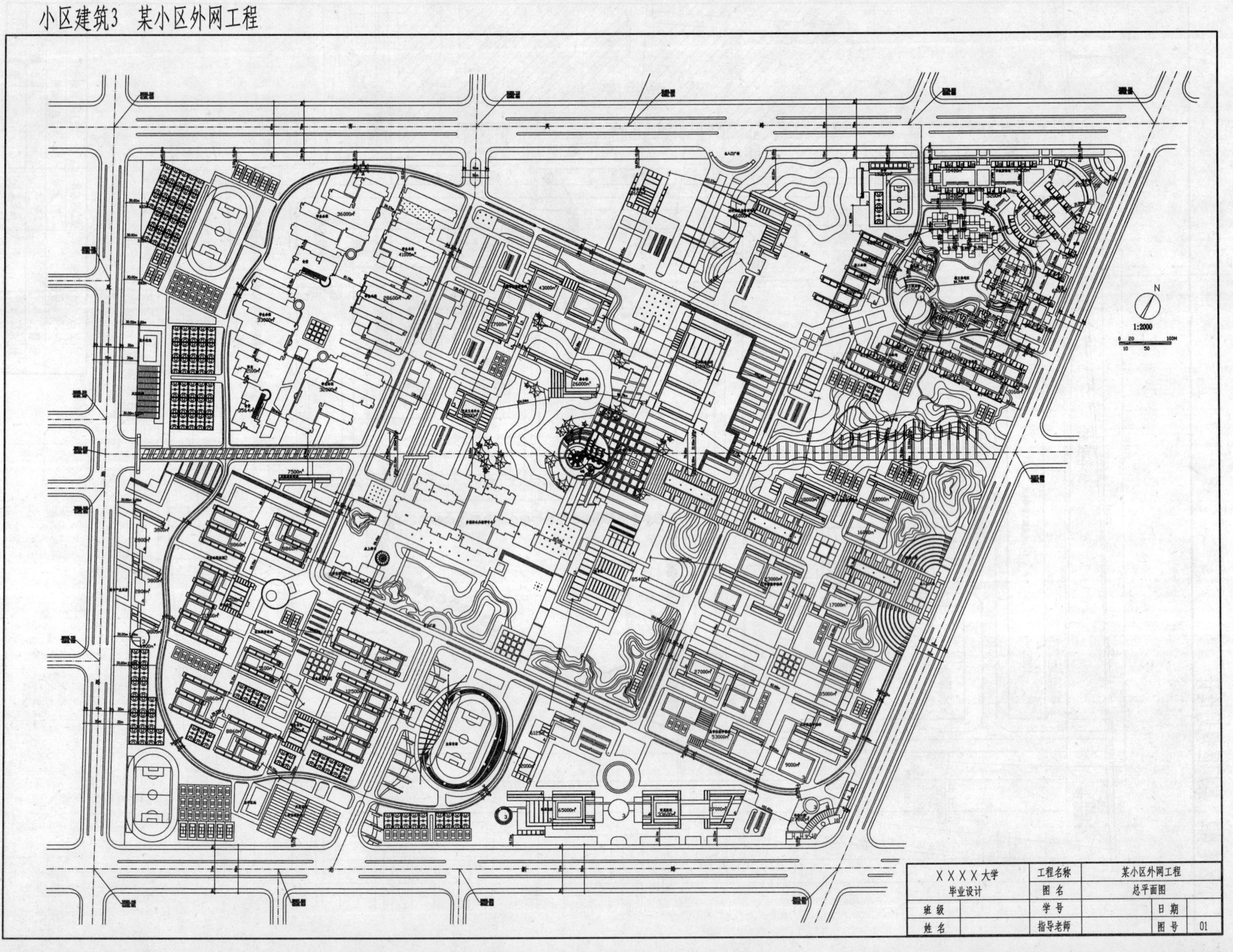

XXXX大学 毕业设计		工程名称	某小区外网工程		
		图 名	总平面图		
班 级		学 号		日 期	
姓 名		指导老师		图 号	01

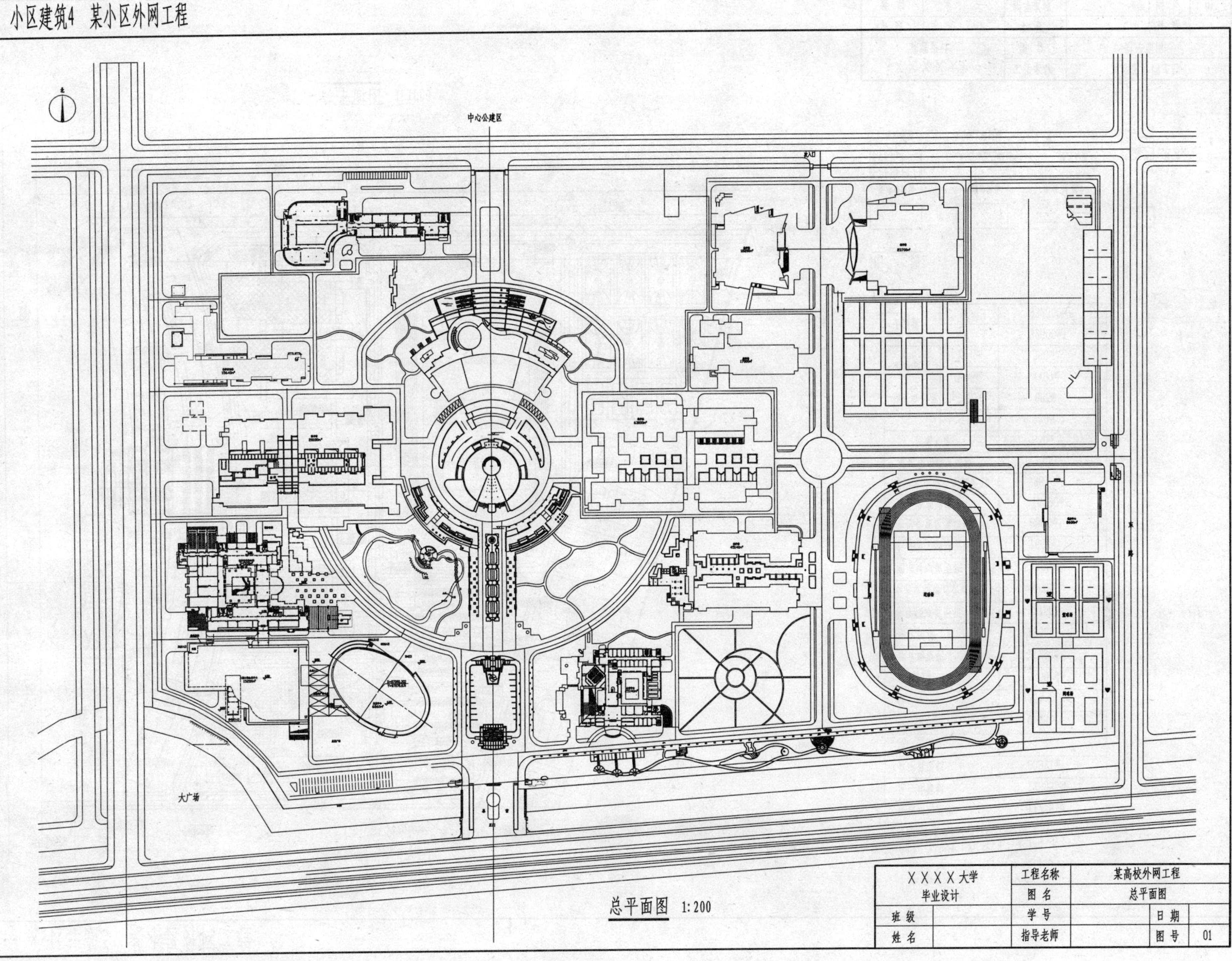
中心公建区
大广场
总平面图 1:200
XXXX大学
毕业设计
班级
姓名
工程名称
某高校外网工程
图名
总平面图
学号
日期
指导老师
图号
01

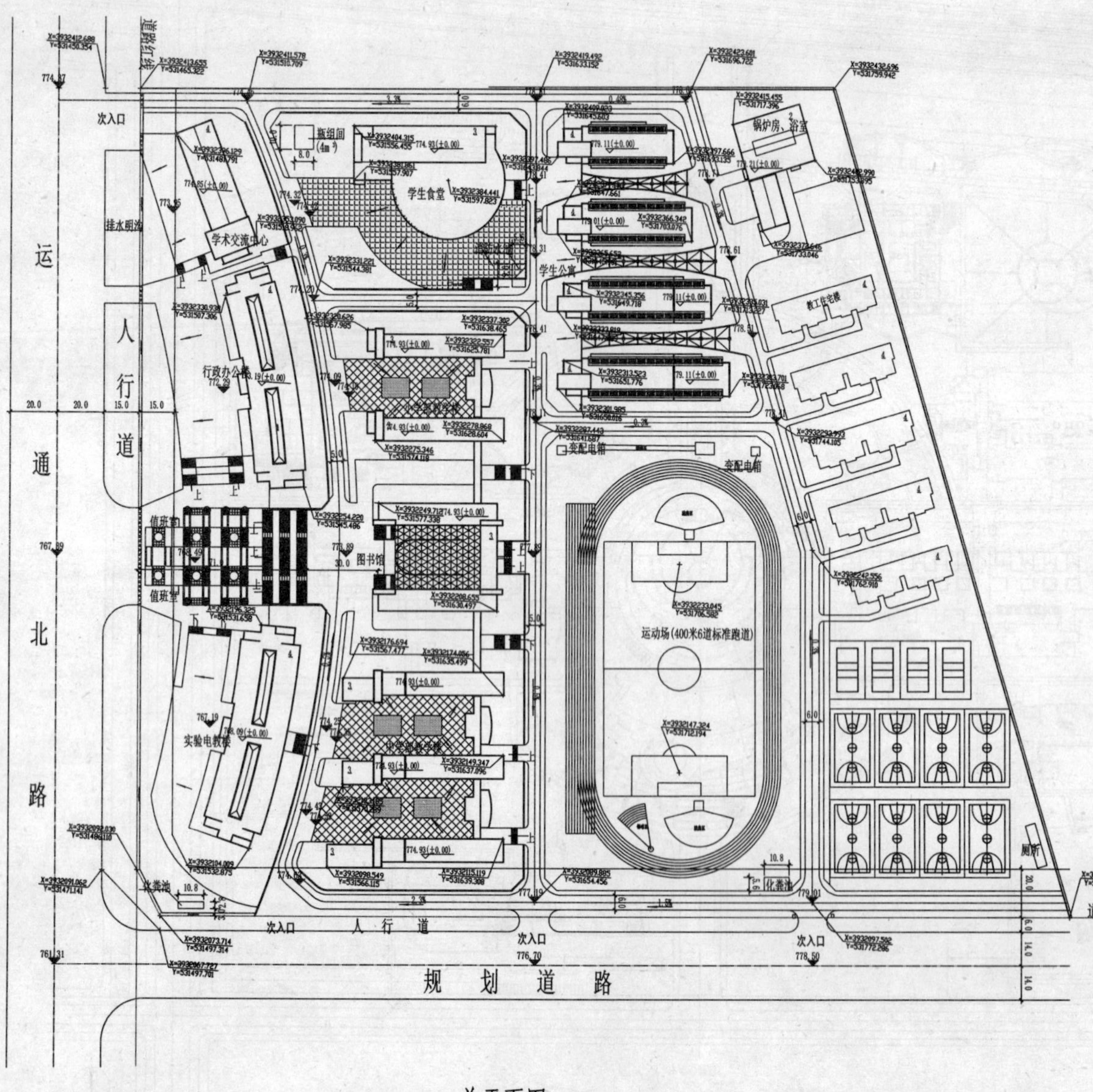

技术经济指标和工程量

规划用地面积		117791m²
总占地面积		125335m²
总建筑面积		60921m²
建筑密度		13.8%
容积率		0.48
绿地率		45%
绿化面积		53000m²
体育场面积		11294m²
硬化面积		16660m²
教学楼建筑面积		11750m²
电教实验楼建筑面积		8872m²
图书楼建筑面积		4500m²
行政办公楼建筑面积		7664m²
学生食堂建筑面积		6830m²
学生公寓建筑面积		16190m²
学术交流中心建筑面积		3815m²
附属用房建筑面积		1300m²
围墙长度		830m
挡土墙长度	h≤5.0m	730m
	h≥5.0m	685m
道路长度	b=5m	1197m
	b=6m	566m
土方量	填土	32500m³
	挖土	932500m³

图例

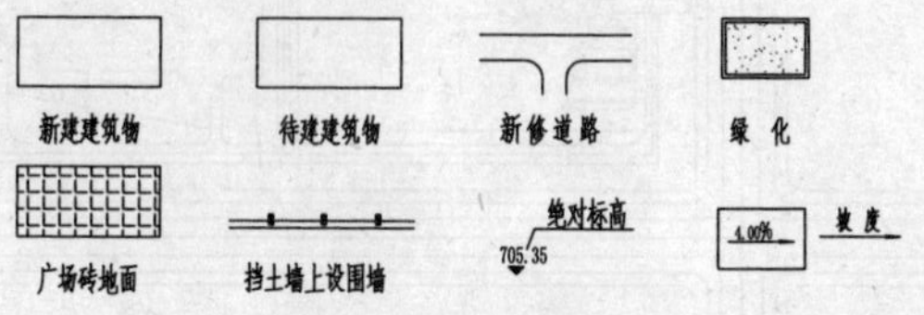

新建建筑物　待建建筑物　新修道路　绿化

广场砖地面　挡土墙上设围墙　绝对标高　坡度

总平面图　1:1000

XXXX大学 课程设计		工程名称	某小区外网工程	
		图名	总平面图	
班级		学号		日期
姓名		指导老师		图号 01

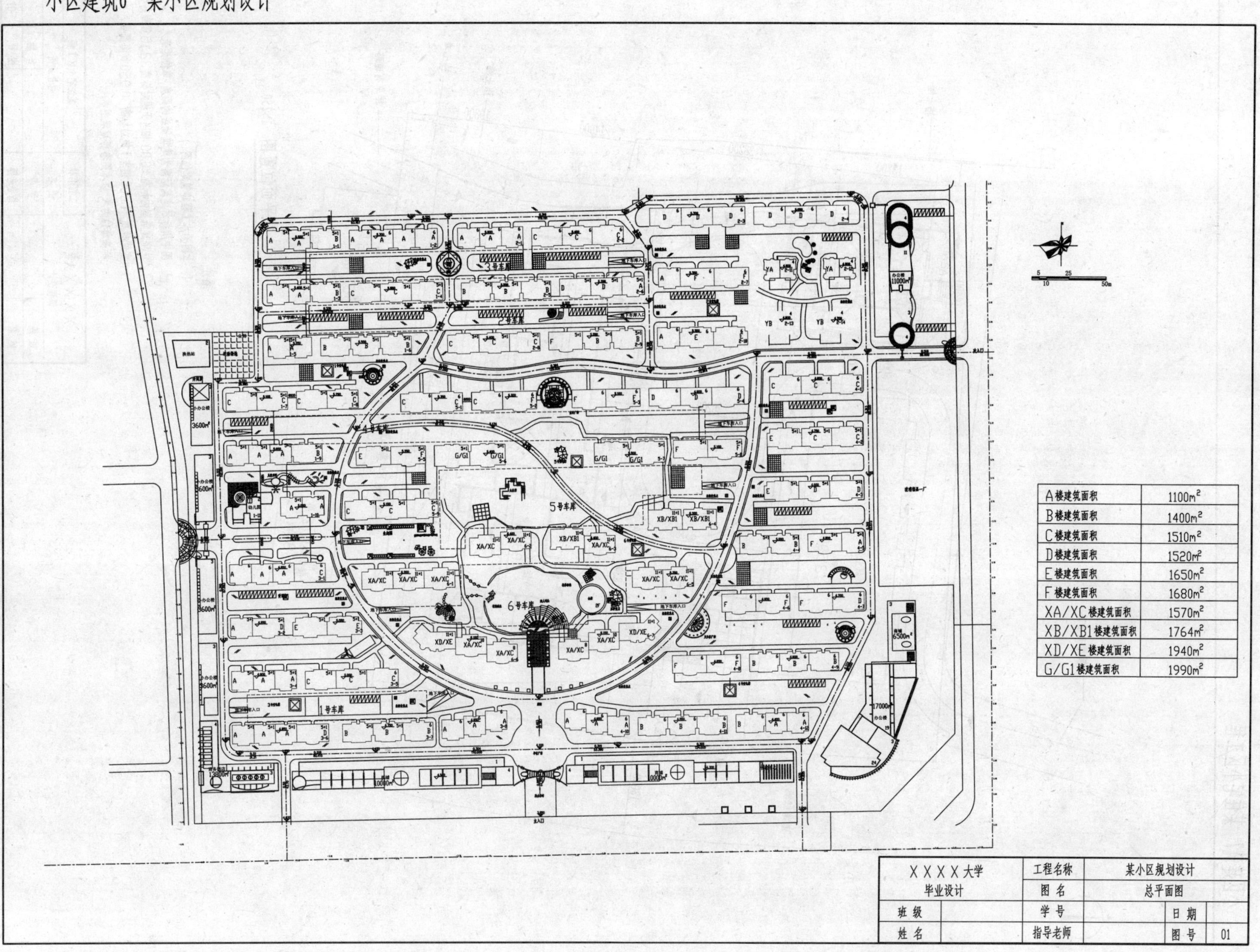
A楼建筑面积 1100m²
B楼建筑面积 1400m²
C楼建筑面积 1510m²
D楼建筑面积 1520m²
E楼建筑面积 1650m²
F楼建筑面积 1680m²
XA/XC楼建筑面积 1570m²
XB/XB1楼建筑面积 1764m²
XD/XE楼建筑面积 1940m²
G/G1楼建筑面积 1990m²
1号车库
3号车库
5号车库
6号车库
XXXX大学
毕业设计
班级
姓名
工程名称
某小区规划设计
图名
总平面图
学号
指导老师
日期
图号
01

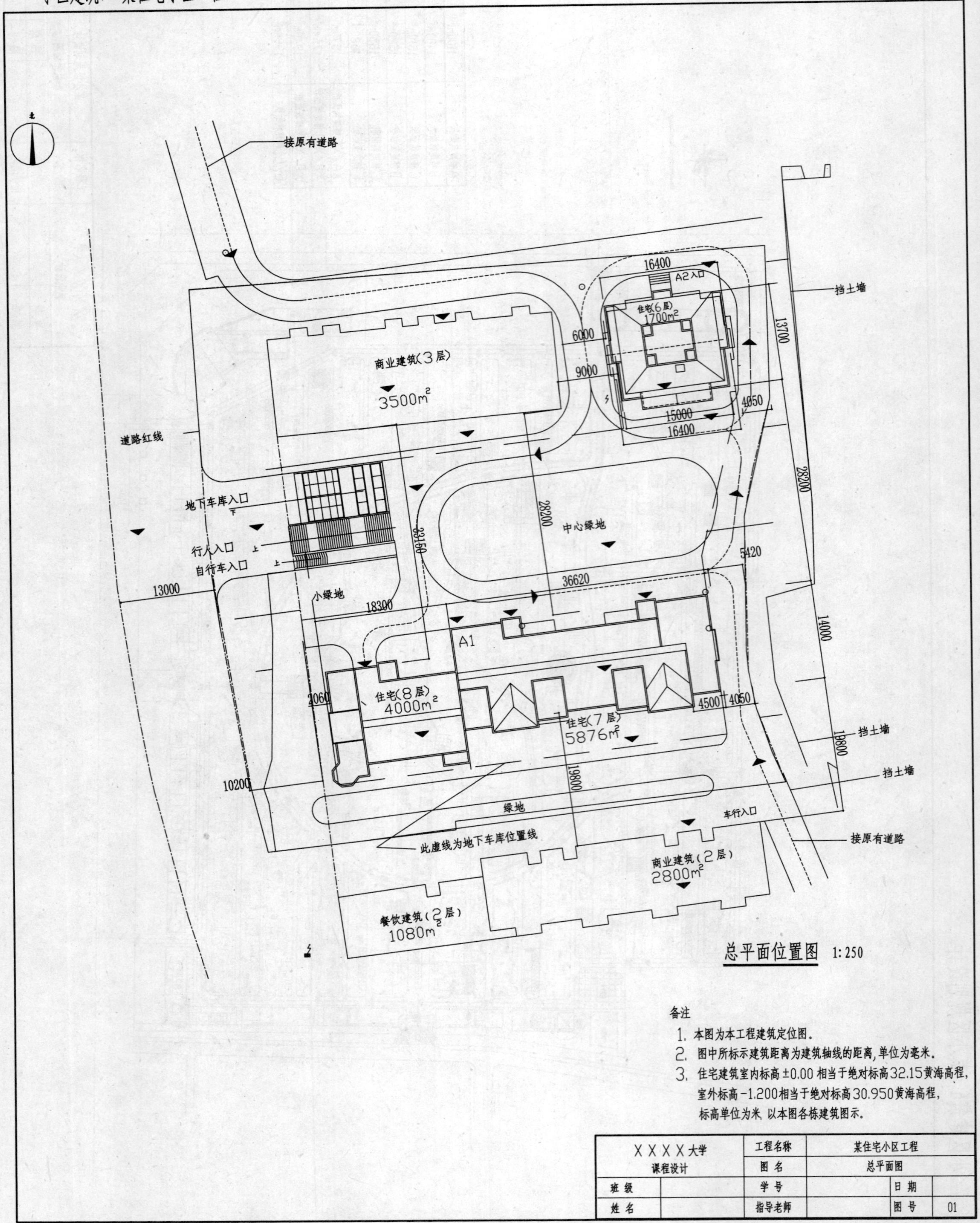

总平面位置图 1:250

备注

1. 本图为本工程建筑定位图。
2. 图中所标示建筑距离为建筑轴线的距离，单位为毫米。
3. 住宅建筑室内标高±0.00相当于绝对标高32.15黄海高程，室外标高-1.200相当于绝对标高30.950黄海高程，标高单位为米，以本图各栋建筑图示。

XXXX大学 课程设计		工程名称	某住宅小区工程		
		图名	总平面图		
班级		学号		日期	
姓名		指导老师		图号	01

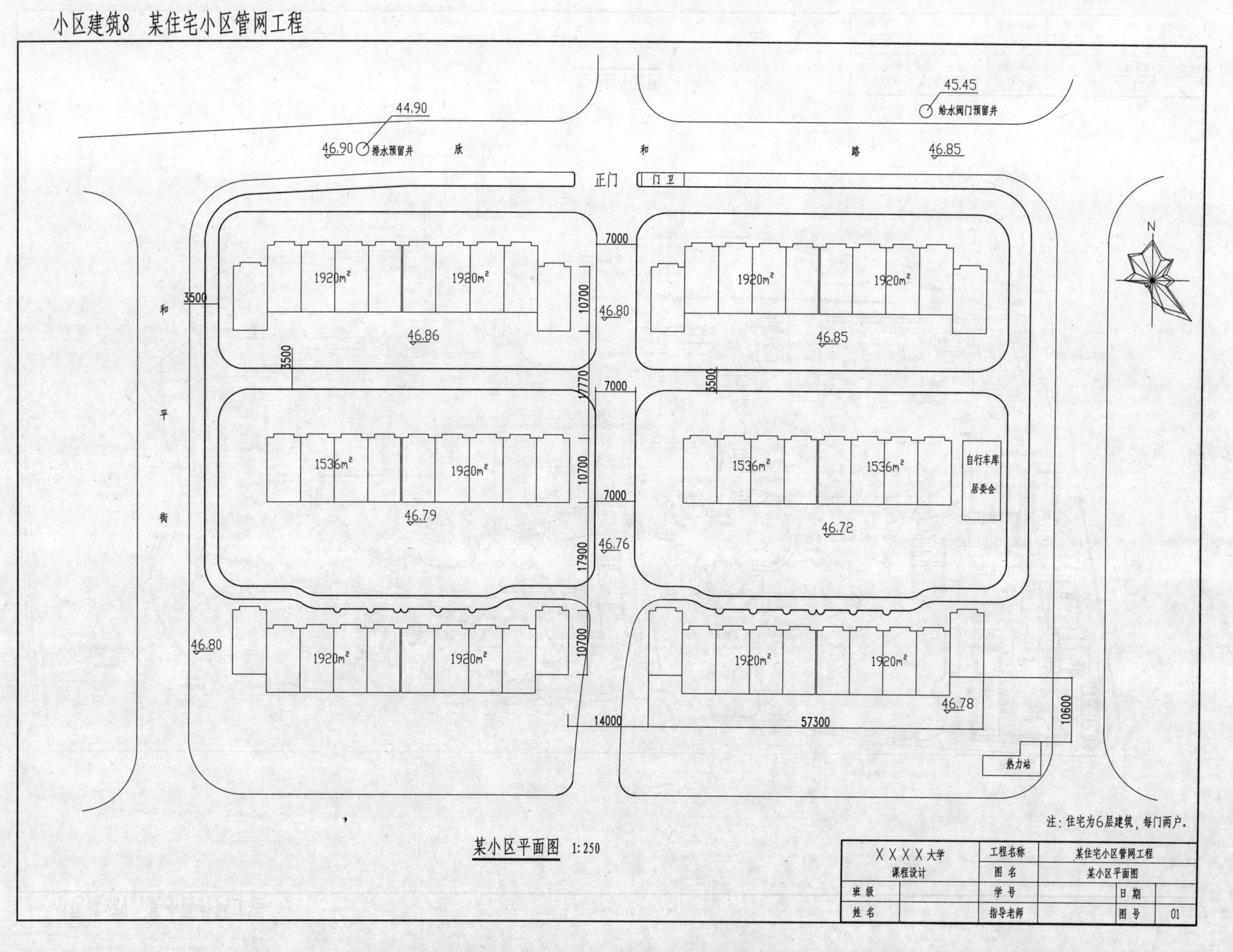
44.90
46.90
排水预留井
欣
和
路
45.45
给水阀门预留井
46.85
正门
门卫
N
3500
和
平
街
1920m²
1920m²
1920m²
1920m²
7000
10700
46.80
46.86
46.85
3500
3500
17770
7000
1536m²
1920m²
1536m²
1536m²
10700
7000
自行车库
居委会
46.79
46.72
17900
46.76
1920m²
1920m²
1920m²
1920m²
46.80
10700
46.78
10600
14000
57300
热力站
注：住宅为6层建筑，每门两户。
XXXX大学
课程设计
工程名称
某住宅小区管网工程
图名
某小区平面图
班级
学号
日期
姓名
指导老师
图号
01

某小区平面图 1:250

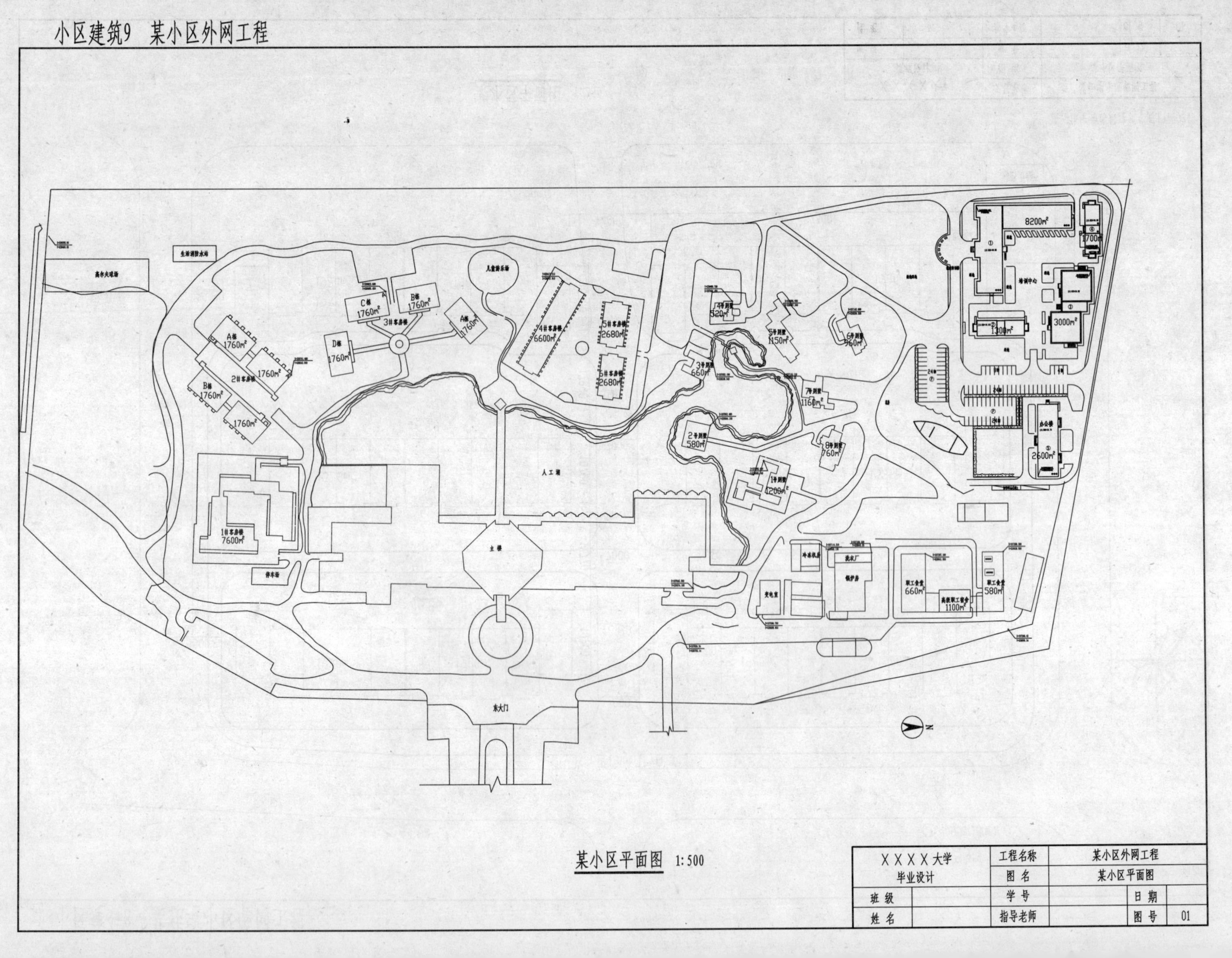

某小区平面图　1:500

XXXX大学 毕业设计	工程名称	某小区外网工程	
	图名	某小区平面图	
班级	学号		日期
姓名	指导老师		图号 01

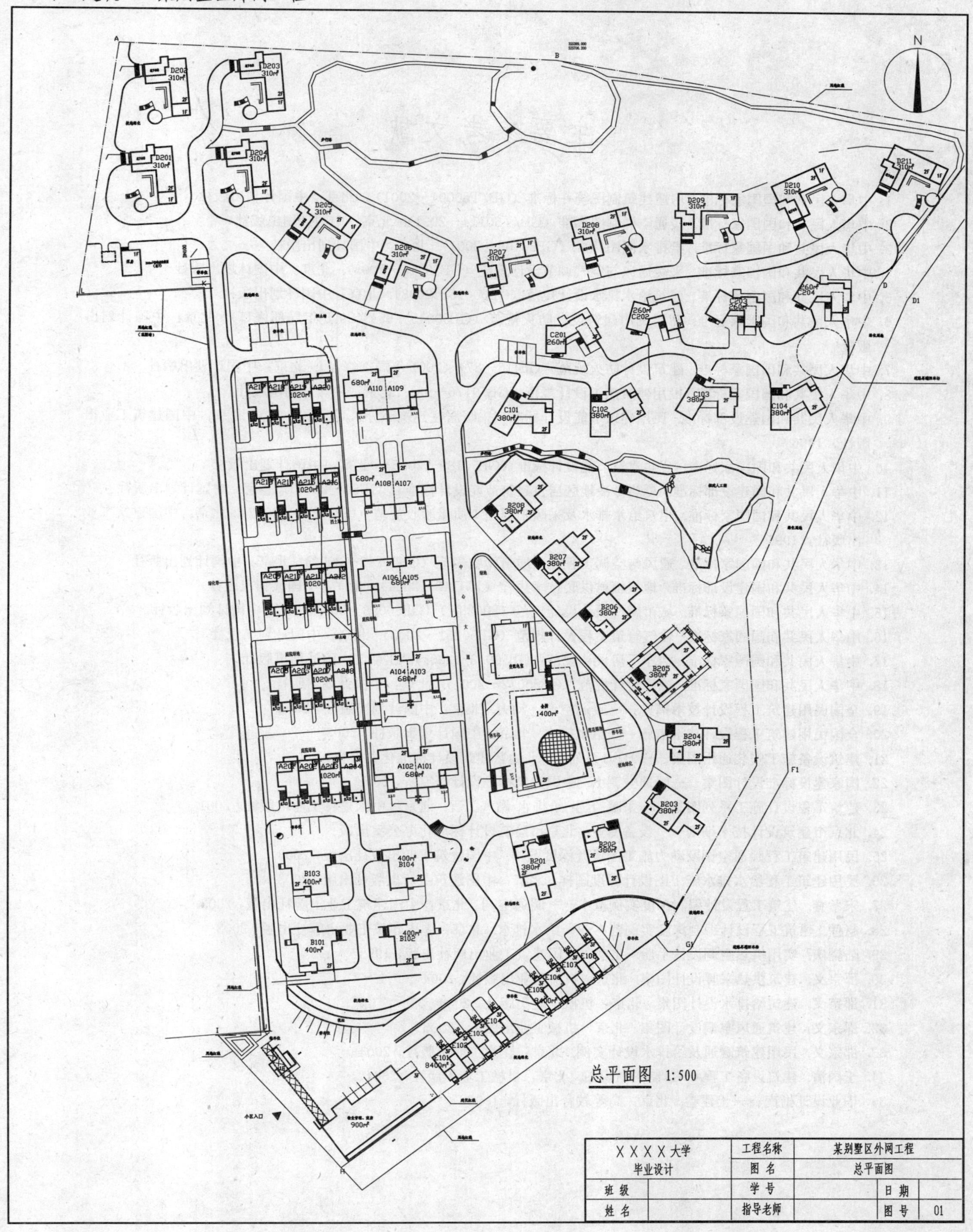
总平面图　1:500
小区入口
XXXX大学
毕业设计
工程名称
某别墅区外网工程
图名
总平面图
班级
学号
日期
姓名
指导老师
图号
01

主要参考文献

1. 中华人民共和国国家标准. 房屋建筑制图统一标准（GB/T50001－2001）. 北京：中国计划出版社
2. 中华人民共和国国家标准. 暖通空调制图标准（GB/T50114－2001）. 北京：中国计划出版社
3. 中华人民共和国国家标准. 给排水制图标准（GB50106－2001）. 北京：中国计划出版社
4. 中华人民共和国国家标准. 采暖通风与空气调节设计规范（GB50019－2003）. 北京：中国计划出版社
5. 中华人民共和国国家标准. 建筑给水排水设计规范（GB50015－2003）. 北京：中国计划出版社
6. 中华人民共和国国家标准. 高层民用建筑设计防火规范（GB50045－95）（2005 年局部修订）. 北京：中国计划出版社
7. 中华人民共和国国家标准. 建筑设计防火规范（GBJ16－87）（2001 年局部修订）. 北京：中国计划出版社
8. 中华人民共和国国家标准. 民用建筑热工设计规范（GB50176－93）. 北京：中国计划出版社
9. 中华人民共和国建设部标准. 民用建筑节能设计标准（采暖居住建筑部分）（JGJ26—95）. 北京：中国建筑工业出版社，1996
10. 中华人民共和国国家标准. 公共建筑节能设计标准（GB50189－2005）. 北京：中国计划出版社
11. 中华人民共和国建设部标准. 夏热冬冷地区居住建筑节能设计标准（JGJl34－2001）. 北京：中国计划出版社
12. 中华人民共和国国家标准. 建筑给水排水及采暖工程施工质量验收规范（GB50242—2002）. 北京：中国建筑工业出版社，1996
13. 中华人民共和国国家标准. 通风与空调工程施工质量验收规范（GB50243—2002）. 北京：中国计划出版社
14. 中华人民共和国建设部标准. 地板辐射供暖技术规程（JGJ142—2004）. 北京：中国计划出版社
15. 中华人民共和国国家标准. 城市燃气设计设计规范（2002 版）（GB50028－93）. 北京：中国计划出版社
16. 中华人民共和国国家标准. 输气管道工程设计规范（GB50251－2003）. 北京：中国计划出版社
17. 中华人民共和国国家标准. 洁净厂房设计规范（GB50073－2001）. 北京：中国计划出版社
18. 中华人民共和国国家标准. 冷库设计规范（GB50072－2001）. 北京：中国计划出版社
19. 全国民用建筑工程设计技术措施——暖通空调·动力. 北京：中国计划出版社，2003
20. 全国民用建筑工程设计技术措施——给水排水. 北京：中国计划出版社，2003
21. 建筑设备施工安装通用图集——91SB 系列. 华北地区建筑设计标准化办公室，2005
22. 国家建设标准设计图集——暖通空调 K. 中国建筑标准设计研究所，2002
23. 建筑工程设计施工系列图集——采暖 卫生 给排水 燃气工程. 北京：中国建材工业出版社，2001
24. 北京市建筑设计技术细则——设备专业. 北京市建筑设计标准化办公室出版
25. 民用建筑工程暖通空调及动力施工图设计深度图样. 中国建筑工业出版社出版，2003
26. 民用建筑工程给水排水施工图设计深度图样. 北京：中国建筑工业出版社出版，2003
27. 宋孝春. 建筑工程设计编制深度实例范本——暖通空调. 北京：中国建筑工业出版社出版，2003
28. 赵俚. 建筑工程设计编制深度实例范本——给水排水. 北京：中国建筑工业出版社出版，2003
29. 陆耀庆. 实用供热空调设计手册. 北京：中国建筑工业出版社出版，1993
30. 邵宗义. 建筑供热采暖设计图集. 北京：机械工业出版社，2004
31. 邵宗义. 建筑给排水设计图集. 北京：机械工业出版社，2004
32. 邵宗义. 建筑通风空调设计图集. 北京：机械工业出版社，2005
33. 邵宗义. 民用建筑暖通及给排水设计实例. 北京：化学工业出版社，2004
34. 于国清. 建筑设备工程 CAD 制图与识图. 北京：机械工业出版社，2004
35. 毕业设计指南——土建卷. 北京：高等教育出版社，1998